模具技能 + 行业实战 + 精准分析 + 在线教学 + 免费资源 + 互动答疑

中文版Moldflow 2018模流分析从入门到精通

黄 成 黄建峰 等编著

机械工业出版社
CHINA MACHINE PRESS

Moldflow 是全球注塑成型 CAE 技术领先品牌，随着 Autodesk Moldflow 2018 版本的推出，统一了企业上下游对塑料件设计标准，实现了企业对 Know-How 的积累和升华，改变了传统的基于经验的试错法。更重要的是，该软件实现了与 CAE 的整合优化，通过与诸如 Algor、Abaqus 等机械 CAE 的协作配合，可以对成型后的材料物性/模具的应力分布展开结构强度分析。这一提升，增强了 Moldflow 在 Autodesk 制造业设计套件 2018 中的整合度，可以更加柔性和协同地开展设计工作。

本书以点对点、手把手教学的模式，详细讲解 Moldflow 2018 软件的分析功能应用，内容丰富、讲解细致。从软件的基础操作开始，到完成各种注塑成型分析类型的过程，整个流程前后呼应，内容搭配合理且易于学习。

全书共分 10 章，从注塑成型仿真基础开始，详细讲解了 Moldflow 2018 应用入门、网格划分与修复、创建模具几何、冷却 + 填充 + 翘曲分析、收缩分析、流道平衡分析、通过工艺优化分析解决问题、二次成型分析及气体辅助注射成型分析等功能的应用及操作。

本书读者群体主要包括机械、模具和数控设计等相关专业学生，以及从事模流分析、模具设计的一线工作人员或相关爱好者，可作为大中专科院校相关专业及模流培训的中、高级教程或参考资料。

图书在版编目（CIP）数据

中文版 Moldflow 2018 模流分析从入门到精通/黄成，黄建峰编著．—北京：机械工业出版社，2017.9

ISBN 978-7-111-58136-9

Ⅰ.①中…　Ⅱ.①黄…②黄…　Ⅲ.①注塑—塑料模具—计算机辅助设计—应用软件　Ⅳ.①TQ320.66-39

中国版本图书馆 CIP 数据核字（2017）第 238633 号

机械工业出版社（北京市百万庄大街 22 号　邮政编码 100037）

策划编辑：丁　伦　责任编辑：丁　伦

责任校对：丁　伦　封面设计：子时文化

责任印制：孙　炜

保定市中画美凯印刷有限公司印刷

2018 年 1 月第 1 版第 1 次印刷

185mm×260mm · 19.5 印张 · 477 千字

0001—3000 册

标准书号：ISBN 978-7-111-58136-9

定价：69.90 元（附赠海量资源，含教学视频）

凡购本书，如有缺页、倒页、脱页，由本社发行部调换

电话服务	网络服务
服务咨询热线：010-88361066	机 工 官 网：www.cmpbook.com
读者购书热线：010-68326294	机 工 官 博：weibo.com/cmp1952
010-88379203	金 书 网：www.golden-book.com
封面无防伪标均为盗版	教育服务网：www.cmpedu.com

前 言

■ 软件背景

Moldflow 是全球注塑成型 CAE 技术领先品牌，随着 Autodesk Moldflow 2018 版本的推出，统一了企业上下游对塑料件设计标准，实现了企业对 Know-How 的积累和升华，改变了传统的基于经验的试错法。更重要的是，该软件实现了与 CAE 的整合优化，通过与诸如 Algor、Abaqus 等机械 CAE 的协作配合，可以对成型后的材料物性/模具的应力分布展开结构强度分析。这一提升，增强了 Moldflow 在 Autodesk 制造业设计套件 2018 中的整合度，可以更加柔性和协同地开展设计工作。在 Moldflow 2018 的设计和制造环节，提供了两大模拟分析软件：Moldflow Adviser 和 Moldflow Insight，本书均会进行介绍。

■ 本书内容

本书图文并茂、取材一线、侧重实操，讲解深入浅出、避繁就简、贴近工程，把众多专业和软件知识点有机地融合到每章的具体内容中。全书共分为 10 章，内容编排如下。

- □ 第 1 章：主要介绍注塑成型仿真的理论基础知识。
- □ 第 2 ~ 4 章：主要介绍 Moldflow 2018 的基本操作和分析模型的准备过程。
- □ 第 5 ~ 10 章：详细展示了应用 Moldflow 进行专业性的注塑成型分析的一系列环节，包括常规的冷却、填充、翘曲分析，收缩分析，流道平衡分析。还介绍了二次成型分析（双色注塑、双组份注塑、共注射成型等）、气体辅助注射成型分析及工艺优化分析等。

■ 本书特色

本书的体例结构实用简洁，内容编排张驰有度，实例叙述贴近实战，能够开拓读者思路，提高阅读兴趣，使其掌握方法，提高对知识综合运用的能力。

本书涵盖目前模流分析领域里处于顶尖水平、广受欢迎的 Moldflow 2018 软件，以强大的分析功能结合实际的产品模流分析，让读者获得最强的实战经验。

本书的读者群体主要包括机械、模具和数控设计等相关专业学生，以及从事模流分析、模具设计的一线工作人员或相关爱好者，可作为大中专科院校相关专业及模流培训的中、高级教程或参考资料。

■ 作者信息

本书由设计之门的黄成、成都大学机械工程学院的黄建峰主编，参与编写的还有罗凯、刘金刚、王俊新、董文洋、张学颖、鞠成伟、杨春兰、刘永玉、金大玮、陈旭、黄晓瑜、田婧、王全景、闫伍平、戚彬、张庆余、赵光、刘纪宝、王岩、郝庆波、任军、秦琳晶等，他们为本书提供了大量的实例和素材，在此诚表谢意。

感谢您选择了本书，希望我们的努力对您的工作和学习有所帮助，也希望您把对本书的意见和建议告诉我们。

编 者

目　录

第 1 章

注塑成型仿真基础

本章导读

很多初学者学习软件时总是急于求成，其实这样的心态是学不好的。学习总会有个循序渐进的过程，只有把基础打牢，在今后的工作中才不会遇到大麻烦。有些学生总爱问：“老师，怎样才能学好 Moldflow 呢?”老师的回答是：“多动手、多练习”。

Moldflow 注塑仿真软件是用于注塑模具设计、塑料零件设计和注塑工艺的工具，使用该软件可以减少制造缺陷并加快产品上市速度。本章将介绍注塑成型仿真的一些基础知识。

案例展现

ANLIZHANXIAN

案　例　图	描　　述
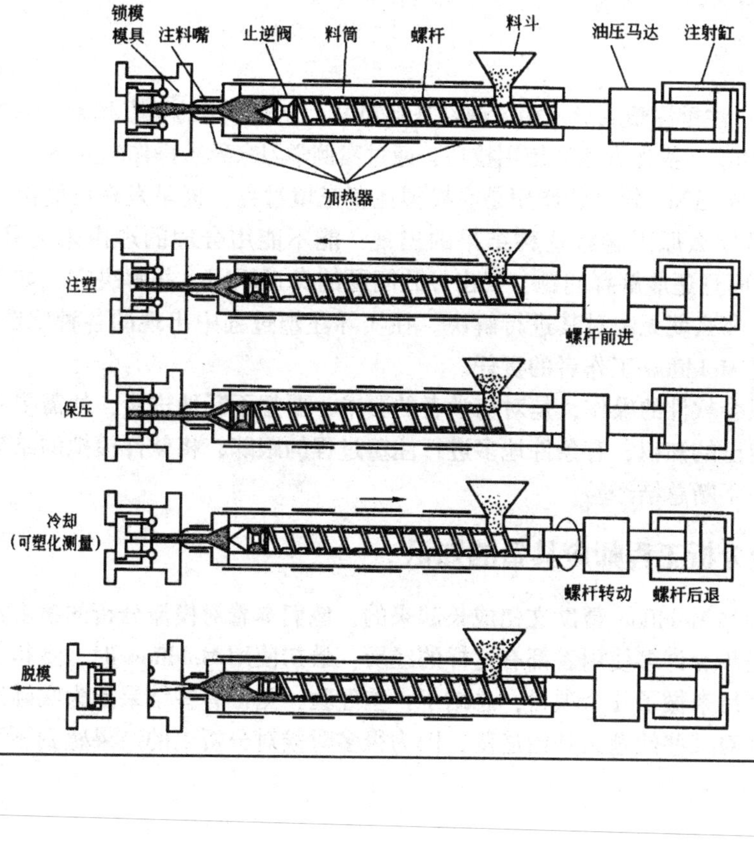	注塑成型是将松散的粒状或粉状塑料，从注塑机的料斗送入加热的料筒内熔融、塑化，使之成为黏流熔体，在柱塞或螺杆的推动下，以合理的流速通过料筒前端的喷嘴注入温度较低的闭合模具中，经冷却保压后开模取件，得到具有一定形状和尺寸的塑件。左图为螺杆式注塑机注塑成型原理图，在注塑成型生产中，塑料原料、注塑机和注塑模是三个必不可少的要素

第 1 节 Moldflow 软件学习准备

学习 Moldflow 之前，需要做好相应的学习准备工作，下面对此进行详细介绍。

一、学习背景

现代注塑加工新产品的开发周期越来越短，客户的要求也越来越高。如何实现产品结构、模具设计与注塑工艺条件的优化，减少试模、改模、修模次数，确保模具质量，提高注塑生产效率，提升制件质量，减少盲目调机，降低不良率，控制料耗，减少机位人手，降低成本来增强竞争力，已成为注塑企业的当务之急。“率先一步，超越对手”，采用 Moldflow 注塑模流分析技术，将“优化设计”的理念贯穿于产品设计、模具设计制造和注塑生产的全过程，帮助注塑企业改变过去“仅凭经验做事，跟着问题后面跑”的传统落后的运作方式，进入科学注塑的新时代，在激烈的竞争中始终处于优势地位。

应用 Autodesk Moldflow Insight（AMI）进行塑料制品的注塑成形分析是一项比较复杂，而且对设计人员素质要求较高的技术，需要具备一定的理论知识和实际工作经验，包括：

- 了解 Moldflow 分析的优点及作用；
- 熟悉 Moldflow 分析的思路与流程；
- 掌握一定的有限元分析理论；
- 了解注塑成型问题的形成过程；
- 具有模具设计和注塑生产的实际经验；
- 具有三维造型设计能力。

二、学习方法

首先，学习要有系统性。注重注塑成形及相关理论基础知识、分析思路的学习积累，掌握 Moldflow 软件各模块的基本功能、操作方法和使用技巧，通过案例学习来熟练操作软件。

其次，要多问为什么。Moldflow 软件的作用是在模拟注塑充填过程，提早发现可能出现的问题。但是还需要考虑是什么原因导致这种结果的出现，能不能用合理的理由来解释？Moldflow 不但能发现问题，而且还能解释问题，找出导致问题的真正原因，并解决它。如果不能解释问题产生的原因，那么就无法对其进行解决。在实际注塑过程中出现的各种问题，都能有一个明确的解释，是 Moldflow 工作者的责任。

最后，要不断学习。只会软件的操作，是对初学者的要求，要想不断地进步，就需要不断地学习，多整理并完善自己的知识，有条件地多进行注塑过程的跟踪，将软件模拟的结果与实际的注塑过程相结合，不断总结经验。

三、合格的模流分析工程师应具备的知识

很多 Moldflow 工程师是靠 Moldflow 帮助文档成长起来的，他们本着对模流分析的执着追求，坚持与模流分析共同进步。许多使用者都有这样的经历：最初使用 Moldflow 时，觉得分析结果等与实际差距太远；后来做了几个项目，总结了一些经验，觉得有些结果能为实际所用；随着要求的提高，现在对某些问题又开始迷茫，因为很多时候对分析出的结果感到不可

靠，定方案时很难拿得准。

很多Moldflow软件的使用者会觉得软件操作简单，实际应用却很难。这因为Moldflow是一款专业技术性很强的注塑成型模拟CAE软件，涉及高分子材料、产品设计和模具设计、注塑成型工艺以及Moldflow本身理论等诸多学科。虽说Moldflow是注塑成型领域的集大成者，但Moldflow软件本身的操作极其简单，使用者往往入门很快，但一深入下去，才感觉“越挖水越深”。所以要想用好Moldflow并快速成长为高水平的Moldflow工程师，并不是一件太容易的事。与其他专业一样，Moldflow的学习和掌握需要一个循序渐进的过程。

最初使用者可能仅仅熟悉Moldflow软件的基本操作和使用环境，只能算软件的操作工。随着知识和经验的积累，使用者慢慢会对项目开发提供可行的技术方案。通过多个项目应用的积累，Moldflow的使用者将完成由项目的配角向项目主角的转变。在向Moldflow专家成长的过程中，与实际经验的结合将极大地促进技能的提升。

熟练操作和使用Moldflow或其他模流软件，仅仅相当于模流分析的入门水平，对于专业的模流分析工程师来说，除了需要熟练操作软件、熟知注塑成型知识之外，更重要的是要有模流分析结果和现场试模结果对比的经验，只有具备了这些经验，才能正确解读分析结果、找到真正的问题点。然后提供解决方案，并针对问题正确地做模具/产品结构修改，或更改和设置注塑成型工艺等，以真正达到利用模流分析能够在软件中模拟实际试模调机的水平，利用模流分析创造经济效益。Moldflow工程师应该掌握的技能有模流分析软件的使用、注塑成型工艺、产品设计知识、模具设计知识、材料知识等，同时还应该了解采购和项目管理等方面的知识。

（1）模流分析工具

模流分析软件应用是模流分析的基础，使用者不仅要熟练掌握软件操作，也要了解算法、精度和假设、模拟结果与实际的差异、软件的应用条件和适用性、影响误差的因素及避免方法等。

（2）材料知识

材料知识包括材料的物理性能和加工性能，例如材料的流变特性、PVT特性、力学性能和热性能。了解材料性能，不仅是把握分析准确性的需要，也是全面提供解决方案的需要。因为有些产品缺陷是不能利用模流分析诊断的，例如吸水引起的尺寸变化。

（3）注塑成型知识

包括成型过程、注塑机功能及操作、试模方法等。

（4）模具设计和制造

包括模具结构、模具CAD、模具加工等。

（5）产品设计

包括产品设计准则、公差管理、尺寸测量等。

注塑成型系统的复杂性要求模流分析人员不仅要具有专业知识，还要掌握一定领域的知识，这样才能发挥模流分析的价值。Moldflow工程师的价值在于他是项目开发的助推剂。

Moldflow工程师有做模具出身、做软件开发出身、做材料出身、做产品设计出身、做研究出身等，各自有其优势和不足。对于Moldflow的应用是一个逐渐累积的过程，使用者从软件工具的掌握，到具备注塑成型的专业知识，再到掌握与注塑成型相关的产品设计、模具设计和制造、材料知识、工艺知识和仿真原理等领域知识，才能具有专家级的水平。Moldflow

使用者的水平越高，所具备的领域知识就越全面。

四、正确认识 Moldflow

Moldflow 软件是一个知识载体和应用平台，是一个进行注塑试验的工具，是产品设计工程师、模具工程师的辅助工具，而不是一个完全替代他们工作的工具。软件是工具，重要的是怎么运用软件帮助人们解决问题，有的公司买 Moldflow 是要应付客户的需求，有的公司是想要提升产品的质量，有的公司是要说服客户修改模具图上的问题，好做模具。不管对 Moldflow 软件的用法及看法如何，提高产品的质量、缩短项目时间及降低成本是他们的终极目标。

Moldflow 的重要性在于在项目开发的前期对产品的材料选择提供建议、对产品设计进行改进及优化、对模具设计进行改进与优化，而不是等到试模甚至生产后出现问题再去验证解决。Moldflow 不仅仅是判断方案行不行，更重要的是比较方案好不好。

Moldflow 的使用者可以在项目中担当消防员或医生的角色，但 Moldflow 使用者的主要角色应该是先知和预防员。项目人员应该在项目前期应用 Moldflow 对提高产品质量、节约项目成本带来的效益进行评估，对项目进行中将发生的问题做好预防。

前期应用 Moldflow 进行分析的优点有以下几方面。

(1) 优化空间大

越到项目后期，改动的空间越小，变更成本越高。而在前期，设计变更的空间最大。

(2) 产品和模具设计的评估与改进

通过模拟对产品和模具设计进行评估与改进，可以使设计的产品更加易于制造，为减小产品生产的质量波动提供保证。

(3) 节省时间成本

模流分析的时间成本要大大小于多次试模的时间成本。

(4) 节省制造成本

通过准确制定模具结构设计方案，可减少修模的次数、降低制造成本。

应用 Moldflow 不仅仅是 Moldflow 工程师一个人的事情，而是一个团队共同协作的工作。

一般一个项目应包含材料工程师、产品设计工程师、模具工程师、试模工程师和 Moldflow 工程师，一个优化的方案是多人智慧的结晶。发挥设计部门、分析部门和试验部门的团队精神，不断研究设计方法、提高 Moldflow 分析和试验分析的综合应用能力。

项目组中各个成员的职能介绍如下。

- 模流分析工程师：
  验证、优化产品结构设计；
  验证、优化模具设计；
  保证产品可制造性。
- 产品工程师：
  进行产品结构设计、保证产品功能；
  跟踪产品试验，确保功能满足要求。
- 模具工程师：
  提供产品模具结构设计；
  保证工艺稳定和质量稳定。

第2节 塑料及其应用

塑料是以树脂为主要成分，在一定温度和压力下具有可塑性，且模塑成型后能保持形状尺寸不变，并满足一定使用性能的高分子材料。高分子是含有原子数目多、分子量高、分子链长的巨型分子。正是由于高分子的特殊结构，才使塑料具有许多其他材料所不具有的优异性能。

一、塑料概述

塑料中的主要成分是树脂，树脂有天然树脂和合成树脂，塑料大多采用合成树脂。合成树脂是采用人工合成方法，将低分子化合物单体聚合成高分子化合物，它们的相对分子量一般都大于1万，有的甚至可以达到百万级，所以也常称为聚合物或高聚物。制备合成树脂的原料主要来自于石油。树脂虽然是塑料中的主要成分，但是单纯的树脂往往不能满足成型生产中的工艺要求和成型后的使用要求，必须在树脂中添加一定数量的添加剂，并通过这些添加剂来改善塑料的性能。例如，加入增塑剂可以改善塑料的流动性能和成型性能；加入稳定剂可以提高塑料寿命，增强塑料抗老化的能力。因此，塑料是一种由树脂和添加剂组合而成的高分子化合物。

1. 高分子构型

高聚物中大分子链的空间构型有三种形式：线型、支链状线型及体型。

（1）线型

线型分子即大分子呈线状，如图1-1（a）所示。在性能上，线型分子构成的高聚物一般是可熔的，且可以反复受热成型，并能在溶剂中溶解，如高密度聚乙烯、聚苯乙烯等。

（2）支链状线型

支链状线型分子的主链也是线状，但主链上还生出或多或少长短不等的支链，如图1-1（b）所示。支链状线型分子构成的高聚物受热时可以熔融，也能溶于特定的有机溶剂。因为存在着支链，使分子间的间距拉大，结构不太紧密，故机械强度较低，但溶解能力与可塑性较高，如低密度聚乙烯等。

（3）体型

体型分子的主链同样是长链形状，但这些长链之间有短链横跨连接，并在三维空间相互交联，短链连接较为密集，从而形成网状结构的体型分子，如图1-1（c）所示。体型高聚物硬而脆，在高温中不熔融，无可塑性，在有机溶剂中也不溶解，所以不能再次成型，如成型硬化后的热固性塑料。

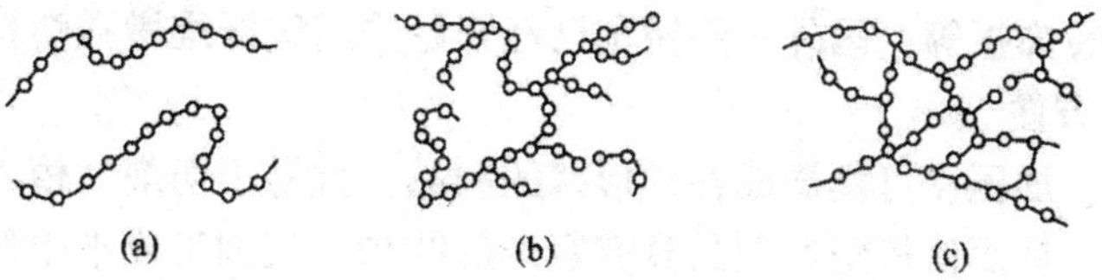

图1-1 大分子链空间构型

2. 塑料的特点

塑料和金属以及其他材料相比，有着一系列优点，如密度小、重量轻、化学稳定性高、绝缘性能好、易于造型、生产效率高、成本低等。但也存在许多缺陷，如抗老化性、耐热性、抗静电性、耐燃性及机械强度等普遍低于金属。

(1) 密度小、重量轻

塑料的密度约为0.9～2.3g/cm³，大多数都在1.0～1.4g/cm³之间。其中聚4-甲基丁烯-1的密度最小，约为0.83g/cm³，相当于钢材密度的0.11和铝材的0.5左右。如果采用发泡工艺生产泡沫塑料，则塑料的密度可以小到0.01～0.5g/cm³。“以塑代钢”是产品轻量化的一个很重要的途径。例如，美国波音747客机有2500个重量达2000kg的零部件是用塑料制造的，美国全塑火箭中所用的玻璃钢占总重量80%以上。

(2) 比强度高

比强度是指材料的拉伸强度（抗拉强度）与材料表现密度的比值。由于塑料的密度小，因此比强度高。

(3) 光学性能与着色性好

大多数塑料可制成透明或半透明制品，且容易着色，可具有鲜艳的色彩。

(4) 绝缘性和绝热性能好

塑料原子内部一般都没有自由电子和离子，所以大多数塑料都具有良好的绝缘性能及很低的介电损耗。塑料是现代电工行业和电器行业不可缺少的原材料，许多电器用的插头、插座、开关、手柄等都是塑料制成的。由于塑料的传热系数低，其绝热隔热性能也很好。

(5) 化学稳定性高

绝大多数塑料的化学稳定性都很高，它们对酸、碱和许多化学药物都具有良好的耐腐蚀能力，所以在化学工业中应用很广泛，常用来制作各种管道、密封件和换热器等。其中聚四氟乙烯塑料的化学稳定性最高，它的抗腐蚀能力比黄金还要好，可以承受“王水”（镪酸）的腐蚀，俗称“塑料王”。

(6) 减摩、耐磨性能好

大多数塑料都具有良好的减摩和耐磨性能，可以在水、油或带有腐蚀性的液体中工作，也可以在半干摩擦或者完全干摩擦的条件下工作，这是一般金属零件无法比拟的。因此，塑料齿轮、轴承和密封圈等应用广泛，采用特殊配方的塑料还可以制造自润滑轴承。

(7) 减振、隔音性能好

塑料的减振和隔音性能来自于聚合物大分子的柔韧性和弹性。塑料的柔韧性要比金属大得多，当其遭到频繁的机械冲击和振动时，内部将产生黏性内耗，这种内耗可以把塑料从外部吸收进来的机械能量转换成内部热能，从而起到吸振和减振的作用。塑料是现代工业中减振隔音性能极好的材料，不仅可以用于高速运转机械，还可以用作汽车中的一些结构零部件，如保险杠和内装饰板等，国外一些轿车已经开始采用碳纤维增强塑料制造板簧。

(8) 成型加工方便

塑料通过加热、加压，可模塑成各种形状的制品，且易于切削、植入嵌件、焊接、表面处理、二次加工等，从而使得塑料制品具有复杂的结构，精加工成本也低于金属制品，适宜大批量生产。

除了上述几点之外，许多塑料还具有防水、防潮、防透气、防辐射以及耐瞬时烧蚀等特殊性能。塑料虽然具有以上诸多优点和广泛用途，但也有一些较严重的缺点，如不耐热、容易在阳光、大气、压力和某些介质作用下老化，长期受载荷容易蠕变等。在成型加工中，塑料还具有流动性、热胀冷缩等工艺问题，因此，塑料制品的尺寸大小和尺寸精度也受到一定限制。

二、塑料在工业生产中的应用

塑料工业是一门新兴工业，从 1909 年实现以纯粹化学合成方法生产塑料算起，世界塑料工业的发展也仅有百年的历史。1927 年聚氯乙烯塑料问世以来，随着高分子化学技术的发展，各种性能的塑料，特别是聚酰胺、聚甲醛、ABS、聚碳酸酯、聚砜、聚苯醚与氟塑料等工程塑料发展迅速，其速度超过了聚乙烯、聚丙烯、聚氯乙烯与聚苯乙烯四种通用塑料，使塑件在工业产品与生活用品方面获得广泛的应用，以塑料代替金属的实例，比比皆是。

我国的塑料工业起步于 20 世纪 50 年代，从新中国初期第一次人工合成酚醛塑料至今，我国的塑料工业发展速度迅猛，塑料工业已形成具有相当规模的完整体系。从塑料的生产、成型加工、塑料机械设备、模具工业到科研、人才培养等方面，都取得了可喜的成绩，为塑料制品的应用开拓了更广阔的领域。特别是近 30 年，塑料用量几乎每五年翻一番，产量和品种都大大增加，塑料新产品、新工艺、新设备的开发与应用层出不穷。目前，塑料制品已深入到国民经济的各个部门中，特别是在办公机器、照相机、汽车、仪器仪表、机械制造、航空、交通、通信、轻工、建材业、日用品以及家用电器行业中，零件塑料化的趋势不断加强，并且陆续出现全塑产品。目前，塑料产品已渗透到人们生活和生产的各个领域，成为不可缺少的原材料。

三、塑料的分类

下面将对塑料的分类进行详细介绍，具体如下。

1. 热塑性塑料和热固性塑料

根据塑料的受热行为和树脂的分子结构，塑料可分为热塑性塑料和热固性塑料。

（1）热塑性塑料

热塑性塑料的大分子空间构型呈线型或支链型，大分子链比较容易活动，受热时分子间可以互相移动，具有较好的塑性，固化成型后如再加热又可变软，可反复进行多次成型。常见的热塑性塑料有聚乙烯（PE）、聚丙烯（PP）、聚苯乙烯（PS）、聚氯乙烯（PVC）、聚碳酸酯（PC）、苯乙烯-丙烯腈（SAN）等。这类塑料的优点是成型工艺简单，具有相当高的物理和机械性能，并能反复回收使用，缺点是耐热性和刚性较差。

（2）热固性塑料

热固性塑料的大分子空间构型呈线型或支链型，加热初期具有一定的可塑性，软化后可制成各种形状的制品，但是过一段时间，随着网状交联的逐渐形成，便会固化成体型而失去塑性，再加热也不会变软化，再受高热即被分解破坏。常见的热固性塑料有酚醛树脂、环氧树脂（EP）、氨基树脂、醋酸树脂、尿醛树脂、三聚氰胺树脂、不饱和聚酯、聚氨基甲酸酯（PUR）等。这类塑料的成型工艺比较麻烦，不利于连续生产，生产效率较低，而且不能反复利用。但具有较高的耐热性，受压也不易变形。

2. 热塑性塑料和热固性塑料比较

表 1-1 对热塑性塑料和热固性塑料在成型方面的主要区别进行了归纳比较。

表 1-1　热塑性塑料与热固性塑料的区别

	成型前树脂分子构型	固化定型温度	成型后树脂分子构型	成型中树脂的变化	熔化溶解性	回收利用	成型方法
热塑性塑料	线型或支链状线型聚合物分子	冷却	基本与成型前的相同	物理变化（有少量分解或交链现象）	既可熔化也可溶解	反复多次使用	注射、挤出、吹塑等
热固性塑料	线型聚合物分子	加热（提供交链反应温度）	体型分子	既有物理变化又有化学变化（有低分子物析出）	既不熔化也不溶解	一次性使用	压缩或压注，有的品种可以采用注射

3. 通用塑料、工程塑料和特种塑料

根据塑料的用途，塑料可分为通用塑料、工程塑料和特种塑料。

（1）通用塑料

通用塑料一般指产量大、用途广、价格低廉的一类塑料，如聚乙烯、聚丙烯、聚氯乙烯、聚苯乙烯、酚醛树脂、氨基树脂等。

（2）工程塑料

工程塑料一般指机械强度高，可代替金属而用作工程材料的塑料，常用于制作机械零件、电子仪器仪表、设备结构件等。这类塑料包括聚苯醚（PPO）、ABS、尼龙、聚甲醛、聚砜（PSF）、聚对二甲苯、聚酰亚胺（PI）等。

（3）特种塑料

特种塑料一般又称为功能塑料，是指具有特殊功能，可做结构材料或特殊用途的塑料，如医用塑料、导电塑料等。这类塑料包括聚砜、聚酰亚胺、聚苯硫醚、聚醚砜、聚芳酯、热塑性氟塑料、芳香族聚酰胺、聚苯酯、聚四氟乙烯以及交联型聚氨基双马来酰亚胺、聚三嗪（BT 树脂）、交联型聚酰亚胺酰亚胺、耐热环氧等。

四、常用塑料的性能及应用

塑料已广泛应用于家用电器、仪器仪表、机械制造、化工、医疗卫生、建筑器材、农用器械、日用五金及兵器、航空航天和原子能工业中，成为木材、皮革和金属材料的良好代用品。

1. 常用通用塑料

（1）聚乙烯（PE）—热塑性塑料

聚乙烯（PE）是乙烯高分子聚合物的总称，根据聚合的方式不同，有高密度聚乙烯（HDPE）、中密度聚乙烯（MDPE）和低密度聚乙烯（LDPE）。聚乙烯无毒无味，乳白色，密度为 $0.91 \sim 0.96 g/cm^3$，耐腐性及绝缘性能优良，尤其是高频绝缘性。高密度聚乙烯的熔点、刚性、硬度和强度较高，吸水性小，有突出的电气性能和良好的耐辐射性；低密度聚乙烯的柔韧性、伸长率、冲击强度和透明性较好；超高分子量聚乙烯的冲击强度高，抗疲劳、耐磨性好。

聚乙烯是应用最广泛的塑料品种，可以挤出和压延各种薄膜，吹塑各种容器，挤出各种型材，注塑成型各种生活用品和工业产品，如文具、玩具、机器罩、盖、手柄、工具箱、周转箱、仪器仪表、传动零件等。

（2）聚丙烯（PP）—热塑性塑料

聚丙烯（PP）是丙烯的高分子聚合物，无色、无味、无毒，比聚乙烯更透明、更轻，密度为0.90~0.91g/cm³。不吸水，光泽性好，易着色，有较高的抗疲劳、抗弯曲强度，可经受7×107次弯折而不断裂，适于作塑料铰链。有优良的耐腐性和高频绝缘性，可在100℃左右温度使用，但低温易变脆，不耐磨，易老化。

聚丙烯的应用范围很广，适用于当作机械零件，耐腐和绝缘零件，如化工容器、管道、片材、叶轮、法兰、接头、绳索、打包带、纺织器材、电器零件、汽车配件等。

（3）聚氯乙烯（PVC）—热塑性塑料

聚氯乙烯（PVC）是最早工业化生产的塑料品种之一，其产量仅次于聚乙烯，是第二大类塑料品种。聚氯乙烯为白色粉状颗粒，密度为1.35~1.45g/cm³，强度和硬度都比聚乙烯稍大。聚氯乙烯的热稳定性和耐光性较差，受热会引起不同程度的分解。由于加入增塑剂的量不同，可制得硬质聚氯乙烯和软质聚氯乙烯。

硬质聚氯乙烯有较好的抗拉、抗弯、抗压和抗冲击性能、力学强度高，电气性能优良，耐酸碱能力极强，化学稳定性好，但软化点低，适于制作化工用管材、棒、管、板、焊条等。软质聚氯乙烯伸长率大，力学强度、耐腐蚀性、绝缘性均低于硬质聚氯乙烯，适用于当作薄板、密封件、薄膜、电线电缆绝缘层等。

（4）聚苯乙烯（PS）—热塑性塑料

聚苯乙烯（PS）由单体苯乙烯聚合而成，也是目前广泛使用的塑料之一。聚苯乙烯无色无味，透明无毒，密度为1.04~1.16g/cm³，具有优良的高频绝缘性，透光率为88%~90%，仅次于有机玻璃。机械强度一般，但着色性、耐用性、化学稳定性良好。聚苯乙烯的主要缺点是脆性大，易产生应力开裂。

聚苯乙烯广泛应用于光学工业中，适用于当作绝缘透明件、装饰件、光学仪器等，如灯罩、照明器具、建筑装饰品、日用品等。

（5）酚醛塑料（PF）—热固性塑料

酚醛塑料的刚性好，变形小，耐热、耐磨，可在150℃~200℃范围内长期使用，在有水润滑时摩擦因数很低，耐油抗腐，绝缘性能优良。缺点是质脆，抗冲击强度差。

酚醛塑料适用于当作绝缘件，耐磨件，电器、仪表结构件，如运输导向轮、轴承、轴瓦等。

（6）氨基塑料（Moldflow、UF）—热固性塑料

氨基塑料（Moldflow、UF）的着色性好，色泽鲜艳，外观光亮，密度为1.5 g/cm³，成型收缩率为0.6~1.0%，成型温度为160－180℃。氨基塑料耐电弧性和电绝缘性良好，耐水、耐热性较好，有灭弧性能。

氨基塑料适于制作耐电弧的电工零件和防爆电器绝缘件，如灭弧罩、电器开关、矿用防爆电器、装饰材料等。

2. 常用工程塑料

（1）苯乙烯-丁二烯-丙烯腈（ABS）—热塑性塑料

ABS是苯乙烯-丁二烯-丙烯腈三元共聚物，兼有三种组分的优点。ABS无毒、无味、微黄色，密度为1.02~1.05g/cm³，制品光泽较好，冲击韧性、力学强度较高、尺寸稳定，电气性能、化学耐腐性好，易于成型和机械加工，可作双色成型件。

ABS 具有优良的综合性能，应用十分广泛，可以制作各种机械零件、减摩耐磨零件、传动件，如齿轮、轴承、叶轮、把手、汽车零件等，可以制作各种家用电器，如电视机、电冰箱、洗衣机、录音机、电话机等的壳体、按键，还可以制作汽车上的保险杠、挡泥板、扶手、加热器以及文体用品和日用品等。

（2）苯乙烯-丙烯腈共聚物（AS）—热塑性塑料

AS 是苯乙烯-丙烯腈二元共聚物。苯乙烯成分使 AS 坚硬、透明并易于加工，丙烯腈成分使 AS 具有化学稳定性和热稳定性，AS 具有很强的承受载荷的能力、抗化学反应能力、抗热变形特性和几何稳定性，其拉伸弹性模量是热塑性塑料中较高的一种。AS 中加入玻璃纤维添加剂可以增加强度和抗热变形能力，减小热膨胀系数。AS 的软化温度约为 110℃，载荷下挠曲变形温度约为 100℃。AS 的收缩率约为 0.3 ~0.7%。

AS 广泛用于制作电器、日用品、汽车产品、化妆品包装等，如插座、壳体、电视机底座、卡带盒、车头灯盒、反光镜、仪表盘、餐具、食品刀具等。

（3）聚碳酸酯（PC）—热塑性塑料

聚碳酸酯（PC）是透明的无定形热塑性塑料，本色微黄，加少量淡蓝色则为无色透明塑料，密度为 1.2g/cm^3，透光率近 90%，仅次于 PMMA 和 PS，抗冲击性在热塑性塑料中位居前列，韧而刚。制件尺寸精度高，在较大的温度变化范围内保持其尺寸稳定性，收缩率为 0.6 ~0.8%，耐热，抗蠕变。吸水率低，绝缘性较好，耐蚀、耐磨性好，但高温易水解、相溶性差。

聚碳酸酯具有较优良的综合性能，常用来代替铜、锌、不锈钢等金属材料，广泛用于机械、电子等行业，如齿轮、轴承、绝缘透明件、照明件、医疗器械等。

（4）聚酰胺（PA）—热塑性塑料

聚酰胺（PA）俗称尼龙，是大分子链中含有酰胺基因的高分子聚合物制成的塑料总称，品种已多达几十种，如 PA6、PA66、PA610、PA10、PA1010 等。聚酰胺大多质地坚韧，无毒、无味，密度为 1.0 ~1.01g/cm^3，结晶度为 40% ~60%，抗拉、抗压、耐磨，自润滑性很突出，坚韧耐水，抗霉菌，但易吸水，收缩率大，尺寸稳定性较差。

聚酰胺具有优良的综合性能，应用广泛，适于制作各种机械、化工、电器零件以及减摩耐磨零件，如齿轮、轴承、叶轮、密封圈、蜗杆、线圈骨架等。

（5）聚甲醛（POM）—热塑性塑料

聚甲醛（POM）是线型结晶型聚合物，根据聚合方法的不同，分为均聚甲醛和共聚甲醛。聚甲醛呈白色或淡黄色，均聚甲醛密度为 1.43g/cm^3，共聚甲醛密度为 1.41g/cm^3。聚甲醛的综合性能良好，抗冲击疲劳，减摩、耐磨性好，吸水小，尺寸稳定，但热稳定性差，易燃烧，长期曝晒易老化。

聚甲醛的综合性能优良，在机械、化工、仪表、电子、纺织等行业获得了广泛的应用，适于作减摩零件、传动件、化工容器及仪器仪表外壳等，如齿轮、轴承、轴套、保持架、水暖零件、管道、继电器等。

（6）聚砜（PSF）—热塑性塑料

聚砜（PSF）是以苯环为主链，通过醚、异丙基、砜等基团形成的热塑性塑料，呈透明而略带琥珀色或象牙色的不透明体，密度为 1.24g/cm^3，具有突出的耐热、耐氧化性能，可在 -100℃ ~ +150℃范围内长期使用。力学性能好，抗蠕变性比 PC 好，耐酸碱和高温蒸汽，在水、湿、高温下仍能保持良好的绝缘性，但不耐芳香烃和卤化氢。

聚砜适于制作高强度、高精度、耐热的机械零件，如齿轮、凸轮、排气阀、仪器仪表壳体等。也可制作尺寸精密、电器性能稳定的电器零件，如线圈骨架、电位器部件、计算机零件等。

（7）聚苯醚（PPO）—热塑性塑料

聚苯醚（PPO）是聚2，6-二甲基-1，4-苯醚，呈白色，造粒后呈透明琥珀色，密度为1.06～1.07g/cm^3，质地坚而韧，使用温度范围宽：-127℃～+121℃，耐磨性好，绝缘性优良，耐稀酸、碱、盐，耐水及蒸汽，吸水性小，在沸水中仍具有尺寸稳定性，耐污染，无毒。聚苯醚的缺点是内应力大，易开裂，流动性差，抗疲劳强度较低。

聚苯醚适于作减摩耐磨零件、绝缘件、机械零件、电子设备结构件、传动件及医疗器械等，特别适用于潮湿、有负荷且需要电绝缘的场合。

（8）氟塑料—热塑性塑料

氟塑料是聚三氟氯乙烯（PCTFE）、聚四氟乙烯（PTFE）、聚全氟乙丙烯（FEP或F46）、聚偏氟乙烯（PVDF）的总称。氟塑料具有优异的介电性能和耐化学腐蚀、耐高低温、防水、不粘、低摩擦系数、良好的自润滑性等性能。聚四氟乙烯树脂为白色粉末，外观如蜡状，光滑不粘，平均密度为2.2 g/cm^3，是最重的一种塑料，性能卓越，为一般热塑性塑料所不及，有"塑料王"之称。氟塑料的化学稳定性是所有塑料中最好的一种，对强酸强碱及各种氧化剂等强腐蚀性介质都完全稳定，原子工业中的强腐蚀剂五氟化铀对它都不起作用，其化学稳定性超过金、铂、玻璃、陶瓷等材料。聚四氟乙烯可在-195℃～+250℃的温度下长期使用，但冷流性大，不能注射。聚全氟乙烯除使用温度外，几乎具有聚四氟乙烯的全部优点，可挤压、模压及注射成型，自黏性好、可热焊，其摩擦系数是塑料中最低的。

氟塑料广泛应用于化工、电子、电气、航空、航天、半导体、机械、纺织、建筑、医药、汽车等工业领域，适于作抗腐、耐磨减摩件，绝缘件，医疗器件和传动件等，如飞机挂钩线、增压电缆、报警电缆、人工血管、人工心肺等。

（9）聚甲基丙烯酸甲酯（PMMA）—热塑性塑料

聚甲基丙烯酸甲酯（PMMA）俗称有机玻璃，是透光性塑料，透光率为92%，优于普通硅玻璃。模塑成型性能较好的是改性有机玻璃372#和373#。372#成型性能较好，373#有较高的耐冲击韧性。有机玻璃密度为1.18g/cm^3，比普通硅玻璃轻一半，而强度则为普通硅玻璃的10倍以上，轻、坚韧、易着色，绝缘性较好，耐一般的腐蚀，一般情况下尺寸较稳定，最大缺点是表面硬度低，易擦伤拉毛。

聚甲基丙烯酸甲酯适于制作各种光学镜片、透明管道、灯罩、油标、水标、工艺装饰品、大型透明屋顶、飞机的安全罩、汽车的玻璃窗等。

（10）醋酸纤维素（CA）—热塑性塑料

醋酸纤维素（CA）是纤维素分子中羟基用醋酸化后得到一种化学改性的天然高聚物，其性能取决于乙酰化程度。高乙酰含量的醋酸纤维素（乙酰基含量40%～42%），呈白色粒状、粉状或棉状固体，对光稳定，不易燃烧，在稀酸、汽油、矿物油中稳定。醋酸纤维素是一种非常易得的人造纤维，成本低，具有很好的编织性能。

醋酸纤维素主要用于工业产品和生活用品，如工具手柄、计算机及打字机的字母数字键、电话机壳、汽车方向盘、眼镜架及镜片、电影胶片、绝缘薄膜、玩具等。

（11）有机硅塑料（IS）—热固性塑料

有机硅塑料（IS）的密度为1.75～1.95 g/cm^3，成型收缩率为0.5%，成型温度为

160～180℃，耐高低温，耐潮，电阻高，高频绝缘性好，耐辐射臭氧。

有机硅塑料适于制作电器元件的塑封件及耐高温、电弧和高频的绝缘件等。

（12）硅酮塑料—热固性塑料

硅酮塑料可在很宽频率和温度范围内保持良好的绝缘性能，可在－900℃～＋300℃的温度下长期使用，耐辐射、防水、化学稳定性好，抗裂性良好，可低压成型。

硅酮塑料适用于制作低压塑料整流器、半导体管及固体电路等。

（13）环氧塑料—热固性塑料

环氧塑料是以环氧树脂为基体的塑料。环氧塑料强度高，绝缘性优良，化学稳定性和耐有机溶剂性好，适用于压缩成型和传递成型。

环氧塑料主要用于电子元器件的封装、固定等。

3. 常用特种塑料

（1）玻璃纤维增强塑料（GRP）

玻璃纤维增强塑料（GRP）是由合成树脂和玻璃纤维，经复合工艺制作而成的一种功能型材料，具有重量轻、耐腐蚀、绝缘性能好、传热慢、容易着色、能通过电磁波等特性。

玻璃纤维增强塑料主要用来制作壁厚的结构零件，如玻璃雷达罩、飞机油箱、游艇体、浴盆等。

（2）泡沫塑料

泡沫塑料是以树脂为基料，加入发泡剂等制成内部具有无数微小气孔的塑料。泡沫塑料采用机械法、物理法、化学法进行气泡，具有质轻、隔热、隔音、防震、耐潮等特点，按内部气孔相连情况，可分为开孔型和闭孔型；按机械性能，可分为硬质和软质两类。常用泡沫塑料有聚氨酯泡沫塑料、聚苯乙烯泡沫塑料、聚乙烯泡沫塑料、聚氯乙烯泡沫塑料、酚醛泡沫塑料及脲醛泡沫塑料等。

硬质泡沫塑料可用于隔热保温材料、隔音防震材料等；软质泡沫塑料可用于衬垫、座垫、拖鞋、泡沫人造革等。

第 3 节 注塑成型工艺

注塑成型工艺能一次成型形状复杂、尺寸精度高、带有嵌件的塑件，生产周期短，生产效率高，易于实现自动化。目前，除氟塑料外，几乎所有的热塑性塑料都可用于注塑成型，一些流动性好的热固性塑料也可以注塑成型。注塑成型已成为运用最广泛的塑料成型方法之一。本节将介绍注塑成型原理、注塑成型工艺、工艺条件控制和典型塑件的注塑成型工艺实例。

一、注塑成型原理

注塑成型是将松散的粒状或粉状塑料，从注塑机的料斗送入加热的料筒内熔融、塑化，使之成为黏流熔体，在柱塞或螺杆的推动下，以合理的流速通过料筒前端的喷嘴注入温度较低的闭合模具中，经冷却保压后开模取件，得到具有一定形状和尺寸的塑件。图 1-2 所示为螺杆式注塑机注塑成型原理图，在注塑成型生产中，塑料原料、注塑机和注塑模是三个必不可少的要素。

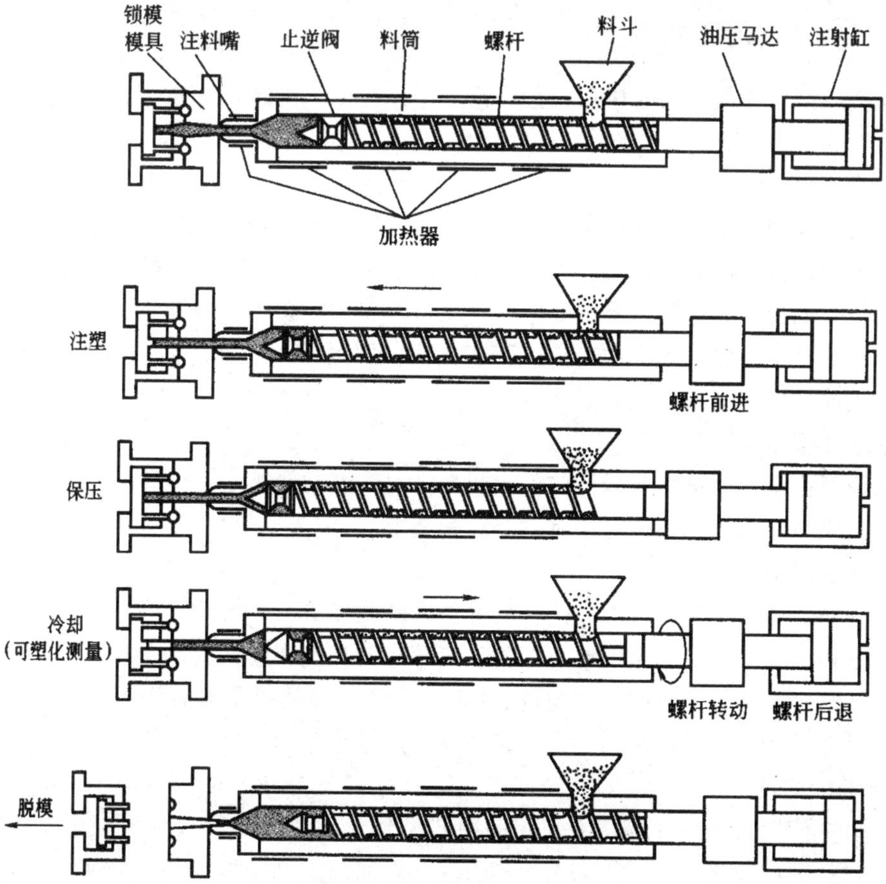

图 1-2 螺杆式注塑机注塑成型原理图

二、注塑成型工艺

注塑成型需要三个生产工艺阶段：注射前的准备、注射过程和塑件后处理，注塑成型的生产工艺过程如图 1-3 所示。

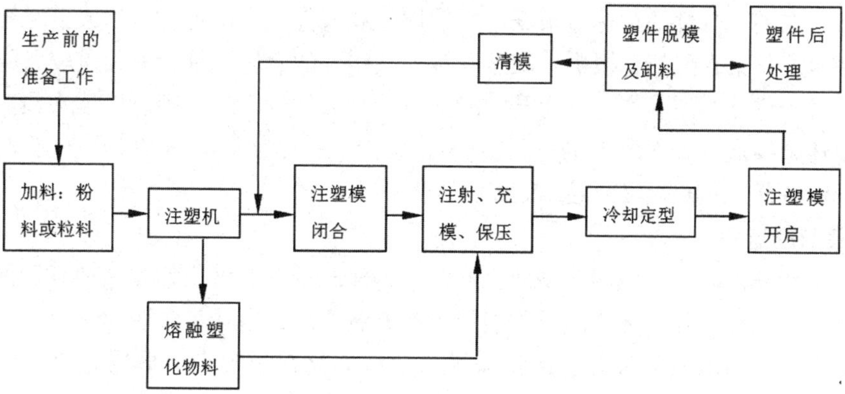

图 1-3 注塑成型生产工艺过程循环图

三、注射前的准备

在注塑成型生产前，需要执行一些准备工作，包括原料检验、染色、干燥，以及料筒清洗和嵌件预热等。

1. 原料的检验

塑料的性能与质量直接影响塑件的品质，特别是对于许多在强度、弹性及使用条件方面有特殊要求的塑件来说尤为重要。因此，在进行批量生产之前，应当对所用塑料的各种性能与质量进行全面检验。这些检验主要包括：原料的品种、规格、牌号等是否与所要求的参数相符；原料的色泽、粒子大小和均匀性程度如何；原料的工艺性能，如熔融指数、流动性、热性能、收缩率、含水量情况等。

2. 原料的染色

塑料原料大部分是透明或呈乳白色，而塑件对颜色的要求是多样的，因此在加工前需要对原料进行染色，常用的染色方法有混合法和造粒法。

3. 原料的干燥

多数塑料，如聚甲基丙烯酸甲酯、尼龙、聚碳酸酯等，本身的吸湿性较强，而有些吸湿性较小的塑料，如聚乙烯、聚丙烯、聚苯乙烯等，若长期暴露在湿热空气中，也会吸收少量的水分。如塑料中含水分及挥发物超过2%时，会给产品质量带来较大问题。因此，需要对原料进行必要的干燥处理，常用的干燥方法有：烘箱干燥和红外线干燥。

4. 料筒的清洗

注塑机在使用前，为了避免因使用的原料型号、颜色等不同或是成型中发生了降解反应，必须对料筒进行清洗，一般采用加热清洗和料筒清洗剂。螺杆式注塑机可采用直接换料清洗，清洗时应掌握料筒内余料和新料的热稳定性，成型温度范围和各塑料之间的相容性。柱塞式注塑机料筒的清洗通常比螺杆式注塑机困难，因为其料筒内的余料较多而又难以转动，因此，在清洗时必须拆卸或采用专用料筒。使用料筒清洗剂清洗时，只要将料筒升温熔融，再使余料对空注射排出，再加入一定量的清洗剂，即可清洗干净。

5. 嵌件的预热

当成型带嵌件塑件时，为防止嵌件周围的塑料出现收缩应力和裂纹，有时需对嵌件进行预热，以减少温差。嵌件的预热应根据塑料的性能和嵌件大小而定，对于成型时容易产生应力开裂的塑料，如聚碳酸酯、聚砜、聚苯醚等，其塑件的金属嵌件，尤其是较大的嵌件一般都要预热。对于成型时不易产生应力开裂的塑料，且嵌件较小时，则可以不必预热。预热的温度以不损坏金属嵌件表面所镀的锌层或铬层为限，一般为110～130℃。对于表面无镀层的铝合金或铜嵌件，预热温度可达150℃。

6. 脱模剂的选用

当塑件难于脱模时，在注塑成型前，需给模具涂脱模剂，常用的脱模剂有三种：硬脂酸锌、液体石蜡和硅油。除了硬脂酸锌不能用于聚酰胺之外，上述三种脱模剂对于一般塑料均可使用，其中尤以硅油效果最好，经喷涂烘烤后能固化在型腔表面形成硅脂，只需使用一次，即可长效脱模，但价格较贵。硬脂酸锌多用于高温模具，液体石蜡多用于中低温模具。为了克服手工涂抹的不均匀，目前市面上多使用雾化脱模剂。

四、注射过程

塑料在注塑机料筒内加热，经塑化达到理想的流动状态，然后通过注塑机的注射螺杆或柱塞作用，将塑料熔体注入闭合的模具型腔内，完成注射、保压、冷却后，塑件固化定型，随即开启模具使塑件脱模。注射过程一般包括加料、塑化、注射和冷却、脱模。

1. 加料

由于注塑成型是一个间歇过程，因而需定量或定容加料，以保证操作稳定。加料过多、受热时间过长等容易引起塑料的热降解，同时注塑机功率损耗增多；加料过少，料筒内缺少传压介质，型腔中塑料熔体压力降低，难以补料和补压，容易引起塑件缩孔、缩松、凹陷及欠料等缺陷。

2. 塑化

塑料在料筒中受热，由固体颗粒转换成粘流态，并且形成具有良好可塑性均匀熔体的过程称为塑化。决定塑料塑化质量的主要因素是物料的受热情况和受到的剪切混合作用。通过料筒对物料加热，使固体状的塑料熔融，物料间的剪切作用，使混合和塑化扩展到聚合物分子的水平，而不仅仅是静态的熔融，它使塑料熔体的温度分布、物料组成和分子形态都发生改变，并更趋于均匀。同时螺杆的剪切作用能在塑料中产生更多的摩擦热，促进了塑料的塑化，因而螺杆式注塑机对塑料的塑化比柱塞式注塑机要好得多。

3. 注射

注射过程可分为充模、压实、倒流和冷却四个阶段。连续的四个阶段中，塑料熔体温度将不断下降，而型腔内的压力则按如图 1-4 所示的曲线变化。

t_0 是螺杆或柱塞开始注射熔体的时刻。

$t=t_1$ 时，熔体充满模腔，熔体压力迅速上升，达到最大值 P_0。

$t_1 \sim t_2$ 阶段，塑料仍处于螺杆（或柱塞）的压力下，熔体会继续流入模腔，以弥补因冷却收缩而产生的空隙。由于塑料仍在流动，而温度又在不断下降，定向分子容易被凝结，所以这一阶段是大分子定向形成的主要阶段。这一阶段的时间越长，分子定向的程度越高。

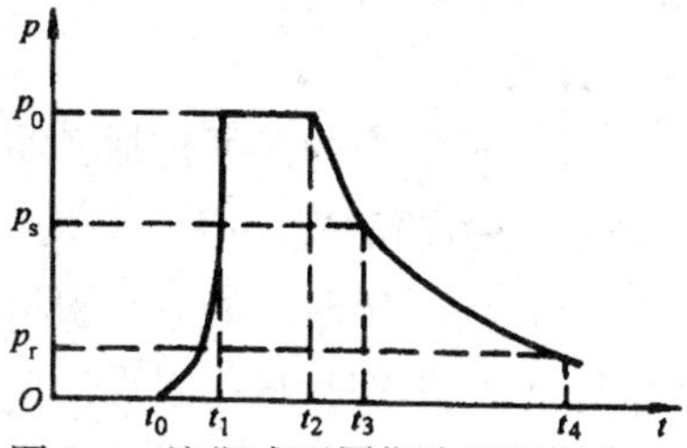

图 1-4 注塑成型周期中塑料压力的时间曲线

$t_2 \sim t_3$ 阶段，即螺杆开始后退到结束时间，由于模腔内的压力比流道内高，会发生熔体倒流，从而使模腔内的压力迅速下降。倒流一直进行到浇口处熔体凝结时为止。若螺杆后退时浇口处熔体已凝结，或注塑机喷嘴中装有止回阀，则倒流阶段就不复存在，也就不会出现 $t_2 \sim t_3$ 段压力迅速下降的情况。塑料凝结时的压力和温度是决定塑件平均收缩率的重要因素，而压实阶段的时间又直接影响着这些因素。

$t_3 \sim t_4$ 阶段，即浇口处的塑料完全凝结到推出塑件时间，为凝结后的塑件冷却阶段，这一阶段的冷却对塑件的脱模、表面质量和翘曲变形有很大影响。

4. 脱模

塑件冷却到一定的温度即可开模，在推出机构的作用下使塑件脱模。塑件脱模后，必须将模具内的残留物清除干净，以备下一周期成型。成型带嵌件塑件时，应在闭模前先将嵌件安放在模内合理的位置上。

五、塑件的后处理

塑件脱模后，除了进行去浇口和飞边外，常需要进行适当的后处理来改善塑件的性能和提高塑件尺寸的稳定性。塑件的后处理主要为退火和调湿处理。

1. 退火处理

退火处理是使塑件在定温的加热液体介质或热空气循环烘箱中静置一段时间。一般退火温度应控制在高于塑件使用温度10~20℃或者低于塑料热变形温度10~20℃为宜。退火时间视塑件厚度而定。退火后应使塑件缓冷至室温。退火处理的实质是松弛聚合物中冻结的分子链，消除内应力及提高结晶度，稳定结晶结构。

2. 调湿处理

调湿处理是使塑件在一定的湿度环境中预先吸收一定的水分，使塑件尺寸稳定下来，以避免塑件在使用过程中发生更大的变化。调湿处理所用的加热介质一般为沸水或醋酸钾溶液（沸点为121℃），加热温度为100~121℃，热变形温度高时取上限，反之取下限。保温时间与塑件厚度有关，通常取2 ~9h。

并非所有的塑件都需要进行后处理，通常只对带有金属嵌件、使用温度范围变化大、尺寸精度要求高和壁厚大的塑件进行后处理。

六、注塑工艺条件的控制

成型工艺条件的选择与控制是否合理决定了塑件的质量，注塑成型中主要的工艺条件是温度、压力和时间。

1. 温度

注塑成型中的温度包括料筒温度、喷嘴温度、模具温度和脱模温度等。

（1）料筒温度

使用注塑机时，需对注塑机的料筒按照后段、中段和前段三个不同区域进行分别加热与控制。后段指加料料斗附近，该段加热的温度要求最低，若过热则会使物料在加料口附近黏结，影响顺利进料；前段指靠近料筒内螺杆（或柱塞）前端的一段区域，一般这段温度为最高；中段指前段与后段之间的区域，对该段温度控制介于前、后段温度之间。料筒加热一般是由后段至前段温度逐渐升高，以实现塑料逐渐升温达到良好的熔融状态要求。

（2）喷嘴温度

为了防止喷嘴处塑料熔体发生冷凝而阻塞喷嘴，或冷料被注入模腔内影响塑件质量，喷嘴温度不能过低，只能略低于料筒前段温度。喷嘴温度也不能过高，以免发生“流涎”现象。

（3）模具温度

针对不同的模塑材料、塑件结构和模具的生产效率，要求模具温度达到适宜的温度，以保证塑件的质量和生产要求。特别是生产大批量塑件的模具，对模温调节与控制系统设计的要求更为严格。

（4）脱模温度

塑件由模内脱出立即测得的温度称为脱模温度，它应低于成型塑料的热变形温度。

2. 压力

注塑成型中的压力包括塑化压力、注射压力、保压压力和模腔压力等。

（1）塑化压力

又称背压，是指注塑机螺杆顶部的熔体在螺杆转动后退时所受到的压力，通过调节注射液压缸的回油阻力来控制的。背压增加了熔体的内压力，加强了剪切效果，由于塑料的剪切发热，因此提高了熔体的温度。

（2）注射压力

指注射时作用于螺杆头部的熔体压强，用于克服塑料流经喷嘴、流道、浇口及模腔内的流动阻力，并使型腔内塑料压实。注射压力的大小与塑料品种、塑件的复杂程度、塑件的壁厚、喷嘴的结构形式、模具浇口的尺寸及注塑机类型等许多因素有关，通常取 40～200MPa。

（3）保压压力

注射后螺杆并不立即后退，仍继续对前端熔体施加的压力称为保压压力。在保压过程中，模腔内的塑料因冷却收缩而让出些许空间，这时若浇口未冻结，螺杆在保压压力作用下缓慢前进，使塑料可继续注入型腔进行补缩。一般保压压力等于或略低于注射压力。

（4）模腔压力

指塑料充满型腔后建立的压力。模具每次成型时，模腔压力进行同样的周期性变化，最大模腔压力用以实现对塑料的最终压实。模腔压力变化的稳定性直接影响着塑件的质量。最大模腔压力作用的时间并不长，随着塑件冷却，压力下降迅速。到塑件脱模时，若残余压力（模腔压力与外界大气压力的差值）为正值且较大时，开模会产生爆鸣声，塑件在脱模时易被顶裂、变形或划伤；当残余压力为负值，即模腔压力为真空状态时，塑件易发生凹陷，且脱模阻力也较大；残余压力为零值，是塑件最佳脱模时刻。

3. 时间

注塑成型的周期是指完成一次注塑成型工艺过程所需的时间，它包含着注塑成型过程中所有的时间，直接关系到生产效率的高低。注塑成型周期的时间组成如图 1-5 所示。

- 注塑成型周期
  - 注射时间
    - 充模时间 柱塞或螺杆向前推进塑料熔体的时间
    - 保压时间 柱塞或螺杆停留在前进位置上保持压力的时间
  - 冷却时间 模腔内塑件的冷却时间（包括柱塞或螺杆后退的时间）
  - 其他操作时间 包括开模、塑件脱模、喷涂脱模剂、安放嵌件和闭模时间等

图 1-5　注塑成型周期

七、典型塑件注塑成型工艺实例

制定制品的注塑成型工艺，除需要根据塑料品种选择好恰当的工艺参数外，还要依据制品的生产批量、形状结构、几何尺寸、体积大小及模腔数量等恰当地选择注塑机规格，使注塑机的规格和性能参数能与注塑工艺参数得到最佳匹配。换句话说，机型的规格大小以及性能参数的范围都应尽量与注塑工艺参数相接近，这样才能在保证塑件质量的前提下，以最低的成本获得最高的生产效率和经济效益。表 1-2 列出了几种典型塑件的注塑成型工艺。

表 1-2　典型塑件注塑成型工艺

塑件名称	简　图	材　料	注塑工艺
风扇叶	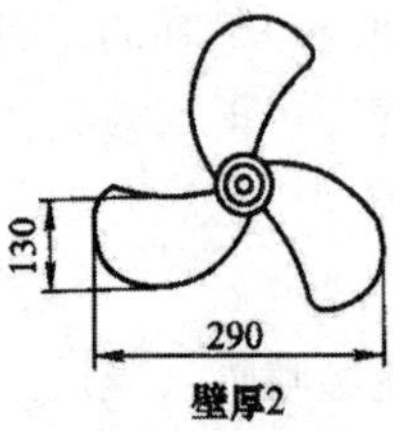	ABS	注塑机：N200BⅡ 模腔数：1 螺杆形式：标准型 A 螺杆转速：37 r/min 模具温度：42℃ 成型周期：38s 其中：闭模 2s、注射 10s、塑化 + 冷却 22s、开模 3s、取件 1s 日产量：2273 件
电视机前框	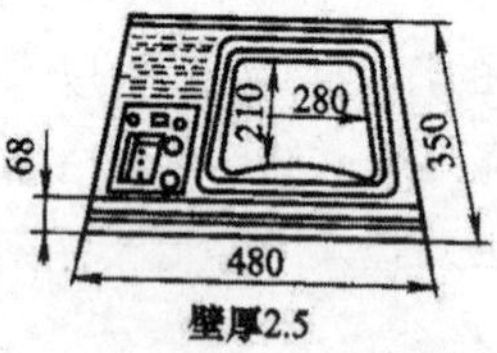	HIPS	注塑机：N550BⅡ 模腔数：1 螺杆形式：标准型 B 螺杆转速：70r/min 模具温度：20 ~ 60℃ 成型周期：52s 其中：闭模 4s、注射 16s、塑化 + 冷却 25s、开模 4s、取件 3s 日产量：1661 件
周转箱	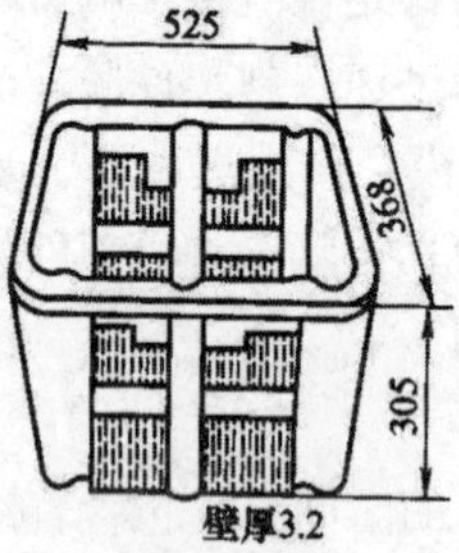	HDPE	注塑机：J800 - 5400S 模腔数：1 螺杆形式：HDPE 用螺杆 RSP 螺杆转速：70r/min 模具温度：32 - 35℃ 成型周期：62. 8s 其中：闭模6s、注射13. 6s、塑化 + 冷却30. 1s、开模4. 1s、取件 9s 日产量：1375 件
挡板	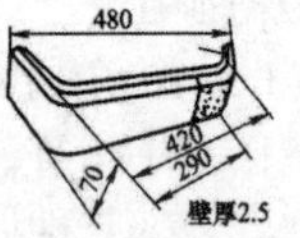	AS	注塑机：N200BⅡ 模腔数：2 螺杆形式：标准型 A 螺杆转速：50r/min 模具温度：50 - 60℃ 成型周期：37s 其中：闭模 3s、注射 7s、塑化 + 冷却 20s、开模 3s、取件 4s 日产量：4760 件
方向盘	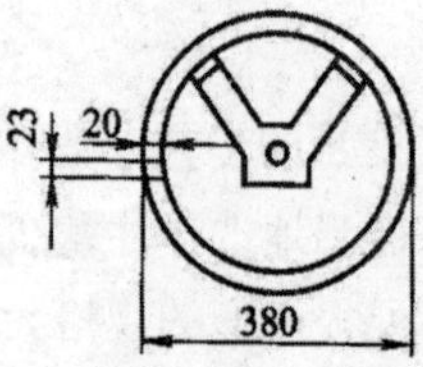	PP	注塑机：N300BⅡ 模腔数：1 螺杆形式：标准型 B 螺杆转速：70r/min 模具温度：42℃ 成型周期：70s 其中：闭模 4s、注射 25s、塑化 + 冷却 30s、开模 4s、取件 7s 日产量：1234 件

（续）

塑件名称	简　图	材　料	注塑工艺
汽车保险杠	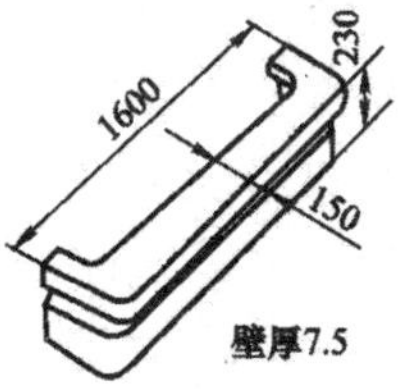	PP+填充	注塑机：J1250-8000S 模腔数：1 螺杆形式：标准型 ¢140 螺杆转速：43r/min 模具温度：31-35℃ 成型周期：117s 其中：闭模5s、注射20s、塑化+冷却80s、开模6s、取件6s 日产量：738件
汽车仪表板	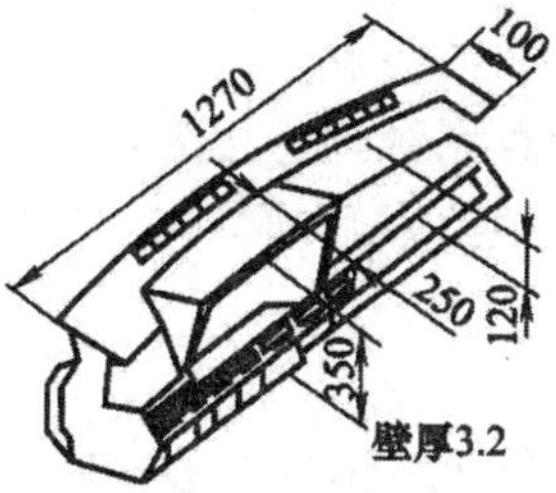	PPO	注塑机：M1600S/1080-DM 模腔数：1 螺杆形式：标准型 ¢140 螺杆转速：45r/min 模具温度：65-80℃ 成型周期：71s 其中：闭模7s、注射16s、塑化十冷却30s、开模9s、取件9s 日产量：1080件

第4节　Moldflow有限元分析基础

Moldflow作为成功的注塑产品成型仿真及分析软件，采用的基本思想也是工程领域中最为常用的有限元法。有限元法的应用领域从最初的离散弹性系统发展到后来进入连续介质力学中，目前广泛应用于工程结构强度、热传导、电磁场、流体力学等领域。经过多年的发展，现代的有限元法几乎可以用来求解所有的连续介质和场问题，包括静力问题、与时间有关的变化问题以及振动问题。

简单地说，有限元法就是利用假想的线或面将连续介质的内部和边界分割成有限大小、有限数目、离散的单元来研究。这样就把原来一个连续的整体简化成有限个单元体系，从而得到真实结构的近似模型，最终的数值计算就在这个离散化的模型上进行。直观上，物体被划分成【网格】状，在Moldflow中将这些单元称为网格（mesh），如图1-6所示。

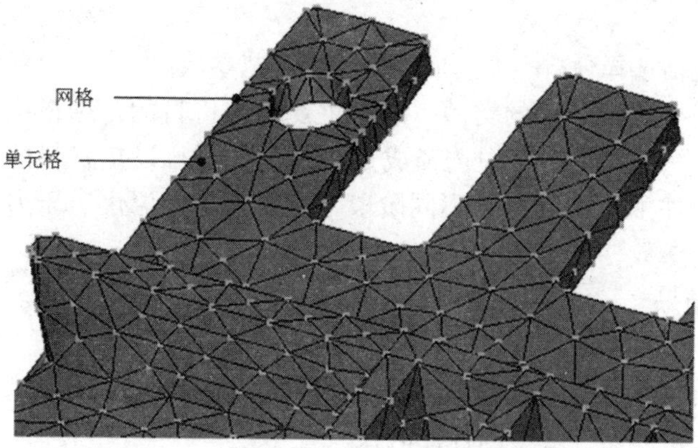

图1-6　有限元模型

1. 有限元法的基本思想

有限元法的基本思想包括以下几个方面。

- 连续系统（包括杆系、连续体、连续介质）被假想地分割成数目有限的单元，单元之间只在数目有限的节点处相互连接，构成一个单元集合体来代替原来的连续系统，在节点上引进等效载荷（或边界条件），代替实际作用于系统上的外载荷。
- 由分快近似的思想，对每个单元按一定的规则建立求解未知量与接点相互之间的关系。
- 把所有单元的这种特性关系按一定的条件（变形协调条件、连续条件或变分原理及能量原理）集合起来，引入边界条件，构成一组以接点变量（位移、温度、电压等）为未知量的代数方程组，求解它们得到有限个接点处的待求变量。

所以，有限元法实质上是把具有无限个自由度的连续系统理想化为具有有限个自由度的单元集合体，使问题转化为适用于数值求解的结构型问题。

2. 有限元法的特点

有限元方法正是由于它的诸多特点，在当今各个领域都得到了广泛应用。有限元法的特点表现如下。

- 原理清楚，概念明确；
- 应用范围广泛，适应性强；
- 有利于计算机应用。

3. Moldflow 分析流程

对于常规的塑件，Moldflow 2018 的一般分析流程如图 1-7 所示。

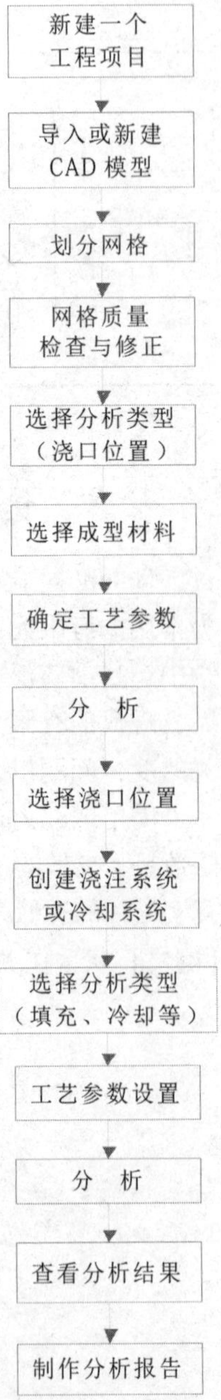

图 1-7　分析流程

Moldflow 的分析流程包括三个主要的分析步骤：建立网格模型、设定分析参数、模拟分析结果。其中，建立网格模型和设定分析参数都属于前处理的范围，模拟分析结果为后处理。

（1）建立网格模型

建立网格模型包括新建工程项目，导入或新建 CAD 模型，网格的划分、检查以及修复。导入或新建 CAD 模型时，通常根据分析的具体要求，对模型进行一定的简化操作。

（2）设定分析参数

设定分析参数包括选择分析类型、成型材料、工艺参数。

参数设置中首先要确定分析的类型，确定主要的分析目的，选择相应的模块进行分析，然后在材料库中选择成型材料，或自行设定材料的各种物理参数。按照注射成型的各种不同阶段，设置相应的温度、压力以及时间等各种工艺参数

（3）模拟分析结果

分析完成以后，就可以进行模拟分析计算了。

根据模型的大小、网格质量、分析类型的不同，分析时间的长短。在分析结束后，可以看到塑件成型的各种信息。

4. 注塑成型模拟技术

注塑成型模拟技术是一种专业化的有限元分析技术，可以模拟热塑性塑料注射成型过程中的充填、浇口和型腔中的流动过程，计算浇注系统及型腔的压力场、温度场、速度场、剪切应变速率场和剪切应力场的分布，从而优化浇口数目、浇口位置和注塑成型工艺参数，预测所需的注射压力和锁模力，并发现可能出现的短射、烧焦、不合理的熔接痕位置和气穴等缺陷。

作为行业的主导和先驱品牌，Moldflow 的注塑成型模拟技术也经历了中性面模型、表面模型和三维实体模型 3 个发展阶段。

（1）中性面模型技术。

中性面模型技术是最早出现的注塑成型模拟技术，采用的工程数值计算方法主要包括基于中性面模型的有限元法、有限差分法和控制体积法等。其大致的模拟过程如图 1-8 所示。

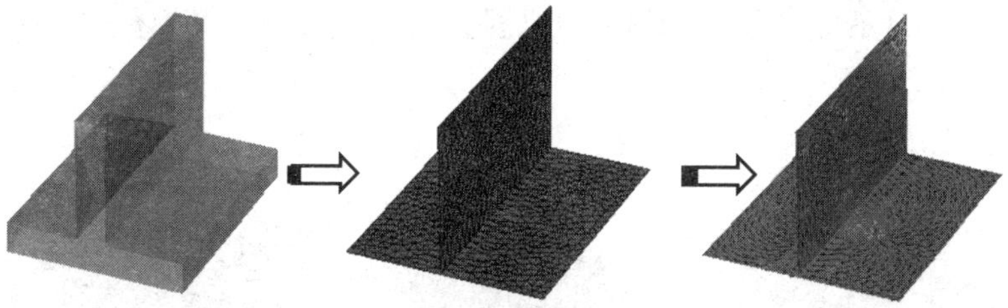

图 1-8 中性面模型分析过程

中性面模型技术具有以下优点：

- 技术原理简明，容易理解；
- 网格划分结果简单，单元数量少；
- 计算量较小，即算即得。

但中性面模型技术仅考虑产品厚度小于流动方向的尺寸，塑料熔体的黏度较大，将熔体的充模流动视为扩展层流，忽略了熔体在厚度方向的速度分量，因此所分析的结果是有限的、不完整的。

（2）表面（双层面）模型技术

表面模型技术是指型腔或制品在厚度方向上分成两部分。与中性面模型不同，它是在型腔或制品表面产生有限网格，利用表面上的平面三角网格进行有限元分析。

相应地，与基于中性面的有限差分法在中性面两侧进行不同，厚度方向上的有限差分仅在表面内侧进行。在流动过程中，上下两表面的塑料熔体同时并且协调地流动，其模拟过程如图 1-9 所示。

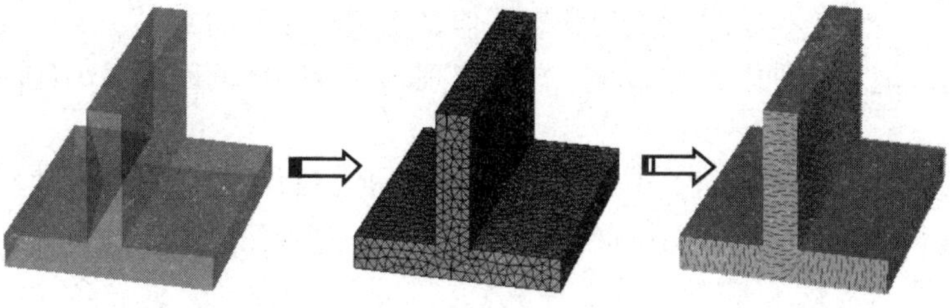

图 1-9 表面模型分析过程

Moldflow 的 Fusion 模块采用的就是表面（双层面）模型技术，它基于 Moldflow 的独家专利 Dualdomain 分析技术，使用户可以直接进行薄壁实体模型分析。

虽然，从中性面模型技术跨入表面模型技术是一个巨大进步，也得到用户的好评，但是，表面模型技术仍然存在一些缺点：

- 分析数据不完整；
- 无法准确解决复杂问题；
- 缺乏真实感。

（3）实体模型技术

Moldflow 的 Flow3D 和 Cool3D 等模块是经过验证的、基于四面体的有限元体积网格解决方案技术，可以对厚壁产品和厚度变化较大的产品进行真实的三维模型分析。

实体模型技术在数值分析方法上与中性面流技术有较大变化。在实体模型技术中，熔体在厚度方向上的速度分量不再被忽略，熔体的压力随厚度方向变化。其模拟过程如图 1-10 所示。

图 1-10　实体模型分析过程

与中性面模型或表面模型相比，由于实体模型考虑了桶体在厚度方向上的速度分量，所以其控制方才要复杂得多，相应的求解过程也复杂得多，计算量大，计算时间长，这是基于实体模型的注塑流动分析目前所存在的最大问题。

第 5 节　注塑成型时制品缺陷及产生原因

注塑生产过程中，经常出现各种品质缺陷和异常现象，大多数注塑工作者仅凭经验处理，盲目调机时间长，原料浪费大，对一些问题缺乏科学系统地分析。注塑加工是一门知识面广、技术性强的行业，仅凭经验是不够的，必须对高分子材料的性能、加工成型工艺、模具设计、注塑机械等有相当程度的认识和了解。下面介绍一些常见的制品缺陷及产生的原因。

一、制品的质量要求

在生产中，无废品产生是最理想的状态，但是由于注塑用的塑料、成型模具、注塑机及辅助设备、成型环境等多种因素的影响，总会出现这样或那样的问题，因此注塑件的品质管理显得尤为重要。

品质管理包含以下几个方面：正确的选择机型、原材料的控制、模具的有效管理、注塑工艺操作与调整、推行品质检查与全面品质管理、建立完善的品质保证体系、选择适当的控制方法、实现品质的网络化管理。

品质管理是一项系统、复杂、繁琐的工作，没有固定的模式，各个企业应该根据自身的特点确定自己的管理思路及管理方法。影响制品质量的因素包括：

- 对注塑件有精度和质量（表面和内在）的要求。
- 注塑件的精度取决于塑料材料、模具、注射工艺、制品的结构。
- 对于大制品，成型条件的波动所造成的误差占制品公差的1/3；对于小制品，模具的制造精度占制品精度的1/3，单个型腔的制品精度较高，运动型芯的部位精度较低，浇注系统、冷却系统、脱模力设计不当会使制品变形，影响精度。
- 大批量生产中，要保证每次注射时所有型腔流动和固化条件（时间、温度、压力均影响收缩）的一致性。
- 提高注塑件的精度，主要依赖模具的设计与制造；而保证注塑件的质量主要是靠注射工艺的控制，与流道系统关系密切。

二、常见制品缺陷及产生原因

下面将对实际注塑成型时常见制品缺陷和产生原因进行详细介绍。

1. 短射

短射是指由于模具型腔填充不完全造成的制品不完整的质量缺陷，即熔体在完成填充之前就已经凝结，易出现在偏薄胶位及角落位置，如图1-11所示。

造成短射的原因有以下几方面：

- 流动受限，由于浇注系统设计得不合理导致熔体流动受到限制，流道过早凝结；
- 出现滞留或制品流程过长、过于复杂；
- 排气不充分，未能及时排出的气体会产生阻止熔体流动压力；
- 模温或料温过低，降低了熔体流动性，导致填充不完全；
- 成型材料不足，注塑机注塑量不足或者螺杆速率过低也会造成短射；
- 注塑机的缺陷，入料堵塞或螺杆前端缺料。

解决方案：

- 避免迟滞现象发生；
- 尽量消除气穴，将气穴位置设在利于排气的位置或利用顶杆排气；
- 增加螺杆速率；
- 改进制件设计，使用平衡流道，并尽量减小制件的厚度差异；
- 更换成型材料；
- 增大注塑压力。

2. 气穴

气穴是指由于熔体前沿汇聚而小塑件内部或在模腔表层形成的气泡。其现象为表面有气泡孔、真空气泡，通常PC透明料比较容易出现，如图1-12所示。

造成气穴的原因有以下几方面：

- 跑道效应；
- 滞留；
- 不平衡，即使制件厚度均匀，各个方向上的流长也不一定相同，导致气穴产生；
- 排气不充分。

解决方案：

- 平衡流长；
- 避免滞留和跑道效应的出现，对浇注系统作修改，从而使制件最后填充位置位于容易排气的区域；
- 充分排气，将气穴位置设在利于排气的位置或利用顶杆排气。

图 1-11　短射

图 1-12　气穴

3. 熔接痕与熔接线

当两个或多个流动前沿融合时，会形成熔接痕和熔接线。熔接痕与熔接线的区别是融合流动前沿的夹角的大小。在图 1-13 中，可以很明显地看到制品表面出现的熔接线。

造成熔接痕和熔接线原因：

- 由于制件的几何形状，填充过程中出现两个或两个以上的流动前沿时，很容易产生熔接痕和熔接线。

解决方案：

- 增加模温和料温，使两个相遇的熔体前沿融合得更好；
- 改进浇注系统设计，在保持熔体流动速率的前提下减小流道尺寸，以产生摩擦热。

4. 飞边（披锋）

飞边是指在分型面或者顶杆部位从模具模腔溢出的一薄层材料，如图 1-14 所示。飞边仍然与制件相连，通常需要人工清除。

造成飞边的原因：

- 模具分型面闭合性差，模具变形或存在堵塞物；
- 锁模力过小；
- 过保压；
- 成型条件有待优化，如成型材料黏度、注塑速率、浇注系统等；
- 排气位置不当。

解决方案：

- 确保分型面能很好地闭合；
- 避免保压过度；
- 选择具有较大锁模力的注塑机；
- 设置合适的排气位置；
- 优化成型条件。

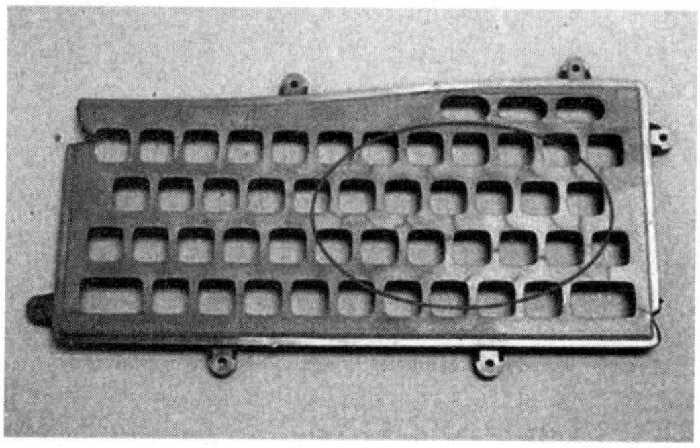

图 1-13　熔接线

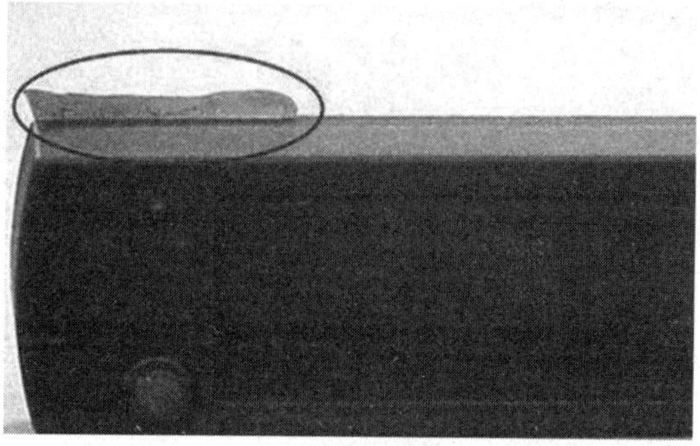

图 1-14　飞边

5. 凹陷与缩痕

凹陷与缩痕是注塑制品表面产生凹坑、陷窝或是收缩痕迹的现象，是由熔体冷却固化时体积收缩而产生的，如图 1-15 所示。

造成凹陷或缩痕的原因：

- 模具缺陷；
- 注塑工艺不当；
- 注塑原料不符合要求；
- 制件结构设计不合理。

解决方案：

- 改进进料口及浇口的形状；
- 增加注塑压力与注射速率；
- 改善原料的成分，可适当增加润滑剂；
- 尽量保证制品壁厚的一致性。

6. 翘曲与扭曲

翘曲与扭曲都是产品脱模后产生的制品变形。沿边缘平行方向的变形称之为翘曲，如图 1-16 所示；沿对角线方向上的变形称之为扭曲。

造成翘曲及扭曲的原因：

- 冷却不当；
- 分子取向不均衡；
- 浇注系统设计的缺陷；
- 脱模系统结构不合理；
- 成型条件设置不当。

解决方案：

- 合理改善冷却系统，应保证制件均匀冷却；
- 降低模温与料温，减小分析的流动取向；
- 合理地设置浇口位置和浇口类型；
- 适当增加注射压力、注射速率、保压时间等注塑工艺参数。

图 1-15　缩痕

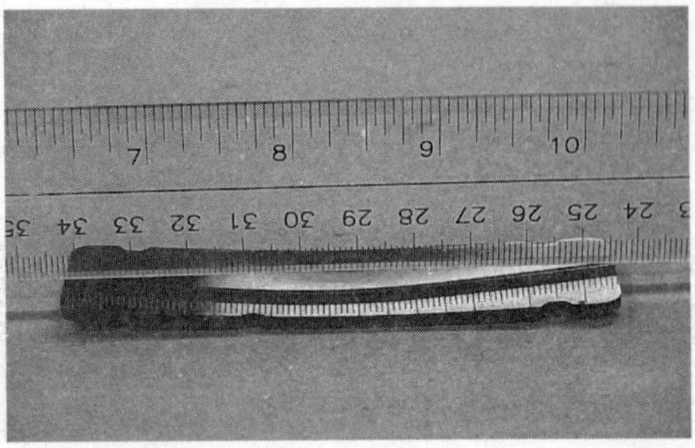

图 1-16　翘曲

7. 烧焦

产品的表面烧焦（成灰黑色），易出现在结合线旁边或产品末端等位置，如图 1-17 所示。

造成烧焦的原因：

- 注塑射速射压偏高；
- 料筒温度偏高；
- 模具排气不良。

解决方案：

- 注塑降低射速射压；
- 降低料筒温度；
- 模具增加排气。

8. 波纹

产品的表面呈波纹状，一般出现在浇口处，如图 1-18 所示。

造成波纹的原因：

- 注塑射速、射压、保压偏小；
- 炮筒温度过低，
- 模具浇口太小。

解决方案：

- 注塑提高射速、射压、保压；
- 提高炮筒温度；
- 提高模温。

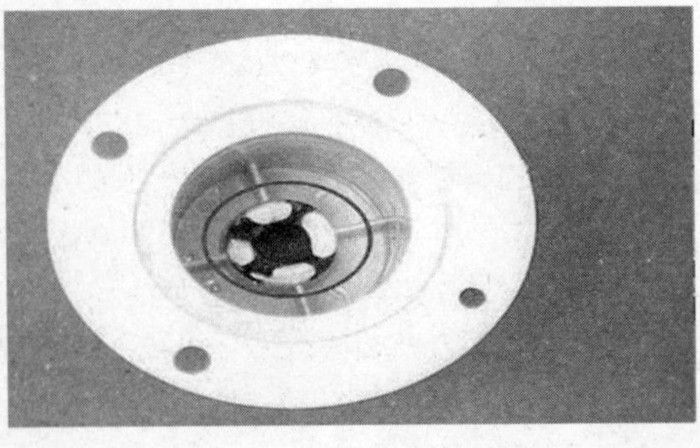

图 1-17　烧焦

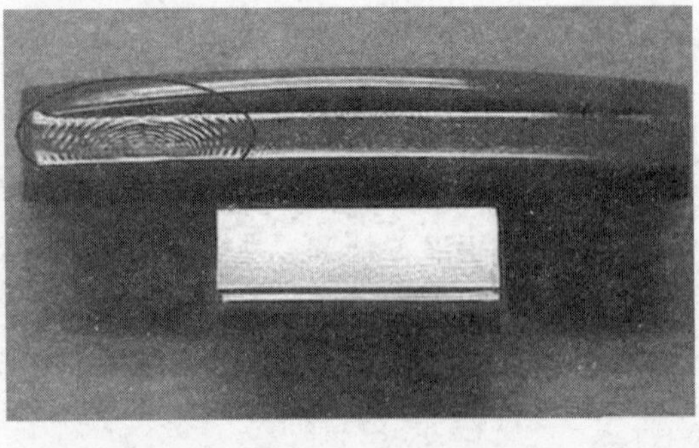

图 1-18　波纹

9. 顶凸

产品的表面有白色印记，一般是顶针的背面，如图 1-19 所示。

造成顶凸的原因：

- 注塑保压偏高；
- 顶出速度太快；
- 冷却时间不够；
- 模具有倒扣或拔模角度不够；
- 顶针截面积偏小。

解决方案：

- 注塑降低保压，放慢顶出速度，延长冷却时间；
- 提高射速、射压、保压，提高炮筒温度，提高模温。

10. 拉白

产品呈白色、将断不断的状态。一般出现在薄壁转角处或薄壁筋根部，如图 1-20 所示。

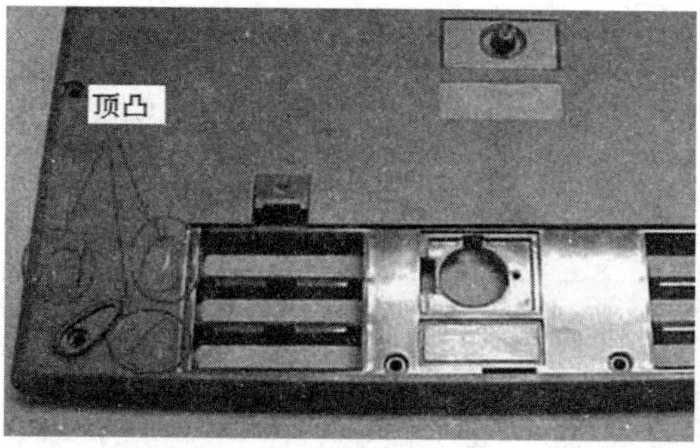

图 1-19　顶凸

图 1-20　拉白

第 2 章

Moldflow 2018 应用入门

本章导读

Moldflow 是用于塑料注射成型分析的软件，主要是以塑料流动理论、有限元法和数值模拟等理论为基础，以塑料件成型过程为对象，快速分析塑料产品在实际生产中可能产生的缺陷，并提供一系列的解决方案。本章主要介绍 Autodesk Moldflow 2018 软件的操作界面、分析流程、功能命令等相关知识。

案例展现

ANLIZHANXIAN

案 例 图	描 述
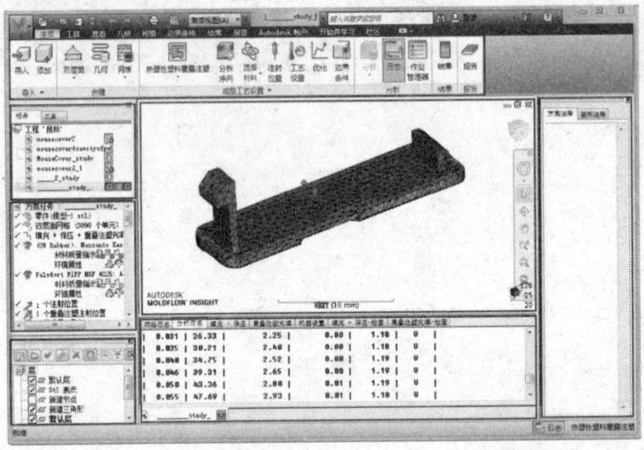	Moldflow Synergy 2018 功能区操作界面相比以前版本有了很大的改变，界面更加美观，排版更加合理，图标更加清晰，操作变得更加方便。Moldflow Synergy 2018 的界面主要由应用程序菜单、快速访问工具栏、功能区选项卡、工程管理视窗、任务视窗、层管理视窗、模型显示视窗和日志视窗组成
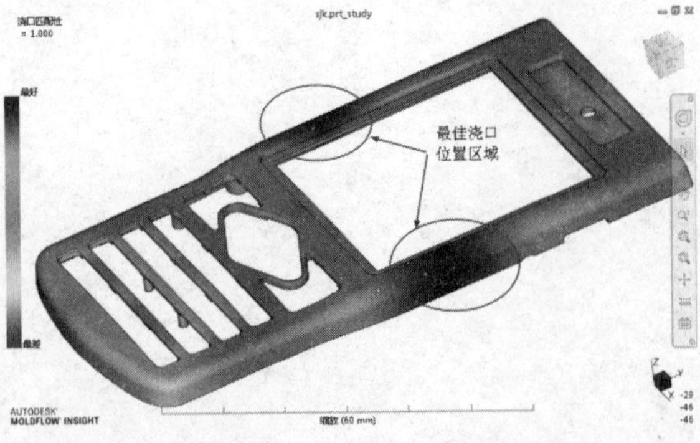	模拟分析的前期准备工作全部完成后，在方案任务视窗中双击“立即分析”任务，MPI 自动进行最佳浇口位置的模拟分析计算，分析完成后，可得到最佳浇口位置的图象信息

第 1 节 Autodesk Moldflow 2018 软件简介

Moldflow 是全球注塑成型 CAE 技术领先品牌，随着 Autodesk Moldflow 2018 版本的推出，统一了企业上下游对塑料件设计标准，实现了企业对 Know-How 的积累和升华，改变了传统的基于经验的试错法。更重要的是，该软件实现了与 CAE 的整合优化，通过了诸如 Algor、Abaqus 等机械 CAE 的协合，对成型后的材料物性/模具的应力分布展开结构强度分析。这一提升，增强了 Moldflow 在 Autodesk 制造业设计套件 2018 中的整合度，可以更加柔性和协同的开展设计工作。Moldflow 2018 的设计和制造环节，提供了两大模拟分析软件：Moldflow Adviser 和 Moldflow Insight。

一、Moldflow Adviser

Moldflow Adviser 是入门级的模流分析软件，主要使用客户群体为产品结构工程师和模具工程师。Moldflow Adviser 已经与当下主流三维软件 CREO、UG 等合并使用，也称“塑件顾问”，包含了塑料顾问和模具顾问。

使用 Moldflow Adviser 的主要目的是对产品进行浇口最佳位置分析和流动分析，为产品工程师对产品进行改进，并对模具的浇口设计和其他系统设计提供必要的帮助，其主要功能介绍如下。

- 易于创建浇流道系统—可方便地为单模穴、多模穴及组合模具创建主流道、分流道和浇口系统。
- 预测充模模式—快速地分析塑料熔体流过浇流道和模穴的过程，以平衡流道系统，并考虑不同的浇口位置对充模模式的影响。
- 预测成型周期——次注射量和锁模力，现在模具设计师可利用这些信息选定注射机，优化成型周期，减少废料量。
- 可快速方便地传输结果—Moldflow Adviser 的网页格式分析报告可在设计小组成员之间方便地传递各种信息，例如浇流道的尺寸和排布，塑料熔体流动方式。

对于所选择的注射机，Moldflow Adviser 支持四种分析模式。

（1）Part Only：仅对产品进行分析。可确定合理的工艺成型条件和最佳的浇口位置，进行充模模拟、冷却质量和凹痕分析，从而辅助产品结构设计。

（2）Single Cavity：对单模穴成型进行分析。要求建立浇流道，可进行充模模拟。

（3）Multi Cavity：对多模穴成型进行分析。要求建立浇流道，可进行充模模拟及流道平衡分析，确定模穴的合理排布及优化浇流道的尺寸。

（4）Family：对组合模穴成型进行分析，可一次成型两种或两种以上的不同产品。要求建立浇流道，可进行充模模拟及流道平衡分析，确定模穴的合理排布及优化浇流道的尺寸。

二、Moldflow Insight

Moldflow Insight 软件，作为数字样机解决方案的一部分，提供了一整套先进的塑料模拟工具。AMI 提供了强大的分析功能，优化塑件产品和与之关联的模具，能够模拟最先进的成型过程。现今，AMI 普遍用于汽车制造、医疗、消费电子和包装等行业，大大缩短产品的更新斯期。

Moldflow Insight 在确立最终设计之前，在计算机中进行不同材料、产品模型、模具设计和成型条件实验。这种在产品研发的过程评估不同状况的能力，提高了产品的质量，避免制造阶段成本的提高和时间的延误。

Moldflow Insight 致力于解决与塑料成型有关的设计与制造问题，对生产料件和模具的各种成型方式，都有专业的模拟工具。该软件不但能够模拟普通的塑料成型，还可以对为满足苛刻设计要求而采取独特的成型过程进行模拟。材料特性、成型分析、几何模型方面的技术依靠，使 AMI 成为代表的最前沿塑料模拟技术，缩短了产品开发周期，降低了成本，并且让团队可以有更多的时间去创新。

Moldflow Insight 包含了最大的塑胶材料数据库，用户可以查到超过 8000 种以上商用塑胶的最新、最精确的材料数据，因此，能够放心地评估不同的候选材料，或者预测最终应用条件苛刻的成型产品的性能。软件中也可以看到能量使用指示和塑胶的标记，因此，可以更进一步降低材料能量并且选择可持续发展有利的材料。

目前，欧特克公司推出的 Moldflow Insight 2018 软件，包含了 Autodesk Moldflow Synergy 2018、Autodesk Moldflow Insight 2018 及 CADdoctor for Autodesk Simulation 2018 等。那么初学者该如何选择哪一款软件进行安装呢？下面对 Moldflow 的相关产品进行介绍，用户可以根据自身需要下载并安装需要的软件。

（1）Moldflow Insight Standard（MFIB）可独立下载及独立安装。此款产品包含的功能如下：

- 注塑成型深入仿真；
- 聚合物流动、模具冷却和零件翘曲预测；
- 网格划分和工艺参数控制。

（2）Moldflow Insight Premium（MFIP）可独立下载及独立安装。此款产品包含的功能如下：

- 包括 Moldflow Insight Standard 的所有功能；
- 同步解算功能；
- 高级模具加热和冷却工艺；
- 工艺优化。

（3）Moldflow Insight Ultimate（MFIA）可独立下载及独立安装。此款产品包含的功能如下：

- 包括 Moldflow Insight Premium 的所有功能；
- 专业成型工艺仿真；
- 光学性能预测。

Moldflow Insight Ultimate 可以进行所有成型工艺的解算（包括本地同步解算和云解算），所以 Moldflow Insight Ultimate 是一个结算器，是必装的模块，否则不能运算。

温馨提示	Moldflow Insight Standard、Moldflow Insight Premium 和 Moldflow Insight Ultimate 是模块，没有用户界面的，需要先安装 Moldflow Synergy 用户界面软件后才能应用。

（4）Autodesk Moldflow Synergy（MFS）为 Moldflow Insight 的前后处理界面（用户操作平台），包括模型输入/输出处理、网格划分、分析结果显示以及分析报告制作等，所以也是必装的。

（5）CADdoctor for Autodesk Simulation（MFCD）是网格修复软件，网格划分质量的好坏关系到模型成型质量的好坏。由于模型本身结构很复杂，比如一些很细小的加强筋或 BOSS 凸起等，在 Moldflow Synergy 中网格划分后往往得到不好的网格，那么就需要利用 CADdoctor 对分析模型进行简化，去除一些细小的繁杂结构。去除这些细小的结构不会影响或者极小影响整个注塑工艺的成型分析，基本上可以忽略这样的极小误差。

温馨提示	本书所介绍的内容基本上包含了 Autodesk Moldflow Synergy、Autodesk Moldflow Insight 和 CADdoctor for Autodesk Simulation。

三、Moldflow Synergy 2018 用户界面

安装并注册了 Autodesk Moldflow Synergy 2018、Autodesk Moldflow Insight 2018 和 CADdoctor for Autodesk Simulation 2018 后，从桌面上双击 Autodesk Moldflow Synergy 2018 图标，将打开 Moldflow Synergy 2018 功能区用户界面，如图 2-1 所示。

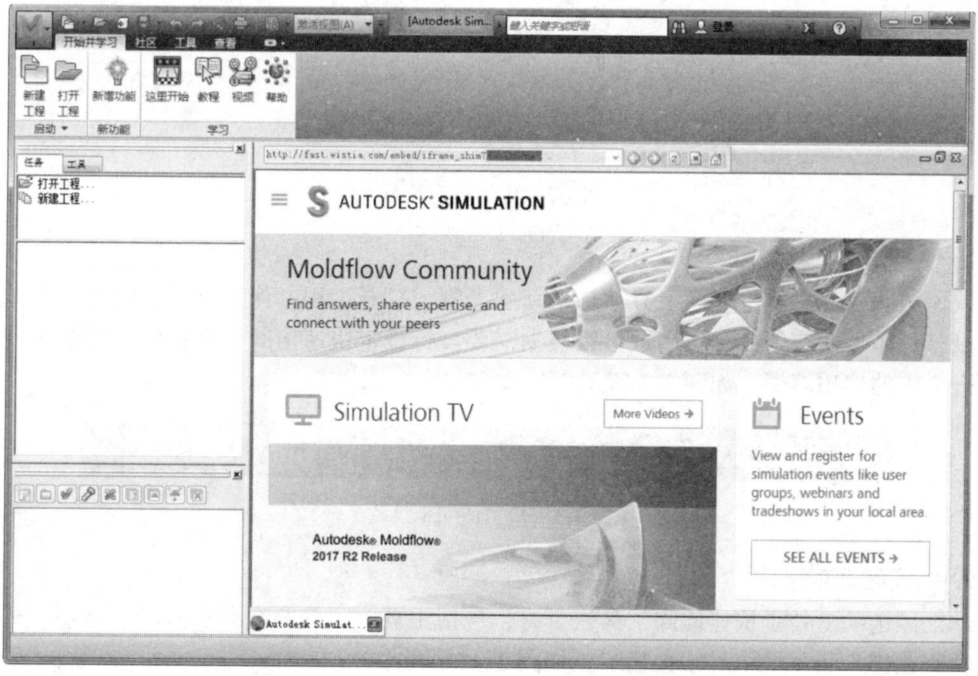

图 2-1 Moldflow Synergy 2018 功能区用户界面

Moldflow Synergy 2018 功能区操作界面相比以前版本有了很大的改变，界面更加美观，排版更加合理，图标更加清晰，操作变得更加方便。Moldflow Synergy 2018 的界面主要由应用程序菜单、快速访问工具栏、功能区选项卡、工程管理视窗、任务视窗、层管理视窗、模型显示视窗、日志视窗组成，下面分别进行介绍。

1. 应用程序菜单

应用程序菜单位于界面左上角，包括新建、打开、保存、导出、发布、打印、工程、文件属性、关闭选项，当选择下拉列表中的某一选项时，会弹出下级菜单。打开该菜单时，右侧会出现最近使用文档列表，方便再次打开上次使用的文档，如图 2-2 所示。

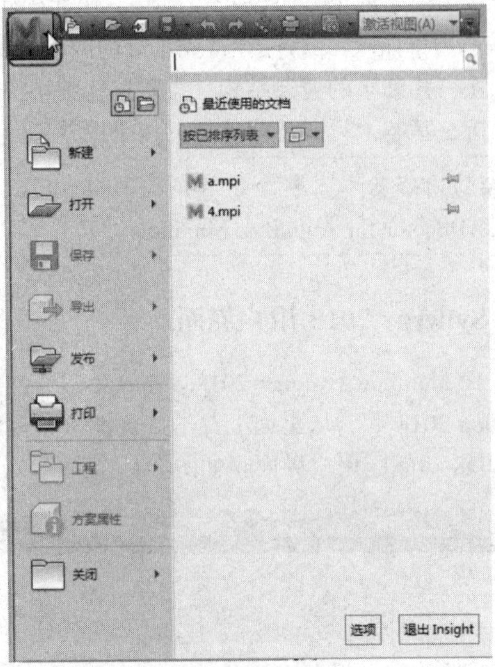

图 2-2　应用程序菜单

2. 快速访问工具栏

快速访问工具栏位于界面上方，包括新建工程、打开工程、保存方案、撤消、重做、操作记录、打印、捕获等命令。用户可以根据需要自行设定快速访问工具栏中的功能命令，以便符合个人的使用习惯，如图 2-3 所示。

图 2-3　快速访问工具栏

3. 功能区选项卡

功能区选项卡处于快速访问工具栏下方，包括主页、工具、查看、入门等选项，有些选项卡只有在进入新环境中时才会显示，如图 2-4 所示。

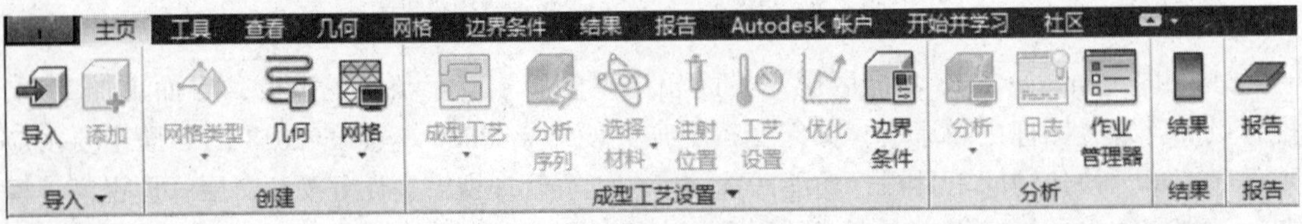

图 2-4　功能区选项卡

4. 工程管理视窗

工程管理视窗位于用户界面的左上方，显示当前工程所包含的项目，用户可以对每个工程进行重命名、复制、删除等操作，如图 2-5 所示。

5. 任务视窗

任务视窗位于用户界面左侧、工程管理视窗下方，显示当前案例分析的状态，具体包括导入的模型、风格属性、材料、浇注系统、冷却系统、工艺条件、分析结果等，如图 2-6 所示。

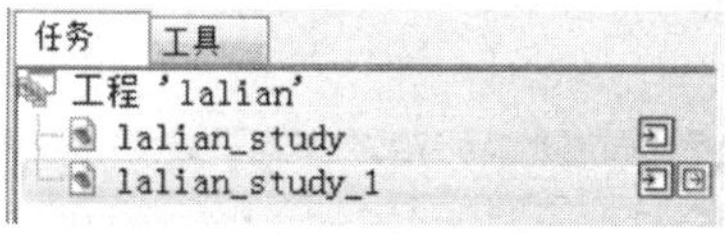

图 2-5　工程管理视窗

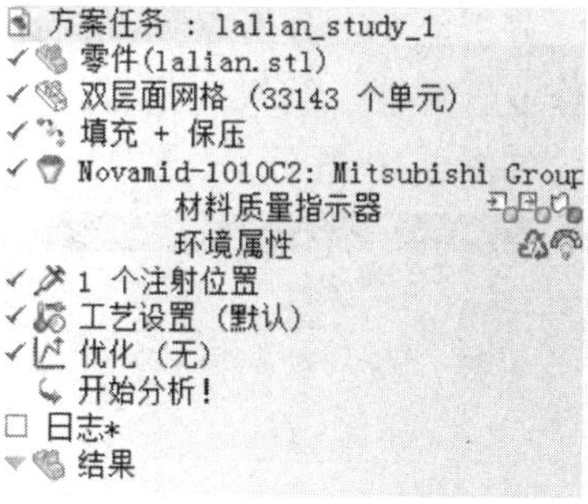

图 2-6　任务视窗

6. 层管理视窗

层管理视窗位于任务视窗下方，用户可以进行新建、删除、激活、显示、设定图层等操作，合理配合运用层管理，可给操作带来非常大的便利，如图 2-7 所示。

7. 模型显示视窗

模型显示视窗位于整个界面的中央，用来显示模型或分析结果等，如图 2-8 所示。

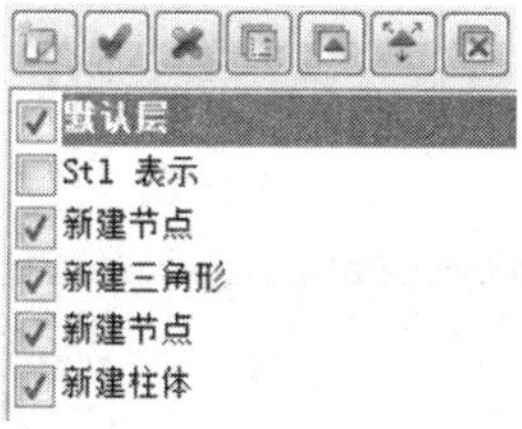

图 2-7　图层管理

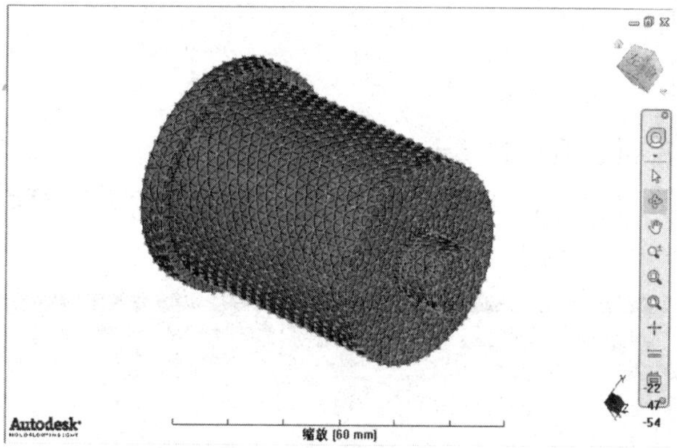

图 2-8　模型显示视窗

8. 日志视窗

日志视窗位于模型显示视窗下方，用来显示运行状况以及操作记录等，如图 2-9 所示。

```
  正在搜索最佳浇口位置:     100% 已完成 ....

  建议的浇口位置有:
     靠近节点                         =         2071

执行时间
  分析开始时间          Thu Dec 08 11:35:47 2011
  分析完成时间          Thu Dec 08 11:36:29 2011
```

图 2-9　日志信息

四、功能区命令

Moldflow Synergy 2018 的功能区选项卡风格与微软办公软件界面风格是完全相同的，操作起来十分方便，下面对各选项卡的功能进行介绍。

1. 【主页】选项卡

【主页】选项卡中集成了大多数常用的功能按钮，如导入模型、添加模型、网格类型、几何、网格、分析类型、分析序列、选择材料、注射位置、工艺设置、边界条件、开始分析、日志、作业管理器、结果、报告等。有些功能只有在进入新环境时才会显示，例如几何、风格等，如图 2-10 所示。

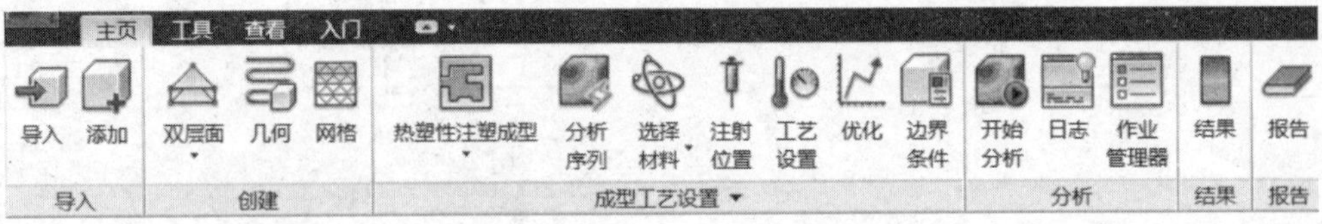

图 2-10　【主页】选项卡

2. 【工具】选项卡

在【工具】选项卡中，主要包含了用于数据库和宏管理的功能按钮，如图 2-11 所示。

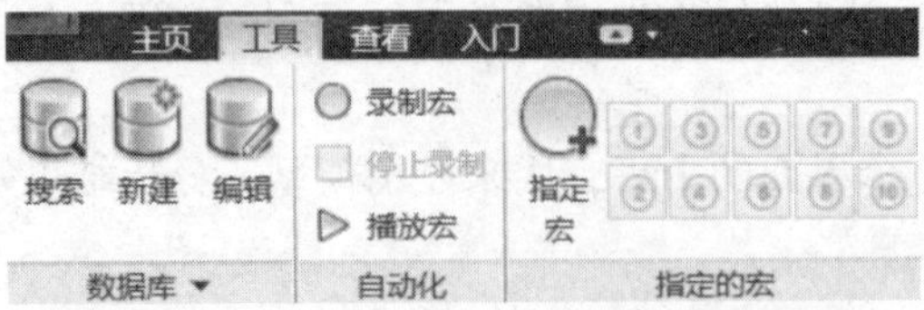

图 2-11　【工具】选项卡

3. 【查看】选项卡

在【查看】选项卡中，集成了视图调节的功能按钮，如模型显示调节、窗口调节、模型移动、排布等，如图 2-12 所示。

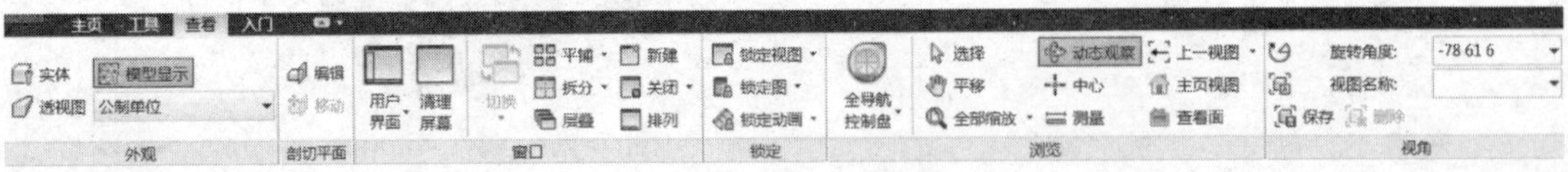

图 2-12　查看选项卡

4. 【入门】选项卡

在【入门】选项卡中，用户可以对 Moldflow 2018 进行初步的了解和学习，该选项卡相当于一个向导功能，如图 2-13 所示。

图 2-13　【入门】选项卡

5.【几何】选项卡

【几何】选项卡只有在【主页】选项卡上单击【几何】按钮时，才会显示出来，该选项卡下集成了建模工具、冷却回路、模腔重复等功能命令，如图 2-14 所示。

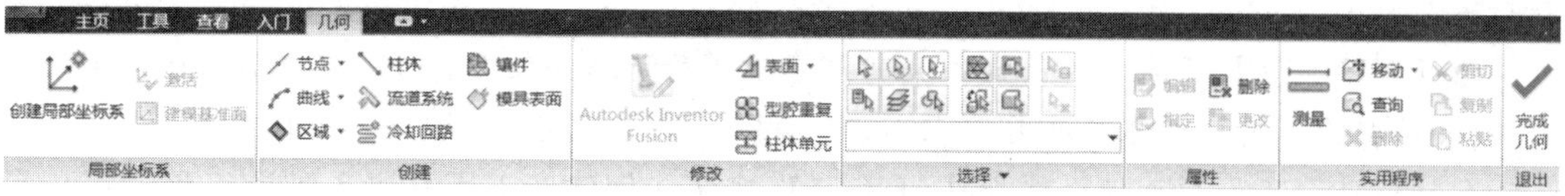

图 2-14 【几何】选项卡

6.【边界条件】选项卡

【边界条件】选项卡同【几何】选项卡一样，只有单击【主页】选项卡上的【边界条件】按钮，才会显示该选项卡，如图 2-15 所示。

图 2-15 【边界条件】选项卡

第 2 节 Moldflow Insight 基本操作

软件入门的第二步就是熟悉工程项目的创建、文件的操作、图形视图的控制、模型的观察等基本操作，本小节将逐一进行介绍。

一、工程

下面介绍工程的创建、打开与关闭的操作方法，具体如下。

1. 创建新工程

打开 Moldflow Synergy 2018 用户界面后，首要工作就是创建一个工程。“工程”在 Moldflow 中作为顶层结构存在，级别最高。所有的分析方案、分析序列、材料、注射位置、工艺设置及运行分析等组织分支都包含在创建的工程中。

第一次使用 Moldflow 时，在功能区用户界面的【开始并学习】选项卡下单击【新建工程】按钮，或者在【任务】标签下的工程视窗中双击【新建工程】图标，会弹出如图 2-16 所示的【创建新工程】对话框。

图 2-16 【创建新工程】对话框

● 【工程名称】文本框：在创建新工程时，需要输入的工程名称，名称可以是英文、数字或者中文。

温馨提示 在【工程名称】文本框中输入名称时，注意不能与前面所创建的工程同名。

● 【创建位置】文本框：默认工程的创建位置跟用户安装 Moldflow Synergy 2018 时的路径有关，用户也可以单击 浏览(B)... 按钮，重新设置工程文件的存储路径。

在【创建新工程】对话框中单击【确定】按钮，创建新工程并进入到该工程的用户界面中，如图 2-17 所示。但此时的界面由于没有导入分析的模型，功能区中许多功能命令是灰显的，处于未激活状态。

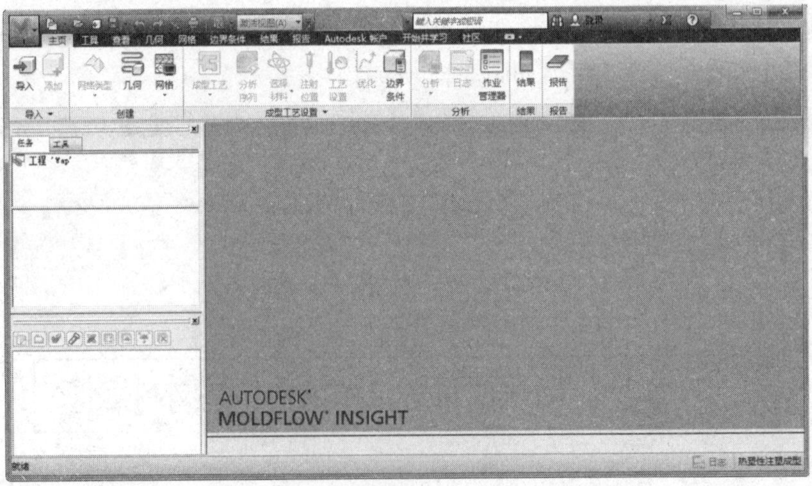

图 2-17 工程用户界面

2. 打开现有工程

如果已经创建了工程，并且是持续的工程设计中，那么用户可以在【开始和学习】选项卡下单击【打开】按钮，或是在【任务】标签下工程视窗中双击【打开工程】图标，从存储工程的路径中找到要打开的工程文件，单击【打开】按钮，打开现有工程文件，如图 2-18 所示。

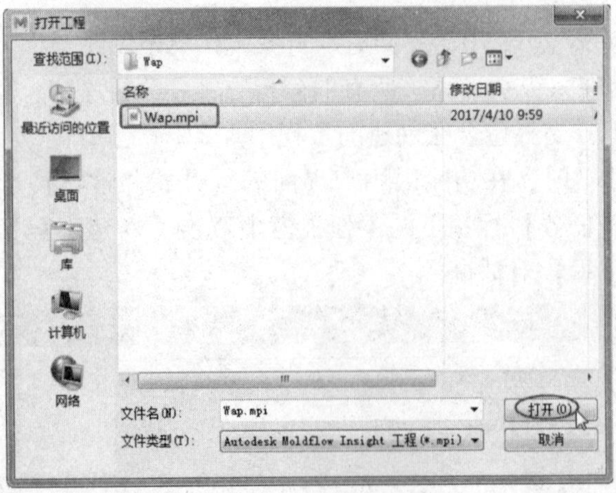

图 2-18 打开工程文件

3. 关闭工程

需要关闭当前的工程时，用户可以单击软件窗口左上角的应用程序菜单图标，执行【关闭】|【工程】命令即可，如图 2-19 所示。

当然，用户也可以在软件顶部的快速访问工具栏上选择新建工程选项，重新创建新工程并覆盖当前的工程，如图 2-20 所示。

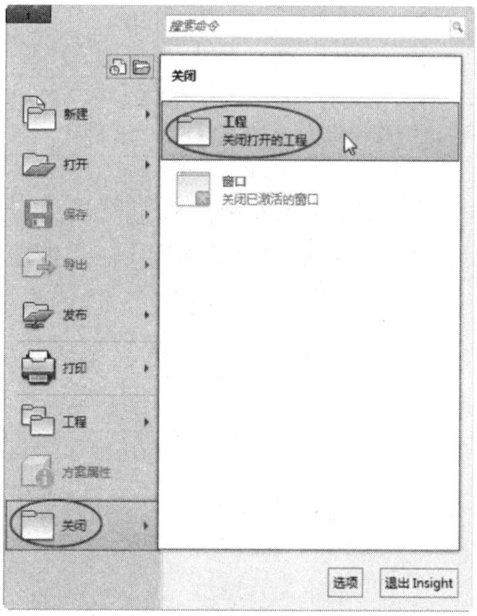

图 2-19 关闭工程的操作

图 2-20 新建工程以覆盖当前工程

二、导入和导出

创建工程文件后，还要导入零件模型以便于分析。导入的模型将自动保存在所创建的工程中。一个工程就代表一个实际项目，每个项目里边可以包含多个方案。

在工程用户界面，切换至【主页】选项卡，在【导入】面板中单击【导入】按钮，在弹出的【导入】对话框中，选择合适的文件类型，打开模型，如图 2-21 所示。Moldflow 自身保存的方案模型格式为 SDY，用户还可以打开其他三维软件所产生的文件类型，如 UG、CREO、SOLIDWORKS、CATIA 等，以及常见的 UDM 格式（CAD Doctor 生成的文件）、STL 格式（表示三角形网格的文件格式）、IGS 格式（表示曲面的格式）等。

温馨提示	UDM 格式是通过 CAD Doctor 生成的文件，这种模型是由特征表面连接而成，划分出来的网格排列非常整齐。UDM 格式比 STL 格式文件的网格质量高，因为 STL 文件本身是小块的三角形单元，受这种小块三角形边界的影响，划分出来的网格就不可能那么整齐有规律，匹配率也较低。UDM 文件在导入时，可以自动创建一个曲线层和一个面层，但曲线层一般用处不大。一般情况下，为保证计算精度，优先选择 UDM 格式，其次为 IGS 格式，再次为 STL 格式。

三种格式文件的比较如表 2-1 所示。

表 2-1　常用导入格式对比

格　式	优　点	缺　点	适用性
UDM	可编辑；网格均匀；自适应网格	需要 CADdoctor 软件处理	对大多数模型都适用
IGS	可编辑；可以定义不同区域网格密度；自适应网格；网格均匀；可导入曲线为单独层；圆柱为多个面构成	表面容易丢失；网格数量比 STL 多	网格质量依赖于 CAD 系统；制品几何简单
STL	圆柱为一个面构成；很少丢失面	不可编辑；减小弦高设置会增加网格数量；网格匹配较低	弦高设置影响很大；网格受初始 STL 面片影响

打开零件模型后，会弹出【导入】对话框，提示用户必须选择一个网格类型，网格类型有 3 种（在“第 1 章 第 4 节 4. 注塑成型模拟技术”中已经详细介绍过）：中性面、双层面和实体（3D），如图 2-22 所示。

温馨提示　如果导入的是 sdy 方案文件，不会弹出【导入】对话框，直接进入方案分析中。

图 2-21　选择导入零件模型

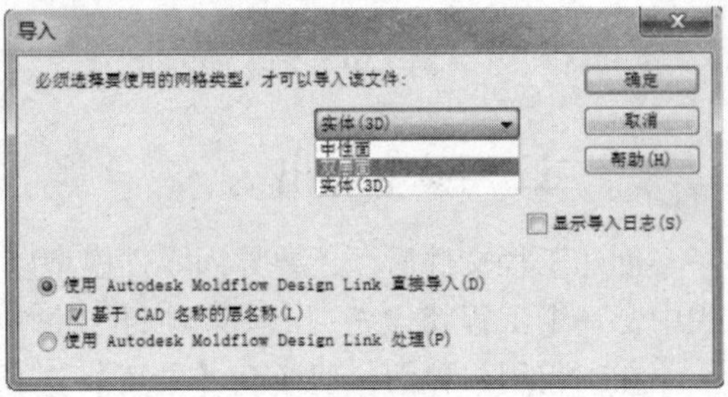

图 2-22　选择网格类型

温馨提示　中性面网格适用于产品结构简单的薄壁模型，原因是壁厚越厚且结构越复杂时，计算结果误差越大。双层面适用于结构稍微复杂的薄壁模型，原因是壁厚越厚的模型得到的分析数据越不完整、误差大。实体网格适用于壁厚较厚的、且结构最复杂的模型，计算量较大、分析时间长，对计算机系统有所要求。

选择一种网格分析类型后，单击【导入】对话框的【确定】按钮，完成分析模型的导入。此时的 Moldflow 界面就是方案设计用户界面，如图 2-23 所示。

当完成方案分析后，可以在应用程序菜单中执行【导出】命令，选择导出为【ZIP 存档形式的方案和结果】、【模型】或者【翘曲网格/几何】选项，如图 2-24 所示。

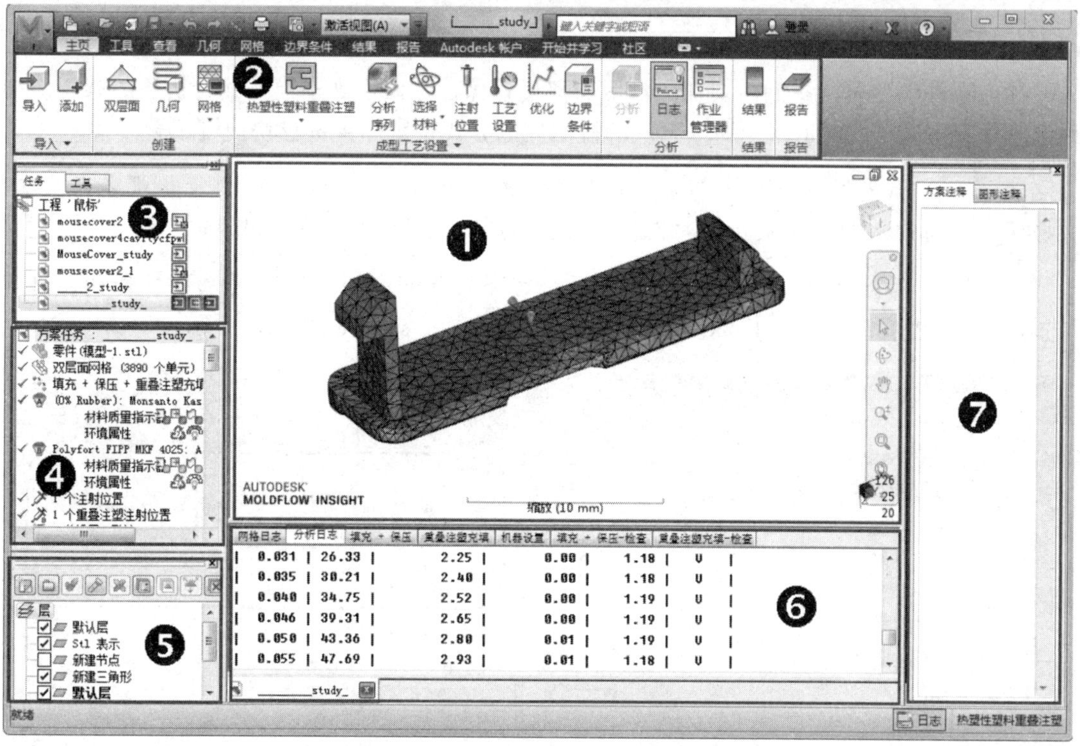

图 2-23　方案设计用户界面

❶图形区（模型视窗）；❷功能区；❸工程视窗；❹方案任务视窗；❺层视窗；❻日志视窗；❼注释视窗

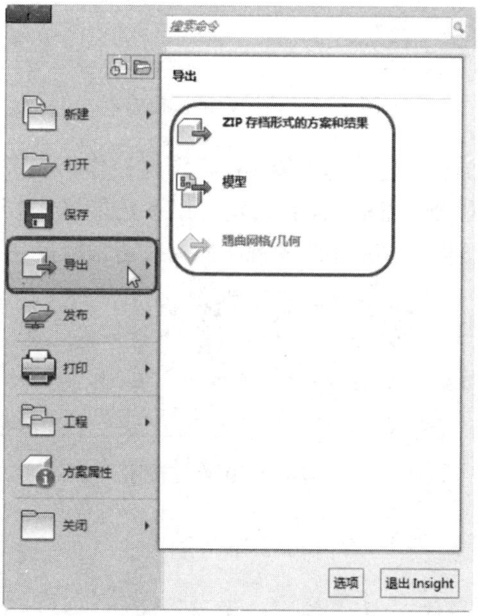

图 2-24　导出选项

三、视图的操控

导入零件模型后，我们需要在图形区窗口进行操控，便于观察模型和分析后的状态。如果电脑中只安装了 Moldflow，那么默认的视图控制方式是鼠标 + 键盘快捷键组合。

温馨提示	如果用户的电脑中安装了三维软件，如 UG、Creo、CATIA 等，那么在启动 Moldflow 时，会提示用户选择哪种软件的键鼠功能应用于 Moldflow。

在软件窗口左上角单击应用程序菜单图标，在打开的面板中单击【选项】按钮，打开【选项】对话框，在【鼠标】标签下可以预设键鼠操控方式，如图 2-25 所示。

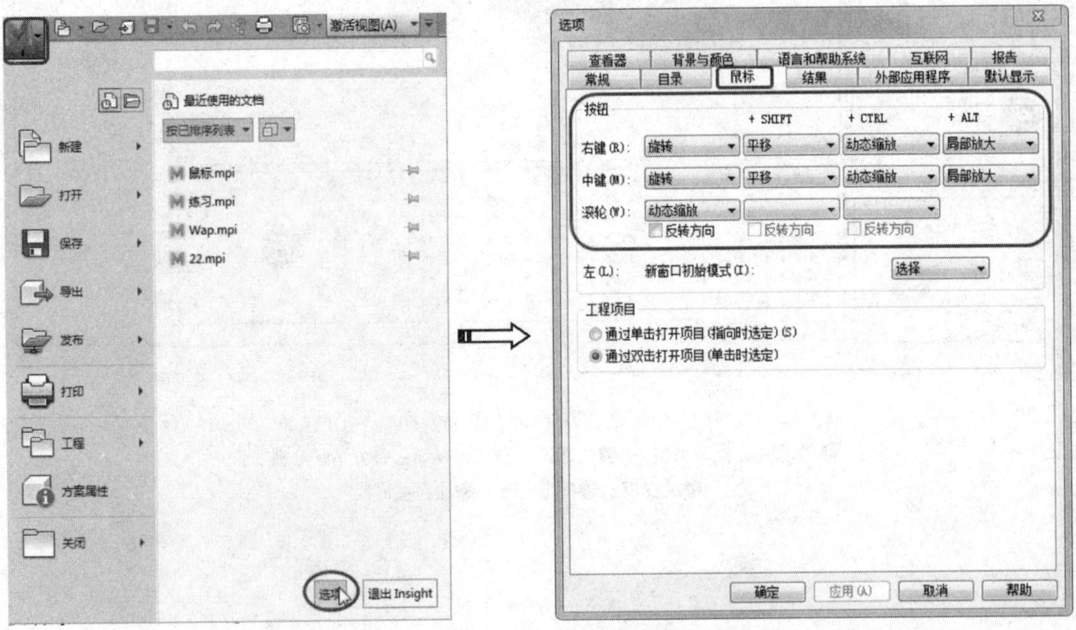

图 2-25　预设键鼠操控方式

上图显示的键鼠操控方式为笔者选择以 UG 视图操控作为参考的操控方式。

当然，不太习惯用键鼠操控视图的读者，还可以在功能区中切换至【查看】选项卡，然后在【浏览】和【视角】面板中单击相应的视图操控按钮来操控视图方式，如图 2-26 所示。

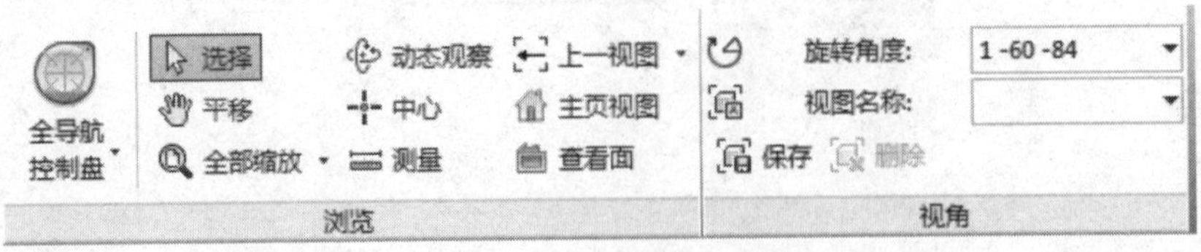

图 2-26　视图操控按钮

四、模型查看

用户可以利用【查看】选项卡下的模型外观、剖切、窗口等工具，对模型进行查看，图 2-27 所示为相关的模型查看工具。

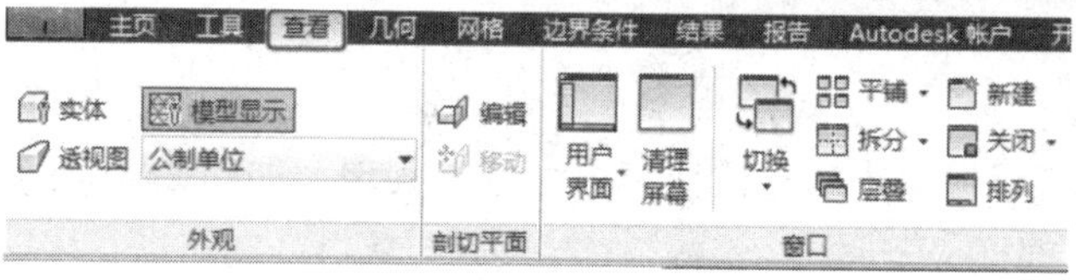

图 2-27　【查看】选项卡

第 3 节　Moldflow Insight 建模与分析流程介绍

在本节中，将介绍 Moldflow 的分析流程，从建立新的工作目录、建立新的分析案例、完成案例分析以及查看分析结果的整个流程进行逐步详解，使读者能够形成一个流畅的分析操作思路。

一、创建工程项目

“工程项目”是 Moldflow 中的最高管理单位，项目中包含和所有信息都存放在一个路径下，一个项目可以包含多个案例与报告。

启动 Moldflow 后，在功能区用户界面的【开始并学习】选项卡下单击【新建工程】按钮，或者在【任务】标签下的工程视窗中双击【新建工程】图标，会弹出如图 2-28 所示的【创建新工程】对话框。在该对话框中要求用户输入新的工程项目名称以及选择项目保存路径。

通常情况下使用程序默认的保存路径来创建一个新项目，创建完成后，即可在主界面工程视窗中进行项目管理操作。

图 2-28　【创建新工程】对话框

二、导入或新建 CAD 模型

新建项目后，就可以在项目中导入 CAD 模型了。首先切换至工程用户界面的【主页】选项卡，在【导入】面板中单击【导入】按钮，在弹出的【导入】对话框中，选择合适的网格类型，打开模型。

打开零件模型后，会弹出【导入】对话框。选择一个网格类型，单击【确定】按钮完成模型的导入，如图 2-29 所示。

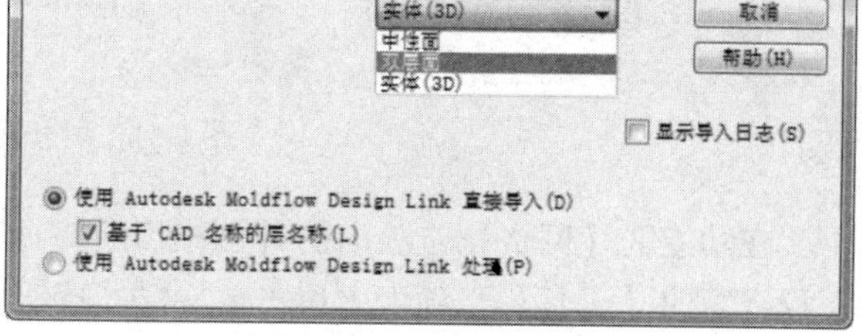

图 2-29　【导入】对话框

除了直接导入 CAD 模型外，用户还可以自行创建方案分析模型。在应用程序菜单中选择【文件】|【新建】|【方案】命令，或在快速访问工具栏上单击【新建方案】按钮，还可以在工程视窗中通过快捷菜单命令来实现，如图 2-30 所示。

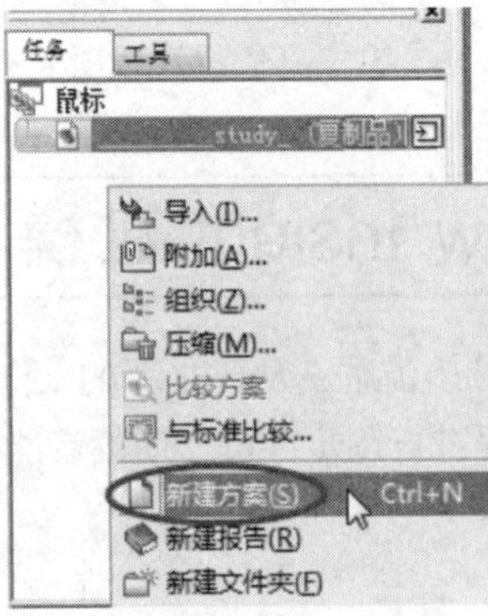

图 2-30　选择“新建方案”命令

手动创建分析模型

三、生成网格及网格诊断

导入或新建模型后，接着需要对模型进行网格划分。在【网格】选项卡【网格】面板中，单击【生成网格】按钮，随后在工程视窗的【工具】标签下弹出划分网格模型的操作界面，在该面板中的【常规】选项卡下，设置【曲面上的全局边长】值后，单击【立即划分网格】按钮，程序将自动对分析模型进行网格划分，如图 2-31 所示。

网格模型划分完成后，需要对划分的网格进行检验及修改。

对模型进行网格划分后，一般模型会产生一系列的缺陷，要确定缺陷出现的位置，就需要对网格进行统计之后才能明确。

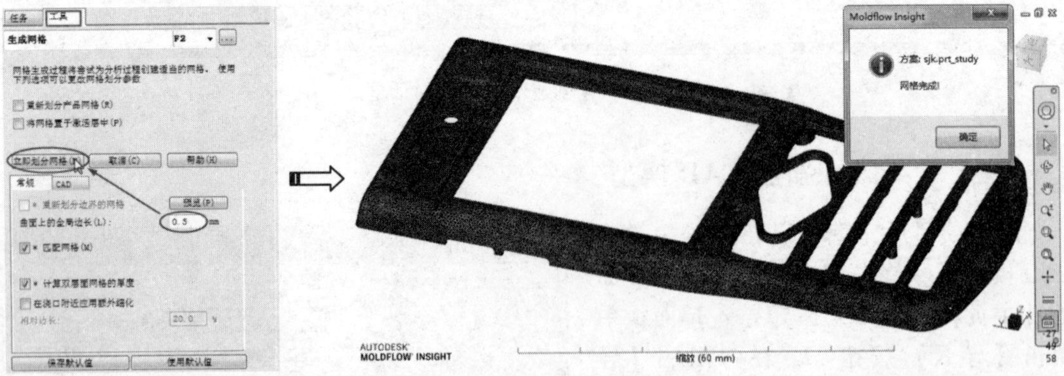

图 2-31　划分网格模型

在功能区【网格】选项卡的【网格诊断】面板中，单击【网格统计】按钮，然后在工程视窗的【工具】选项卡中单击显示按钮，Moldflow 会自动对划分的网格进行计算统计，并在下方的统计结果列表中显示，如图 2-32 所示。

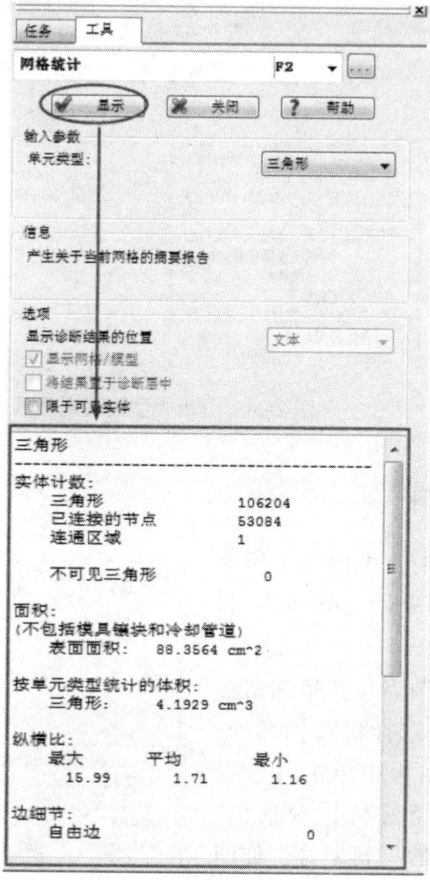

图 2-32　网格统计结果信息

温馨提示	如果统计结果中有不合理的网格，用户就要运用网格工具来进行修补，直到修改正确为止。

四、选择分析类型

通常用户进行的 Moldflow 分析仅限于 Flow（流动分析）和 Cool（冷却分析）。

在方案任务视窗中，默认的分析类型为“填充”，用户可以右键单击“填充”分析类型后，在弹出的快捷菜单中，选择【设置分析序列】命令，或者在【主页】选项卡下的【成型工艺设置】面板中，单击【分析序列】按钮，打开【选择分析序列】对话框。

在分析类型列表中选择【浇口位置】选项，然后单击【确定】按钮，完成分析类型的选择，如图 2-33 所示。

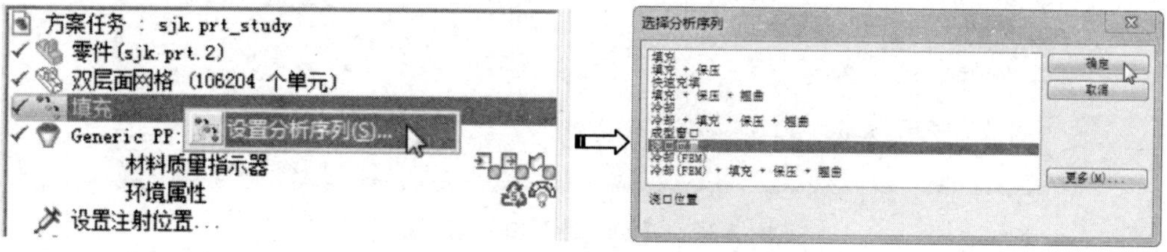

图 2-33　选择分析类型

温馨提示

将分析类型由“填充”变为“浇口位置”时，在工程视窗中可看见方案后面出现一个黄色的方向向下的浇口图案，表示用户要分析的是最佳浇口位置，如图 2-34 所示。

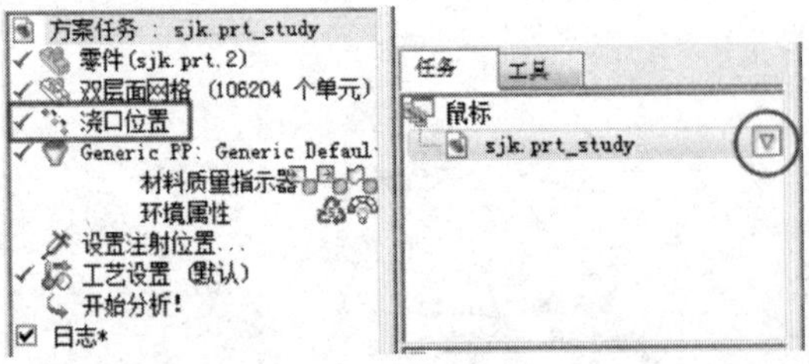

图 2-34　分析类型的代码显示

五、选择成型材料

Moldflow 的成型材料库中几乎包含了所有国内外的塑性材料，下面将采用 ABS + PC 材料进行模拟分析。

在方案任务窗格中材料节点位置单击鼠标右键，在快捷菜单中选择【选择材料】命令，或者在【成型工艺设置】面板中单击【选择材料】按钮，打开【选择材料】对话框。选择国内的制造商及其拥有的材料型号，如图 2-35 所示。

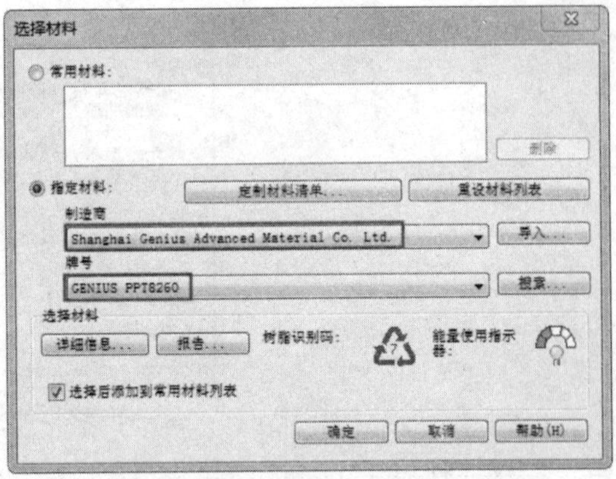

图 2-35　【选择材料】对话框

要查看该材料，则在方案任务视窗中的材料节点单击鼠标右键，选择【详细资料】命令，打开【热塑性材料】对话框，如图 2-36 所示。对话框中显示所选材料的详细参数。

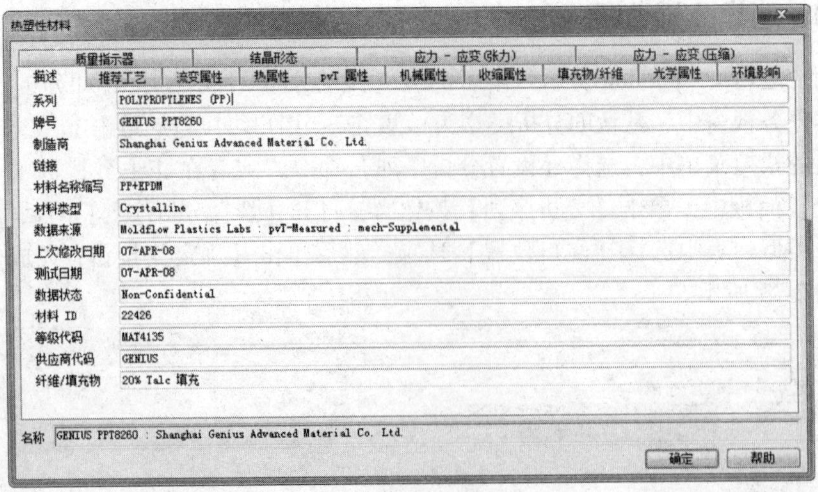

图 2-36　【热塑性塑料】对话框

六、设置工艺参数

通常情况下，模拟成型的工艺参数几乎采用默认设置，若模拟的结果不够理想，可重新对工艺参数进行详细设置。

在【成型工艺设置】面板中单击【工艺设置】按钮，弹出【工艺设置向导－浇口位置设置】对话框。通过该对话框设置注塑机、模温以及料温的工艺条件，如图 2-37 所示。

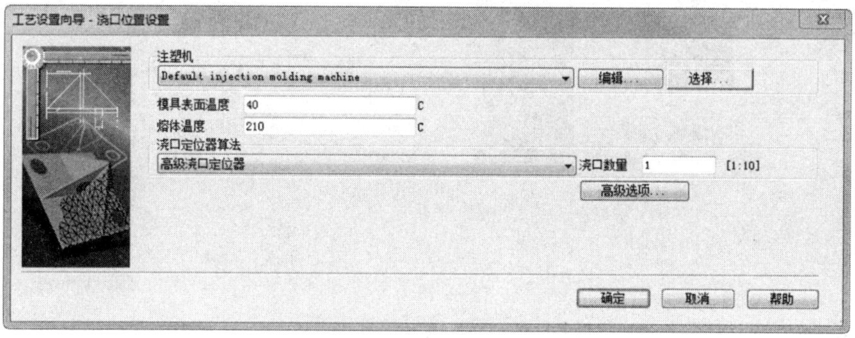

图 2-37 浇口位置的工艺条件设置

七、设置注射（进料口）位置

由于是分析模型的最佳浇口位置，因此浇口位置是待定的，一般情况下此步骤可直接跳过。但是，当最佳浇口位置分析完毕，需进行其他类型分析时，则必须设置注射位置（创建浇口模型），有助于分析的准确性。

八、构建浇注系统

对于浇注系统的建立，Moldflow 提供了一个流道建立系统。

在【主页】选项卡的【创建】面板中单击【几何】按钮，功能区将显示【几何】选项卡，如图 2-38 所示。

图 2-38　【几何】选项卡

当利用系统自带的流道系统建立流道系统时，单击【几何】选项卡上的按钮，将弹出流道设置向导，如图 2-39 所示。

对话框中的参数设置介绍如下。

（1）指定主流道位置：即设置主流道的三维坐标，同时系统提供了模型中心和浇口中心两个选项。

（2）主流道设置：包括入口直径、长度以及拔模角的设置。

（3）流道设置：包括流道直径以及类型的设置。

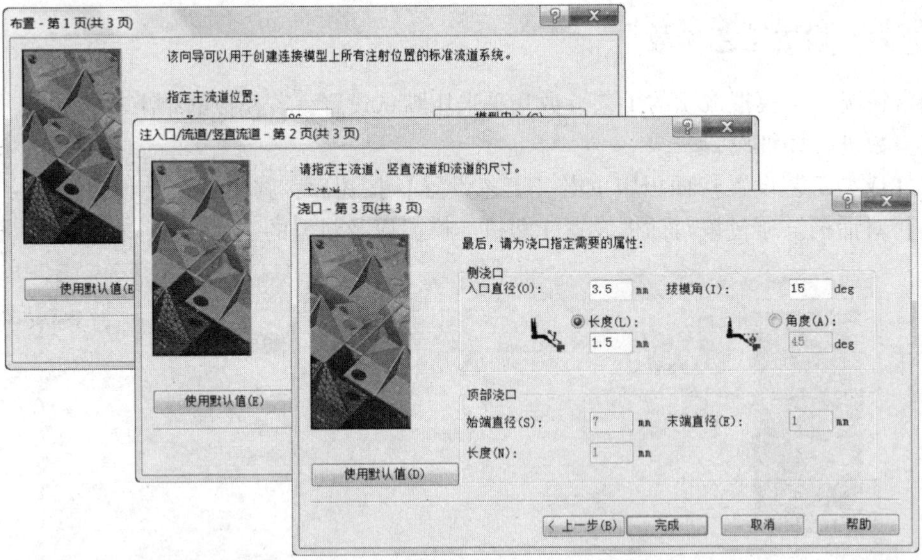

图 2-39　流道建立向导

（4）浇口设置：包括入口直径、拔模角以及长度或者角度的设置等。

设置完成后单击【完成】按钮，系统会自动创建流道系统，如图 2-40 所示。

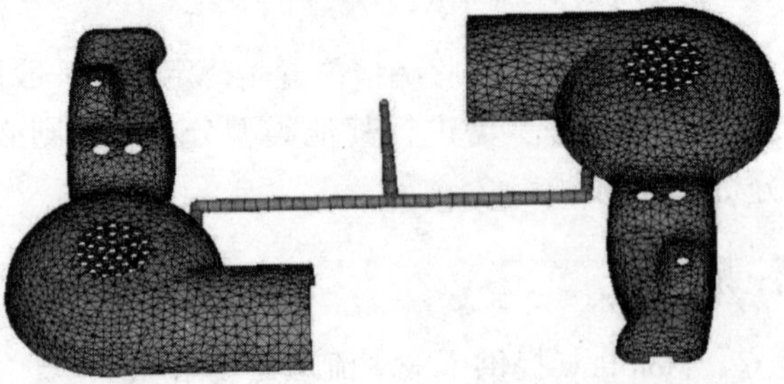

图 2-40　流道系统

九、构建冷却回路

对于冷却回路的建立，Moldflow 提供了一个冷却回路系统。

要利用系统自带的冷却回路系统建立冷却回路，则单击【几何】选项卡上的【冷却回路】按钮，弹出冷却回路设置向导对话框，如图 2-41 所示。

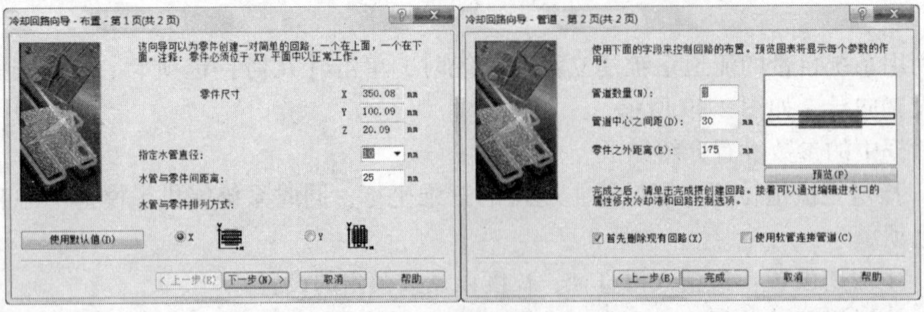

图 2-41　冷却回路设置向导

对话框的参数设置介绍如下。

（1）指定水管直径设置。

（2）水管与零件间距离设置。

（3）水管与零件排列方式设置：选择【X】或【Y】。

（4）管道数量设置。

（5）管道中心距离设置。

（6）零件之外距离设置。

设置完成后单击【完成】按钮，完成冷却回路设置，如图 2-42 所示。

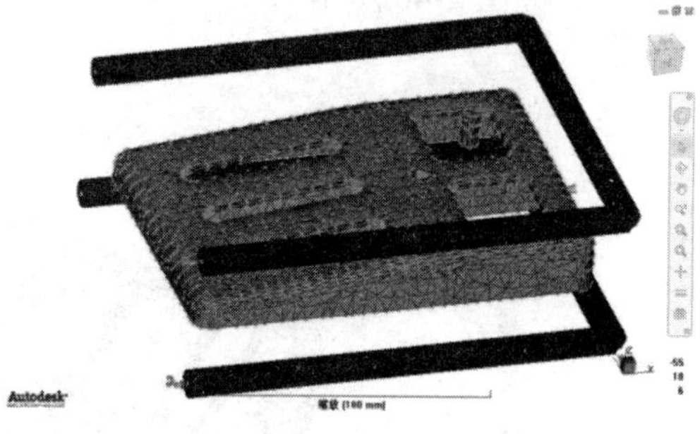

图 2-42　冷却回路

十、运行分析

在完成分析前处理后，即可进行分析计算，分析任务视窗如图 2-43 所示。整个求解器的计算过程基本由系统自动完成。

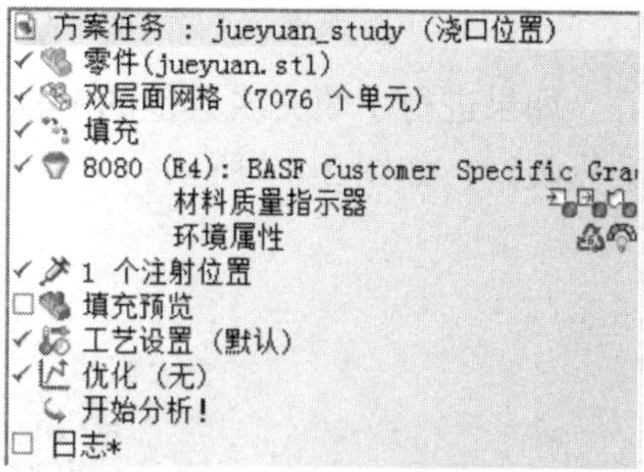

图 2-43　分析任务视窗

单击【主页】选项卡上的【开始分析】按钮，系统开始分析计算。

单击【主页】选项卡上的【作业管理器】按钮，可以查看任务队列和计算进程，如图 2-44 所示。

通过分析计算的日志，可以实时监控整个分析的过程，如图 2-45 所示。

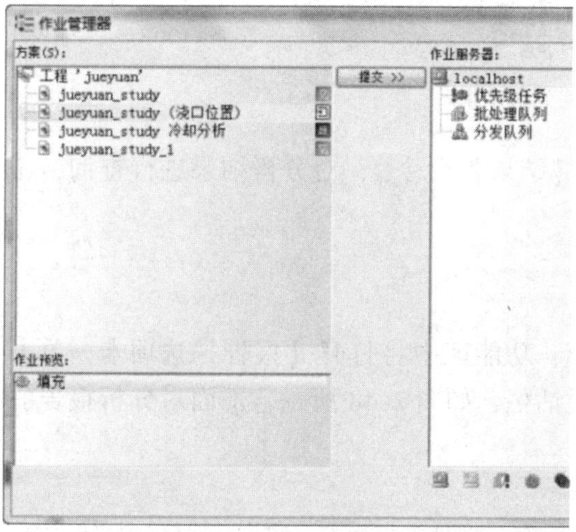

图 2-44　任务管理器

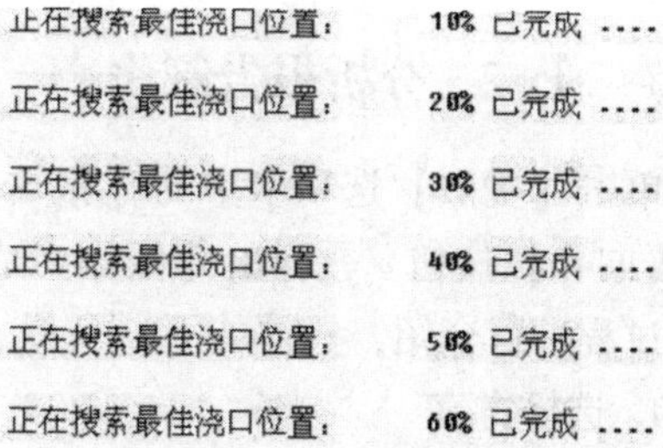

图 2-45　分析日志

十一、结果分析

当模拟分析的前期准备工作全部完成后，在方案任务视窗中双击“立即分析”任务，

Moldflow 将自动进行最佳浇口位置的模拟分析计算，分析完成后，可得到最佳浇口位置的图像信息，如图 2-46 所示。

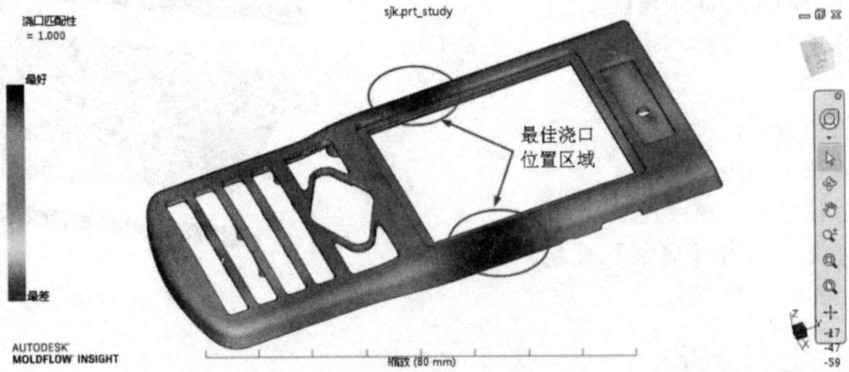

图 2-46　最佳浇口位置图像信息

如果进行了填充或其他的翘曲分析，分析结束后，在【任务】视窗中选择分析结果并进行观察，如图 2-47 所示。

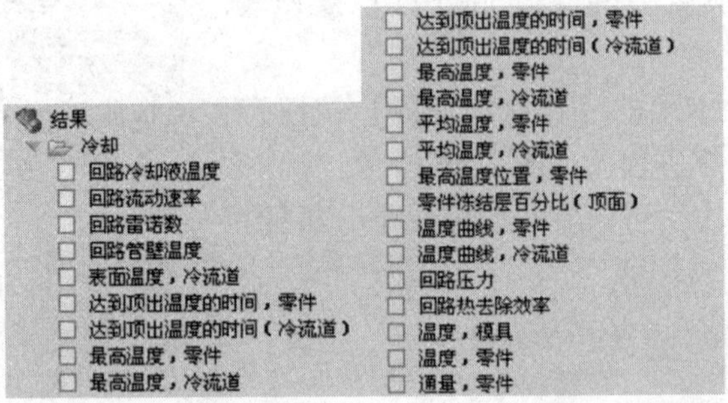

图 2-47　可选的分析结果

用户也可以在【主页】选项卡下，执行的【结果】命令，对分析结果进行查询，还可以通过适当的处理，得到个性化的分析结果。

十二、分析报告制作

单击【主页】选项卡中的【报告】按钮，功能区中将打开【报告】选项卡，单击【报告向导】按钮，弹出【报告生成向导】对话框，如图 2-48 所示。下面对分析报告的生成过程进行介绍，具体如下。

1. 选择方案

在【可用方案】列表中选择需生成报告的方案，单击 添加 >> 按钮。如要删除方案，则在【所选方案】列表中选择要删除的方案选项，单击 << 删除 按钮。单击 下一步(N) > 按钮，进入下一步设置。

2. 数据选择

在【可用数据】选项区域中选择所需数据，单击 添加 >> 按钮，或者 全部添加 >> 按钮。如要删除数据，则在【选中数据】列表中选择要删除的数据选项，单击 << 删除 或

[<< 全部删除]按钮。单击[下一步(N) >]按钮，进入下一步设置。

3. 报告布置

在【报告格式】下拉列表中选择所需的格式，系统提供了 HTML 文档、Microsoft Word 文档、Microsoft PowerPoint 文档格式，选择所需【报告模版】后，用户可以根据需要更改每个项目的属性。单击[生成]按钮，开始生成报告。

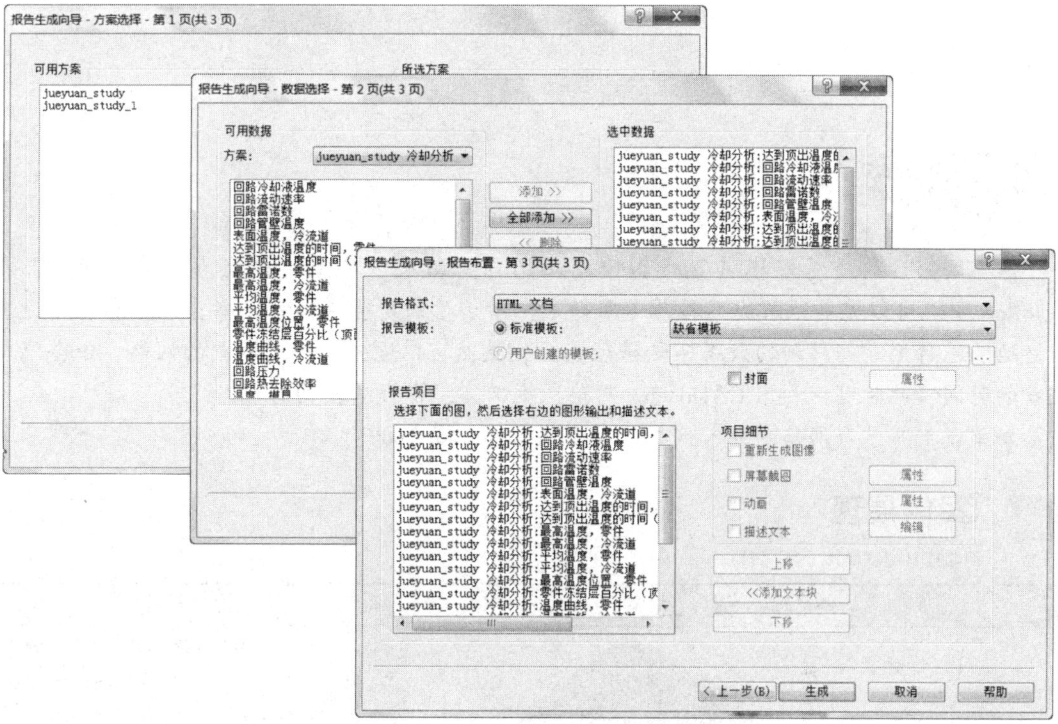

图 2-48　生成报告向导对话框

第 3 章

网格划分与修复

本章导读

网格划分后的质量好坏将直接影响制品的分析结果。对于结构较为简单的模型，在 Moldflow 中就可以完美地解决网格质量问题。但对于结构复杂的模型，当在 Moldflow 中设置网格边长进行划分，得到的效果不是很理想时，虽然可以逐一处理这些差的网格，但会消耗大量的时间，此时可以利用 CADdoctor 网格医生工具，将模型结构简化。

本章我们将学习网格划分、网格修复及模型简化等知识。

案例展现

ANLIZHANXIAN

案 例 图	描 述
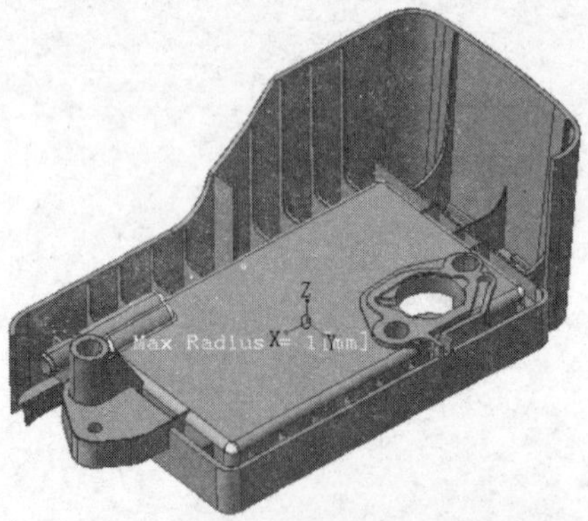	CADdoctor 作为业界所用 3D 软件的桥梁，实现了不同 CAD 平台间的无缝连接，使不同软件间可以随意地进行不同档案的互换，根据不同 CAD 平台的公差和几何拓扑结构，进行不同的分析。CADdoctor 强大的自动修复功能和高质量的产品处理能力，获得可量产的模型。CADdoctor 从源头开始提供高质量的模型，帮助工程师从琐碎的劳动中解放出来，以投入更多的精力提升设计方案
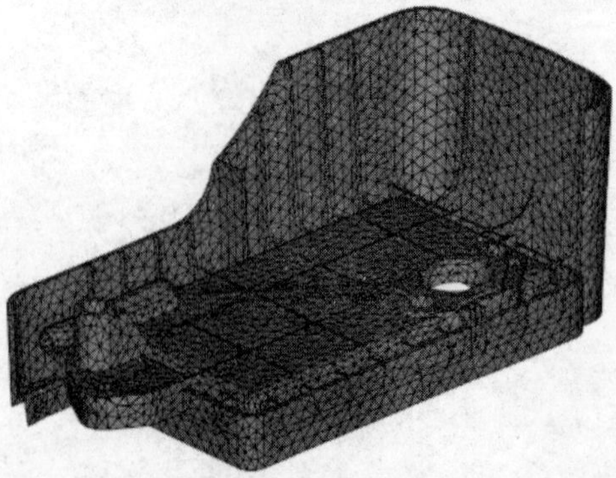	直观上，模型被划分成“网”状，在 Moldflow 中这些有限个离散单元被称为网格 Moldflow 在进行网格划分时，若导入模型的精度偏低，将导致分析计算后产生网格缺陷，本章中，将以一个模型的网格划分与处理的设计案例—面壳模型，作详尽描述

第1节 有限元网格概述

本节我们来了解下 Moldflow 有限元网格的基本情况，包括网格类型和网格单元等。

一、网格类型

在第一章中，我们初步了解了 Moldflow 的 3 种网格类型，但哪一种网格类型分析得到的数据更准确呢？一般认为，3D 实体网格类型是最准确的，其次是双层网格，最后才是中性面单层网格。

1. 中性面网格

中性面网格适用于薄壁制品（如平板类零件），当制品由薄壁特征组成时，分析结果还是很准确的。但对于截面为正方形、圆形或总体形状为长条形的一维特征时，流动分析是不准确的。薄壁特征要求流动的宽度至少是厚度的四倍（也就是宽高比要大于4：1）。

中性面网格利用 Hele-Shaw 模型求解，流动近似层流，忽略流体的重力效应和惯性效应。在传热过程中，忽略了平面内的热传导和厚度方向上的热对流，而且还忽略了边上的热损失。图 3-1 所示为中性面模型网格，左上图表示模型几何，左下图表示网格划分，右图为网格单元。

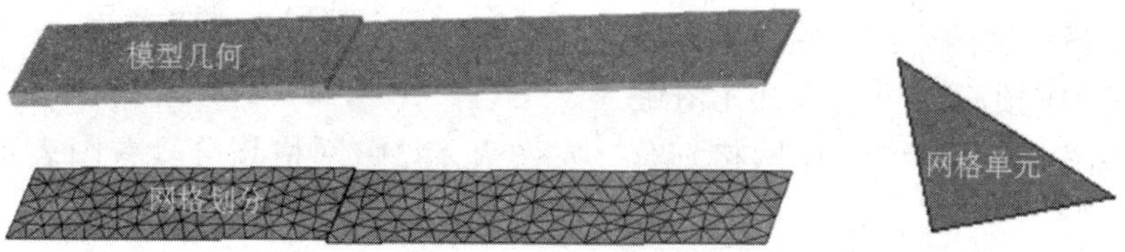

图 3-1　中性面网格

中性面网格的单元为三角形，每个单元由三个节点构成。中性面网格需要抽取中性面的过程，尽管 Moldflow 可以自动抽取中性面，但对于复杂的几何，自动抽取的中性面往往有很多错误，修补的工作量很大。因此，一般用 Creo、UG 等 CAD 软件进行抽取中性面的前处理。

中性面网格可用来分析的序列包括：流动、充填、冷却、翘曲、收缩、压力、气辅成型、最佳浇口位置、热固性塑料成型等。

2. 双层面网格

双层面网格的假设和求解模型基本与 Midplane 一致，而且双层面网格还增加了网格的匹配率。当网格的匹配率较低时，分析结果的准确性就会大大降低，甚至不如中性面网格。图 3-2 中显示双层面网格划分，左上图表示双层面网格，左下图表示网格匹配情况，蓝色表示匹配；右图表示相互匹配的两个网格。双层面网格的好处是不用抽取中性面，减少了建模的工作量。而且，双层面模型利用外壳表面表示制品，使得结果显示具有真实感，利于分析判读。

双层面网格可以进行的分析序列包括：流动分析、冷却分析、纤维配向性分析、收缩翘曲分析、成型条件最佳化分析。

图 3-2　双层面网格

3. 3D 实体网格

3D 网格适于厚壁制品，如图 3-3 所示。事实上，3D 网格适用于任何几何形状的制品，但考虑到求解效率，薄壁制品还是用中性面网格和双层面网格比较方便。与中性面和双层面网格不同，3D 网格利用 Navier-Stokes 方程求解，它计算模型上任何一个节点的温度、压力、速度等物理量。传热过程中，3D 网格求解考虑各个节点在各个方向上的传导和对流，所以冷却分析更准确。3D 模型也考虑了熔体的惯性效应和重力效应，虽然这两个因素在多数情况下影响不大。3D 预测变形不利用 CRIMS 模型数据。如图 3-4 所示为 3D 网格划分，左图表示 3D 网格划分，右图表示四面体 3D 网格。

图 3-3　厚壁产品

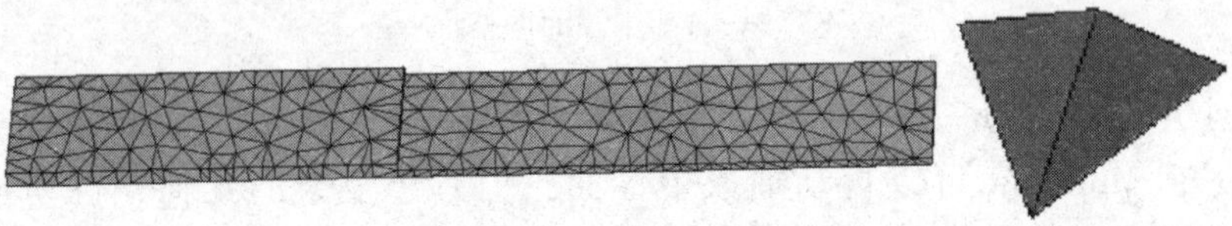

图 3-4　3D 实体网格

3D 实体网格比中性面网格和双层面网格的分析时间要长，可以进行分析的序列包括：充填分析、保压分析、冷却分析和翘曲分析。

下面对三种网格类型的应用进行总结，具体如下。

- 对于中性面网格、双层面网格和 3D 实体网格，充填在总体上都是比较准确的；
- 3D 实体网格和中性面网格对注射压力的模拟与实际比较吻合；
- 双层面网格对注射压力的预测偏高；
- 3D 实体网格对变形的预测比中性面网格和双层面网格准确。

二、网格单元

Moldflow 中的网格是由无数个网格单元组成的，网格单元之间以节点联系，常见的网格单元如图 3-5 所示。

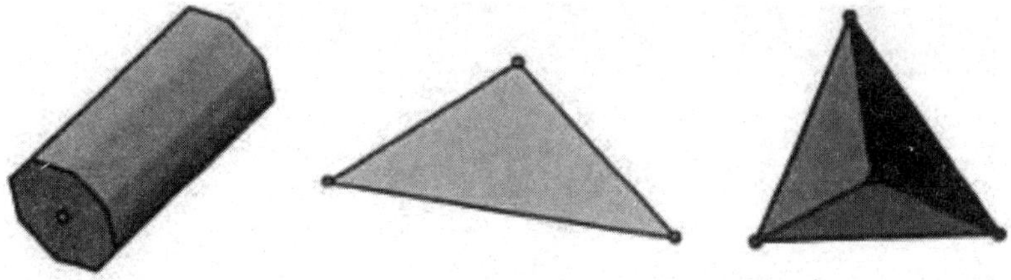

柱体单元　　三角形单元　　四面体单元

图 3-5　网格单元类型

下面对常见的网格单元进行介绍，具体如下。

- 柱体单元：定义浇注系统、冷却水道等，也称“3D 管道网格”；
- 三角形单元：定义薄壁制件、嵌件等，简称“网格”；
- 四面体单元：定义厚壁制件、型芯、浇注系统等，也称“模具网格”。

第 2 节　Moldflow 对网格的质量要求

好的网格模型是获得准确的冷却、流动、翘曲的基础，知道什么样的网格模型是一个好的分析模型，有助于用户在 CAD 里建立易于分析的 3D 模型，这也使得模型的转换更顺畅。

对于不同的分析，是使用中性面还是双层面的网格模型会有不同的要求，一般来说，双层面的网格模型用的更多一些。Fusion 模块的表面网格可以由多种不同类型的网格混合组成，包括传统的 Midplane 网格单元区域和表面（双层）壳单元。表面壳单元可以是 3 个或 6 个节点的平面或三角单元。

一个 Midplane 网格模型由 3 节点的三角形单元组成，形成一个 2D 模型来代表一个实体模型。中性面网格提供最基本的 Flow 分析。

一、边

有限元网格模型一般有以下三种边：

- Free edges：自由边；
- Manifold edges：共用边；
- Non-manifold edges：交叉边。

1. 自由边

自由边就是只含有独立的、没有和别的单元相连接的单元边。双层面网格和实体 3D 网格上不能含有任何自由边，因为它们代表网格没有形成封闭空间，如图 3-6 所示。

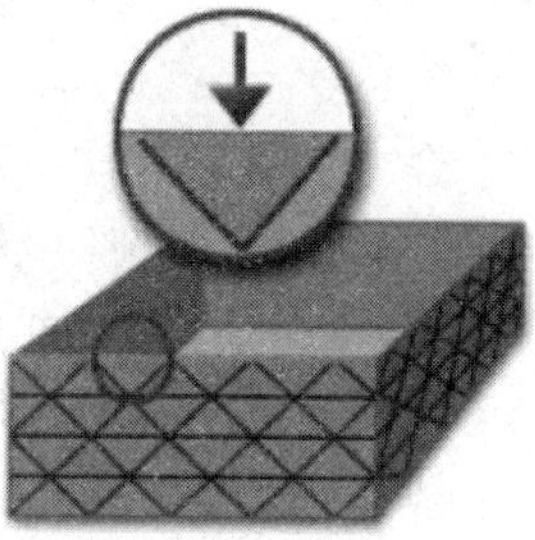

图 3-6　自由边

如图 3-7 所示的自由边和交叉边，筋的右边没有和底部相连接是一条自由边界，这将会导致网格质量问题。

Midplane 中性层网格可以有许多自由边，在许多情况下沿着分型线会出现自由边。对于哪些应该是正常的自由边，哪些不是正常的自由边，需要手动检查才能判断出来。

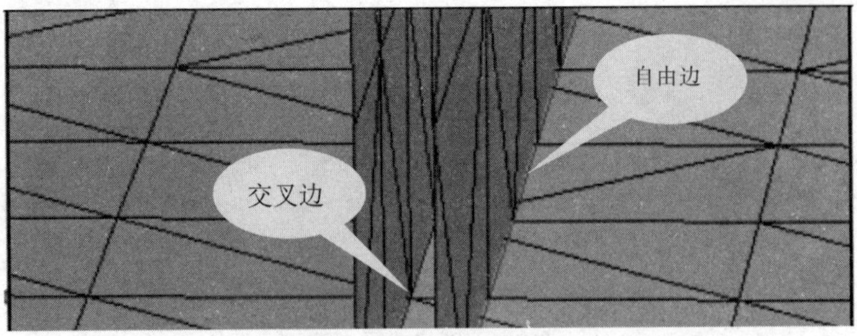

图 3-7　自由边和交叉边

2. 共用边

共用边是单元的一棱边完整地和其他单元的边相连接。在 Fusion 模型中只允许有这种边，Midplane 中性面模型中也可能有许多共用边，如图 3-8 所示的 B 单元边界。

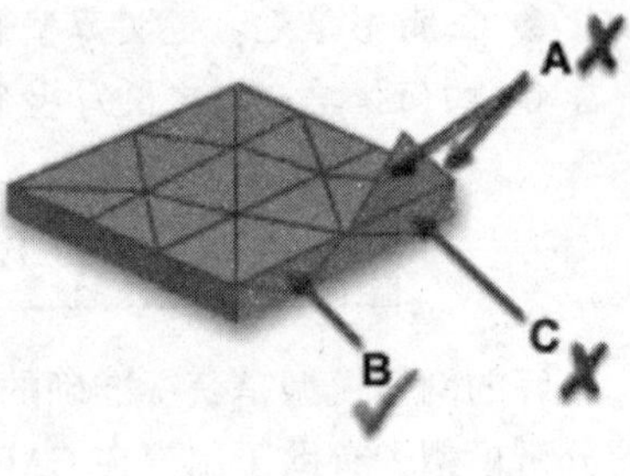

图 3-8　共用边和交叉边

3. 交叉边

如图 3-8 所示的 C 单元边界是一条交叉边，由单元的一条边和另外两个或更多单元相连接。Fusion 模型中不能有交叉边；而 Midplane 中性面模型中，在筋的交叉处或别的特殊结构上可能有交叉边存在。

图 3-8 中的 A 单元边界为自由边。

二、网格匹配率

网格匹配率是 Fusion 网格模型才有的一项参数。如图 3-9 所示，a 图是一个没有匹配的网格，b 图是一个匹配很好的网格。

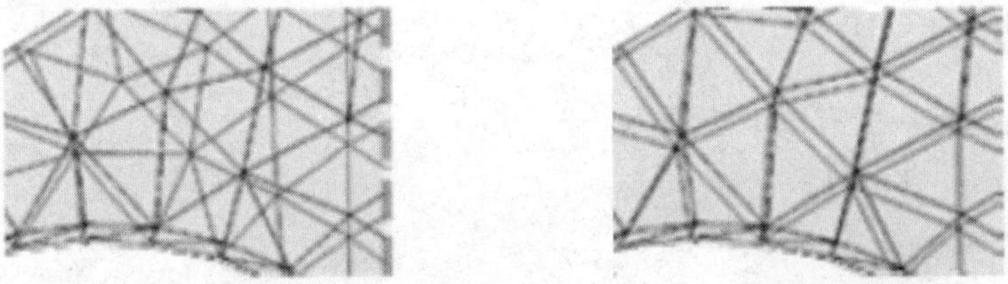

a）没有匹配的网格　　b）匹配很好的网格

图 3-9　网格匹配

在 Fusion 模型里，网格单元应该和对面（厚度的另外一边）的单元匹配。对于流动分析，网格匹配率应该在 85% 以上；对于翘曲分析，必须在 90% 以上，这样分析出来的结果才能够接受。在 Fusion 模型里，如果网格匹配率不够高，通常表明这个网格的密度不够高，或者这个产品表面凸凹得太厉害。

要进行翘曲分析，应该有高达 90% 的匹配率。也就是说，当两个元素相互匹配时，它们应该是 90% 左右的匹配率。但是，对于产品有筋和曲面的时候，要达到 90% 的匹配率是很困难的，在这种情况下，达到 85% 也是可接受的。当然百分比越高，结果越准确。

三、纵横比

纵横比是单元的最长边与单元的高的比值，纵横比值越小越好。纵横比的平均值应该在3∶1以下，并且最大不能超过6∶1。但是对于复杂的双层面网格模型是很难达到的，如图3-10所示。

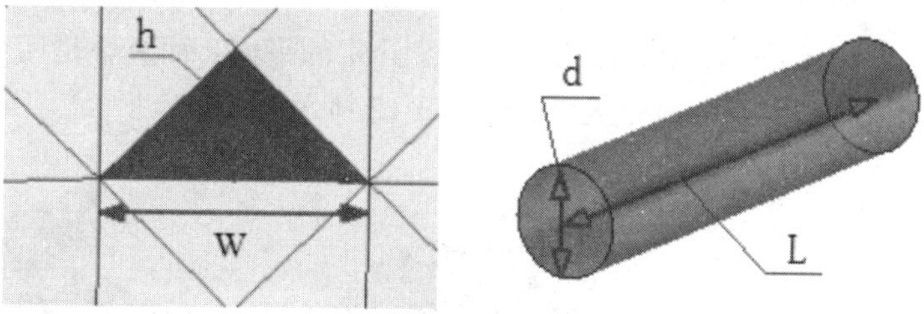

图3-10　三角形单元和柱体单元的纵横比

高的纵横比很有可能对分析的结果产生负面的影响。流动分析对纵横比的敏感度最低，而冷却分析和翘曲分析对纵横比的敏感度比较高。如果纵横比太高，分析将可能不收敛，而且有可能产生不合逻辑的结果，甚至可能导致解算失败。当考虑网格的质量时，低的纵横比是非常重要的。模型的创建阶段通常是最耗时间的，好的CAD模型设计能够避免纵横比问题的出现。

四、连通区域

所谓连通区域，就是一组单元相互连接在一起的区域，双层面网格和中性面网格模型都只能有一个连续区域。当Moldflow从CAD模型上生成网格模型时，部分单元可能会与网格模型中其他部分分离开，此时就必须修正这个问题。

五、网格配向

配向决定了单元的上表面和下表面，在许多CAD系统里被定义为法向。中性面网格模型的方向必须一致才能观察到结果，而双层面网格模型，模型的外表面总被定义为上表面。在图形显示中，用不同的颜色来标识方向：蓝色为上表面，红色为下表面，如图3-11所示。图中用剖切平面剖分了双层面网格模型，从而显示其内部的方向。

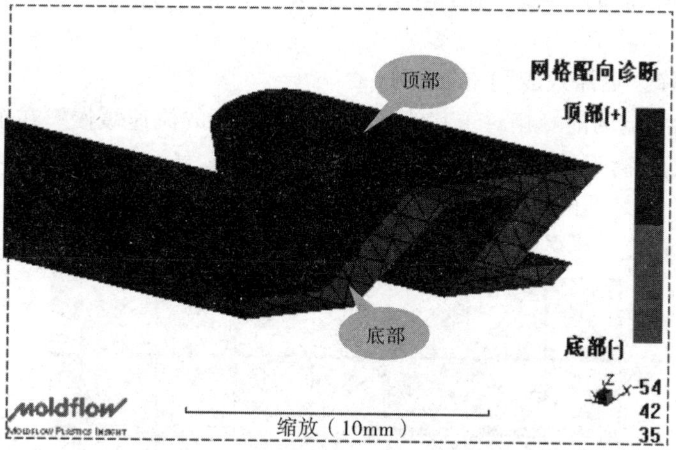

图3-11　双层面网格模型的网格配向

六、相交单元

在 Moldflow 中有两种相交的类型，即相交和重叠。

交叉是一个单元经过另外一个元素的平面；而重叠是两个单元在同一个平面上，单元表面彼此完全或者部分重叠，如图 3-12 所示。

a) 好的三角形单元　　b) 形成相交的三角形单元

图 3-12　相交单元

温馨提示	输入 CAD 几何模型时，保证几何模型的质量很重要，因为一个差的 CAD 几何模型通常网格也很差。这是问题的关键，但是几乎所有的交叉和重叠问题都能用网格工具中的自动修补命令进行修正。

七、网格密度

一个满意的网格密度能够很容易地获得准确的预测压力。不仅预测压力需要一个好的网格，模型的一些具体结构也需要好的网格来表现，具体表现在以下三个方面：

- Hesitation：踌躇；
- Air traps：气穴；
- Weld lines：熔接痕。

以上 3 个方面预测的准确性与网格的密度有关，如果网格不够好，那么分析的准确性就会出现问题。

1. 踌躇（也称“迟滞效应”）的预测

“踌躇”是指料流的前峰相对于其他区域的料流前峰的流速缓慢。在个别情况下，为了引导流动或者人工平衡流道时，需要在模具中设计踌躇。为了实现这种效果或表现出别的踌躇类型，需要有一个好的网格模型。

图 3-13 中显示了当网格不够好时对填充的影响，产品剖面的中心是 1mm 厚，顶部是

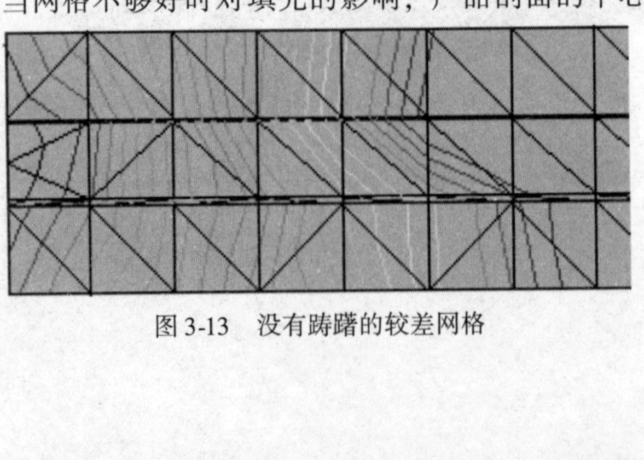

图 3-13　没有踌躇的较差网格

2mm，底部是 3mm。在图中清晰地显示出料流在薄的中间部分没有迟钝。

图 3-14 中流动分为 3 个区域，壁厚对流动的影响表现得很明显，中间部分的流动出现了踌躇现象。

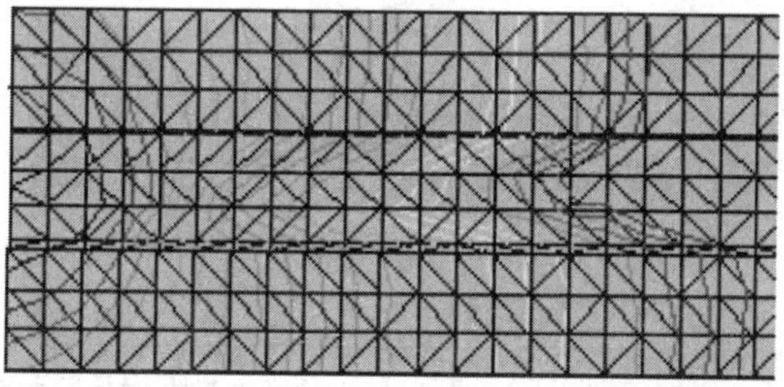

图 3-14　有踌躇的好网格

2. 气穴的预测

产品上的气穴往往是由于厚度的改变发生踌躇而产生的，气穴预测的准确性和网格的质量成正比。对于粗糙的网格，在薄的区域里预测不到气穴的出现，精细的网格则能够预测出气穴，如图 3-15 所示。

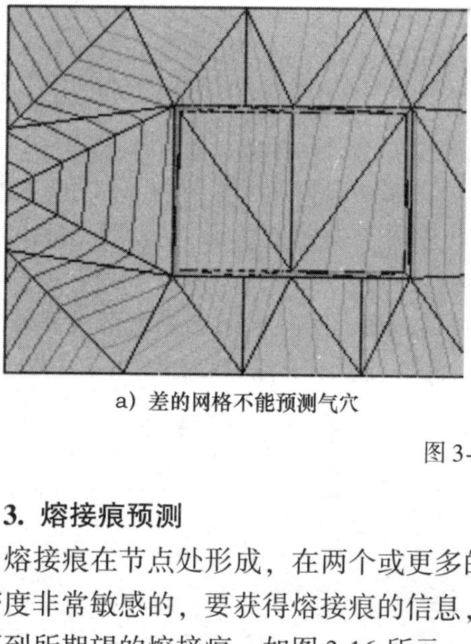

a）差的网格不能预测气穴

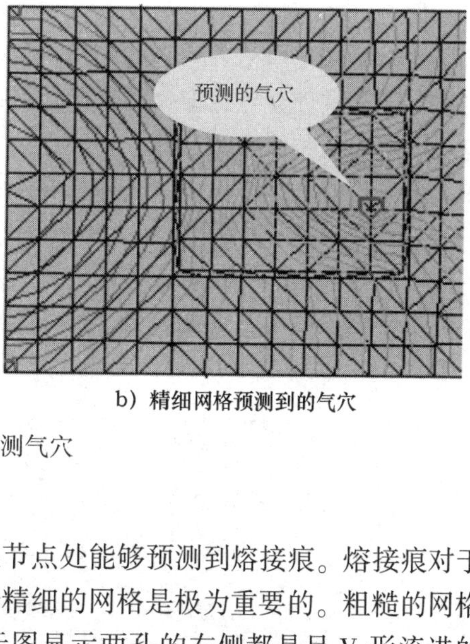

b）精细网格预测到的气穴

图 3-15　预测气穴

3. 熔接痕预测

熔接痕在节点处形成，在两个或更多的相连节点处能够预测到熔接痕。熔接痕对于网格的密度非常敏感的，要获得熔接痕的信息，一个精细的网格是极为重要的。粗糙的网格通常得不到所期望的熔接痕，如图 3-16 所示，填充云图显示两孔的右侧都是呈 V 形流进的。而图 3-17 所示的图中可以看到熔接痕。

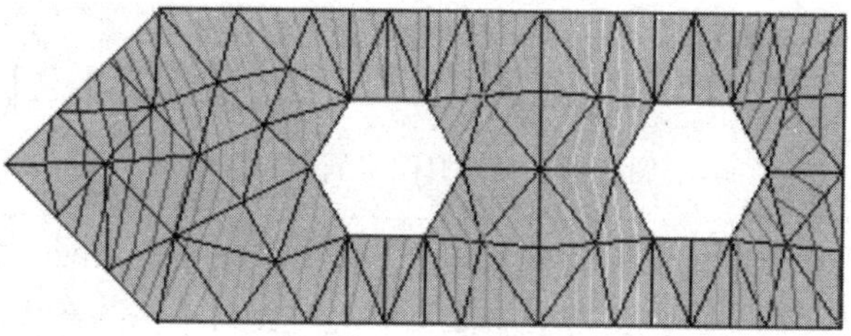

图 3-16　差的网格

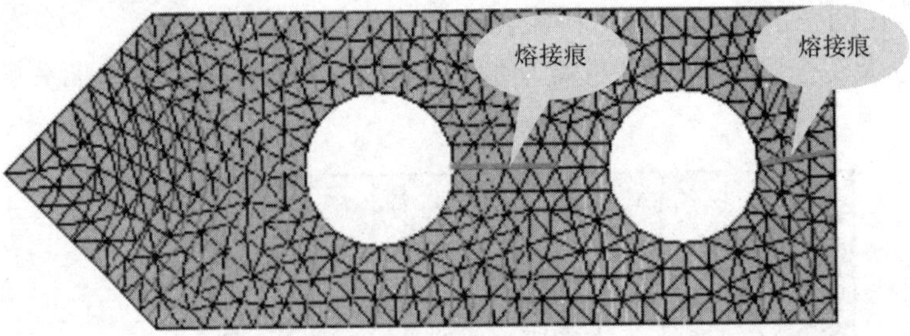

图 3-17　好的网格

第 3 节　CADdoctor 模型简化

模型简化的目的是提高网格质量、降低网格数量、加快求解效率。模型简化后，虽然网格数量减少，但由于匹配率、厚度定义和纵横比质量的提高，使得计算准确性反而提高。模型简化的原则是保证总体模型的大特征、简化小特征、不影响注塑缺陷的捕捉。圆角、倒角的存在可能增多 30% 的网格数量。一般情况下，如果网格修补的时间超过半小时，那么最好重新简化 CAD 模型。

常见的模型简化包括去除小的圆角和倒角、去除小的筋和凸台、去除字和纹理等。小圆角、倒角、字和纹理会导致很大的纵横比并降低匹配率，所以去除它们会减少很多网格修补工作量。模型简化要注意保形性，即简化后和简化前模型的形状相似，差异不大。另外，对于不在此次分析的小特征也可以去除。在制品转角处，要同时去除或保留内部和外部的圆角（倒角），以保证转角的厚度。注意不要简化具有功能需求的薄壁特征，如薄筋和小凸台，这些特征可能恰恰是问题点所在，简化这些特征会掩盖问题点。

小圆角会增加壁厚，例如如图 3-18 所示筋的 T 形截面，圆角会增加筋根部的壁厚，底壁厚为 1.2mm，筋厚为 1.0mm，圆角为 0.5mm。粉色圆点表示节点，红虚线表示中性面。

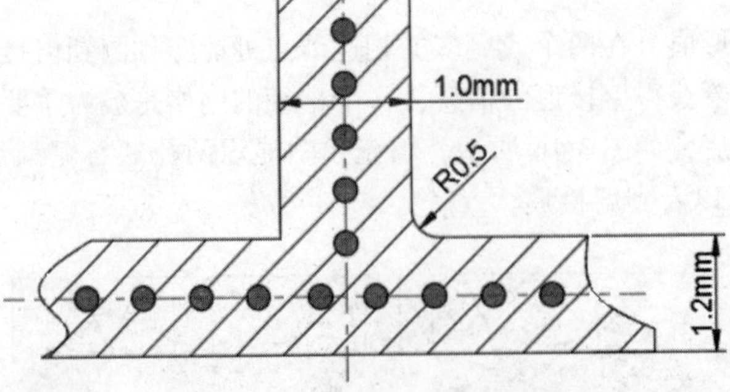

图 3-18　圆角对网格划分的影响

温馨提示	圆角会增加对应位置的节点数量，而且节点距离很短。这样，匹配率就会降低，厚度定义也会出现问题，而且会引起较大的单元长高比。

对于中性面和双层面网格，算法不会捕捉圆角处的剪切变化。但对于 3D 网格，算法捕捉圆角处的剪切变化。但总体来说，圆角对流动的影响不大，对压力和温度的影响只是局部效应。

接下来将专门介绍模型修复医生 CADdoctor 基本用法。

一、认识 CADdoctor for Autodesk Simulation 2018

CADdoctor 作为业界所用 3D 软件的“桥梁”，实现了不同 CAD 平台间的无缝连接，使得不同的软件间可以随意地进行不同档案的互换，根据不同 CAD 平台的公差和几何拓扑结构，进行不同的分析。CADdoctor 强大的自动修复功能和高质量的产品处理能力，获得可量产的模型。CAD Doctor 从源头开始提供高质量的模型，帮助工程师从琐碎的劳动中解放出来，以投入精力提升设计方案。

CADdoctor 不仅仅针对 Moldflow 来简化模型，也常用于其他三维 CAD 软件的模型修复。例如，在不同软件之间进行模型文件转换时，会因公差不同、几何拓扑方式不同产生模型错误（模型破面）。

CADdoctor 的修复功能主要体现在以下 3 个方面。

- 不同格式文件转换的模型修复：CADdoctor 具有强大的自动搜索、自动修复功能，针对业界各种不同的 3D 软件，提供了 70 多项检查项，可以高效、快速地修复产品所有的问题。
- 简化模型结构：CADdoctor 可以将设定值范围内的倒角、网孔、刻字、BOSS 柱、小圆孔等特征一次性全部删除。提高了产品质量，缩短 CAE 分析时间、提高 CAE 分析准确度。
- 开模检查修复：CADdoctor 可以自动生成分模线、开模检讨报告，自动侦测到倒扣位置，详细地罗列出不利于开模的具体位置。CADdoctor 可以自定义产品肉厚、拔模角度、尖角、Boss 柱（产品上的圆柱，起螺钉紧固和连接作用）高度等搜索项。

CADdoctor for Autodesk Simulation 2018（简称 CADdoctor 2018）是当前最新的版本，需要下载程序独立安装，图 3-19 为 CADdoctor 2018 的用户界面。

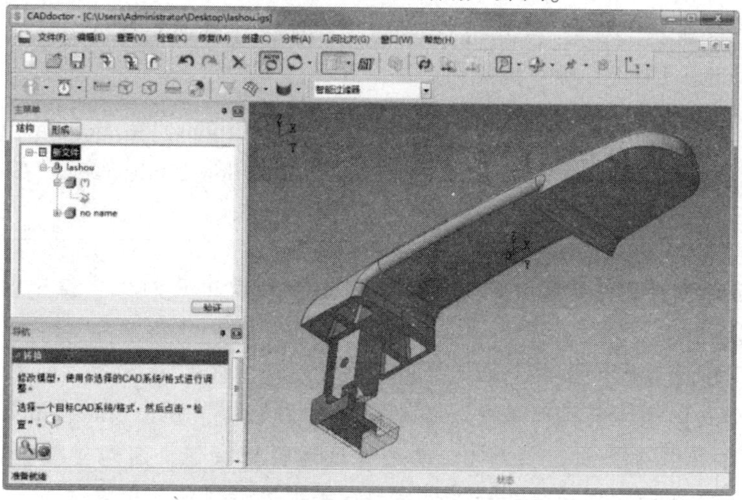

图 3-19　CADdoctor 2018 用户界面

二、CADdoctor 2018 的模型简化操作

在本书中我们将重点讲解 CADdoctor 2018 的模型简化功能，以此服务于 Moldflow 分析。下面以案例来详解模型简化过程。

上机操作——CADdoctor 模型简化

练习文件路径：mianke. igs
演示视频路径：视频 \ Ch03 \ 修改 config. pro 文件以完成配置 . avi

练习中的模型是 UG 软件导出的 igs 格式文件，在 CADdoctor 中不能通过打开方式载入模型，只能通过导入的方式导入。

1. 导入/修复模型

01 启动 CADdoctor 2018，在菜单栏执行【文件】|【导入】命令，将本例源文件 mianke. igs 导入到 CADdoctor 中，如图 3-20 所示。

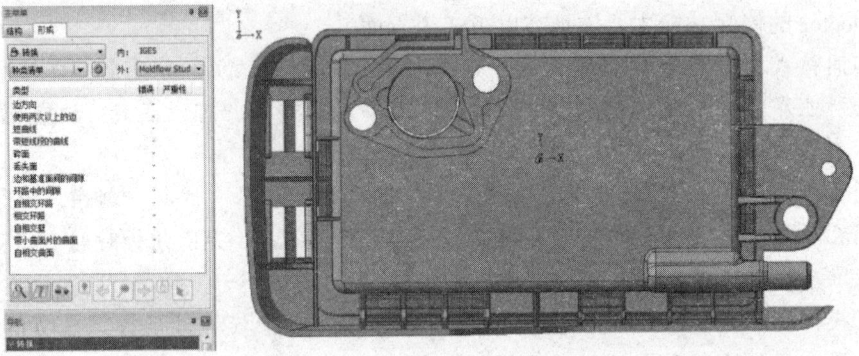

图 3-20 导入 igs 格式文件

02 从导入的模型视图看，模型中有许多的“阴影 + 线框显示”的区域，表明模型文件进行格式转换后产生了破面，需要修复。

03 在【主菜单】面板的【形成】选项卡下，选择【转换】模式，在【外】列表中选择 Moldflow UDM 目标系统文件。

温馨提示	选择 Moldflow UDM 选项，导出的格式就是 udm，在 Moldflow 中导入时可以选择不同的网格类型进行分析。如果选择 Moldflow Study 选项，在 Moldflow 中只能以 3D 实体网格形式进行分析。

04 在面板底部单击【检查】按钮，错误类型列表中将列出模型中所有的错误，如图 3-21 所示。

05 同时，在【导航】面板中系统给出了修复建议，如图 3-22 所示。

06 在【形成】选项卡底部单击【自动缝合】按钮，弹出 Auto Stitch 对话框，设置【容差】（缝合公差）值为 1，单击【试运行】按钮，随即对模型进行破面修补，如图 3-23 所示。自动缝合后错误类型列表中依旧列出了相关错误。

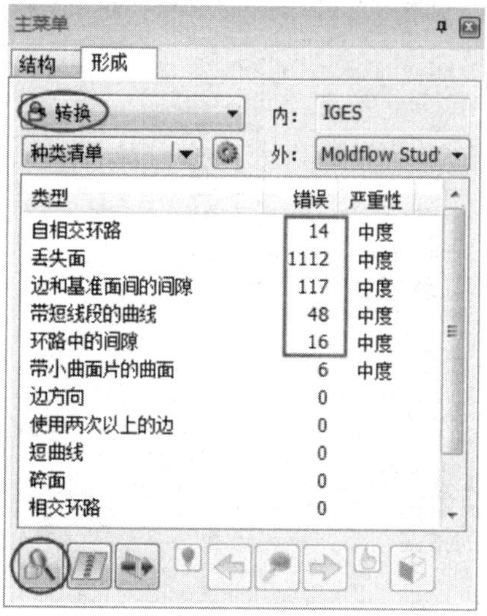

图 3-21　检查错误

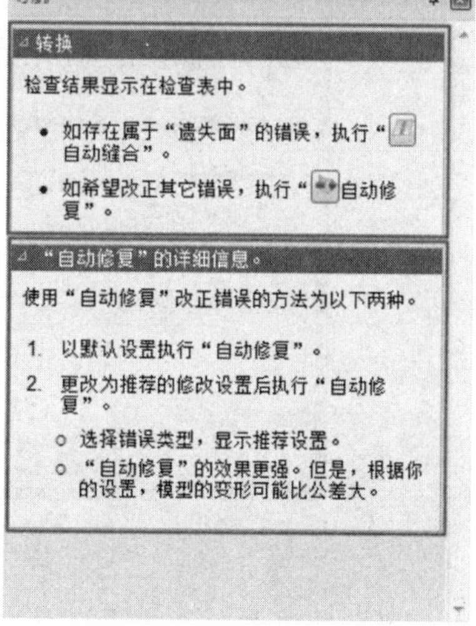

图 3-22　修复建议

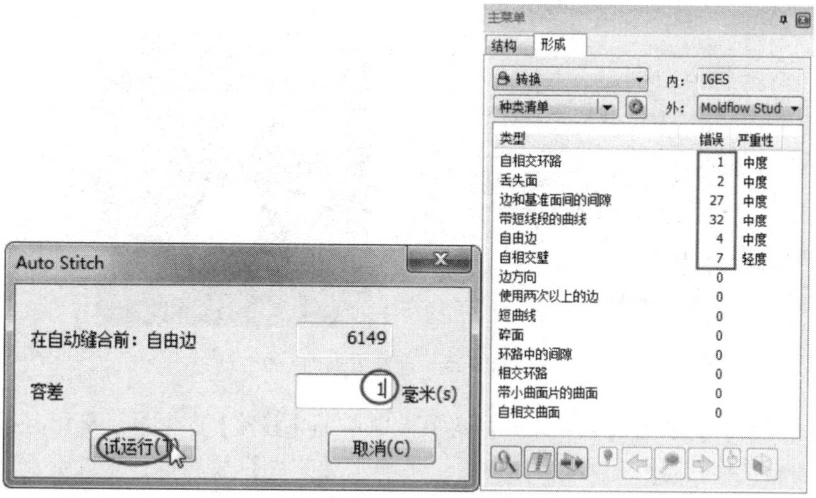

图 3-23　自动缝合

温馨提示	为防止因曲面间隙过大且缝合公差又偏小而导致不能缝合曲面，应尽可能增大缝合前公差值。缝合后的公差值保持0.01，为后续的缝合留下余地。

07 接下来单击【自动修复】按钮，进行自动修复，错误类型列表中仍然列出了部分错误，说明还要继续修复，如图 3-24 所示。

温馨提示	【丢失面】错误并非是丢失了面，是指对模型（实体）而言，修复后的模型类型不是实体，是曲面片体。在 Moldflow 中进行中性面网格或者双层面网格分析时，可以不处理【丢失面】问题，如果要用“3D 实体”网格进行分析，就必须处理该问题了。实体与曲面最大的区别就在于：实体中各个曲面之间是关联的一个整体，曲面则是独立的片体。

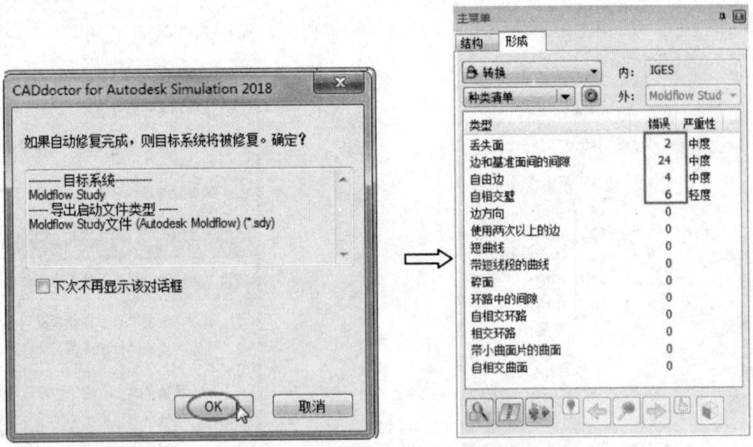

图 3-24　显示还需修复的错误

08 从错误类型列表中可以看出，两次修复后【丢失面】问题仍然有两个存在，说明不是自动修复就能解决的，需要手动解决。选中【丢失面】错误，在模型中查看高亮显示的【丢失面】错误，发现有重合的曲面，导致不能缝合，如图 3-25 所示。

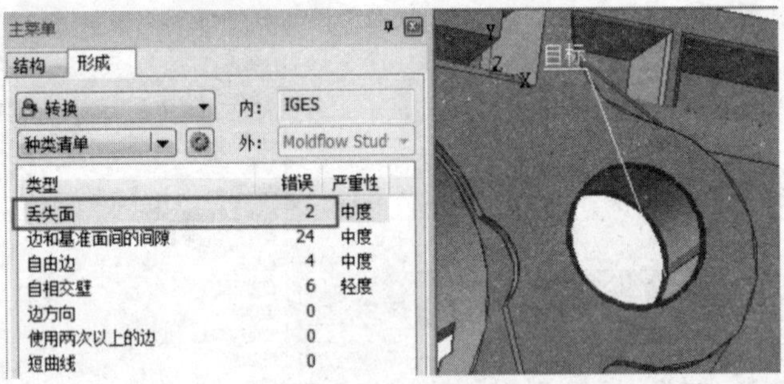

图 3-25　查看丢失面

09 在【导航】面板的【辅助工具】选项卡中单击【移除】按钮，光标移至丢失面位置并单击鼠标右键，选择要移除的面，再单击【完成】按钮，完成重合面的移除，如图 3-26 所示。

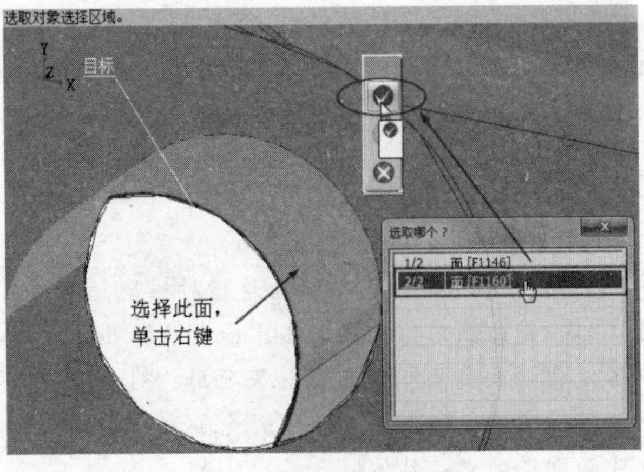

图 3-26　移除第 1 个重合曲面

10 同样的操作方法，选择第 2 个要移除的面并进行移除操作，如图 3-27 所示。

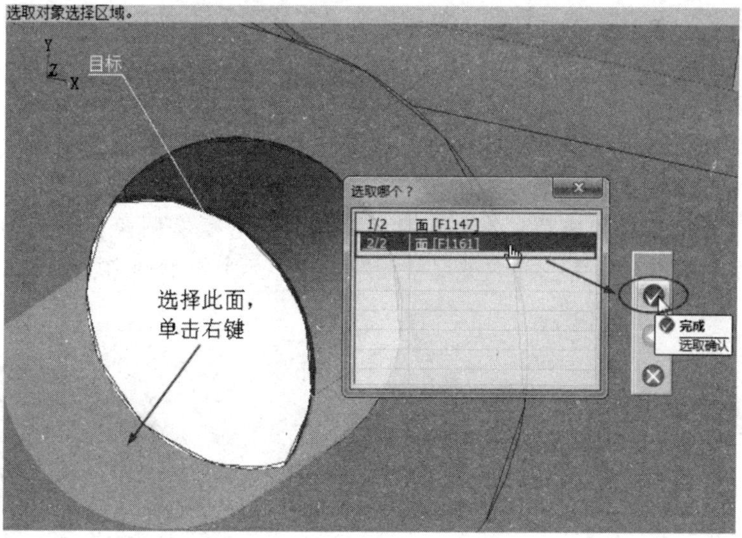

图 3-27 移除第 2 个重合曲面

11 再次在错误类型列表选中【丢失面】选项，然后在【导航】面板中的【修复所有错误】选项卡下单击【自动缝合】按钮，以 0.01 的“自动缝合前的”自由边公差缝合丢失面，随后错误类型列表中的【丢失面】显示为 0，如图 3-28 所示。

12 接下来选中【边和基准面间的间隙】错误选项，单击【自动修复】按钮，系统将自动进行修复，修复结果如图 3-29 所示。

图 3-28 “丢失面”修复结果

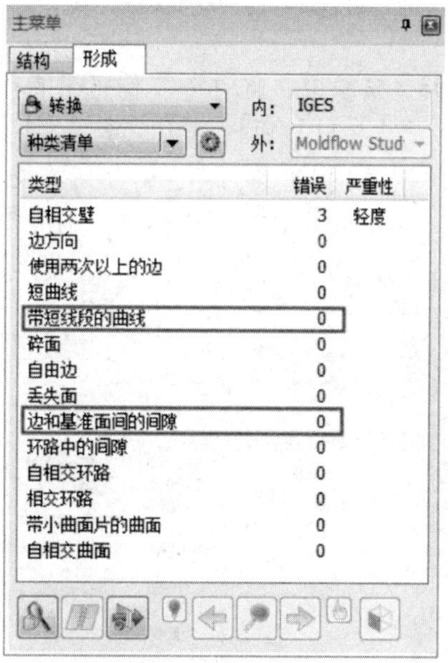

图 3-29 修复结果

13 错误类型列表中的【自相交壁】错误选项，其实对模流分析的影响几乎为零，可以不用处理。自相交壁是由于缝合间隙过大引起的，是因为第一次自动缝合时担忧曲面间的缝隙很大，设置的缝合公差为1造成的。由此可以得出结论：缝合公差须逐渐增大，而不是一步到位。如果最初设置缝合公差为0.7，那么修复错误后会得到完美的解决。

2. 检查/删除倒角

01 在【形成】选项卡下选择【简化】模式，在【特征】列表中列出了模型中所有的特征种类，如图3-30所示。

02 选中【圆角】特征选项，单击面板底部的【检查所有圆角】按钮，系统自动检查模型中的所有圆角，并在模型中以粉红色显示所有的圆角，如图3-31所示。

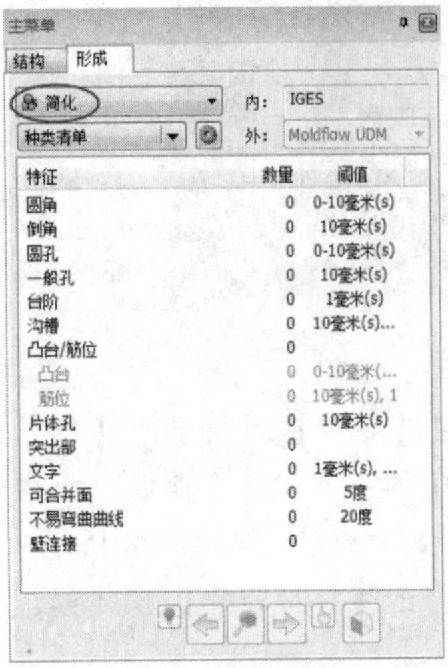

图3-30 选择【简化】模式

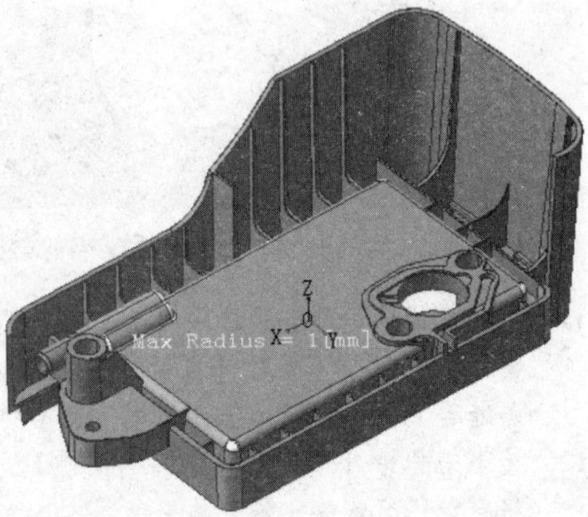

图3-31 检查所有的圆角

03 模型中圆角的半径不完全相等，有大有小，我们需要将半径较小的圆角移除。在【导航】面板下【编辑工具】选项卡中，选择【移除（圆角）】和【移除所有（圆角）】工具，将会删除所有圆角。删除所有圆角将会改变模型形状，是不可取的，所以我们要在【特征】列表中对圆角的阈值进行修改，如图3-32所示。

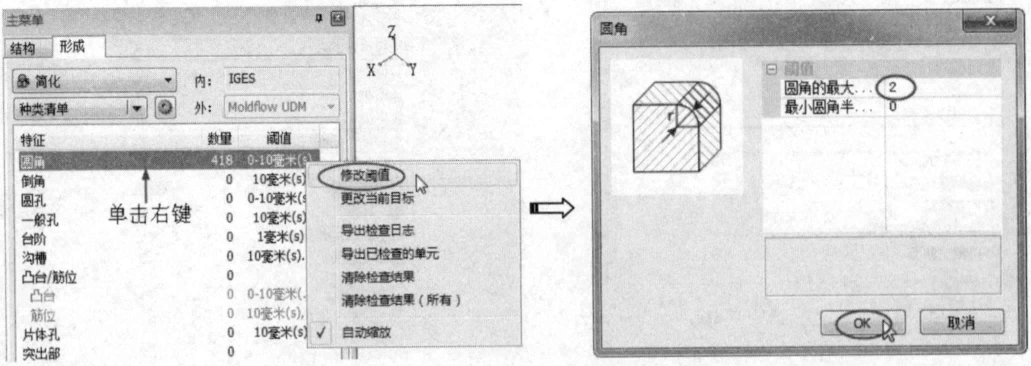

图3-32 修改圆角的最大检查半径值

04 重新单击【检查所有圆角】按钮，检查半径为0~2mm之间的圆角，如图3-33所示。

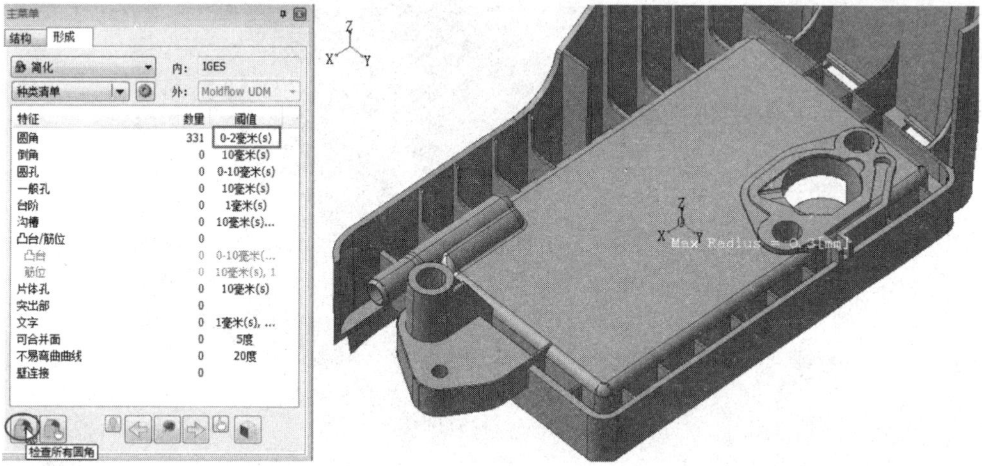

图 3-33 重新检查圆角

05 在【导航】面板的【编辑工具】选项卡下，单击【移除所有（圆角）】按钮，移除 0 ~ 2mm 之间的所有圆角。

06 选中【倒角】”特征选项，单击【检查所有倒角】按钮，检查所有倒角特征，如图 3-34 所示。由于倒角特征的阀值为 10mm，比较大，故不做删除处理。

温馨提示	在 Moldflow 中，拔模特征也算作倒角特征的一种。

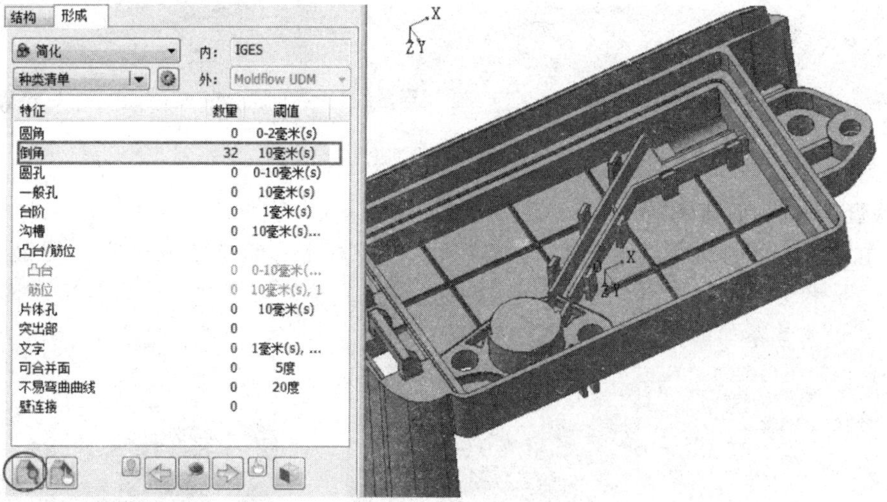

图 3-34 检查倒角

3. 检查/删除孔、洞

01 在【特征】列表中选中【圆孔】特征选项，然后单击【检查所有圆孔】按钮进行检查，检查结果有 5 个圆孔，但都不是很细小的孔，也是无须进行删除处理的，如图 3-35 所示。

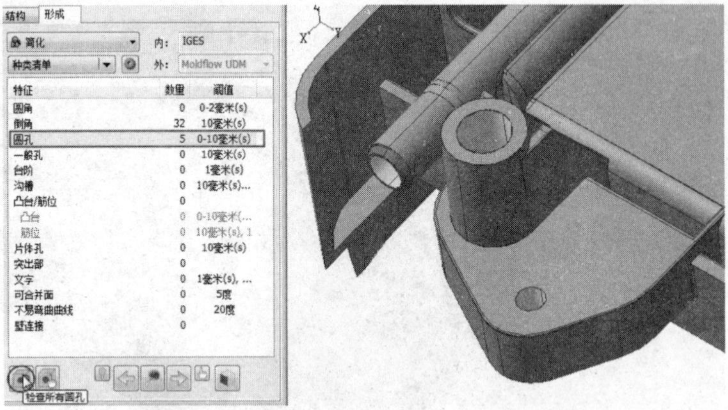

图 3-35　检查圆孔

02 在【特征】列表中选中【一般孔】特征选项，然后单击【检查所有一般孔】按钮进行检查，检查结果有两个一般孔，经过仔细观察，发现这两个一般孔属于内部细小结构，删除后并不影响模流分析。所以在【编辑工具】选项卡下单击【移除所有（一般孔）】按钮，将其删除，如图 3-36 所示。

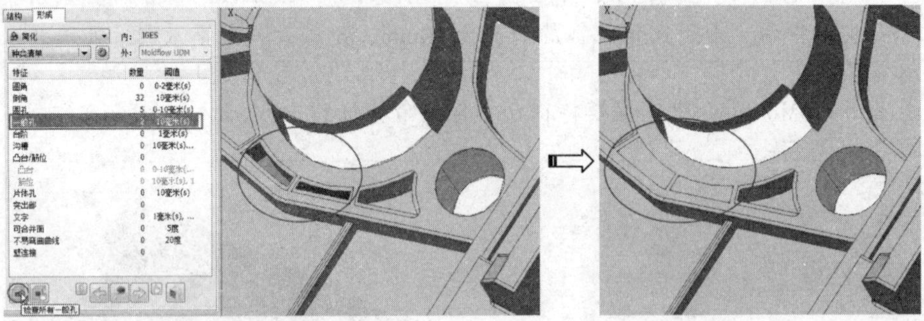

图 3-36　检查一般孔

4. 检查/删除台阶与沟槽

01 在特征列表中选中【台阶】特征选项，然后单击【检查所有台阶】按钮进行检查，检查结果有 7 个台阶，经过检查发现这些台阶特征较小，容易造成网格错误，所以需要全部删除，如图 3-37 所示。

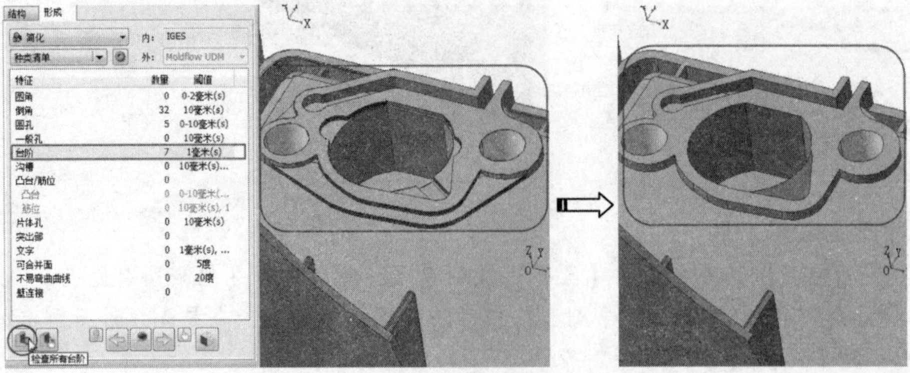

图 3-37　检查台阶

02 选中“沟槽”特征，然后单击【检查所有沟槽】按钮进行检查，检查结果有22个沟槽，经过检查发现这些沟槽特征也是比较小的，可全部删除，如图3-38所示。

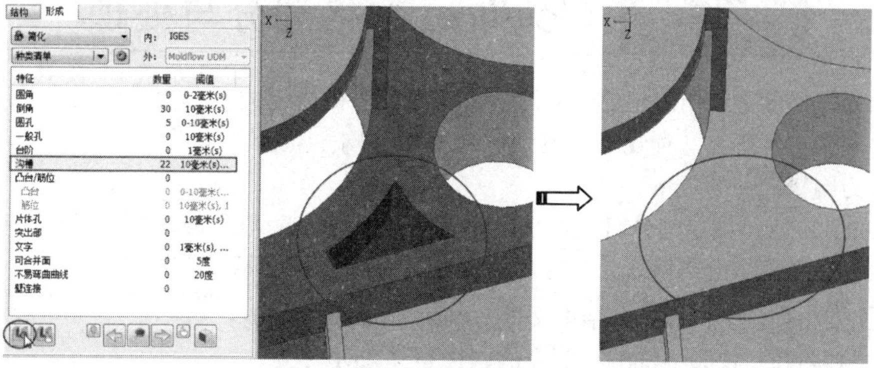

图3-38　检查沟槽

5. 检查/删除凸台、加强筋及合并面

01 在【特征】列表中选中【凸台/筋位】特征选项，然后单击【检查所有凸台/筋位】按钮进行检查，检查结果有35个凸台和加强筋，经过检查发现这些凸台特征是主要特征，不能删除，加强筋特征厚度也有10mm，也是不能删除的，如图3-39所示。

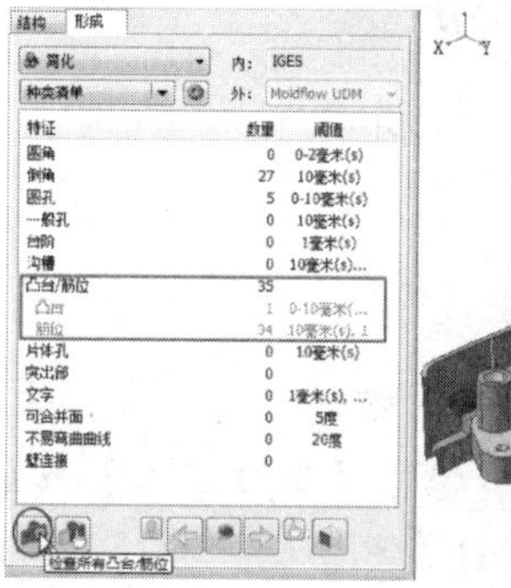

图3-39　检查加强筋

02 在【特征】列表中选中【可合并面】特征选项，然后单击【检查所有可合并面】按钮进行检查，检查结果有4个可以合并的曲面。【可合并面】是指面积比较小的曲面，可以合并成一块大曲面，使网格划分更合理。单击面板底部的【合并所有可合并面】按钮，合并多个曲面，如图3-40所示。

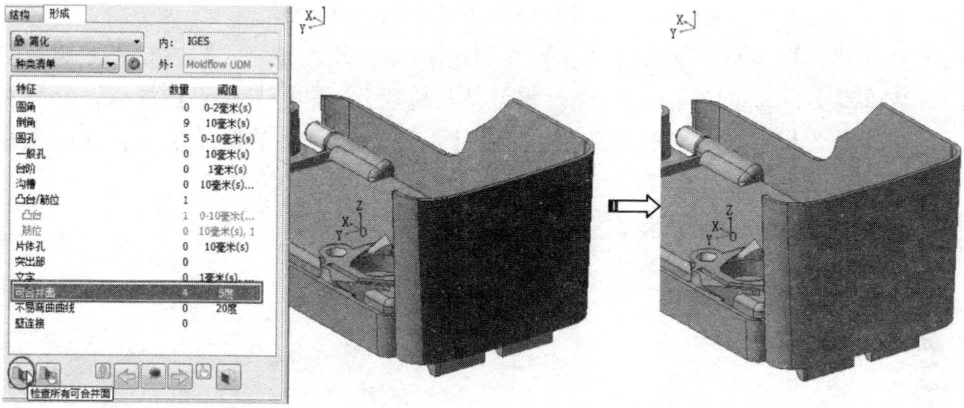

图3-40　合并曲面

03 其他如【片体孔】【文字】【突出部】【不易弯曲曲线】【壁连接】等特征，在本练习模型中没有，至此整个模型的简化操作全部结束。

04 最后将【简化】模式切换为【转换】模式，将 udm 格式文件导出。

第 4 节 Moldflow 网格划分与处理

有限元方法就是利用假想的线或面，将连续介质的内部边界分割成有限个数目、大小、离散的单元来进行研究。直观上，模型被划分成“网”状，在 Moldflow 中这些有限个离散单元被称为网格。

Moldflow 在进行网格划分时，常常因导入模型的精度偏低而导致分析计算后产生网格缺陷，下面以一个模型的网格划分与处理的设计案例——面壳模型，作详尽描述。

练习文件路径：上机操作 \ 结果文件 \ Ch03 \ mianke. study
演示视频路径：视频 \ Ch03 \ 面壳的网格划分 . avi

一、网格的划分

网格的划分有以下几个步骤：

- 导入分析模型；
- 划分网格；
- 网格统计。

1. 在创建的项目中导入模型

01 启动 Moldflow，单击【新建工程】按钮，新建命名为“面壳网格划分”的工程文件，如图 3-41 所示。

图 3-41 新建工程

02 在【导入】面板中单击【导入】按钮，在打开的【导入】对话框中选择要导入的模型文件 mianke. igs（未经过模型简化处理），单击【打开】按钮，接着在弹出的【导入】对话框中选择网格类型为【双层面】后，单击【确定】按钮完成模型的导入，如图 3-42 所示。

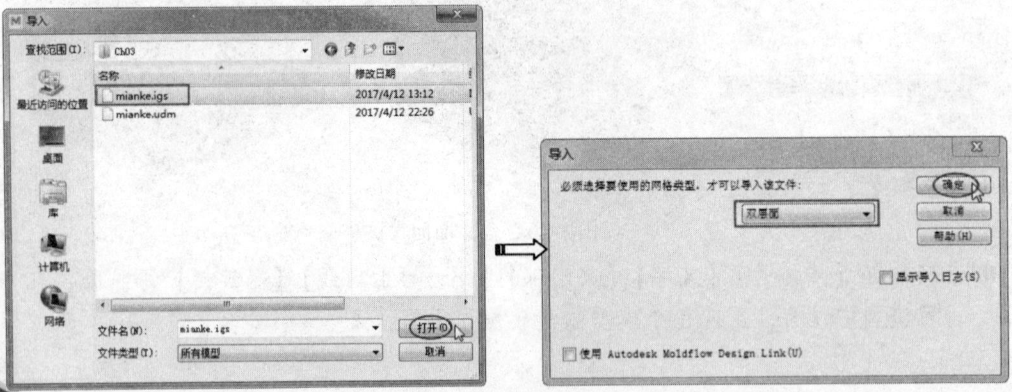

图 3-42 导入模型

03　导入的模型如图3-43所示。此时的模型仅仅是曲面模型，并没有进行网格划分。

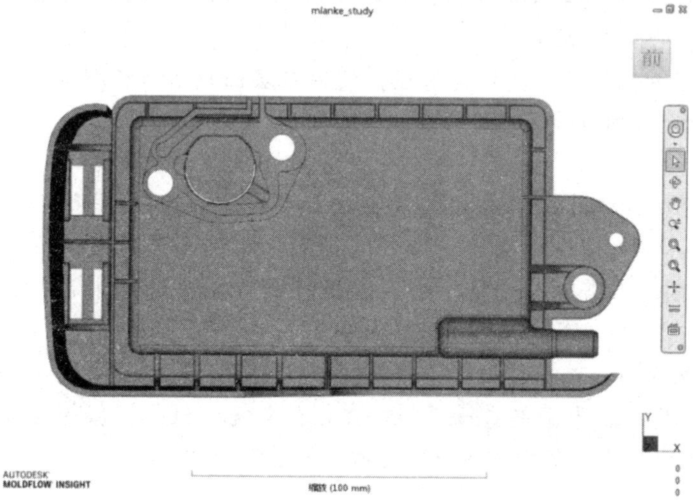

图3-43　导入的模型

2. 网格划分

在功能区的【网格】选项卡中单击【生成网格】按钮，在工程视窗（也叫【工程】面板）的【工具】选项卡中弹出生成网格的操作选项，如图3-44所示，保留默认的设置并单击【立即划分网格】按钮，程序自动生成网格。

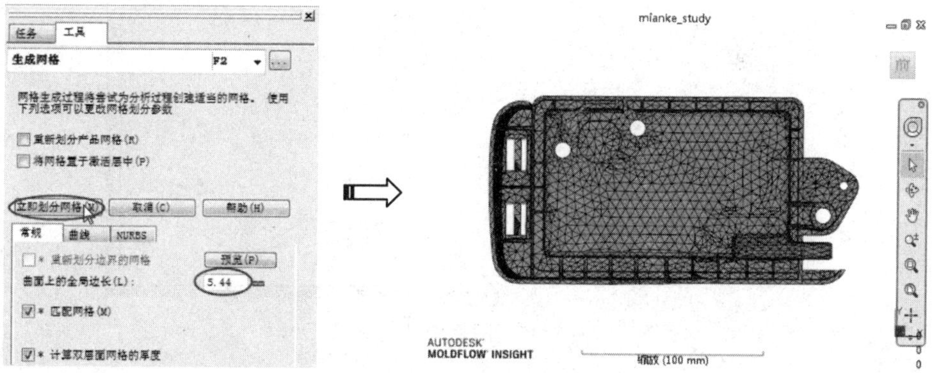

图3-44　网格的生成

温馨提示	一般程序会给模型一个划分网格的参考值，此参考值是根据模型的尺寸来计算的。依据这个参考值划分的网格通常都不是太理想，因此网格边长值的取值应参考模型的壁厚情况来设置。

在【生成网格】选项面板的【常规】选项卡中，有两个复选框需要注意：

- 【匹配网格】复选框：匹配网格可以使用户更好地控制中性面或双层面网格划分过程的网格匹配控制，使创建的双层面网格互相匹配得更好。对于流动分析来说，匹配率要高于85%，而翘曲分析最好能高于90%。网格光顺控制，可以获得光顺的网格棱边。该选项可以更好地表现曲线特征，但会细微地降低网格的匹配率。对于含有许多曲线特征的双层面网格，最好分别使用这两个控制来划分网格，比较哪个控制生成的网格质量较好。

- 【计算双层面网格的厚度】复选框：使用双层面技术对模型进行网格划分时，勾选此复选框允许同时计算网格厚度。

3. 网格统计

在 Moldflow 中，程序自动生成的网格随着制件形状的复杂程度存在着或多或少的缺陷，网格的缺陷不仅对计算结果产生重要的影响，而且还会因为网格质量的低劣，导致整个分析失败。因此，需要对网格作必要的统计调查，并对统计结果中出现的网格缺陷进行修复。

01 网格生成以后，单击【网格诊断】面板中的【网格统计】按钮，在工程视窗的【工具】选项卡下，单击 显示 按钮，系统将执行网格统计计算，统计结果在【工具】选项卡底部的文本框内显示，如图 3-45 所示。

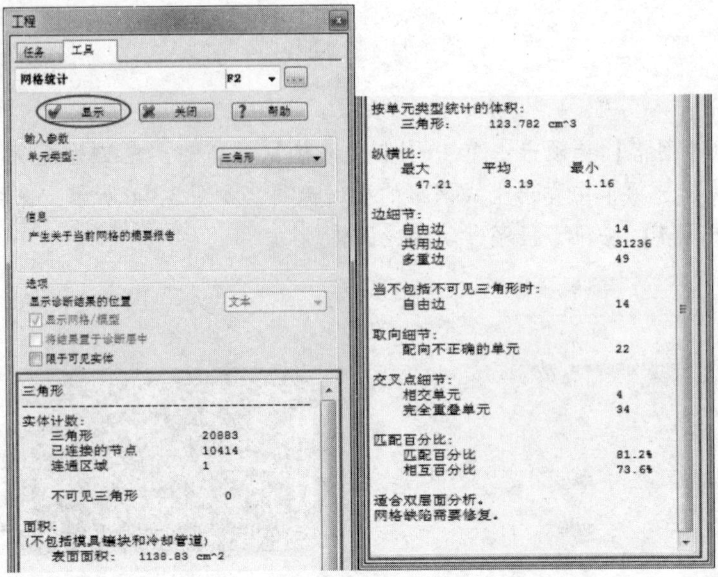

图 3-45 网格统计与显示

从网格统计结果中可看见，出现了常见的交叉边、配向不正确、相交单元、纵横比以及匹配率低等缺陷。出现这些网格缺陷，主要是模型中的细小特征结构比较多，而网格密度较大（由网格边长值决定的），导致网格划分的效果很不理想。

接下来，我们将利用 CADdoctor 对之前简化的模型重新进行网格划分，看看处理后的网格质量。

02 单击模型视窗界面右上角的按钮，关闭模型视窗。

03 单击【导入】按钮，重新导入本例源文件夹中的 mianke. udm 文件，同样选择【双层面】网格类型进行分析，如图 3-46 所示。

04 单击【生成网格】按钮，在工程视窗的【工具】选项卡下单击 立即划分网格(M) 按钮，划分网格，如图 3-47 所示。

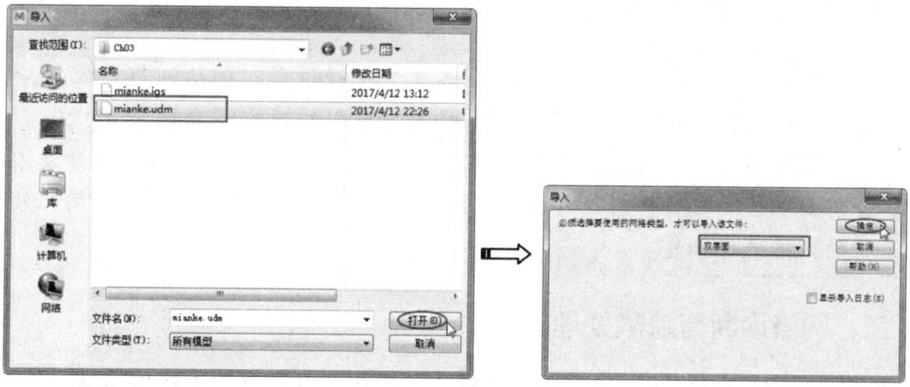

图 3-46　导入分析模型

05 单击【网格诊断】面板中的【网格统计】按钮，在工程视窗的【工具】选项卡下，单击【显示】按钮，系统执行网格统计计算，并将统计结果在【工具】选项卡底部的文本框内显示。如图 3-48 所示的左图为简化模型的网格统计，右图为没有经过简化处理的网格统计。

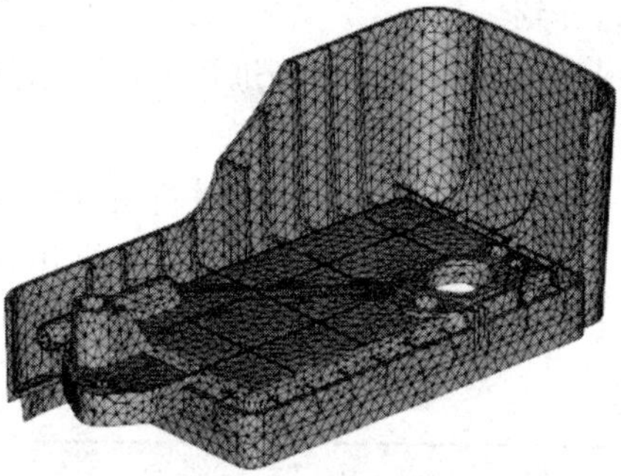

图 3-47　网格划分

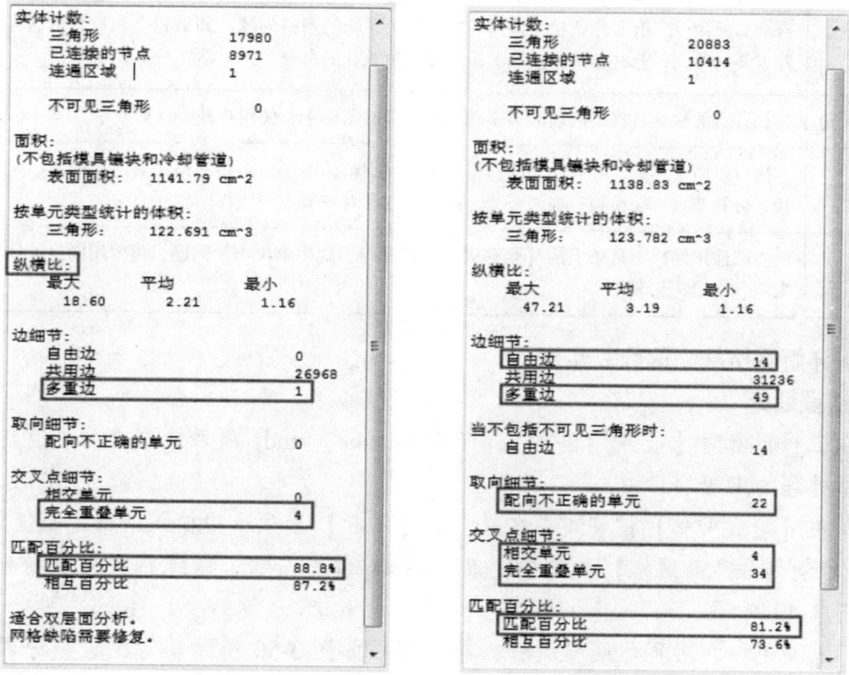

简化的模型　　　　**没有简化的模型**

图 3-48　两种模型的网格数据对比

温馨提示	从统计数据看，简化模型的网格质量要好很多，但从网格匹配百分比数据看，简化模型为88.8%，没有简化处理的模型的匹配百分比为81.2%。前者如果只做流动分析的话，质量已经满足要求了。但后者必须经过网格修复才能满足分析要求。其他数据用户可以自己比对。接下来我们会对没有进行简化处理的模型的网格进行修复。

二、网格诊断与缺陷处理

网格统计后出现的缺陷必须立即进行修复，一般修复处理有4大操作步骤，下面分别进行介绍。

（1）首先对模型进行网格重划分，以提高网格匹配率。

（2）整体合并节点。

（3）对所有的网格进行自动修复，以达到减少交叉和重叠单元的目的。

（4）利用网格诊断工具诊断出各缺陷在模型中的位置。

表3-1列出了针对网格缺陷所采取的修复方法。

表3-1 网格缺陷的修复方法

网格质量问题	可行的修复方法
低的网格匹配率	减小网格边长，并重新划分网格
相交和重叠	执行相交的检查，将有问题的网格单独放置到一个图层里，使用网格工具进行修复。首先尝试用自动修复命令，但要注意检查该命令是否产生了新的网格问题。如果相交和重叠依然存在，那么删除重叠的单元，合并相应的接点，最后使用填充孔的命令
自由边或交叉边	执行边的检查，将有问题的边单独放置到新的图层中，使用合并节点等命令
高的纵横比	执行纵横比诊断，将有问题的网格单独放置到新的图层，使用网格工具进行修复。常用的工具包括：合并节点、交换边、插入节点、移动节点和对齐节点
配向不正确单元	尝试使用网格工具条上的【全部取向】的命令，如果解决不了问题，再使用网格工具里的【单元取向】命令来修复

接下来详解网格缺陷的修复步骤。

1. 网格重划分

01 在工程视窗的【任务】选项卡下双击mianke_ study项目，切换到没有进行简化模型处理的工程项目中。

02 单击【生成网格】按钮，在弹出的【工具】选项卡中输入网格边长值为3，勾选【重新划分产品网格】复选框，单击立即划分网格(M)按钮，系统将自动重划分网格，如图3-49所示。

03 网格重划分之后再作网格统计，统计结果如图3-50所示。对比重划分网格前的统计结果，网格质量有了很大提高，【匹配百分比】由最初的81.2%提高到89.3%。此外，自由边、多重边（交叉边）及相交、重叠单元的数量也有所减少。

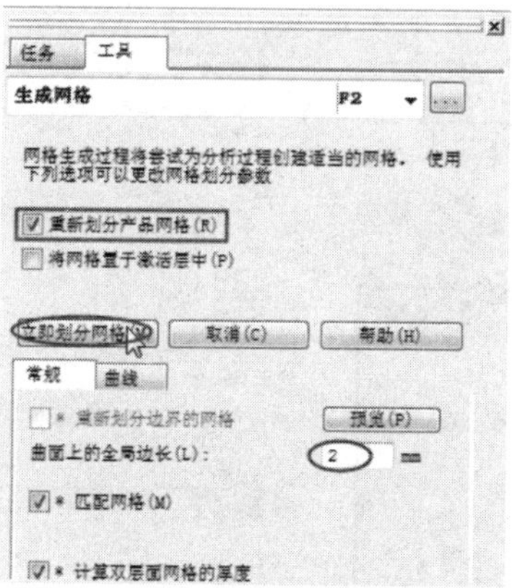

图 3-49 重划分网格

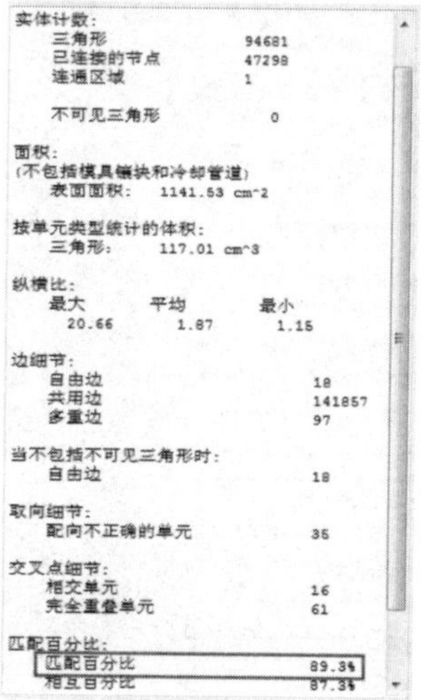

图 3-50 重统计网格

温馨提示	网格的边长值取决于模型的厚度尺寸、网格的匹配质量及模型的形状精度，一般为制件厚度的 1.5 ~ 2 倍，就足以保证分析精度。值越小，质量与精度相对就越高，但计算的时间也越长。本例模型的最大壁厚度为 2mm，因此设定全局网格边长值为 3mm 是合适的。但为了进行翘曲分析，有必要设定更小的网格边长值，例如设置为 2。 重划分网格后，将得到很高的匹配率，此时即使有些小缺陷，也不会对分析结构产生较大影响。但为了分析得更精准，用户可以进行缺陷的修复。

2. 整体合并

使用网格处理工具条上的【整体合并】工具，将模型上的重叠节点进行整体合并操作的同时，还能删除重复的柱体单元和三角形单元，解决尖锐的三角形单元，其目的是修复多重边、完全重叠单元等缺陷。

01 在【网格编辑】面板中单击 整体合并 按钮，在【工具】选项卡下设置合并公差为 0.5mm，单击 应用(A) 按钮，进行重复单元的整体合并操作，如图 3-51 所示。

02 然后再进行网格统计，查看统计结果如图 3-52 所示。

03 从统计结果可看见，整体合并操作后，多重边和完全重叠单元的数量均减少了。

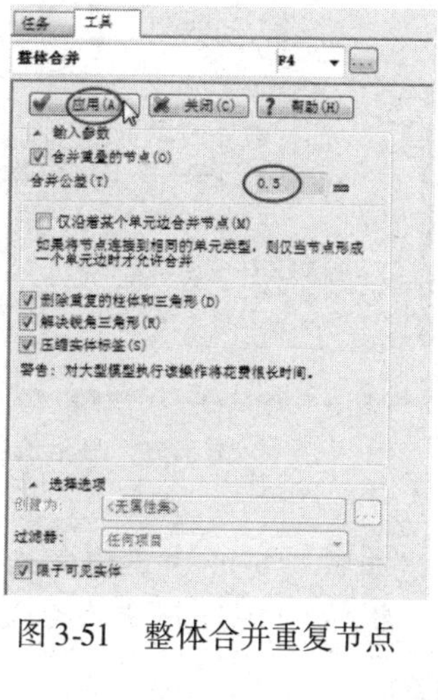

图 3-51 整体合并重复节点

3. 自动修复

使【自动修复】工具，对网格的相交或重叠单元进行自动修复。

01 在【网格编辑】面板中单击 自动修复 按钮，然后在【工具】标签下再单击 应用(A) 按钮，进行网格自动修复，如图 3-53 所示。

02 完成自动修复操作后再作网格统计，统计结果如图 3-54 所示。

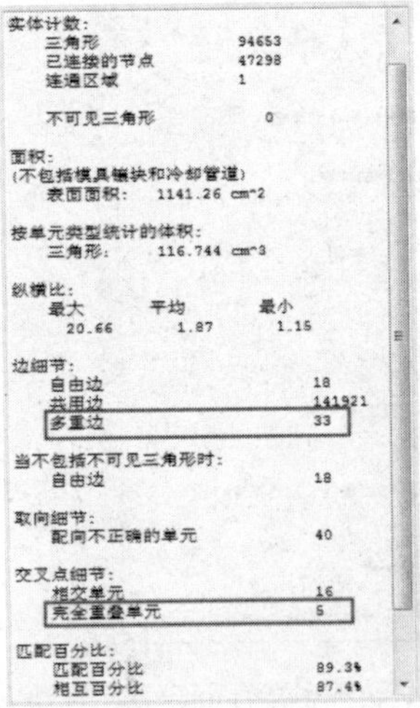

图 3-52 整体合并后的统计结果

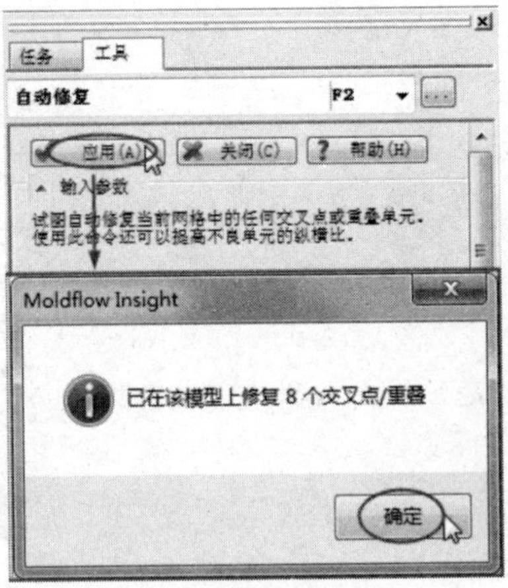

图 3-53 自动修复相交单元

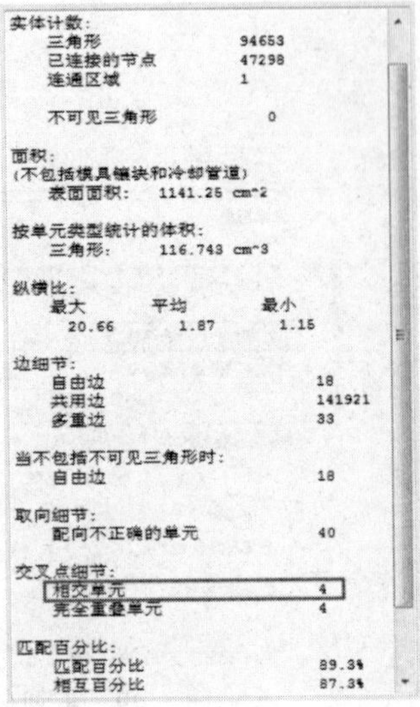

图 3-54 重新统计网格

03 从统计结果可看见,【相交单元】已从 16 个减少到 4 个,【完全重叠单元】也减少了 1 个,但并没完全解决。说明仅仅使用这两个修改工具是不能达到修复要求的。

4. 缝合自由边

当自由边产生在模型的隐蔽处时,在模型中不易查找,这时可以使用【网格修复向导】工具来指导完成。

01 在【网格编辑】面板中单击【网格修复向导】按钮,将弹出【缝合自由边】对话框。

02 在对话框中勾选【显示诊断结果】复选框,随后信息提示已发现 18 条自由边,如图 3-55 所示。

03 修改缝合公差值,单击对话框中的【修复】按钮,程序自动对自由边进行缝合,如图 3-56 所示。

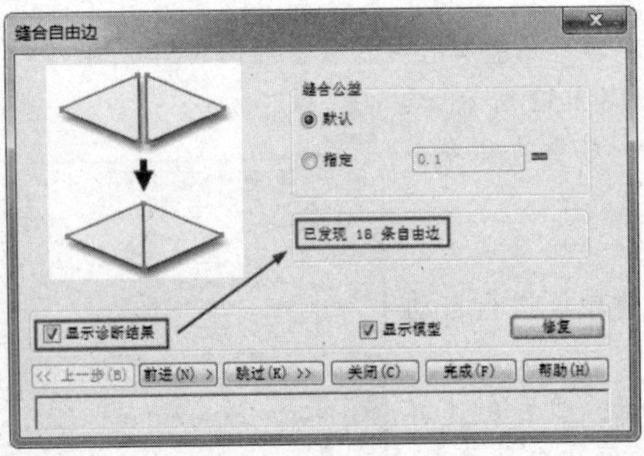

图 3-55 显示诊断信息

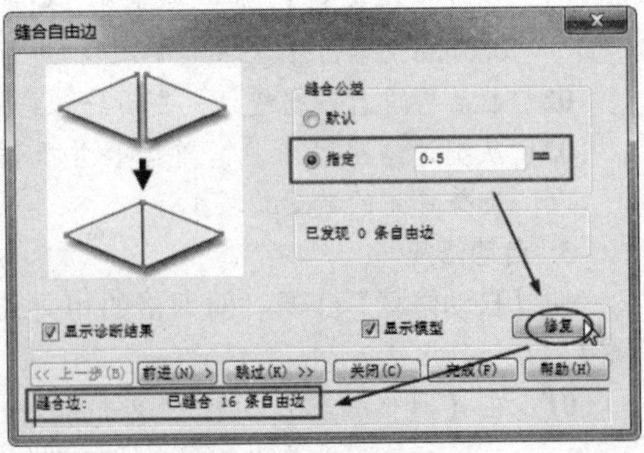

图 3-56 自动缝合自由边

温馨提示	如果缝合自由边的效果不是很好,可以修改缝合公差值,将默认公差值的 0.1mm 更改为 0.3 或 0.5 后再试试。

04 最后单击【完成】按钮，系统继续修复其他缺陷，如删除突出单元、交叉/重叠节点、折叠面等，如图3-57所示。

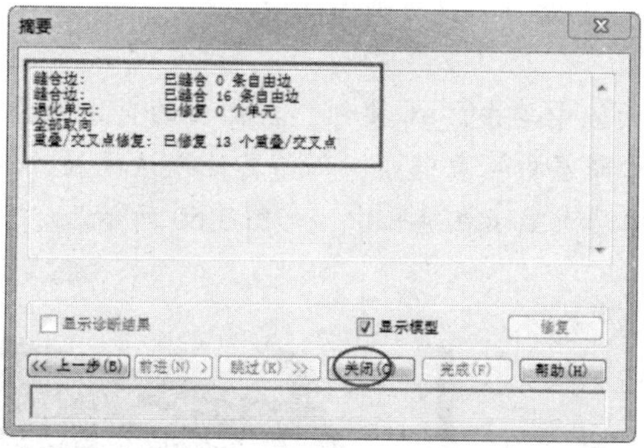

图3-57 诊断修复其他缺陷

温馨提示 在“网格修复向导”对话框中单击【完成】按钮，实际上是对网格中所有的缺陷进行一次性地自动修复。如果还不能完全消除缺陷，再使用网格工具手动修复的方法来完成缺陷的修复。

05 自由边曲线修复后，再作一次网格统计，统计结果如图3-58所示。

06 我们重新对自动修复后的网格进行重划分，并得到如图3-59所示的统计结果。

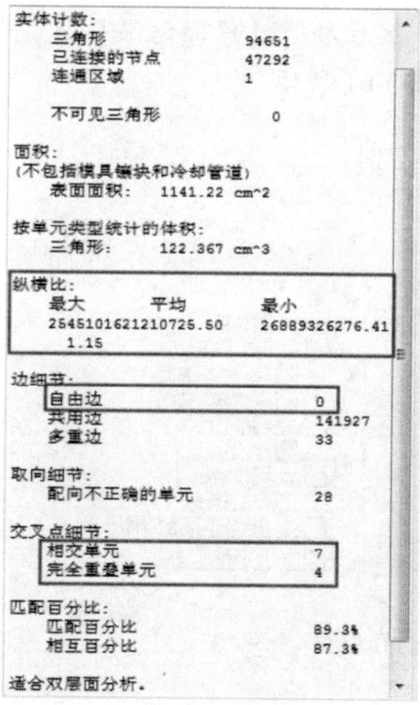

图3-58 最后的统计结果

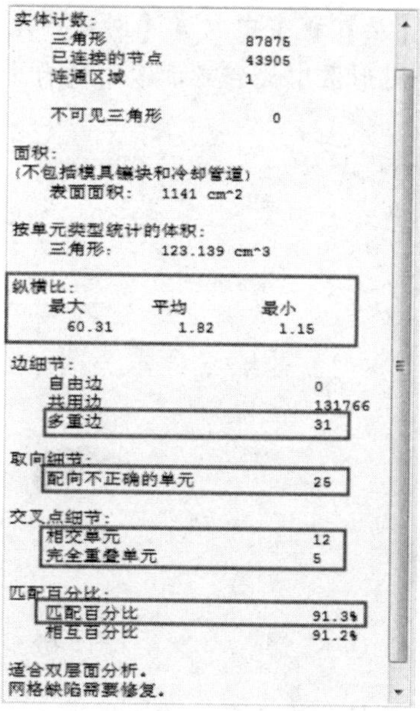

图3-59 重划分网格后的统计

07 从重划分网格的统计结果中可看见，纵横比得到很大改善，其他缺隐也有部分改善。总的说来，利用【网格修复向导】工具自动修复缺陷，效果还是较为理想的。要想完全消除，则需要使用手动修复方法。

5. 手动修复缺陷

手动修复就是先对网格缺陷进行诊断，然后再进行网格编辑。手动修复的重点包括两个方面：一是修复相交和重叠单元，二是改善纵横比。

01 重叠诊断与修复。

- 在【网格诊断】面板中单击重叠按钮，在弹出的自由边诊断【工具】选项卡中勾选【将结果置于诊断层中】复选框，保留其他默认设置，单击显示按钮，程序将诊断信息以图像形式显示在屏幕中，如图 3-60 所示。

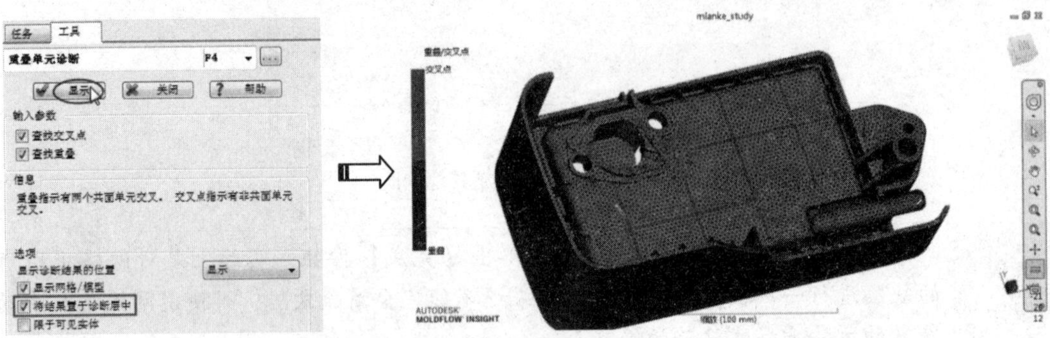

图 3-60　重叠诊断

- 在图形区左侧的重叠诊断色块中，红色为自由边，蓝色为多重边。一般说来，仅凭肉眼是很难直接找到缺陷网格的，我们可以利用图层中的显示状态来寻找。在【层】视窗中取消【网格单元】复选框的勾选，然后勾选【诊断结果】复选框，在图形区中就会显示诊断的自由边和多重边，如图 3-61 所示。

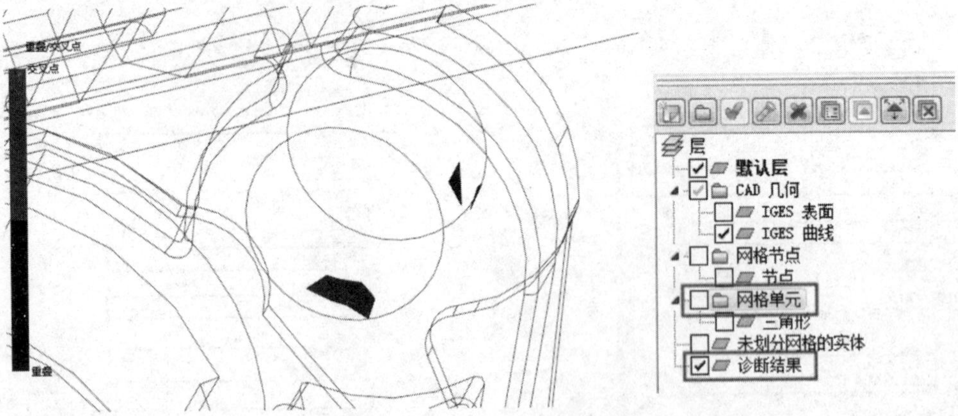

图 3-61　查看重叠和交叉单元所在位置

- 选择所有蓝色的重叠单元，然后按 Delete 键进行删除。对于交叉单元，用户可以合并一些相交单元上的节点，达到减少单元的目的，或者删除相交单元，重新创建三角形网格进行修补。这里使用合并节点的快速修补方法。
- 在【网格编辑】面板单击合并节点按钮，首先选择要合并到的节点 A，再选择要合并的节点 B，单击应用(A)按钮完成合并，如图 3-62 所示。在另一处的相交位置，删除部分交叉单元即可解决问题。

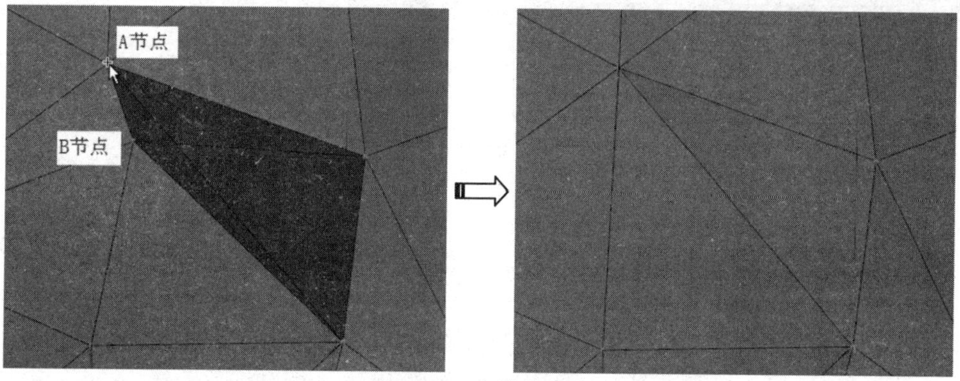

图 3-62　合并节点

- 交叉/重叠单元修复后，图形区视窗左侧的重叠诊断色块自动消失，表示修复完成。重新进行网格统计，查看修复效果，如图 3-63 所示。可以看到统计数据中相交单元和完全重叠单元为 0，修复很成功。但是增加了自由边，下面将解决自由边的问题。

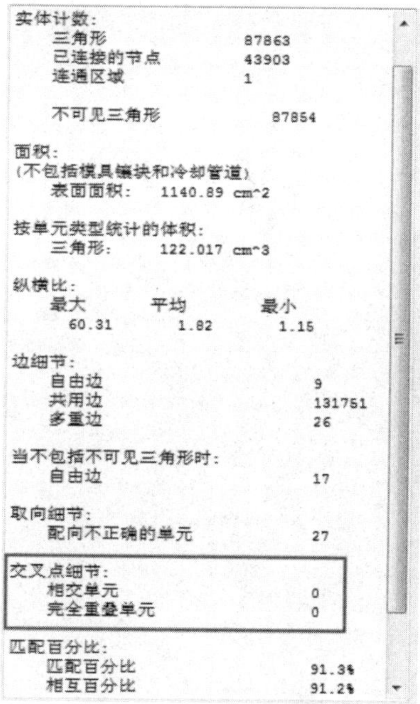

图 3-63　重新统计网格

02　自由边诊断与修复。

- 单击自由边按钮，在【工具】选项卡下勾选【将结果置于诊断层中】复选框，单击显示按钮，诊断自由边，如图 3-64 所示。通过诊断发现，之前重叠单元和交叉单元修复留下的边界没有与主体网格进行缝合。
- 在【网格编辑】面板单击【网格修复向导】按钮，然后进行自由边的缝合操作，如图 3-65 所示。

03　在本书后续的章节中，网格模型的修复均是采用手动修复方式来进行的，因此，关于网格缺陷的处理问题就介绍到这里。最后对项目文件执行保存操作。

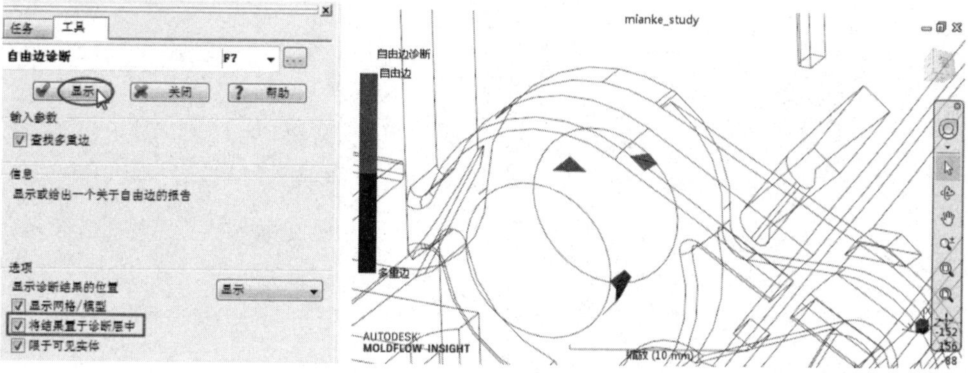

图 3-64　自由边诊断

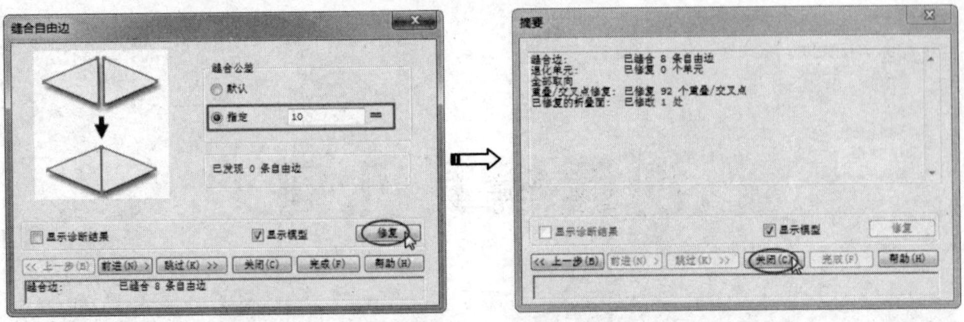

图 3-65　自动缝合自由边

第 4 章

创建模具几何

本章导读

Moldflow Insignt 2018 软件拥有强大的模具几何建模功能，如浇口、流道、冷却管道、气道、滑块、镶件等均可完成建模。本章将介绍用于几何建模的工具，并提供执行建模操作时各步骤的详细说明。

案例展现

ANLIZHANXIAN

案 例 图	描 述
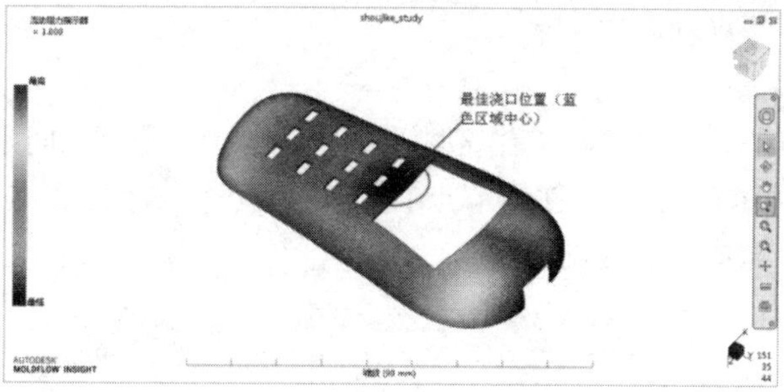	本案例以潜伏式浇口应用为例来说明 Moldflow 的应用，并分析手机外壳模型。手机外壳的表面光洁度要求很高，一般采用潜伏式进胶
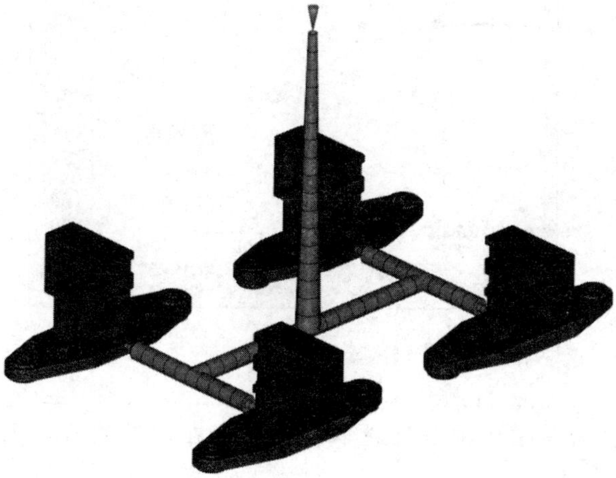	模具的流道分为主流道和分流道两种。主流道是直接连接注塑机嘴的部分，分流道是到达各型腔的干道，是否创建分流道，是由浇口的类型来决定的 流道和浇口一样，截面形状有很多种。不同截面的流道，它们的特性差异很大。一种流道创建后，可以通过直接改变它的截面形状来使它变成另外一种截面形状的流道

第 1 节 创建几何模型

在 Moldflow 中，【几何】选项卡下的功能命令常用来为零件、流道系统或冷却系统建模，包括节点、曲线、区域（曲面）等。节点、曲线和区域都是几何模型中的组成单元。

一、创建节点

节点多用于创建浇注系统和冷却系统杆单元中心轴线的端点或区域，是一种建模实体，用于定义空间中的坐标位置节点。

要创建节点，需要先导入模型并创建新的工程项目（或者导入新的工程）。导入分析模型后，在【主页】选项卡的【创建】面板中单击【几何】按钮，切换到【几何】选项卡，如图 4-1 所示。

图 4-1 【几何】选项卡

在【几何】选项卡的【创建】面板中，单击【节点】按钮，在展开的下拉列表中包括 5 种节点创建方法，下面将分别进行详细介绍。

1.【按坐标定义节点】选项

选择该选项后，单击模型上任意位置，或者在工作区域中某区域单击，绝对空间坐标值便显示在工程管理视窗【工具】选项卡的【坐标创建节点】选项面板【坐标】文本框中，如图 4-2 所示。单击【应用】按钮，完成节点的创建。

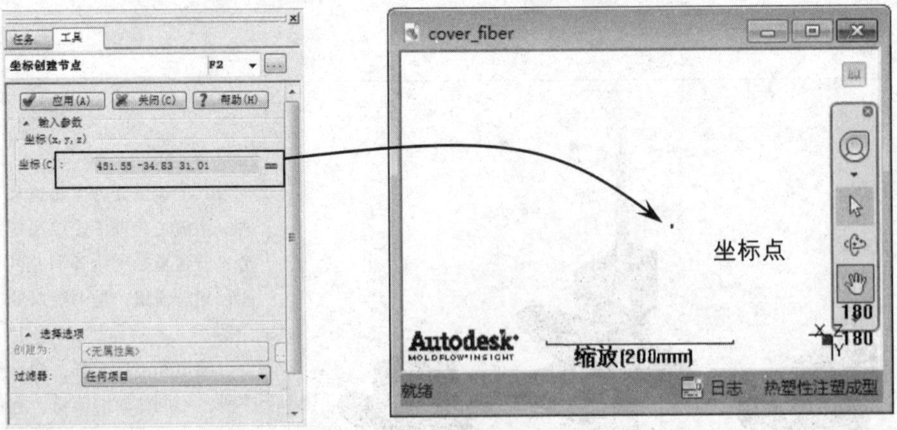

图 4-2 选取节点坐标或输入坐标

温馨提示	在模型中选择参考时，为了便于准确地选取，用户可在“过滤器”列表中选择捕捉方法。

2. 【在坐标之间的节点】选项

【在坐标之间的节点】选项是在基于两个坐标参数之间的假想直线上创建节点，节点的数量在1～1000之间。【工具】选项卡中的【坐标中间创建节点】选项面板，如图4-3所示。

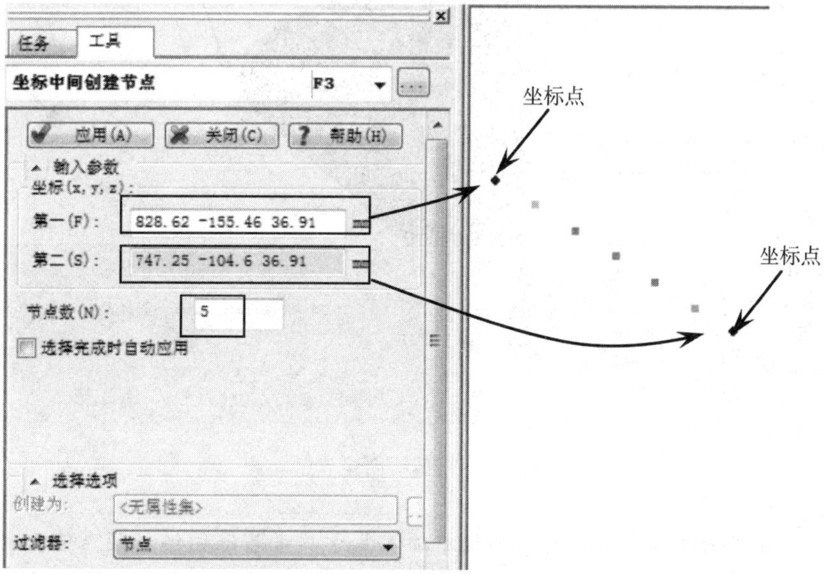

图 4-3　在坐标中间创建节点

3. 【按平分曲线定义节点】选项

【按平分曲线定义节点】选项用于在所选曲线上创建指定数量的等间距节点。在已知直线上创建等距平分点的示例，如图4-4所示。

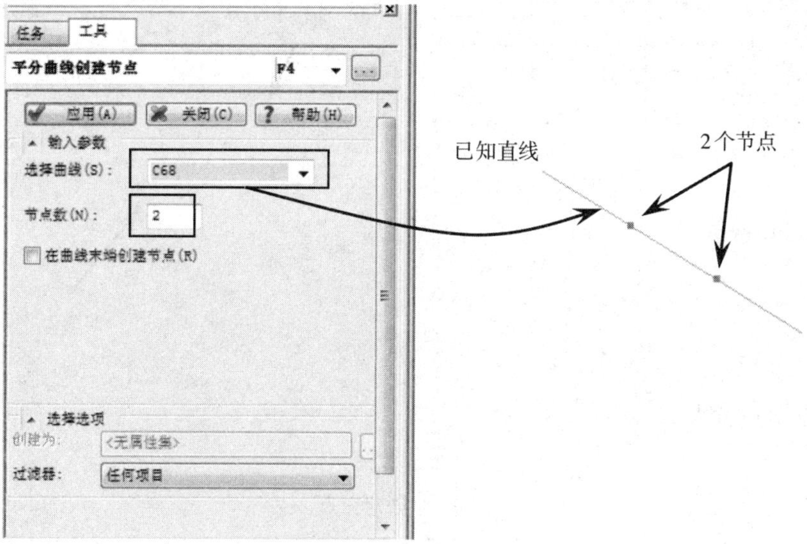

图 4-4　平分曲线创建节点

4. 【按偏移创建节点】选项

此方式是基于相对于现有基本坐标，以指定的距离和方向来创建新节点，如图4-5所示。

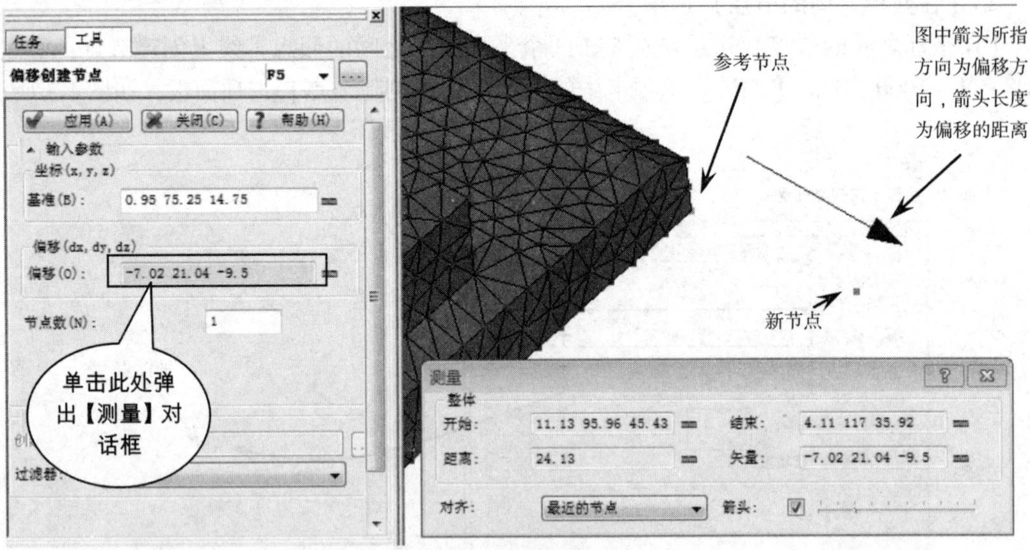

图 4-5　按偏移创建节点

温馨提示	用户也可以直接在选项面板中输入基于参考基准的偏移距离值，从而精确地控制偏移量。使用测量方法来创建偏移节点，只能得到相似距离的节点。

5.【按交叉定义节点】选项

【按交叉定义节点】选项是利用两条曲线的相交，从而得到的新节点，如图 4-6 所示。

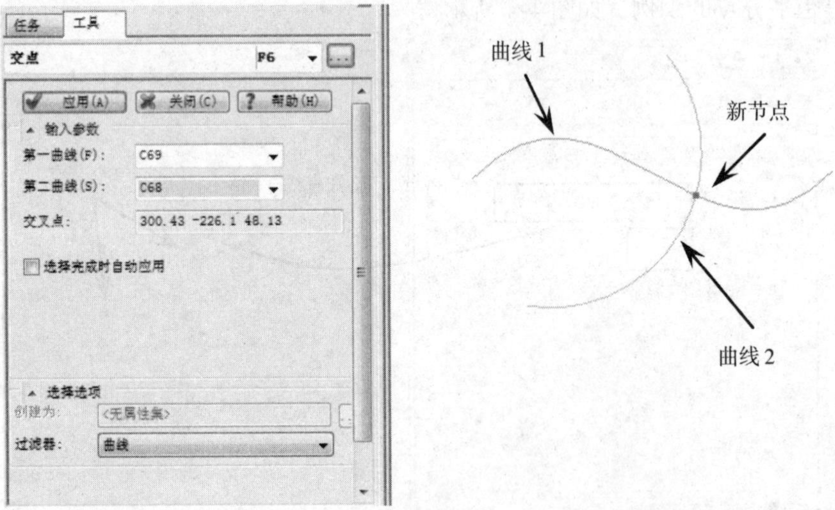

图 4-6　创建交点

二、创建曲线

曲线可以是两点间的直线，也可以是由三点或更多点构成的圆弧。用户可以单击【创建】面板中的【曲线】下拉按钮，在下拉列表中选择所需选项来创建曲线，如图 4-7 所示。

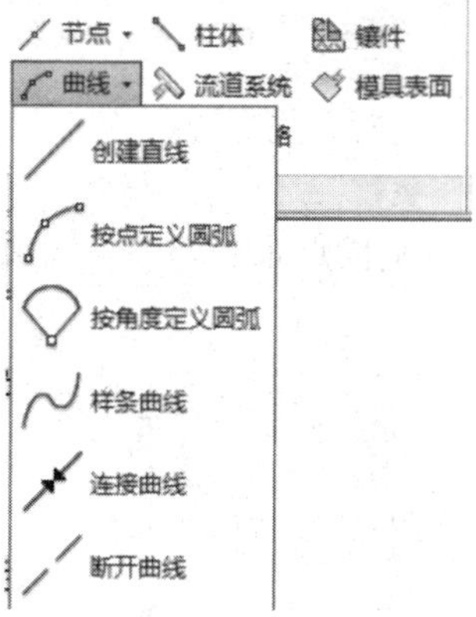

图 4-7　【曲线】下拉列表

1.【创建直线】选项

选择该选项后，在工作区域中选择起始点，它的绝对空间坐标值将出现在【创建直线】选项面板的“第一”文本框中；选择终止点，它的绝对空间坐标值将出现在“第二”文本框中。用户也可以手动输入起始点与终止点的坐标值，如图 4-8 所示。单击【应用】按钮，创建直线与节点。

温馨提示	如果不想在直线的起点和终点创建节点，可以在【创建直线】选项面板中取消勾选【自动在曲线末端创建节点】复选框。

【创建直线】选项面板中各参数的含义如下。

- ◆【绝对】单选按钮：按照绝对坐标，定义终止点相对于起始点的输入坐标值。
- ◆【相对】单选按钮：按照相对坐标，定义终止点相对于起始点的输入坐标值。
- ◆【自动在曲线末端创建节点】复选框：创建曲线时，在曲线的末端自动产生端点。建议在用已存在节点创建曲线时关闭此功能，可以防止产生重叠的节点。重叠的节点可能会造成杆单元的不连通。
- ◆【创建为】下拉列表：赋予直线属性。单击【浏览】按钮，打开【指定属性】对话框，可对即将创建的直线定义不同的属性，如图 4-9 所示。

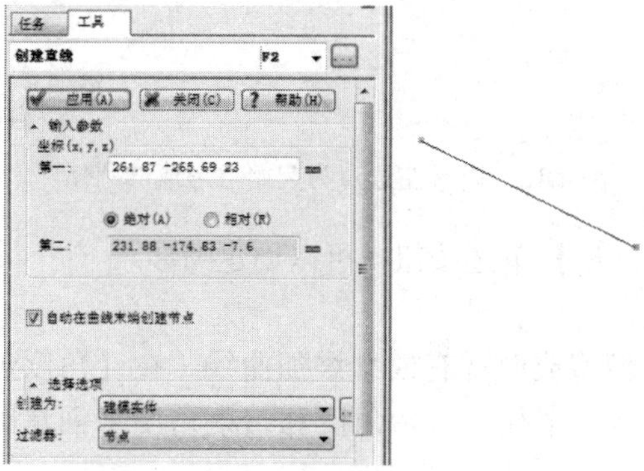

图 4-8　创建直线

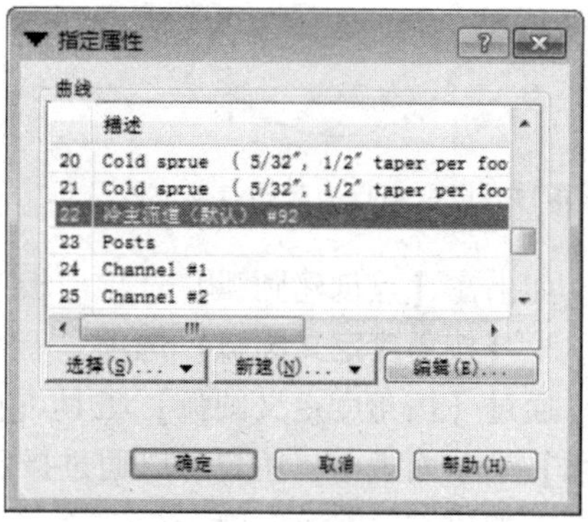

图 4-9　【指定属性】对话框

温馨提示	如果创建的直线是作为杆单元的轴线，轴线具有方向性的特点，在选择两点时应注意选择的顺序。

2. 【按点定义圆弧】选项

【按点定义圆弧】选项是以 3 个坐标点来确定一段圆弧或圆。图 4-10 所示为创建 3 点圆弧的选项面板。

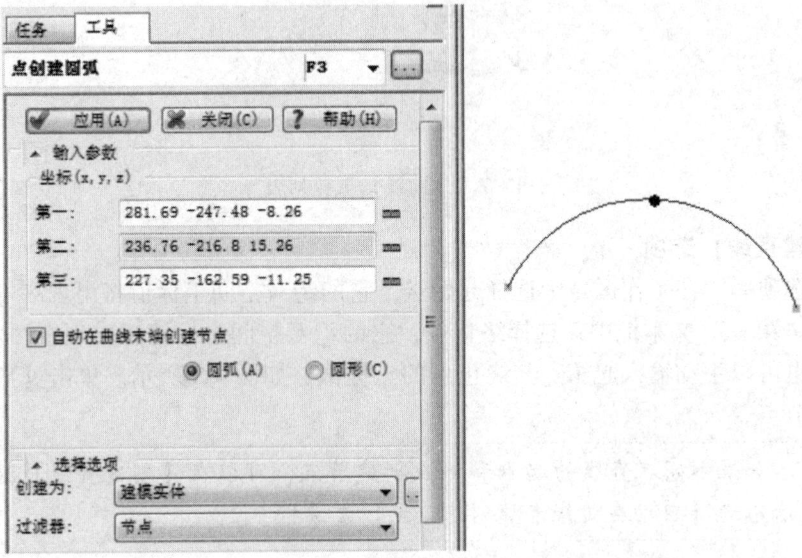

图 4-10　创建 3 点圆弧

创建圆弧时，若起始点不同，同样的三个节点会形成不同的圆弧。以最高点为起始点，按顺时针形成的圆弧，如图 4-11 所示。以最左边点为起始点，按顺时针形成的圆弧，如图 4-12 所示。

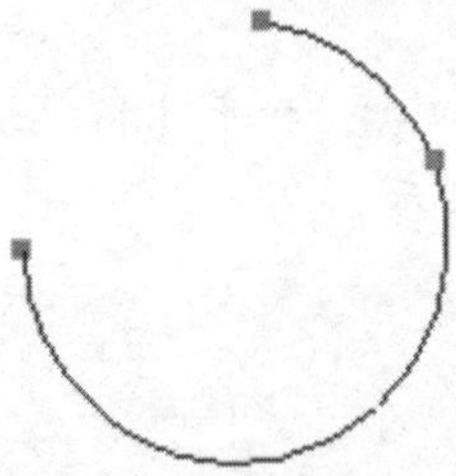

图 4-11　以最高点为起始点形成的圆弧

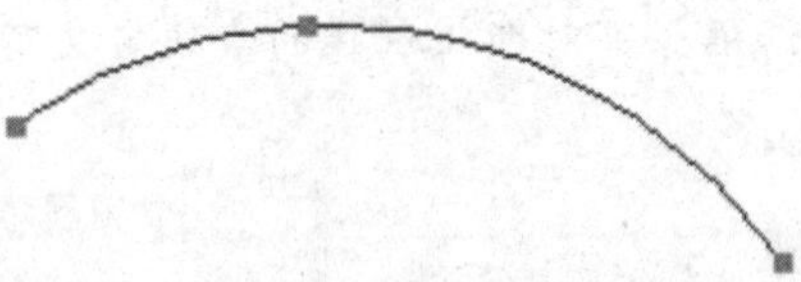

图 4-12　以最左边点为起始点形成的圆弧

如果在【点创建圆弧】选项面板中选中【圆形】单选按钮，可以创建圆形。

3. 【按角度定义圆弧】选项

通过【按角度定义圆弧】工具可在创建新模型或向现有模型添加曲线。在【角度创建圆弧】选项面板中，用户可以通过指定的中心点、半径、开始角度和结束角度来创建圆弧或圆，如图 4-13 所示。

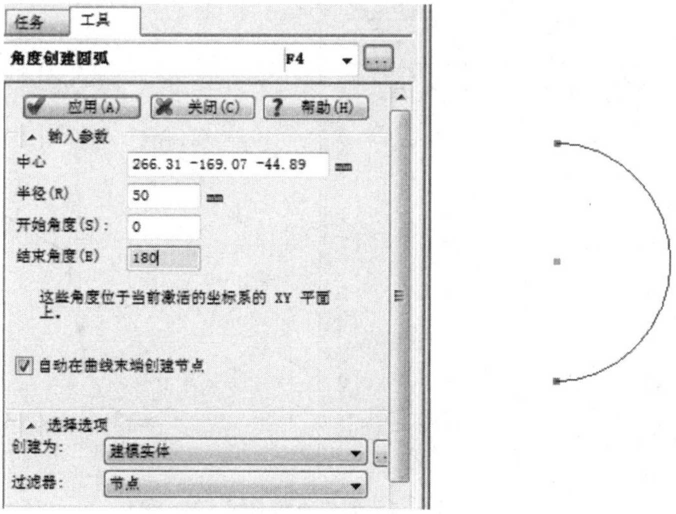

图 4-13　创建角度圆弧的选项面板

4. 【样条曲线】选项

【样条曲线】选项是通过指定一系列的坐标点来创建样条曲线，指定的每一个坐标点或节点，都将自动收集在【样条曲线】选项面板的列表中，单击【应用】按钮，即可创建样条曲线，如图 4-14 所示。

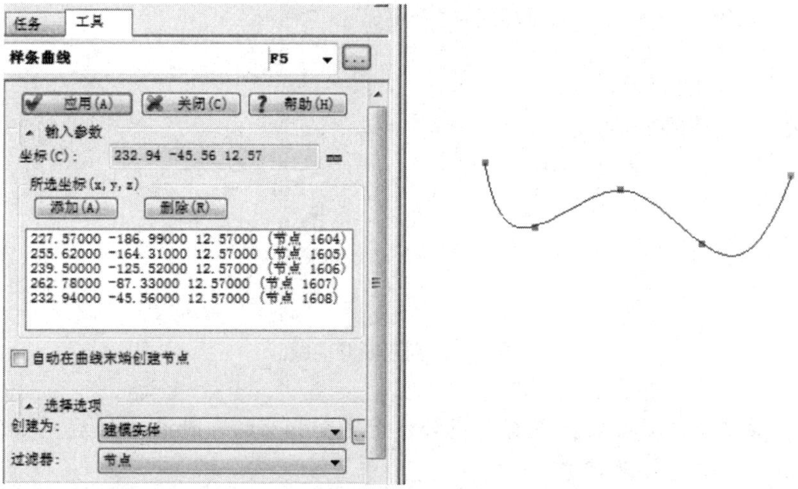

图 4-14　创建样条曲线

5. 【连接曲线】选项

该选项用于创建两条曲线之间的连接线段。图 4-15 为在两条曲线之间创建的连接曲线。

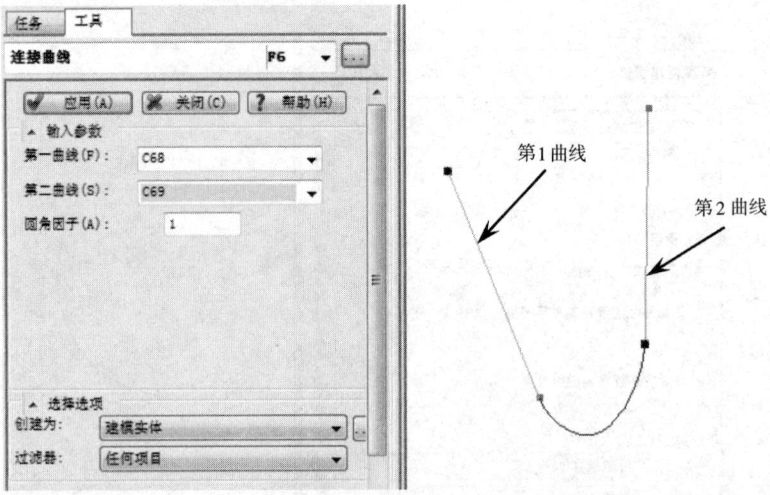

图 4-15　创建连接曲线

6. 【断开曲线】选项

【断开曲线】选项用于在现有曲线的交叉点处断开现有曲线，来创建新曲线，如图 4-16 所示。

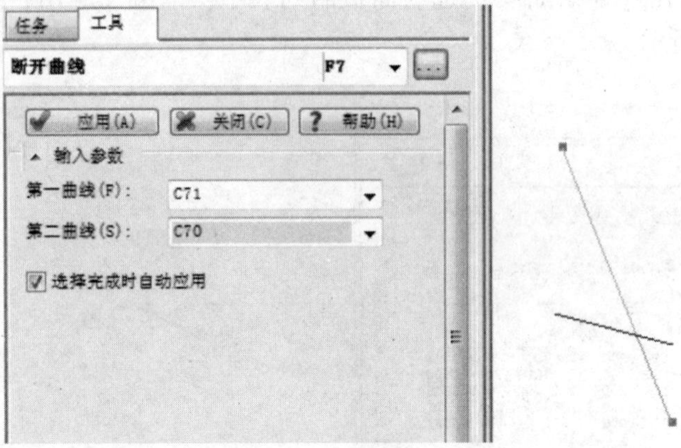

图 4-16　创建断开曲线

温馨提示	要创建断开曲线，现有曲线必须是完全相交的。断开曲线后，相交的两条曲线分别被断开成两部分。

三、创建区域

在【几何】选项卡下的【创建】面板中，用户可以单击【区域】下三角按钮，在下拉列表中选择所需的选项来创建特定的边界，如尺寸比较大的浇口、模具模板等高级建模等，如图 4-17 所示。

1. 【按边界定义区域】选项

选择该选项，可以将已存在的曲线创建为区域面的形状，如图 4-18 所示。

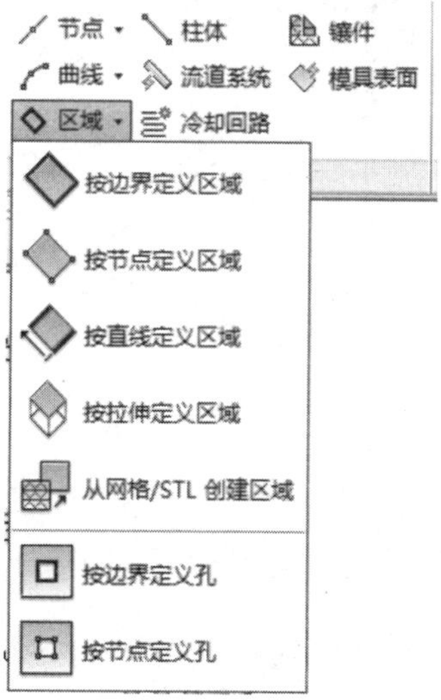

图 4-17　创建区域的选项列表

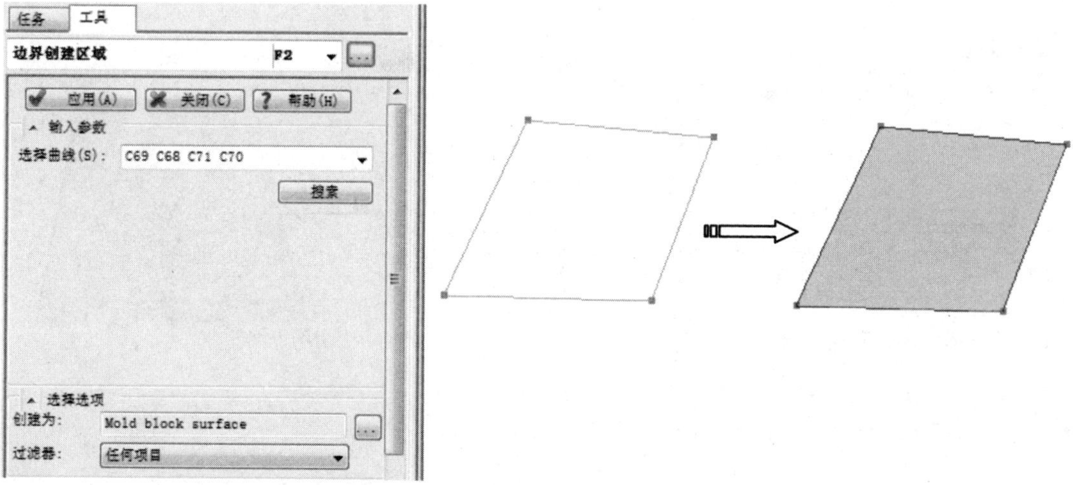

图 4-18　边界创建区域

选择【按边界定义区域】选项后，按住 Ctrl 键同时选中封闭的曲线环，它们的序号将出现在右侧的文本框里。在【边界创建区域】选项面板中单击【应用】按钮，即可创建区域。

2. 【按节点定义区域】 

【按节点定义区域】选项用于指定 3 个或 3 个以上的节点来创建区域，如图 4-19 所示。

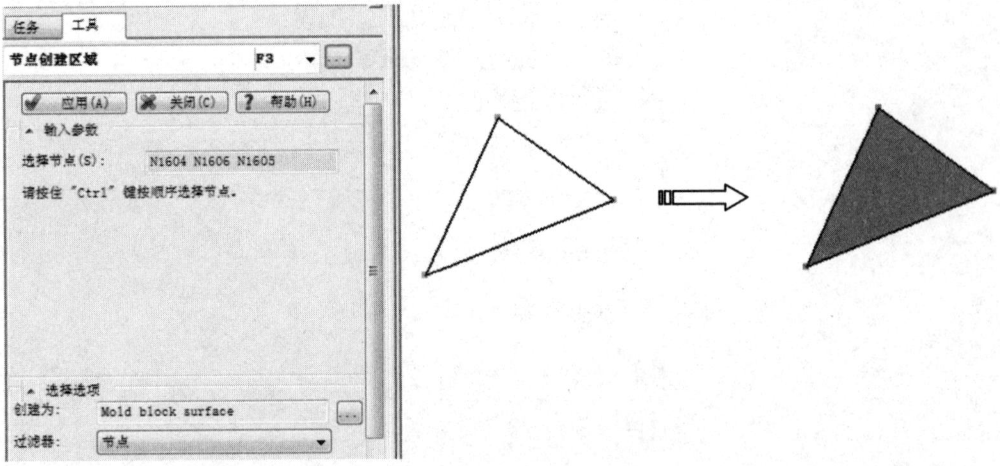

图 4-19　选取节点来创建区域

3. 【按直线定义区域】选项

【按直线定义区域】选项是利用 2 条曲线作为边界来创建的区域，如图 4-20 所示。选择的直线将被自动收集到【工具】选项卡的【直线创建区域】选项面板中。

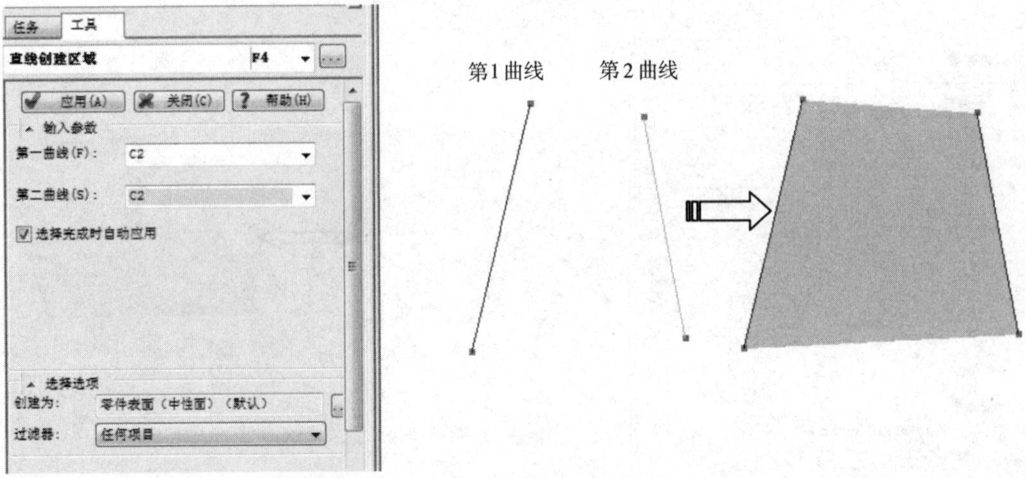

图 4-20　选择两条直线来创建区域

温馨提示	如果勾选【选择完成时自动应用】复选框，选择两条直线后，将自动创建区域。

4. 【按拉伸定义区域】选项

【按拉伸定义区域】选项将选择曲线以指定的矢量或输入的矢量点坐标来创建区域，如图 4-21 所示。

温馨提示	矢量可以是直线，也可以手动输入坐标来确定。

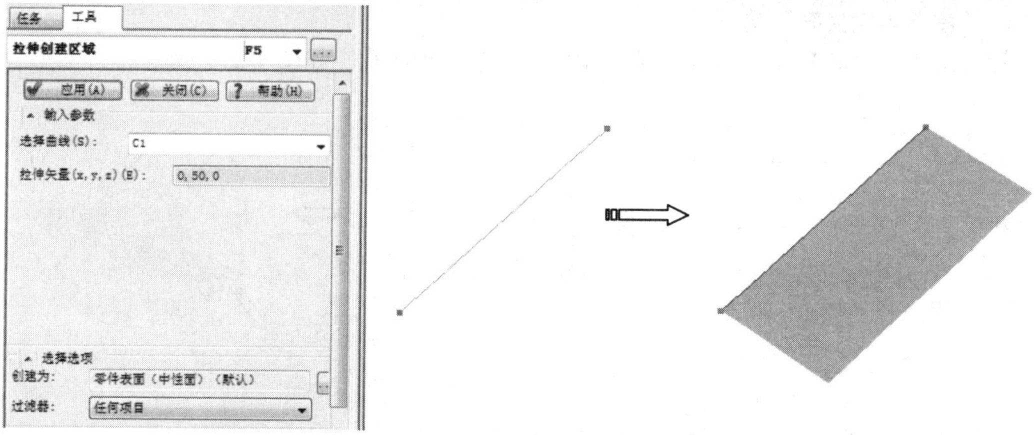

图 4-21 拉伸直线创建区域

5. 【按边界定义孔】选项

【按边界定义孔】选项用于在区域上用封闭的曲线环创建孔。

选择区域后，其序号将出现在“选择区域”文本框中，如图 4-22 所示。

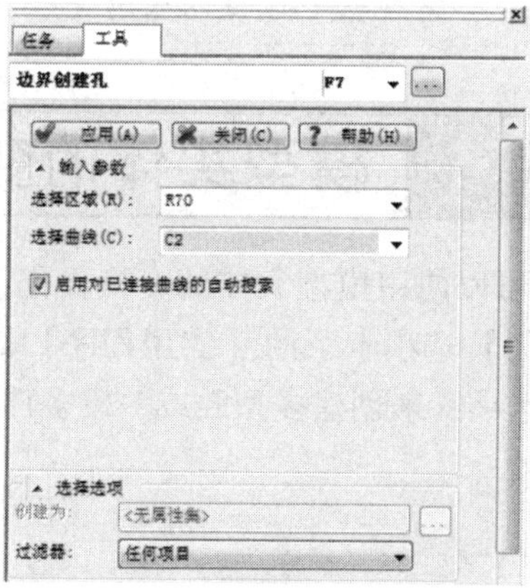

图 4-22 【边界创建孔】选项面板

选择和区域共面的封闭曲线环，它的序号将出现在【选择曲线】文本框中。单击【应用】按钮完成创建。按边界定义孔的过程如图 4-23 和图 4-24 所示。

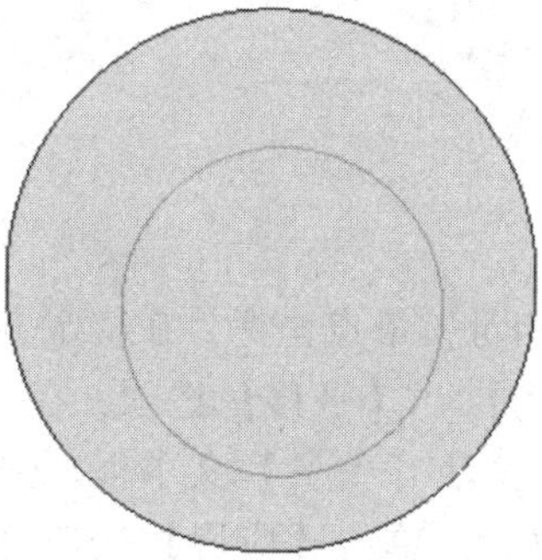

图 4-23 区域和曲线

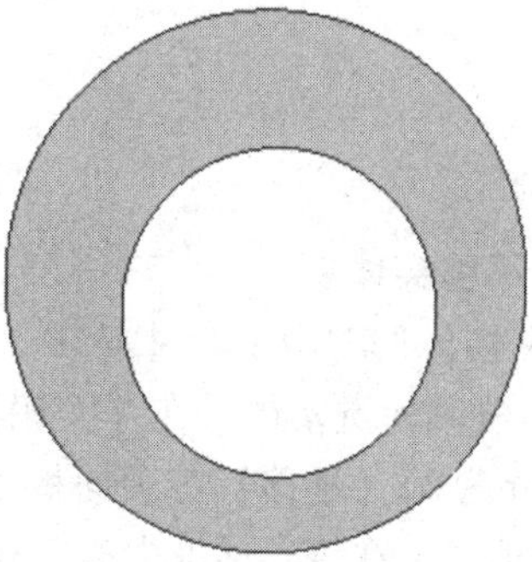

图 4-24 创建孔

6. 【按节点定义孔】选项

按【节点定义孔】选项是在区域上利用多个节点创建孔，如图 4-25 所示。

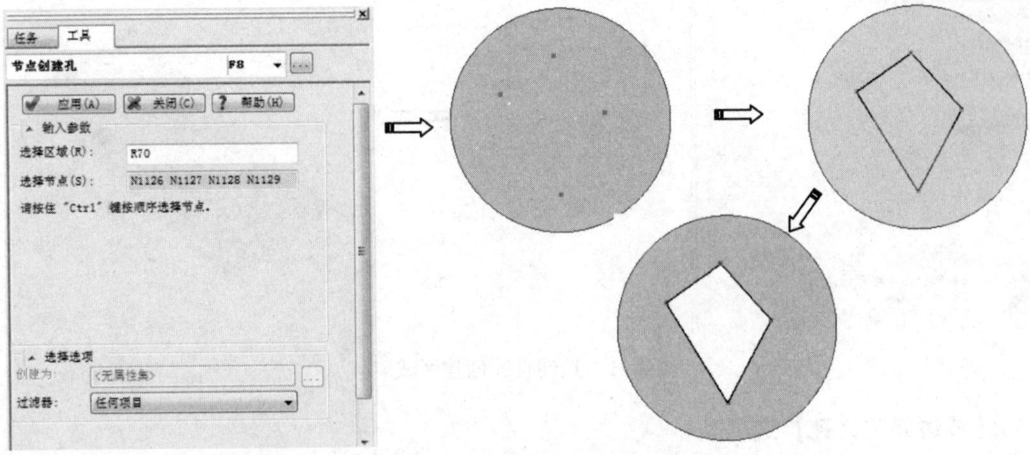

图 4-25　利用节点创建孔

温馨提示	在区域中选择点时，需按住 Ctrl 键的同时逐一选取。

第 2 节　模型实体的变换

在 Moldflow 2018 中，用户可以使用模型实体的变换操作工具，在特定坐标系周围处理所选实体或整个模型。在【几何】选项卡下的【实用程序】面板中单击【移动】下三角按钮，在下拉列表中选择所需的选项，来创建多型腔或一模多件零件，如图 4-26 所示。

图 4-26　模型变换工具选项

1. 平移实体

【平移】选项用于通过定义一个平移矢量，或者输入相对矢量点坐标，在特定方向上快速移动/复制所选实体。在【实用程序】面板中选择【移动】|【平移】选项，在【工具】选项卡下显示【平移】选项面板中选择要移动的实体，并激活【矢量】文本框，弹出【测量】对话框。在该对话框中指定两点作为矢量方向和距离后，单击【应用】按钮完成实体的平移，如图 4-27 所示。

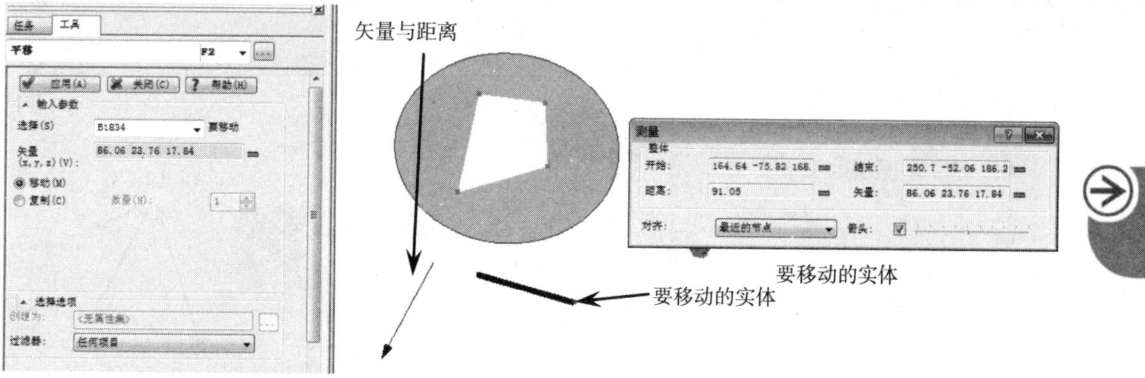

图 4-27　移动实体

2. 旋转实体

【旋转】工具可用于更改实体取向，以便和坐标轴对齐。模型取向对于创建有效的流道系统和计算锁模力至关重要。

在【实用程序】面板中选择【移动】|【旋转】选项，在【工具】选项卡中显示【旋转】选项面板。选择要旋转的实体或单元，选择旋转轴（X、Y 或 Z），然后输入旋转角度值，单击【应用】按钮完成实体的旋转，如图 4-28 所示。

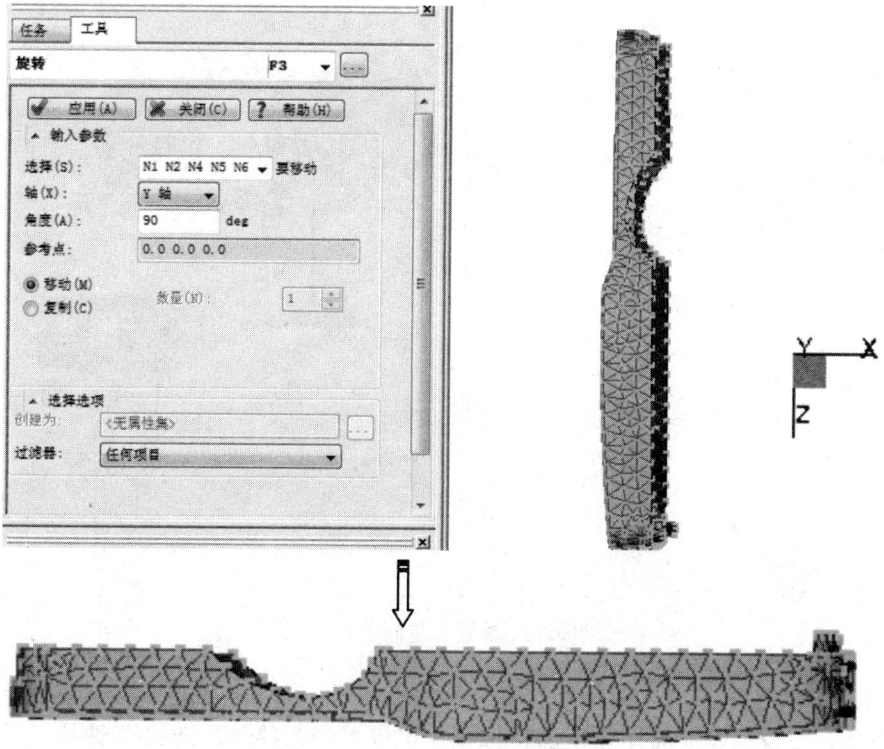

图 4-28　旋转实体

3. 3 点旋转实体

【3 点旋转】选项用于指定 3 个空间坐标点，达到移动或复制实体的目的，如图 4-29

所示。

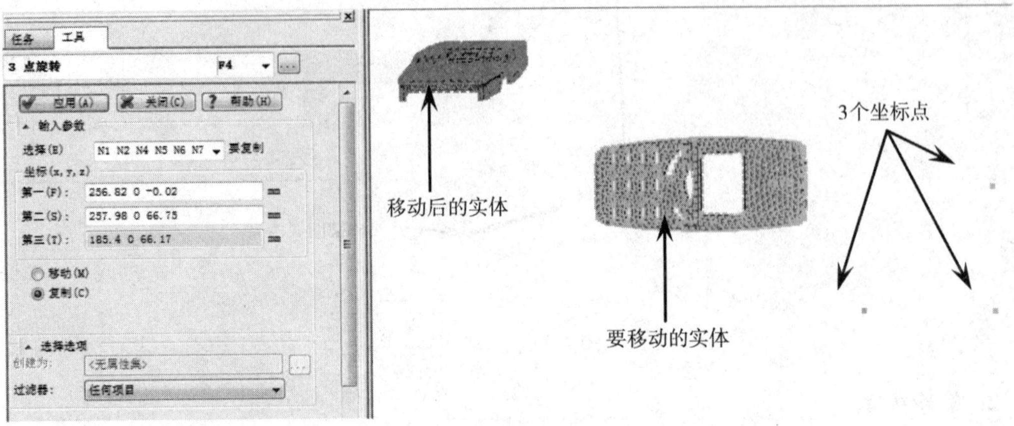

图 4-29　3 点旋转实体

4. 缩放实体

选择【缩放】选项，可以按一定的比例缩小或放大实体。在【缩放】选项面板中，若选中【移动】单选按钮，则仅放大原实体；若选中【复制】单选按钮，则可以复制实体，如图 4-30 所示。

图 4-30　缩放并复制实体

5. 镜像实体

在【移动】下拉列表中选择【镜像】选项，可以复制或移动所选的模型零件，用户可以使用该选项来创建多型腔模型。在【工具】选项卡下的【镜像】选项面板中，若选择【移动】单选按钮，则转换原始实体；若选择【复制】单选按钮，则先复制所选实体和所有相关属性，然后转换新副本，图 4-31 为镜像实体的范例。

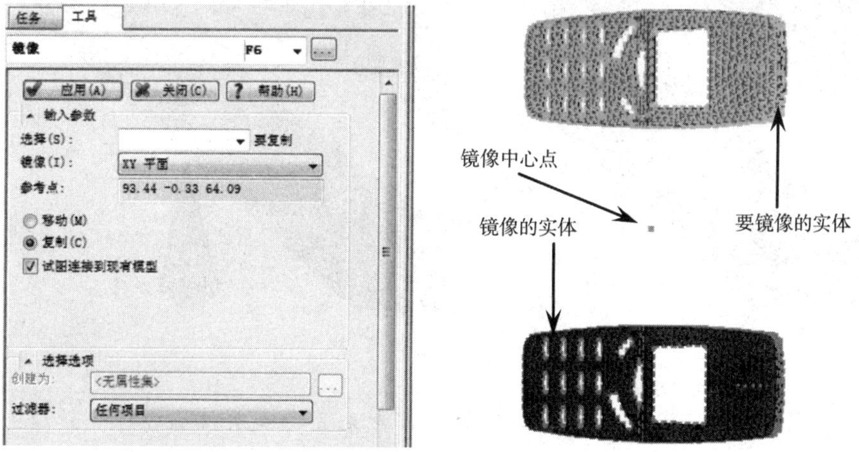

图 4-31　创建镜像

第 3 节　浇注系统设计

浇注系统是熔融塑胶由机台料筒进入模具型腔的通道，将处于高压下的熔融塑胶快速、平稳地引入型腔。

浇注系统主要由主流道、分流道、浇口和冷料穴构成，如图 4-32 所示。

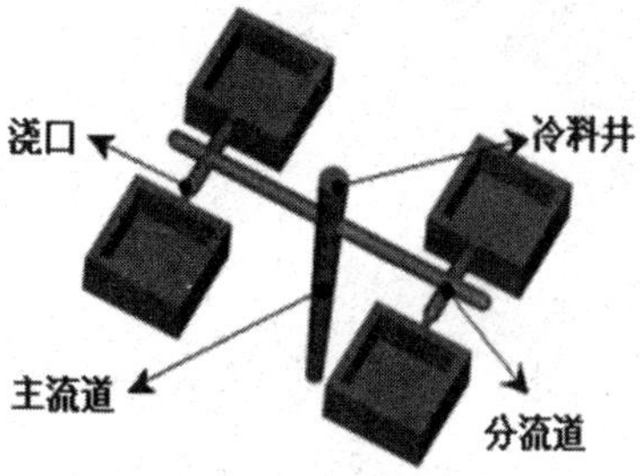

图 4-32　浇注系统

一、注射位置

Moldflow 中的注射位置是熔融料进入型腔的位置，即浇口位置。利用 Moldflow 的流道系统工具自动创建浇注系统时，注射位置的确定是很重要的。

温馨提示	如果是手动创建浇注系统，用户可以不用设置注射位置。注射位置一般是经过最佳浇口位置分析再设置。

在【主页】选项卡的【成型工艺设置】面板中单击【注射位置】按钮，光标由拾取箭头变成注射锥形状，然后在模型中最佳浇口位置的节点上单击以放置注射锥，如图 4-33 所示。

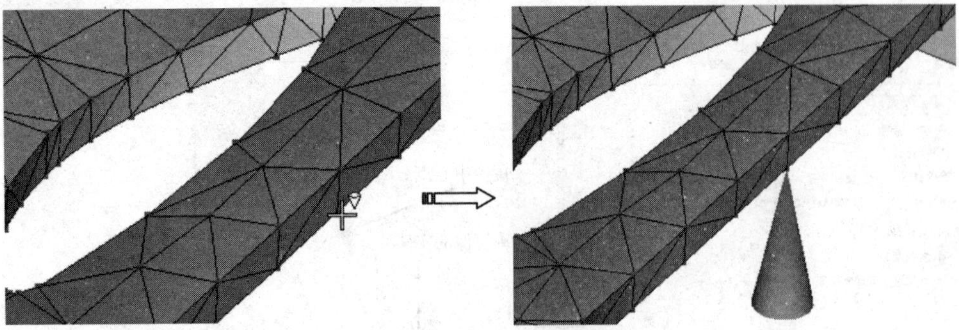

图 4-33　放置注射锥

温馨提示	注射锥只用于分析起点，与浇口的尺寸无关。如果初始分析导致填充不平衡，可改变注射位置或再添加一个注射位置以解决该问题。

当注射锥的方向（也是熔融料经浇口进入型腔的方向）无法满足浇注时，用户可选中注射锥并按住鼠标左键不放，调整注射锥的方向，如图 4-34 所示。

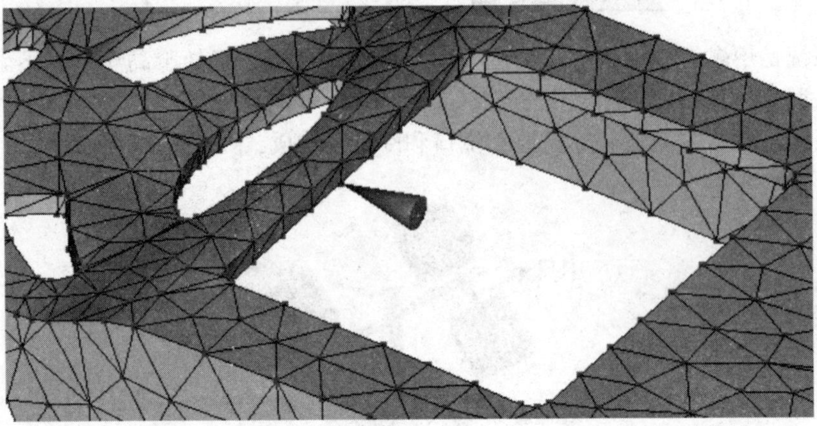

图 4-34　调整注射锥方向

二、【应用案例】创建浇口

在模具设计阶段，鉴于客户对产品品质的要求和产品特征的复杂性，尤其有较多倒扣或侧凹、侧孔特征存在时，会用到复杂的模具成型机构，因此选择适当的进浇位置和浇口类型关系到注塑过程能否顺利进行和制品的成型质量的保证。在选择浇口位置时，应注意以下几个问题。

- 无论是两板模还是三板模，都应优先考虑从产品肉厚处进浇，既可以防止熔融塑胶提前凝固堵住流动路径，还可以改善局部缩水。
- 两板模的浇口尽量选在分型面上，便于加工和去除。
- 不管是一点进浇还是多点进浇，尽量保证型腔充填的平衡性，这样可以有效避免局部过保压。
- 浇口的尺寸应满足整个型腔的充填，尺寸太小的浇口不利于压力的传递，保压的效果比较差，如果一味提高射压容易产生过多残余应力。

- 浇口位置的选择应利于型腔的排气。
- 浇口尽量不选在产品外观面上，应考虑浇口是否易于切除。
- 浇口不要正对着型芯，小型芯很容易在高射压下被冲变形或发生移位。
- 尽量避免熔接痕产生在产品外观面上，尤其采用多点进浇时，应控制每个浇口的流量，把熔接痕驱赶到不明显的部位。

下面介绍常见的几种浇口类型。

1. 直接浇口

直接浇口多用于单型腔的二板模，其中主流道以最小压力快速将材料直接注入型腔，如图 4-35 所示。

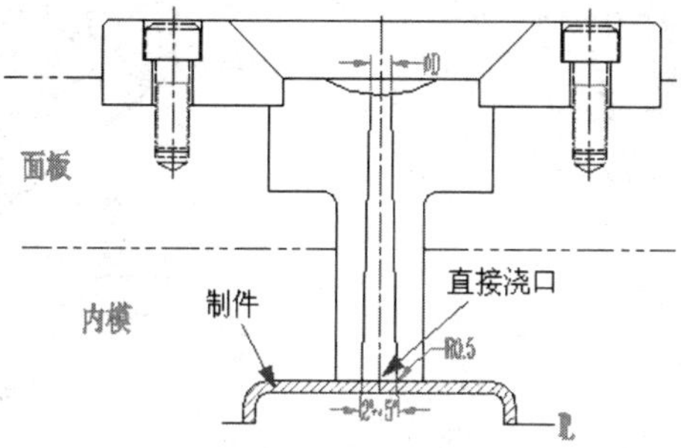

图 4-35　直接浇口

直接浇口也称大浇口，此类浇口多用于热敏感性及高黏度塑料，以及具有厚截面和品质要求较高的成品。直接浇口的优点是成品精度高、品质佳、充填性好、压力损失少，不需加工流道。缺点是去除制品中料把困难，且会在制品上留有较大痕迹。

2. 侧浇口

侧浇口应用广泛，适用于众多注塑制品的成型，尤其对一模多腔的模具更为方便。需引起重视的是，侧浇口深度尺寸的微小变化可使塑料熔体的流量发生较大改变，所以侧浇口的尺寸精度对生产效率有很大影响，典型的侧浇口示意图如图 4-36 所示。由于侧浇口尺寸一般较小，同时正对着一个宽度与厚度较大型腔，高速流动的熔融塑料通过浇口时会受到很高的剪切应力，产生喷射和蛇形流等熔体破裂现象，在制品表面留下明显喷痕和气纹。为解决此一缺陷并减少成型难度，对于外观要求较高的制品，可采用护耳式侧浇口，其形状如图 4-37 所示。

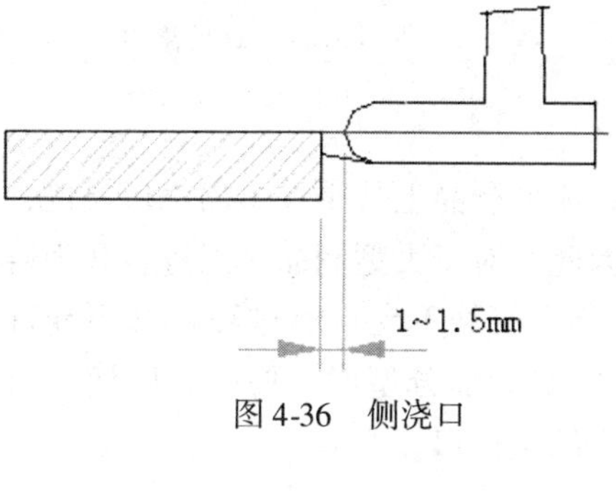

图 4-36　侧浇口

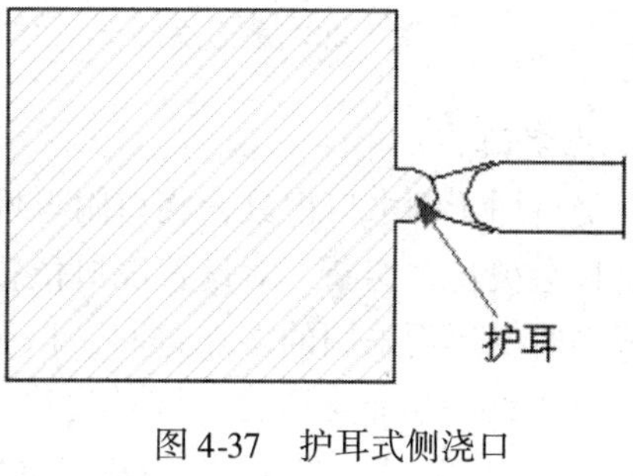

图 4-37　护耳式侧浇口

3. 重叠浇口

重叠浇口适用于除硬质PVC外的所有模塑材料。优点是不会在制品上留下残痕，对于平面形的制件有防止喷射现象作用。缺点是加工困难，切除及修饰浇口工作量大，压力损失大，其形状如图4-38所示。

4. 薄片浇口

薄片浇口适用于大型薄膜制件，如板、片以及容易因充填材料（玻璃纤维）产生流动配向而变形的制件等。优点是能提高大的流动面积，充填时间快且充填均匀翘曲现象小，成型品质佳等。缺点是不易清除，其形状如图4-39所示。

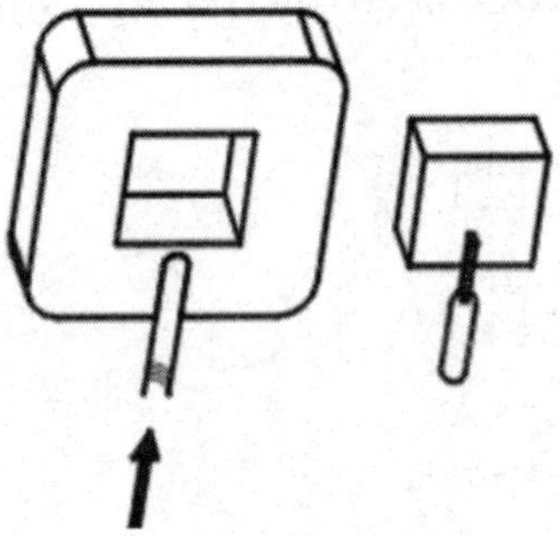

图4-38　重叠浇口

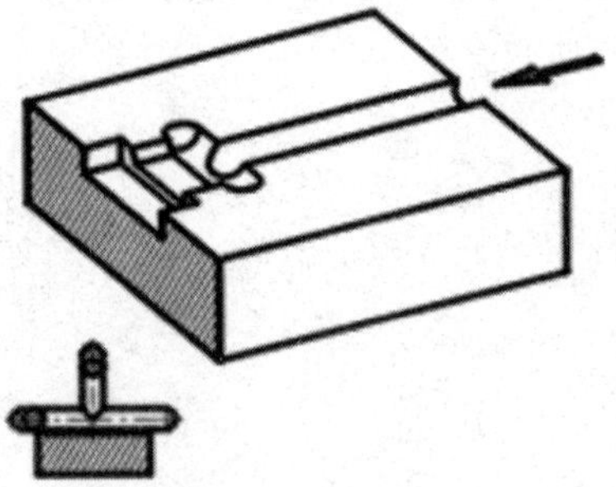

图4-39　薄片浇口

5. 扇形浇口

扇形浇口适用于大型的薄壁制件。优点是塑料进入模穴后横向分配较平均且充填均匀，能减少熔接线及其他制品缺陷。缺点是浇口残痕较大，不易清除，制品需进行整修，其形状如图4-40所示。

6. 耳形浇口（凸片浇口）

耳形浇口适用于平面的薄壁制件，以及硬质PVC、PC等。优点是可防止喷射，能均匀地充填型腔。缺点是浇口残痕较大，压力损失较大，其形状如图4-41所示。

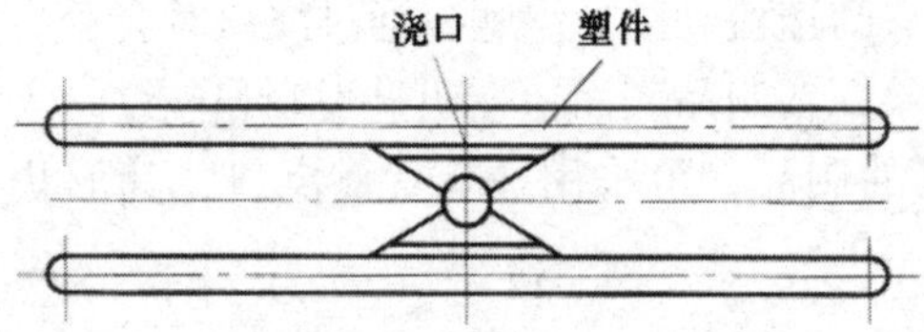

图4-40　扇形浇口

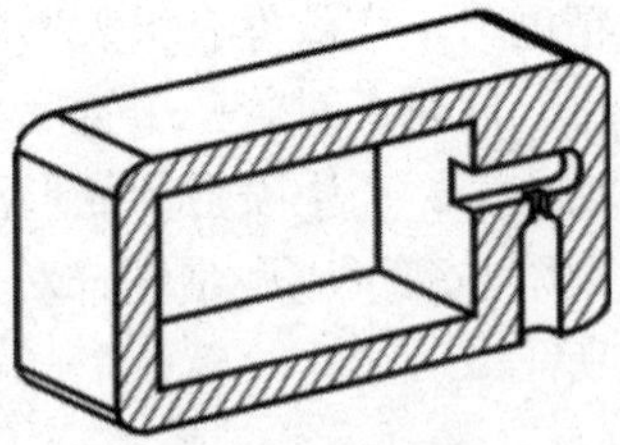

图4-41　耳形浇口

7. 点浇口

点浇口用于细水口模具，浇口附近歼余应力小，在成型制品上几乎看不出浇口痕迹，开模时浇口会被自动切断，对设置浇口位置限制较小。因此，对于大型制品多点进料和为避免制品成型时变形而采用的多点进料，以及一模多腔且分型面处不允许有进浇口（不允许采用侧浇口）的制品非常适合。该类浇口应用广泛，但需要增加分型面以便凝料脱模。图4-42（a）为单点浇口，图（b）为双点浇口，图（c）为四点浇口。

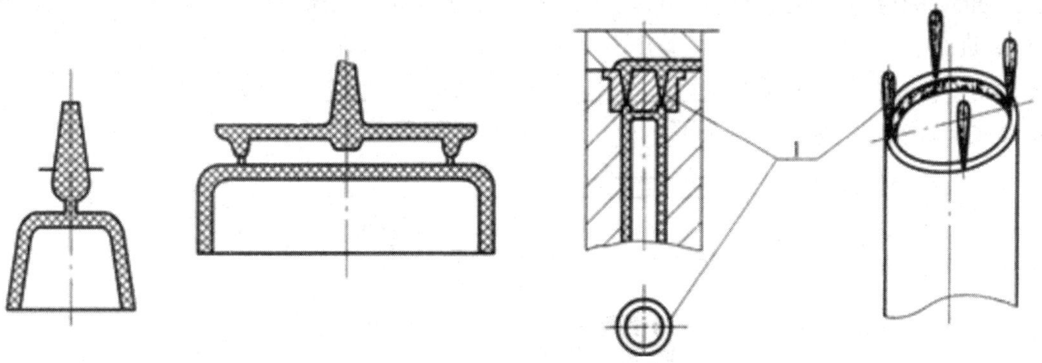

（a） （b） （c）

图 4-42 点浇口

8. 盘形浇口

盘形浇口使塑料在制品整个截面均匀扩散，同时填充型腔，适用于单型腔筒形制品。圆盘形浇口如图 4-43 所示。

9. 环形浇口

环形浇口用于成型周期较长、截面较薄的筒形制品，填充效果均匀。环形浇口如图 4-44 所示。

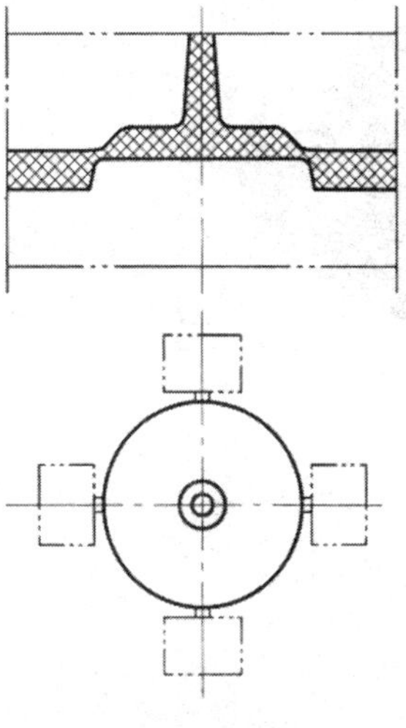

图 4-43 盘形浇口

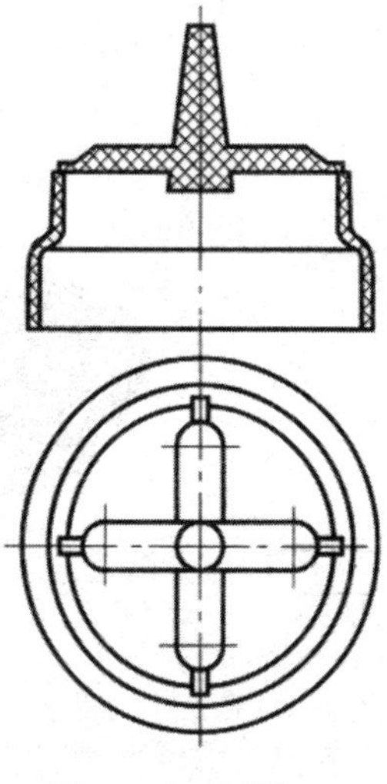

图 4-44 环形浇口

10. 潜伏式浇口（或弧形浇口）

潜伏式浇口与点式浇口的适用范围、优缺点都相同。潜伏式浇口相当于把点浇口折弯潜入，但加工困难，压力损失大，顶出也困难。其形状如图 4-45 所示。

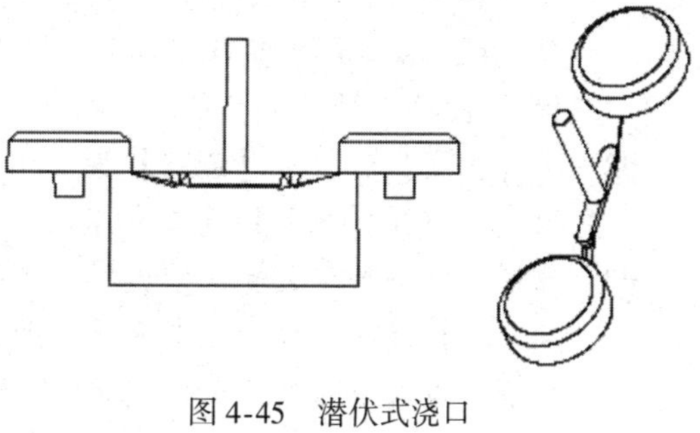

图 4-45 潜伏式浇口

上机操作： 创建潜伏式浇口

下面以一个潜伏式浇口的创建为例来说

明 Moldflow 的应用。本案例的模型为手机外壳，手机外壳的表面光洁度要求很高，一般采用潜伏式进胶。

练习文件路径：结果文件 \ Ch04 \ 手机壳 \ 手机壳 . mpi
演示视频路径：视频 \ Ch04 \ 创建潜伏式浇口 . avi

图 4-46 为最佳浇口位置分析的结果。

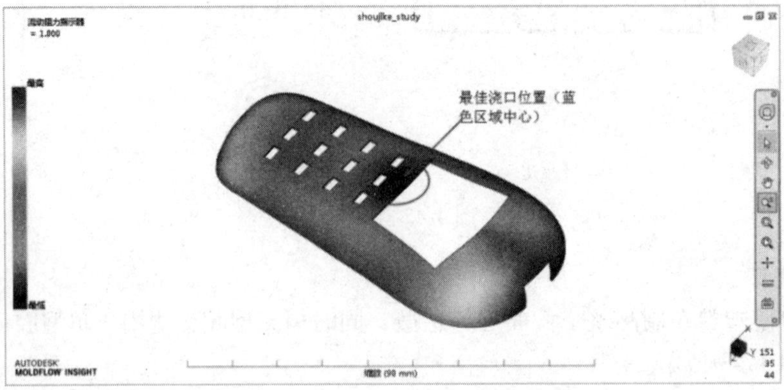

图 4-46　最佳浇口位置

图 4-47 为最佳浇口位置分析后得到的注射锥，本案例将在注射锥位置创建潜伏式浇口。

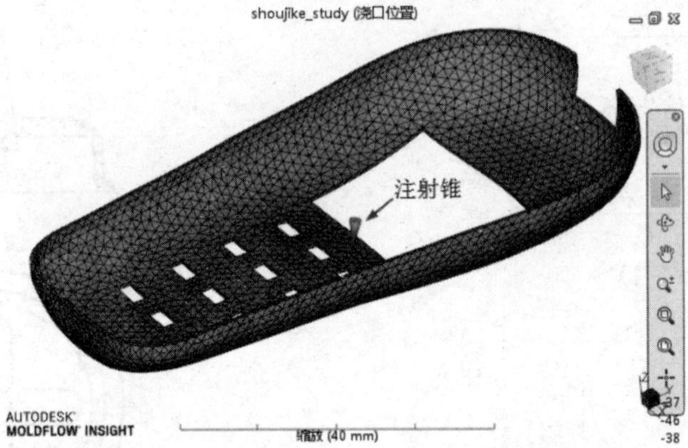

图 4-47　最佳注射位置

01 在本例光盘源文件夹中打开"手机壳 . mpi"工程文件，可以看到已经完成的网格划分和最佳浇口位置分析。在工程视窗中双击"shoujike_ study (浇口位置)"子项目，可以看到最佳浇口位置上已经添加了一个注射锥，接下来在注射锥位置创建潜伏式浇口。

02 在【主页】选项卡【创建】面板中单击【几何】按钮，进入 Moldflow 几何创建模式（打开【几何】选项卡）。

03 选择【按偏移定义节点】选项，在打开面板的【工具】选项卡下显示【按偏移定义节点】选项面板。首先选择注射锥位置的节点作为参考点，然后在【偏移】数值框内输入相应的偏移值，即可创建出偏移的节点，如图 4-48 所示。

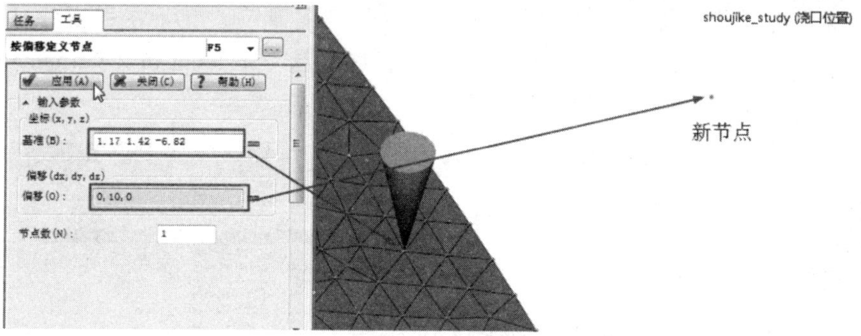

图 4-48 创建节点

温馨提示	输入偏移值时，用户可以使用相对坐标输入的方式，输入偏移值。0，10，0 表示根据参考点的位置计算，在 X 方向平移 0、Y 方向偏移为 10、Z 方向偏移为 0。 此外，创建新节点时，要先在【层】视窗中勾选【网格节点】复选框，显示所有节点，便于选取参考节点。

04 利用【按点定义圆弧】工具，创建如图 4-49 所示的圆弧。此圆弧为潜伏浇口的轴线。

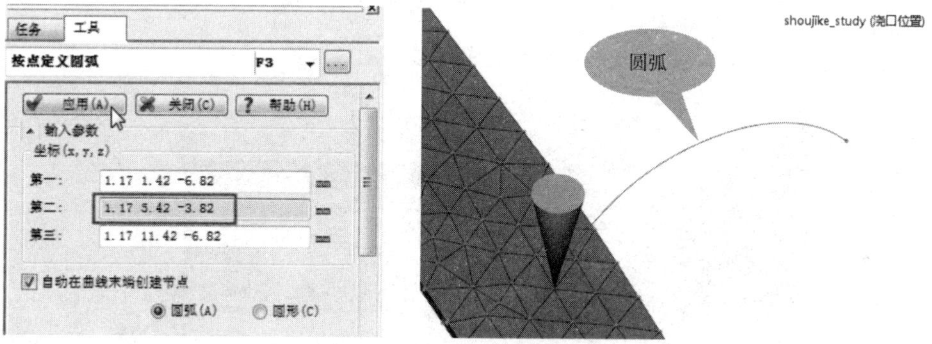

图 4-49 创建圆弧

温馨提示	3 点定义圆弧中，第一点选取注射锥位置的节点，第三点选择偏移的新节点，关键是第二点的确定，用户可以选取新节点作为参考，然后对坐标值进行修改。

05 接下来为浇口轴线赋予浇口属性。选中轴线，轴线由深紫色变为粉红色，单击鼠标右键，在快捷菜单中选择【属性】命令，在打开的对话框中单击【是】按钮，如图 4-50 所示。

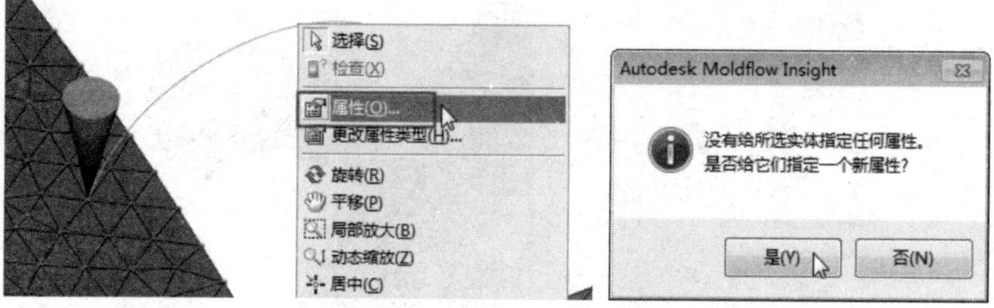

图 4-50 执行【属性】命令

06 在弹出的【指定属性】对话框中选择【冷浇口】选项，然后在弹出的【选择冷浇口】对话框中选择一种浇口的规格尺寸，这里选择 1.5mm th ×4.5mm wide 选项，单击【选择】按钮，如图 4-51 所示。

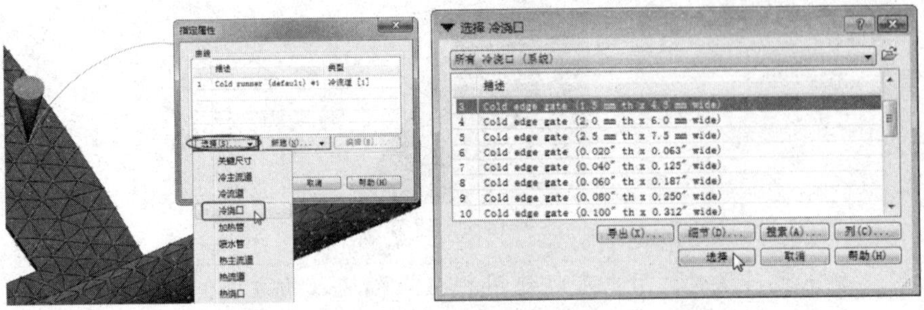

图 4-51　设置浇口的尺寸

07 在【指定属性】对话框中单击 编辑(E)... 按钮，在弹出的【冷浇口】对话框中重新设置浇口前后的截面圆尺寸，如图 4-52 所示。

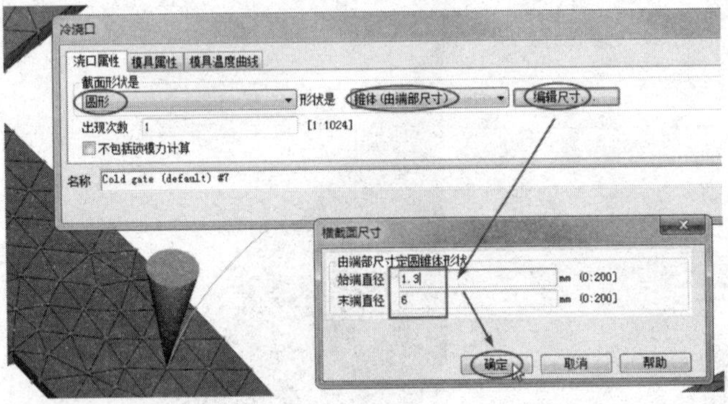

图 4-52　编辑浇口尺寸

08 依次单击对话框中的【确定】按钮，完成属性的设置，最后进行网格的划分。

09 在【主页】选项卡中单击【网格】按钮，打开【网格】选项卡。在【网格】选项卡的【网格】面板中单击【生成网格】按钮，然后在【工具】选项卡的【生成网格】选项面板中设置网格单元边长值，最后单击【应用】按钮，完成潜伏式浇口的创建，如图 4-53 所示。

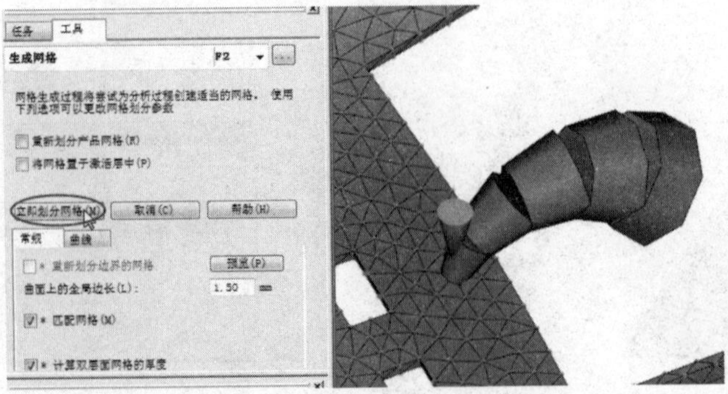

图 4-53　生成网格单元

三、【应用案例】创建流道

模具的流道分主流道和分流道，主流道是直接连接注塑机嘴的部分，分流道是到达各型腔的干道。是否创建分流道，由浇口的类型决定。

流道和浇口一样，截面形状有很多种。不同截面的流道，特性差异很大。一种流道创建后，可以通过直接改变它的截面形状来改变截面形状的流道。下面举例来说明流道的手动创建方法。

练习文件路径：结果文件 \ Ch04 \ 塑料结构件 \ 塑料结构件 . mpi
演示视频路径：视频 \ Ch04 \ 流道设计 . avi

1. 创建型腔布局

在分析模型中创建浇口后，利用“镜像”功能来创建型腔布局。

01 打开本例的工程项目源文件“塑料结构件 . mpi”，在【查看】选项卡【视角】面板中设置旋转角度为 180、180、90，调整视图。

02 单击【主页】选项卡中的【几何】按钮，打开【几何】选项卡。

03 在【几何】选项卡的【实用程序】面板下执行【移动】|【镜像】操作，在【工具】选项卡下显示【镜像】选项面板。

04 选中模型及浇口，然后在选项面板中设置如图 4-54 所示的参数，最后单击【应用】按钮完成型腔的布局。

> **温馨提示**　在设置镜像参考点时，可以先选择已有的节点，然后修改其在镜像方向的值即可。例如，本例要以 XZ 平面为镜像平面，应该在 Y 方向进行镜像，修改 Y 坐标值即可。再例如，若选取的节点坐标为（0.4　18　30），则修改为（0.4　-48　30）即可。每个读者所选取的节点不会是相同的，所以按此方法设置。

05 创建型腔布局如图 4-55 所示。

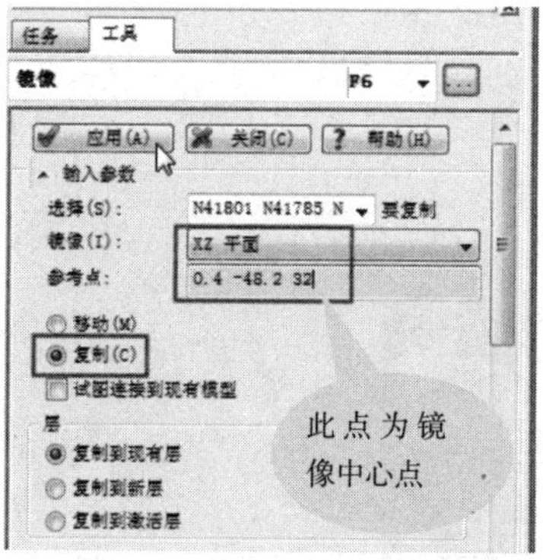

图 4-54　设置镜像参数

图 4-55　创建型腔布局

06 在【修改】面板中单击【型腔重复】按钮，弹出【型腔重复向导】对话框。

07 在对话框中设置相应的参数后，单击【完成】按钮，创建出如图 4-56 所示的一模四腔布局。

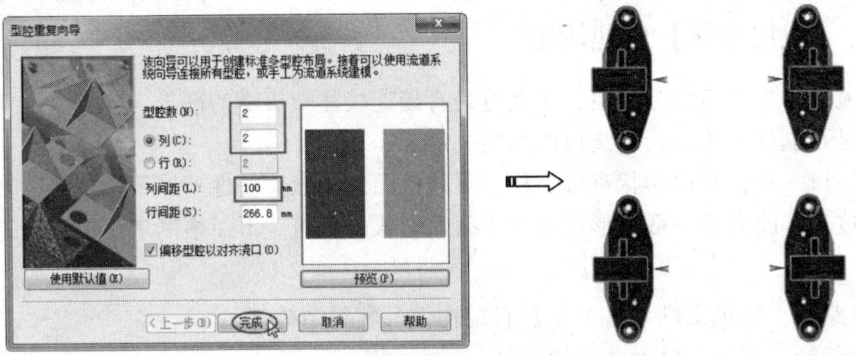

图 4-56　创建一模四腔布局

2. 绘制流道的轴线

01 使用【创建】面板中的【曲线】|【创建直线】工具，以浇口末端的端点为起始点建立流道的轴线，如图 4-57 所示。确定轴线长度时应以排穴的距离为准。

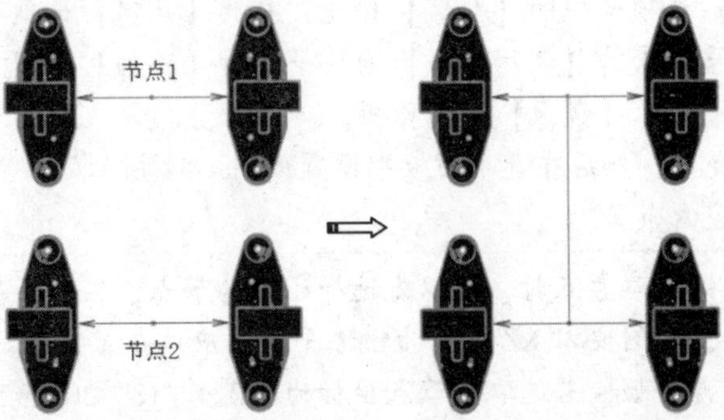

图 4-57　创建流道轴线

温馨提示	在创建直线中点之间的直线时，要先创建直线上的节点。

02 分别为 3 条轴线赋予冷流道属性值，如图 4-58 所示。

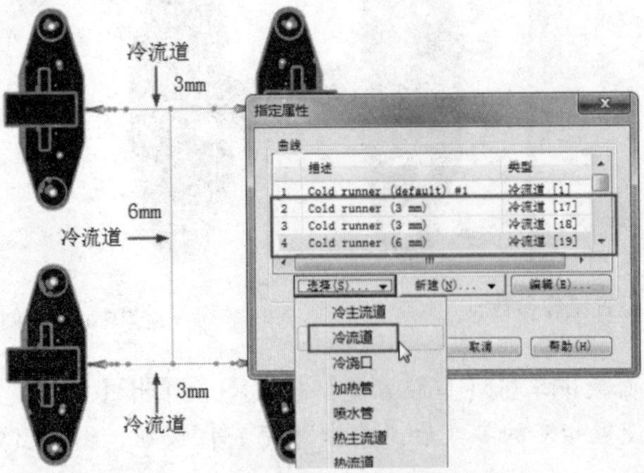

图 4-58　将冷流道属性赋予轴线

03 利用【网格】选项卡中的【生成网格】工具，创建分流道网格，如图4-59所示。

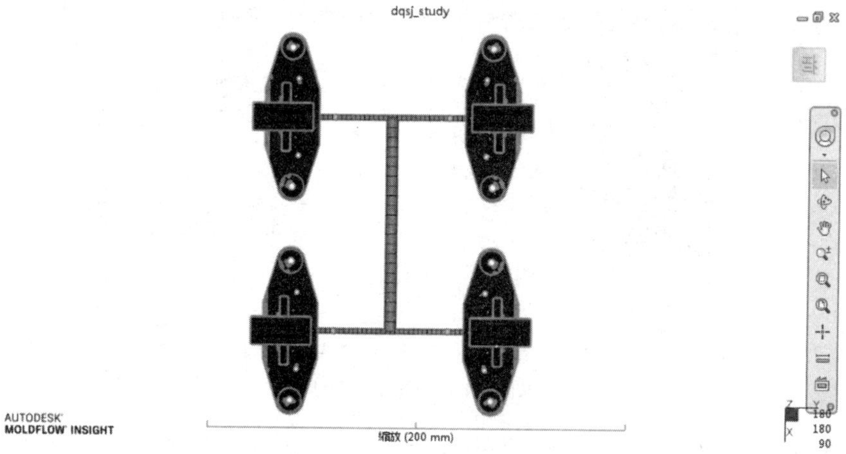

图4-59 生成流道网格单元

四、【应用案例】创建浇注系统

Moldflow为用户提供了自动创建浇注系统的便捷工具，要使用【流道系统】工具进行创建，须先设置注射位置。

练习文件路径：结果文件\Ch04\塑料结构件\塑料结构件.mpi

演示视频路径：视频\Ch04\流道设计.avi

下面介绍利用【流道系统】工具来创建浇注系统的过程。

01 打开本例的工程项目源文件“塑料结构件.mpi”。

02 利用【镜像】功能，先创建模型的镜像，然后创建型腔布局，如图4-60所示。

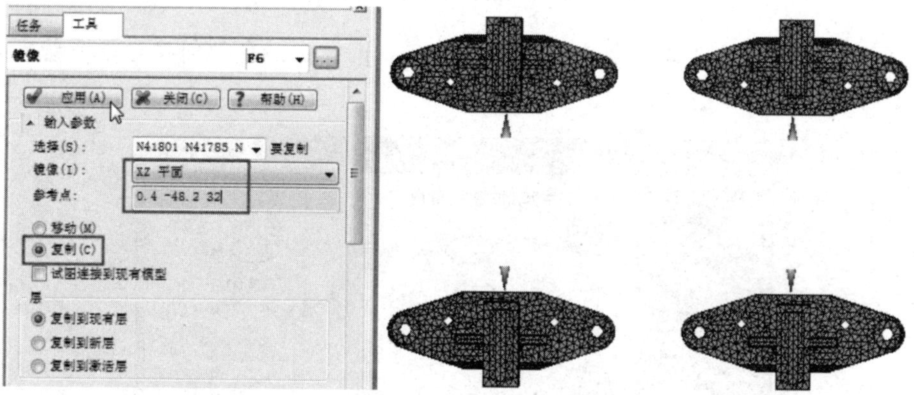

图4-60 创建注射位置

03 单击【几何】按钮，打开【几何】选项卡，然后在【创建】面板中单击流道系统按钮，弹出流道系统向导的【布局】对话框。

04 单击【浇口中心】、【浇口平面】和【下一步】按钮，进入下一页面，如图4-61所示。

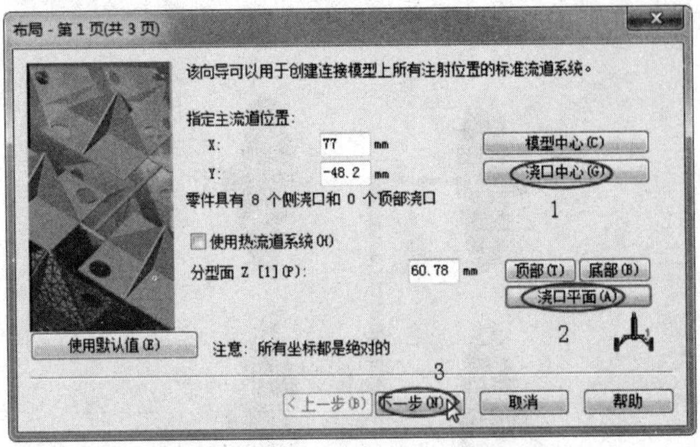

图 4-61　设置流道布局

05　然后设置如图 4-62 所示的注射口与流道参数，再单击【下一步】按钮。

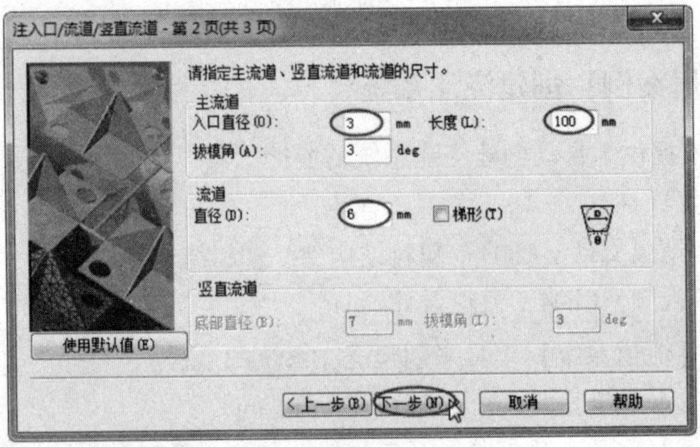

图 4-62　设置注射口与流道参数

06　在第 3 页中设置浇口的参数后，单击【完成】按钮，自动创建浇注系统，如图 4-63 所示。

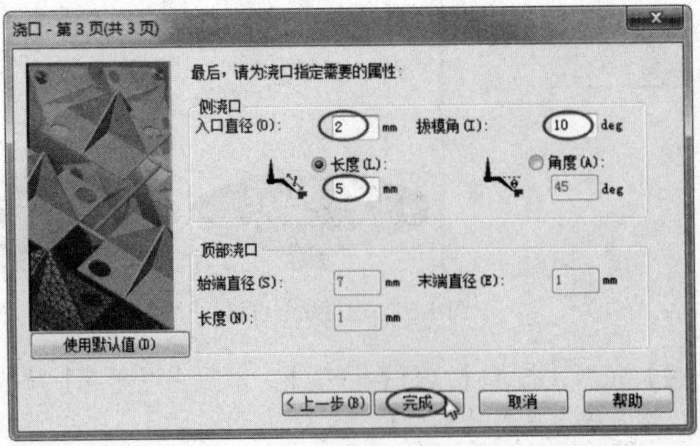

图 4-63　设置浇口参数

07　创建浇注系统如图 4-64 所示。

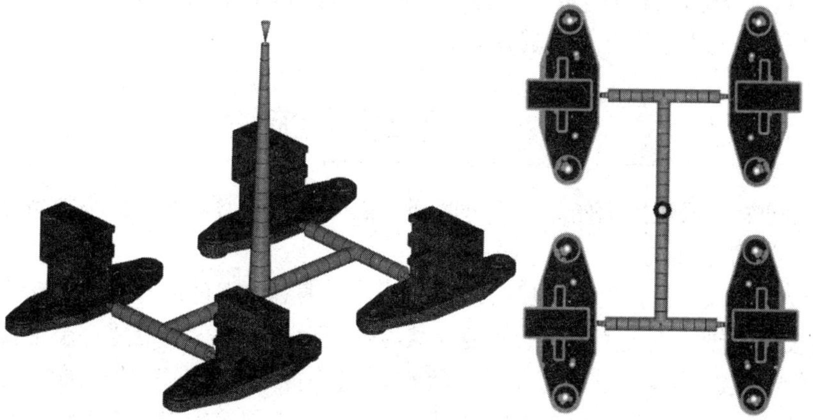

图 4-64　创建的浇注系统

温馨提示	虽然利用【流道系统】工具创建浇注系统很便捷，但也有局限性，即不能有效地建立合理尺寸的分流道，特别是针对多型腔模具。

五、【应用案例】检查流道与型腔之间的连通性

创建浇注系统后，用户还须根据需要检查型腔与浇注系统的连通性。在模具上，型腔通过浇注系统处于连通状态，所以在 Moldflow 中应重点查看型腔之间的连通性。多模穴分析时，只要有一个型腔处于未连通状态，分析均无法进行。

在【网格】选项卡的【网格诊断】面板中单击【连通性】按钮，在打开的窗格中显示【连通性诊断】选项面板。框选图形区域中所有的网格单元，然后单击【显示】按钮，查看流道与型腔之间的连通性，如图 4-65 所示。

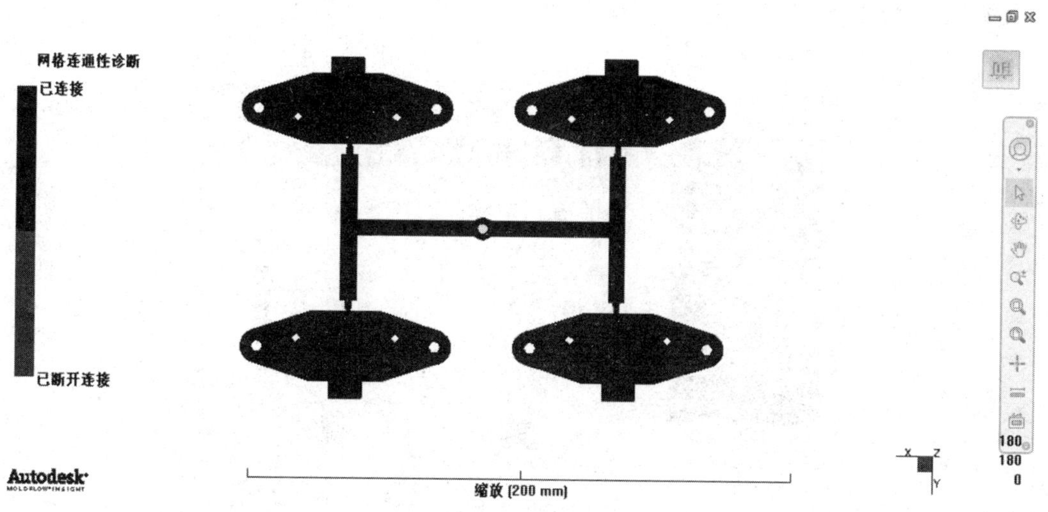

图 4-65　检查连通性

连通部分呈蓝色显示（颜色和提示标题一致），未连通部分呈红色显示（颜色和提示标题一致）。不管未连通的部分是杆单元还是型腔，多数情况是因为未连通处没有共享节点，可以采用合并节点的方法消除未连通现象。

第 4 节 冷却系统设计

制品冷却通常占成型周期的绝大部分时间，因此控制成型周期、加快制品冷却时间，对提高产能是至关重要的。

熔融塑胶在高温下被注射型腔后，需要经历从高温到室温的冷却过程，在这期间熔融塑胶会释放出大量的热。熔融塑胶在型腔内自然冷却至顶出的温度，需要一个很长的过程，这里可以使用低于模温的冷却液通过型芯，将型芯的热量带出模具，从而加快制品的冷却速度。但对于形状复杂的制品，由于冷却受限和冷却速度不同等因素，制品很容易出现各部特征产生收缩上的差异。不合理的冷却液温度和冷却时间还会影响到内应力的释放，从而影响制品的外观、尺寸精度和力学性能。

因此需要在模腔内合理开设冷却管道，加强热量集中部位的冷却，对热量产生少的部位进行缓冷，尽量实现均匀冷却。Moldflow 拥有分析模穴冷却管道、冷却效率和冷却效果的功能。

一、【应用案例】创建冷却回路

Moldflow 拥有自动排布冷却水路的功能，这给用户排布水路提供了极大的方便。水路排布完成后，只需要做一些调整即可。

在排布水路前，应查看型腔的布局，以防水路和其他零部件干涉，下面介绍创建过程。

01 在【几何】选项卡的【创建】面板中单击冷却回路按钮，打开冷却系统向导的第1页。

02 设置冷却水管的直径、水管与模型间的距离值和排列方式，然后单击【下一步】按钮，如图 4-66 所示。

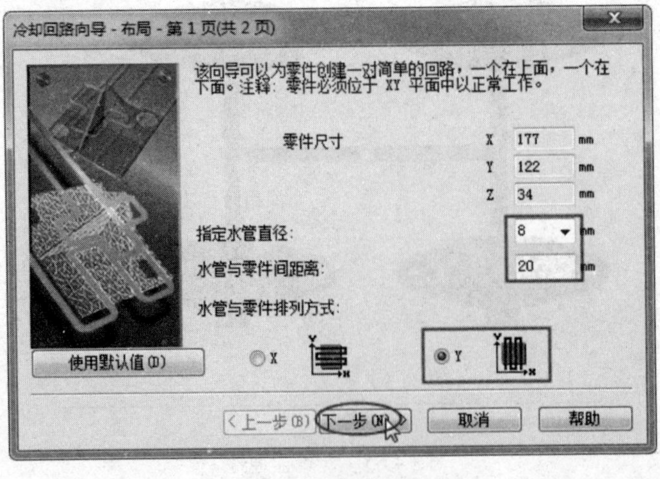

图 4-66 布局设置

03 在第 2 页中设置如图 4-67 所示的管道参数。

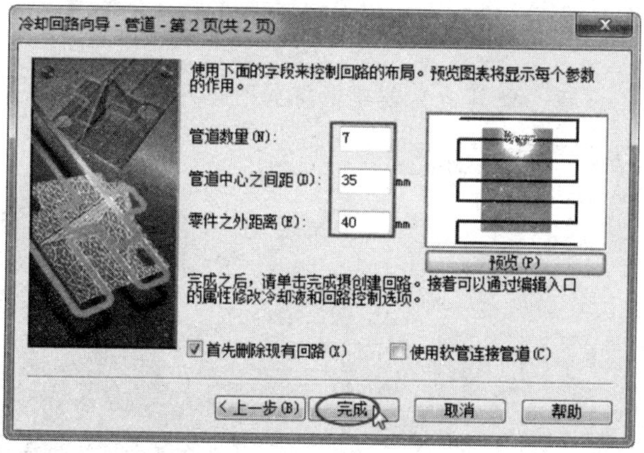

图 4-67 设置管道参数

04 最后单击【完成】按钮，完成冷却系统的创建，如图 4-68 所示。

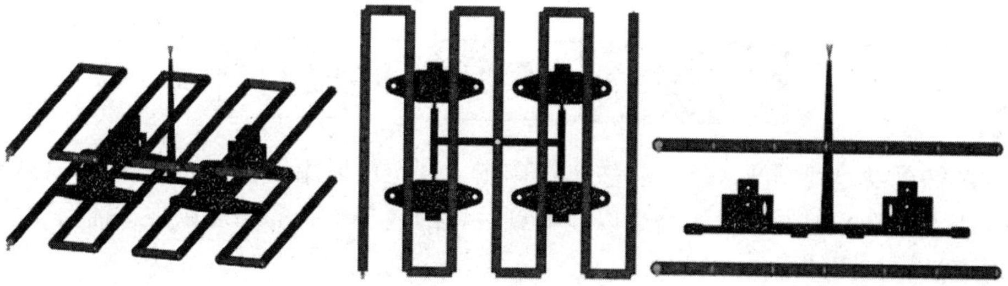

图 4-68 创建冷却系统

二、【应用案例】创建模具边界

模具边界主要用于冷却分析，以得到更好地收敛效果，其就是虚拟的模具成型零部件的体积框（包括型芯和型腔的体积），在创建模具边界时，一定要把分析中涉及的元素包含在内，如产品的模型、浇注系统和冷却系统等特征。

下面介绍创建步骤。

01 在【几何】选项卡的【创建】面板中单击【模具镶块】按钮，弹出【模具表面向导】对话框。

02 模具表面默认以产品中心为原点。

温馨提示	如果在实际设计中模具中心偏离产品模型中心，可在【偏移矢量】数值框中输入在三个轴向的偏移矢量值。

03 在【尺寸】选项组的 X,Y,Z,数值框中分别输入模具边界在三个轴向的尺寸。这三个尺寸均以模具中心点为中点，向正负方向各偏移一半输入值。

温馨提示	需要注意的是，浇注系统和冷却系统不要延伸出模具边界，当水路，尤其是距离型腔较远的水路单元穿过模具边界时，容易导致分析无法收敛。

04 建议先测量一下产品的最大外形尺寸和冷却水路末端间的最大轴向距离，在最大距离值的基础上再加上25mm作为模具边界的外形尺寸参考，模具边界尺寸设置如图4-69所示。

05 单击【完成】按钮，模具边界创建效果如图4-70所示。

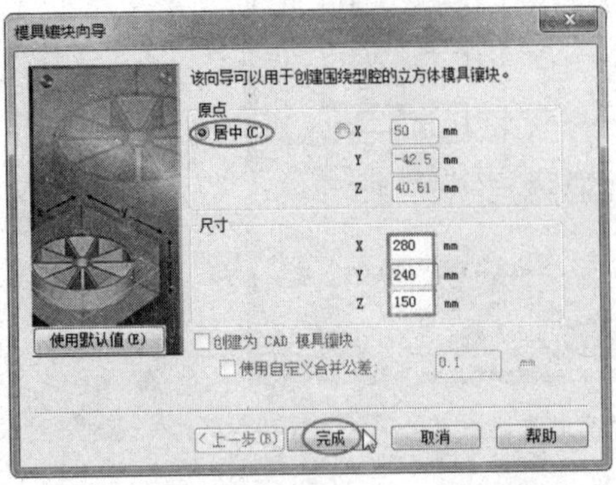

图4-69　设置模具边界尺寸

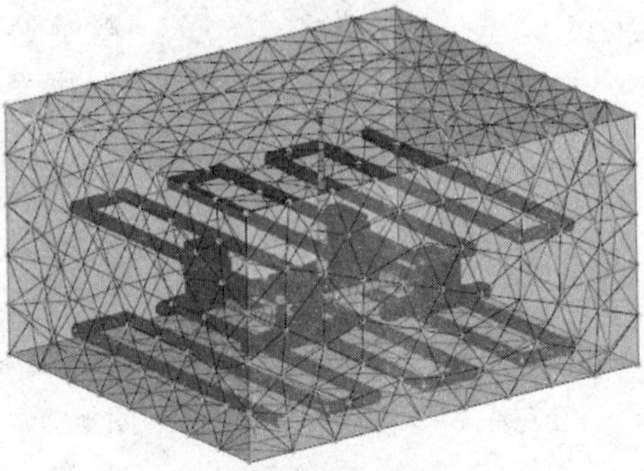

图4-70　创建模具边界

第5节　模具镶件设计

模具镶件可以起到成型、排气、散热等作用，甚至可以用来顶出制件。用在深腔或深孔时，可以通入水路，加强一般水路难以冷却到区域的冷却。有的还可以根据需要，将潜伏式浇口的通道设置在镶件中。

下面简单介绍一下模具成型镶件的创建操作，步骤如下。

01 在【几何】选项卡的【创建】面板中单击【镶件】按钮，【工具】选项卡下将弹出【创建模具镶件】选项面板，如图4-71所示。

02 然后选择和模具镶件接触的网格，如图4-72所示。

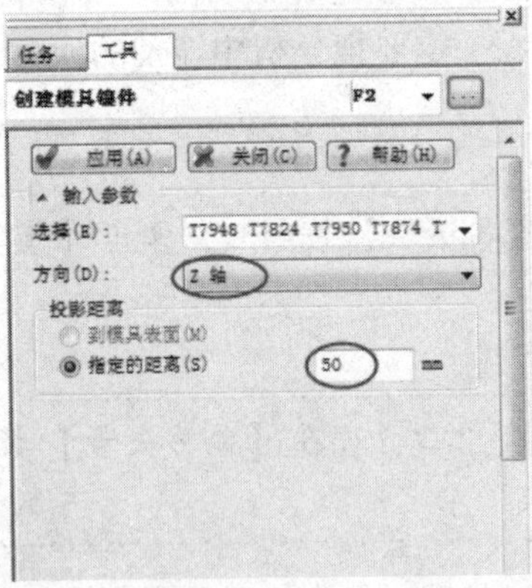

图4-71　【创建模具镶件】选项面板

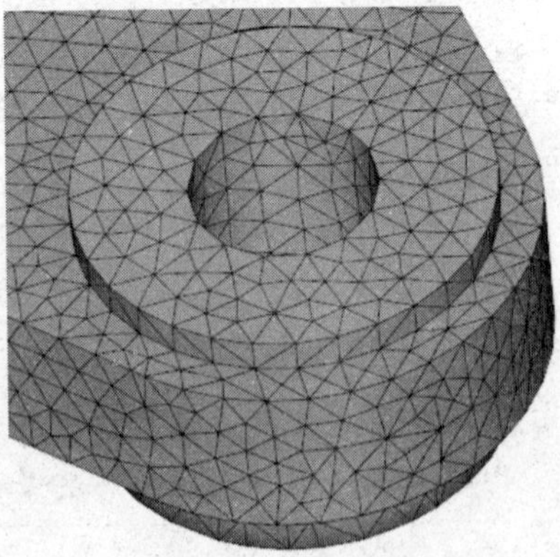

图4-72　选择网格

温馨提示	3D实体网格类型是不能创建模具镶件的，仅针对中性面或双层面网格。

03 在选项面板中选择镶件的方向为【Z 轴】，输入镶件的高度值（此高度如果已经创建了模具型腔，可以选择【零件，标准】选项；如果没有创建模具表面，可以在【指定的距离】数值框中输入高度值）。

温馨提示	设置方向时，可以沿着垂直于深腔的方向或沿着三个坐标轴方向。创建深腔内的镶件时，建议沿着垂直于深腔的方向；创建其他部位的镶件时，可以选择性地沿着坐标轴方向。

04 在选项面板中单击【应用】按钮，创建出模具镶件，如图 4-73 所示。

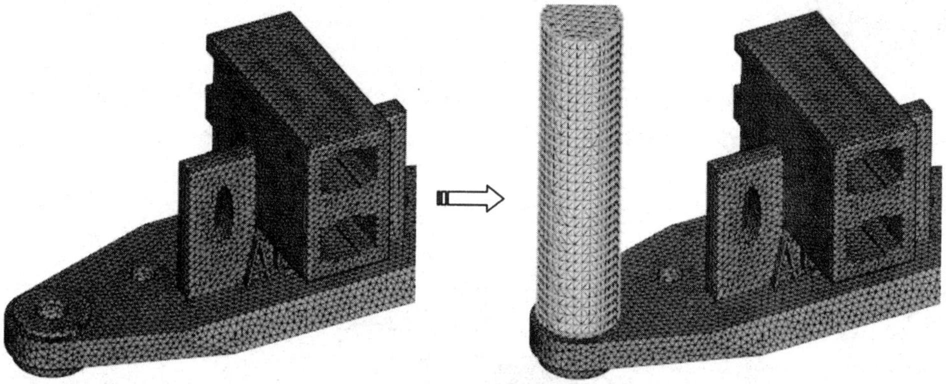

图 4-73 创建模具镶件

第 5 章

冷却 + 填充 + 翘曲分析

本章导读

本章主要介绍利用 Moldflow 的分析功能辅助改善模具机构设计，主要表现在浇口分析、流道平衡 + 翘曲分析和冷却分析结果的前后比较，以此取得最佳设计方案。

案例展现

ANLIZHANXIAN

案　例　图	描　　述
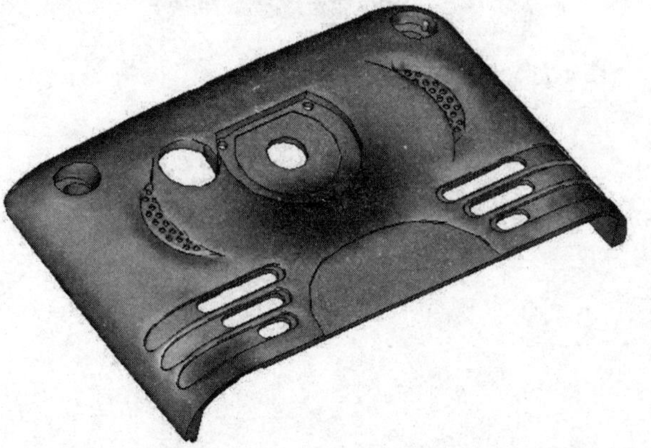	最佳浇口位置分析包括选择分析序列、选择材料、工艺设置、执行分析步骤等。最佳浇口位置分析后，系统会自动标识最佳浇口位置的节点，并放置注射锥
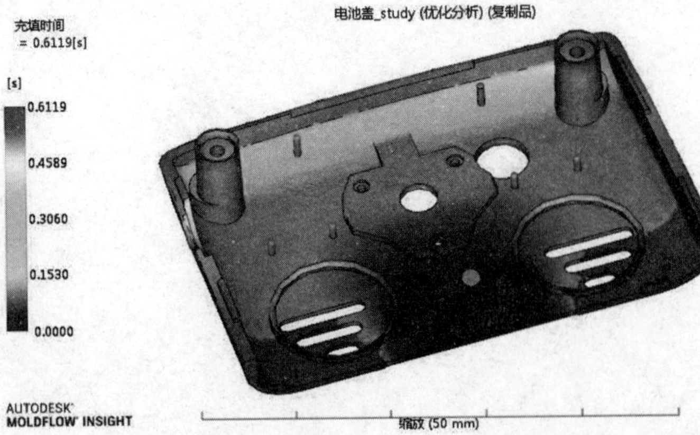	本案例通过冷却 + 填充 + 保压 + 翘曲分析，改善制品的质量。首先进行的是以 Moldflow 最佳浇口位置区域分析结果为基础，而展开的基本分析

第 1 节　任务介绍

下面对本章介绍的冷却 + 填充 + 翘曲分析案例的参数进行展示，具体如下。

设计题目：电池盖注塑模具

产品 3D 模型图如图 5-1 所示。

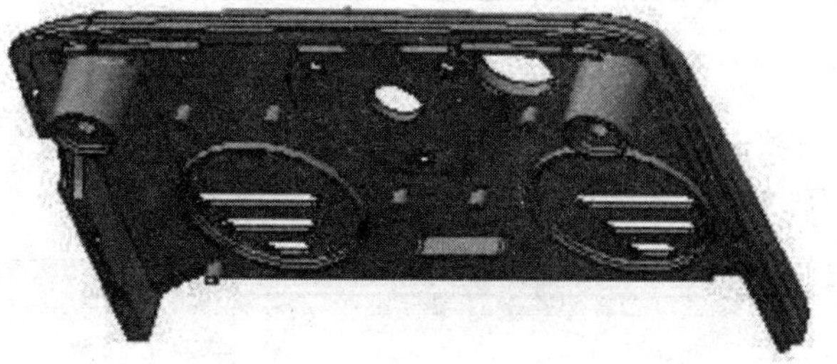

图 5-1　电池盖模型

规格：最大外形尺寸：52 mm × 32 mm × 10 mm（长 × 宽 × 高）

壁厚：最大 2mm；最小 0. 8mm

设计要求：

1. 材料：PC
2. 缩水率：0. 0055 mm
3. 外观要求：光滑，无明显制件缺陷，如缩痕、气泡、翘曲等
4. 模具布局：一模两腔

第 2 节　Moldflow 分析

制作电池盖产品，对尺寸精度要求较高。采用 PC 塑料以冷流道成型，产品结构已经确定，不再更改。进浇位置预先假设，以 Moldflow 模流分析帮助改善产品的常见缺陷。

练习文件路径：结果文件 \ Ch05 \ 电池盖 . stl

演示视频路径：视频 \ Ch05 \ 冷却 + 填充 + 翘曲分析 . avi

一、分析的前期准备

Moldflow 分析的前期准备工作主要有以下几个方面。

- 新建工程并导入 CAD 模型；
- 网格模型的创建；
- 网格修复处理。

1. 新建工程并导入 CAD 模型

01　启动 Moldflow 2018 软件，然后单击【新建工程】按钮，弹出【创建新工程】对话框。输入工程名称并设置保存路径后，单击【确定】按钮完成工程的创建，如图 5-2 所示。

图 5-2　创建工程

02 在【主页】选项卡中单击【导入】按钮，弹出【导入】对话框，在本例模型保存路径下打开“电池盖.stl”文件，如图 5-3 所示。

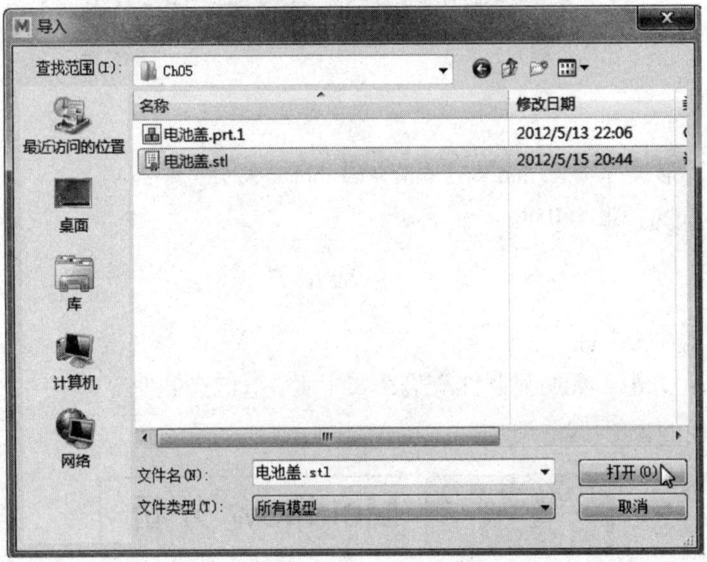

图 5-3　导入模型

03 随后弹出要求选择网格类型的【导入】对话框，选择【双层面】网格类型作为本案例分析的网格，单击【确定】按钮完成模型的导入操作，如图 5-4 所示。

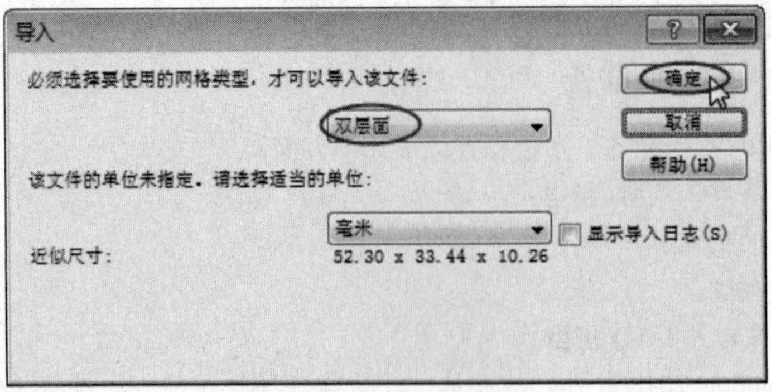

图 5-4　选择网格类型

04 查看导入的电池盖模型效果，如图 5-5 所示。

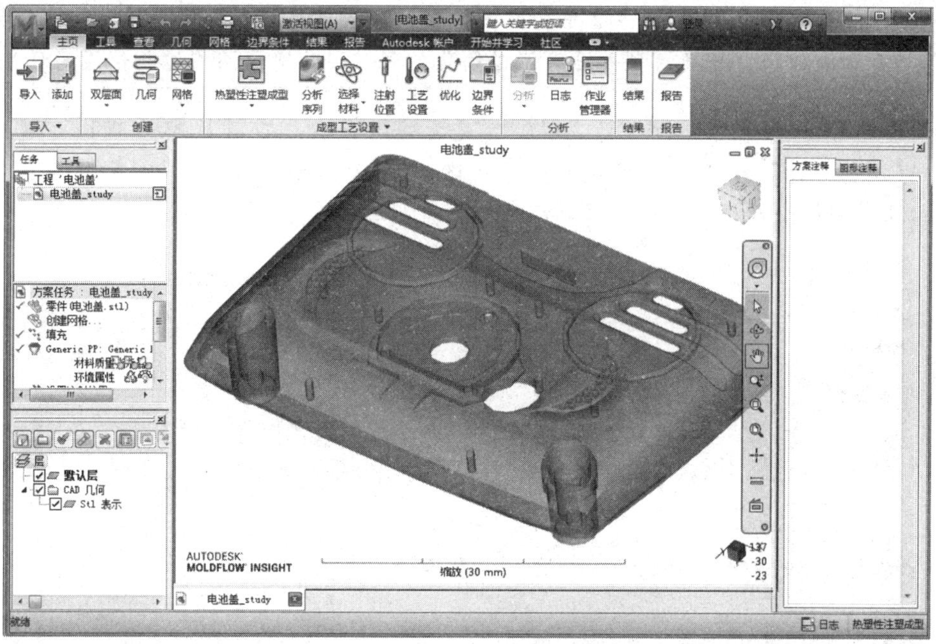

图 5-5 导入电池盖模型

2. 网格模型的创建

01 在【主页】选项卡【创建】面板中单击【网格】按钮，打开【网格】选项卡。

02 在【网格】选项卡的【网格】面板中单击【生成网格】按钮，工程管理视窗的【工具】选项卡中显示【生成网格】选项面板。

03 设置【曲面上的全局边长】值为 0.5mm，然后单击【立即划分网格】按钮，程序将自动划分网格，结果如图 5-6 所示。

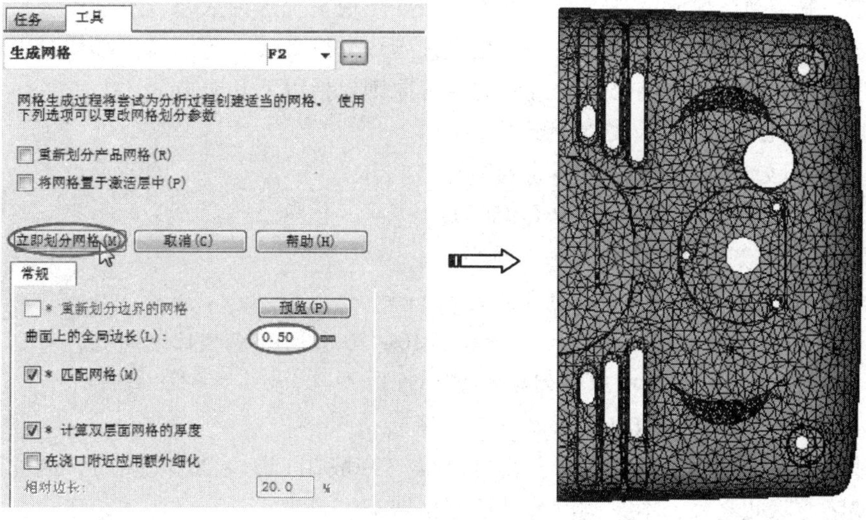

图 5-6 划分网格

> **温馨提示**
> 网格的边长值取决于模型的厚度尺寸、网格的匹配质量及模型的形状精度，一般为制件厚度的1.5~2倍，就足以保证分析精度。本例模型的结构比较复杂，有细小特征，并且模型并没有经过简化处理，因此建议网格边长值设为0.5mm。

04 网格创建后需要进行统计，以判定是否需要修复。在【网格诊断】面板中单击【网格统计】按钮，然后单击【网格统计】选项面板的【显示】按钮，程序立即对网格进行统计并弹出【网格信息】对话框，如图5-7所示。

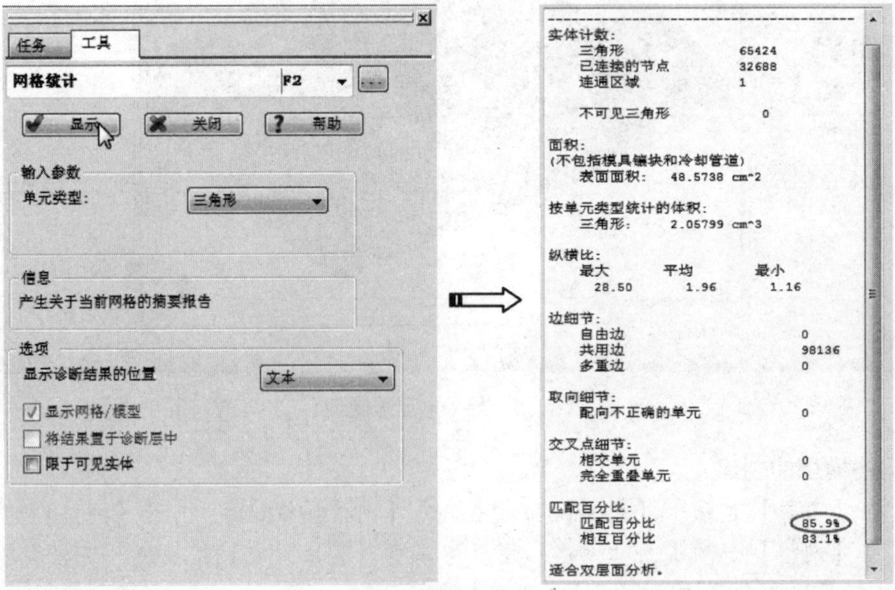

图5-7 网格统计

3. 网格修复

通常情况下，网格生成后基本上会出现网格缺陷现象。这种缺陷若不进行修复，一是会导致模拟分析结果不准确，误差极大；二是直接导致分析失败。统计后，必须对出现的网格缺陷进行针对性地修复，网格修复所遵循的参考原则包括以下几个方面。

- 连通区域的个数为1（连通性诊断）；
- 自由边和交叉边的个数为0（自由边诊断）；
- 配向不正确单元个数为0（配向诊断）；
- 相交单元个数为0（重叠单元诊断）；
- 完全重叠单元个数为0（重叠单元诊断）；
- 单元纵横比的数值视情况而定，一般在10~20之间（纵横比诊断）；
- 匹配百分比应在87%以上（网格匹配诊断）；
- 零面积单元的个数为0（零面积单元诊断）。

从统计数据看，纵横比的值偏大，为28.5%（一般在15%~20%左右），因此需要修复这个网格缺陷。除此之外，本案例没有其他网格缺陷。

温馨提示	所谓“纵横比”是指三角形单元的最长边与该边上的三角形高的比值。纵横比大小直接影响到模型的分析精度。

01 在【主页】选项卡单击【网格】按钮，打开【网格】选项卡。再单击【网格诊断】面板中的【纵横比】按钮，在【纵横比诊断】选项面板中输入纵横比的最小值为15，然后勾选【将结果置于诊断层中】复选框，单击【显示】按钮后，图形编辑区中出现图像诊断结果，如图5-8所示。

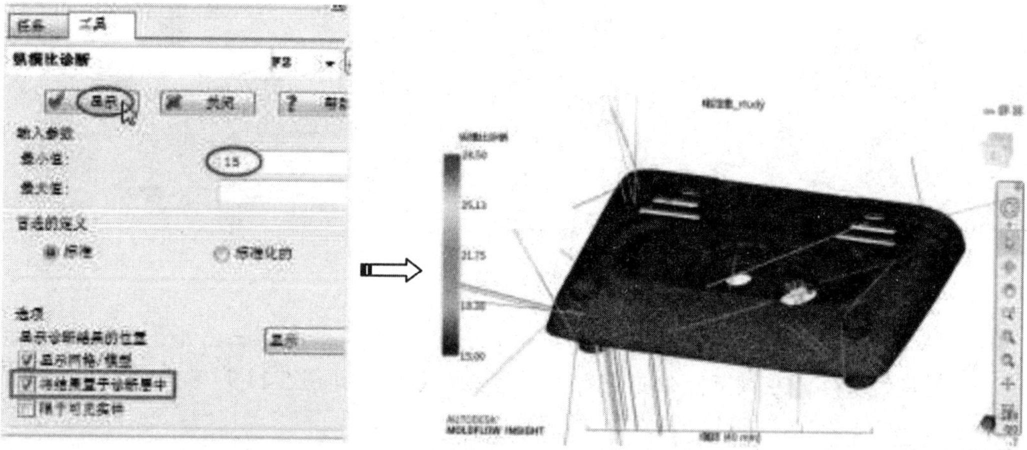

图5-8 纵横比诊断

02 在【层】管理视窗中取消勾选【新建三角形】复选框，在图形区中仅显示纵横比较大的三角形网格单元，如图5-9所示。

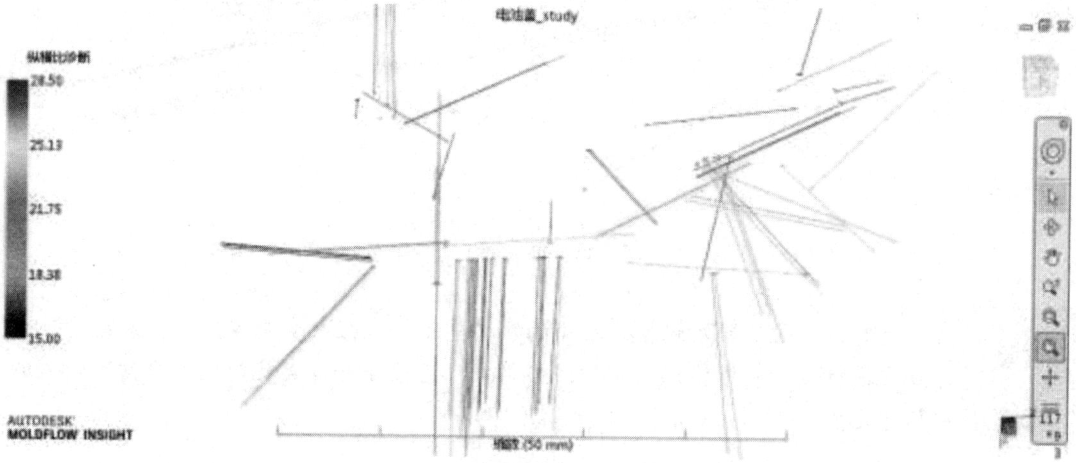

图5-9 显示纵横比较大的三角形网格单元

03 按照从大（红色）到小（蓝色）的顺序进行修改，首先修改红色指引线显示的网格单元。在模型中找到指引线所在的三角形网格，单击【网格修复】面板中的【插入节点】按钮，然后在三角形网格上选择两个节点作为参考点，如图5-10所示。

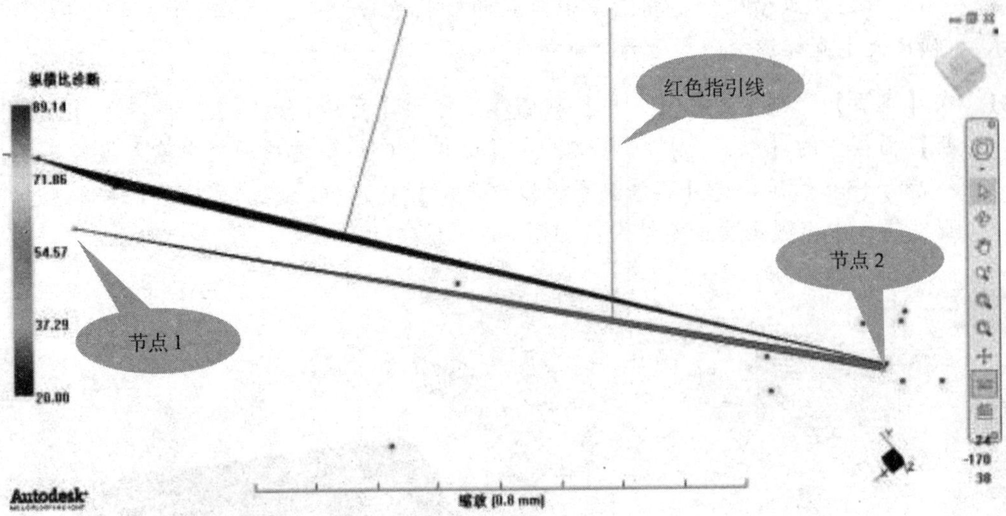

图 5-10　选择节点

04 在【插入节点】选项面板单击【应用】按钮后，在原有的三角形网格上自动插入创建的节点，在该节点位置重新将网格单元划分，如图 5-11 所示。

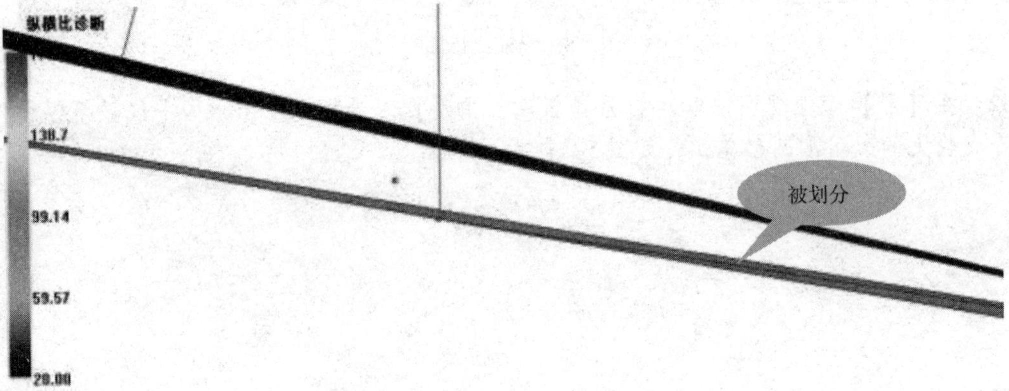

图 5-11　插入新节点

温馨提示	这种方法仅仅针对纵横比较小的网格单元，稍微改变纵横比，就能使其值低于设定的标准。而纵横比较大的网格单元，直接合并节点就能删除纵横比较大的网格单元。

05 同样，在三角形的另一边也选择两个节点来创建新节点。

06 在【网格修复】面板中单击【合并节点】按钮，然后选择如图 5-12 所示的两个节点进行合并，选择顺序是先选择要合并到的节点（此节点为活动节点），接着再选择要从其合并的节点（固定节点）。选择完成后单击【应用】按钮，即可将两节点合并。合并后该指引线由红色转变成黄色（说明纵横比变小了）。

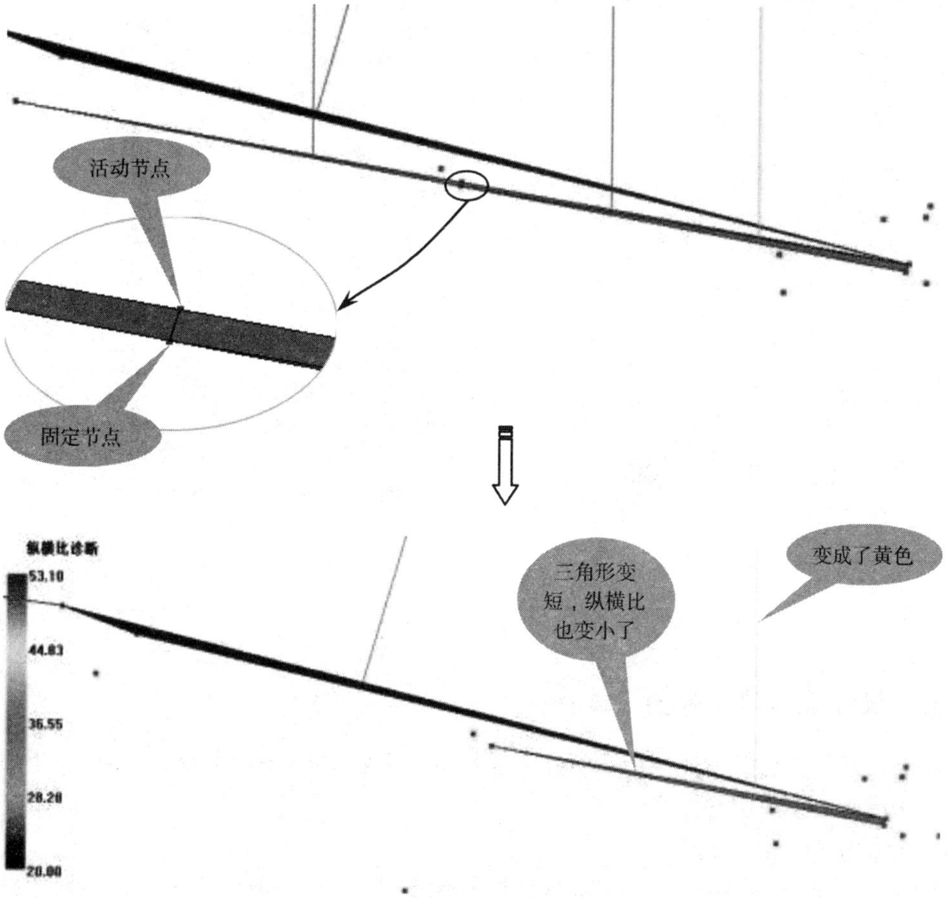

图 5-12　合并节点

07 按照相同的方法，将其余指引线所在的三角形网格进行纵横比改善。

> **温馨提示**
>
> 在使用合并节点工具时，如插入节点后，纵横比已经得到了改善，就不必再进行节点合并了，因为多余的合并对分析的结果会产生一定的影响（即使影响不会太大）。另外，选择合并节点时，应先对网格仔细分析，然后确定选用最佳的方案进行节点合并。

08 按设置的网格纵横比完成修复操作后，须重新进行统计、检查，检查是否产生了其他缺陷。网格重新统计结果如图 5-13 所示，此时可以清楚地看见纵横比缺陷得到良好的改善，并且匹配百分比也上升到了 86%。用户重新划分网格并做统计，可见网格匹配百分比提升了 0.7%，基本符合了流动分析和翘曲分析的网格要求。如果需要达到更高的匹配率，可以将纵横比的诊断值设定为 10，但修复网格的时间会随之加长。当然最好的办法还是利用 CADdoctor 简化模型再进行网格划分。

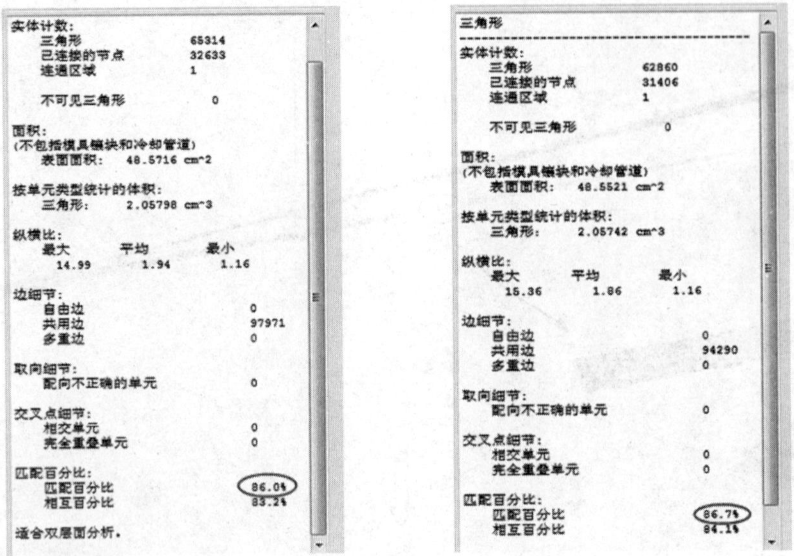

修复纵横比后的统计　　　　重新划分网格后的统计

图 5-13　重新统计网格

二、最佳浇口位置分析

最佳浇口位置分析包括选择分析序列、选择材料、工艺设置和执行分析等步骤，下面介绍具体的操作过程及参数设置方法。

1. 选择分析序列

01 在【主页】选项卡的【成型工艺设置】面板中单击【分析序列】按钮，弹出【选择分析序列】对话框。

02 选择【浇口位置】选项，再单击【确定】按钮完成分析序列的选择，如图 5-14 所示。

图 5-14　选择分析序列

2. 选择材料

01 在【主页】选项卡的【成型工艺设置】面板中单击【选择材料】按钮，或者在任务视窗中执行右键菜单中的【选择材料】命令，弹出【选择材料】对话框，如图 5-15 所示。

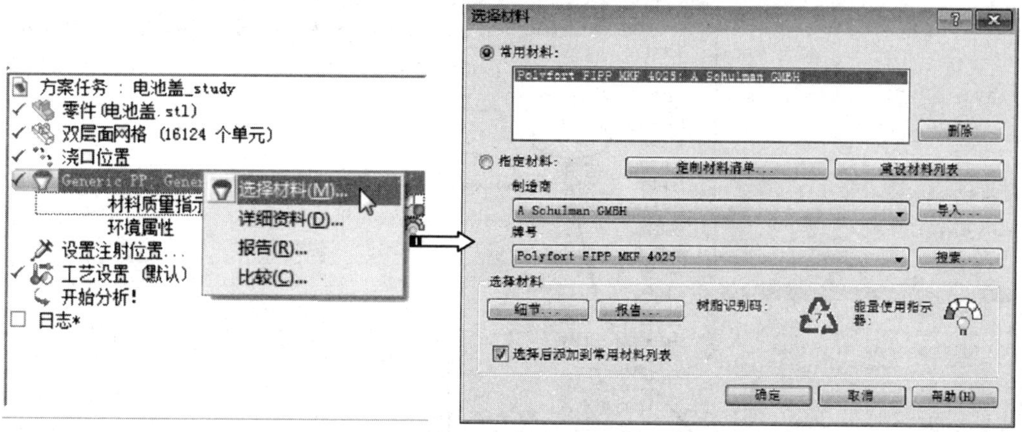

图 5-15 选择材料

02 在【选择材料】对话框的【常用材料】列表中的材料简称 PP，而电池盖的材料为 PC，因此需要重新指定材料。选中【指定材料】单选按钮，然后单击【搜索】按钮，弹出【搜索条件】对话框。

温馨提示	由于 AMI 材料库中提供的材料非常多，要想找到所需的材料十分不易，所以要用“搜索”功能来完成。

03 在【搜索条件】对话框的【搜索字段】列表中选择【材料名称缩写】选项，然后输入字符串 PC，勾选【精确字符串匹配】复选框，单击【搜索】按钮，如图 5-16 所示。

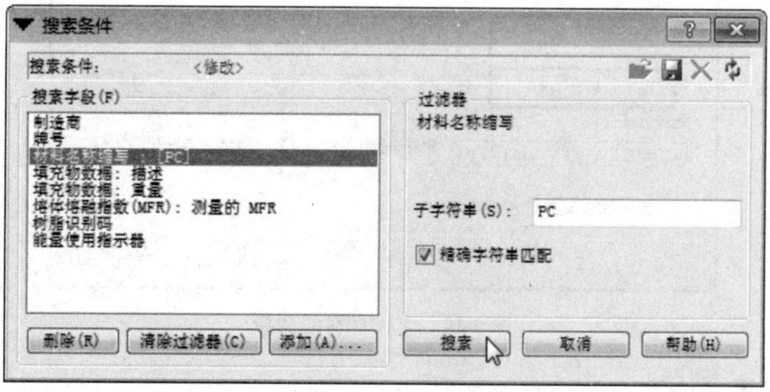

图 5-16 指定搜索条件

04 在弹出【选择热塑性材料】对话框中选择第 1 种材料，然后单击【细节】按钮查看是否为所需的材料，如图 5-17 所示。

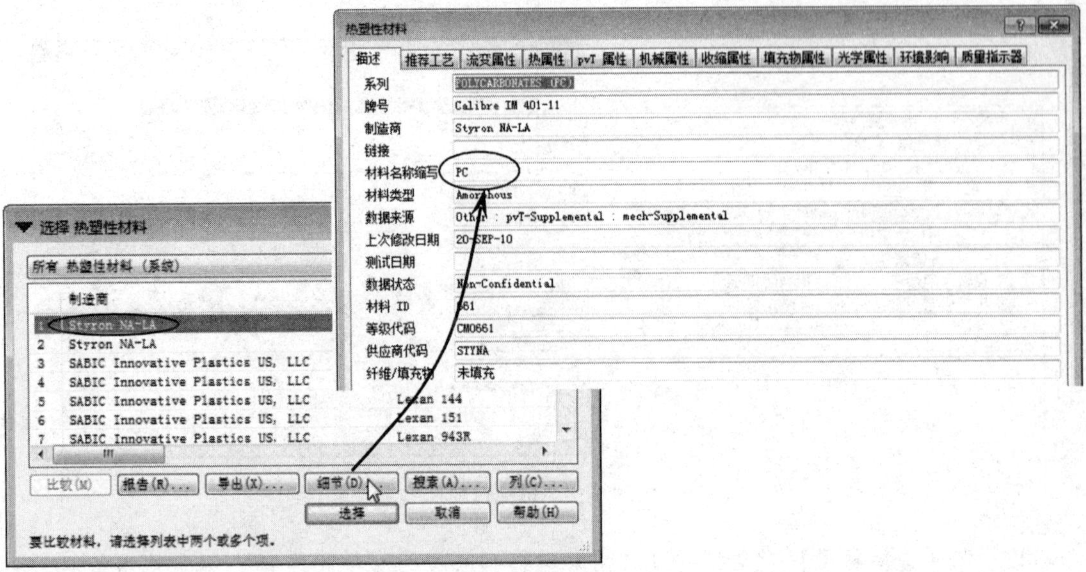

图 5-17　查看材料

05　确定无误后单击【选择】按钮，即可选择搜索的材料，如图 5-18 所示。最后单击【确定】按钮完成材料的选择。

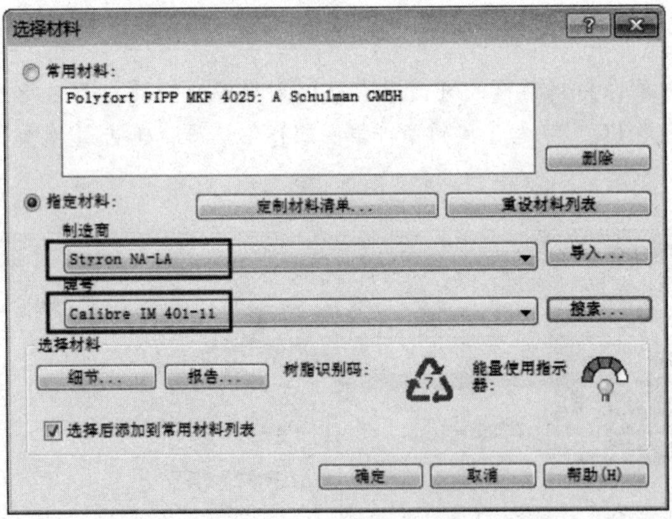

图 5-18　完成材料的选择

3. 工艺设置

01　在【主页】选项卡的【成型工艺设置】面板中单击【工艺设置】按钮，弹出【工艺设置向导－浇口位置设置】对话框，如图 5-19 所示。

02　该对话框中主要有两种参数需要大家设置，即模具表面温度和熔体温度。这里保留默认设置（目的是为了在后续的优化设计中提供新的数据），单击【确定】按钮完成工艺设置。

温馨提示

模具表面温度

模具表面温度是指在注塑过程中与制品接触的模腔表面温度。因为它直接影响到制品在模腔中的冷却速度，所以对制品的内在性能和外观质量都有很大的影响。

1. 模温对产品外观的影响

较高的温度可以改善树脂的流动性，通常会使制件表面平滑、有光泽，特别是提高玻纤增强型树脂制件的表面美感，同时还改善融合线的强度和外表。

2. 对制品内应力的影响

成型内应力的形成基本上是由于冷却时不同的热收缩率造成，当制品成型后，它的冷却是由表面逐渐向内部延伸，表面首先收缩硬化，然后逐渐至内部，在这过程中由于收缩快慢之差而产生内应力。

模温是控制内应力最基本的条件，稍许改变模温，对它的残余内应力将有很大的改变。一般来说，每一种产品和树脂的可接受内应力都有其最低的模温限度，而成型薄壁或有较长流动距离时，其模温应比一般成型时的最低限度要高些。

3. 改善产品翘曲

如果模具的冷却系统设计不合理或模具温度控制不当，塑件冷却不足，都会引起塑件翘曲变形。对于模具温度的控制，应根据制品的结构特征来确定凸模（动模）与凹模（定模）、模芯与模壁、模壁与嵌件间的温差。利用控制模塑各部位冷却收缩速度的不同，塑件脱模后更趋于向温度较高的一侧牵引方向弯曲的特点，来抵消取向收缩差，避免塑件按取向规律翘曲变形。对于形体结构完全对称的塑件，模温应相应保持一致，使塑件各部位的冷却均衡。

4. 影响制品的成型收缩率

低的模温使分子“冻结取向”加快，使得模腔内熔体的冻结层厚度增加，同时模温低阻碍结晶的生长，从而降低制品的成型收缩率。

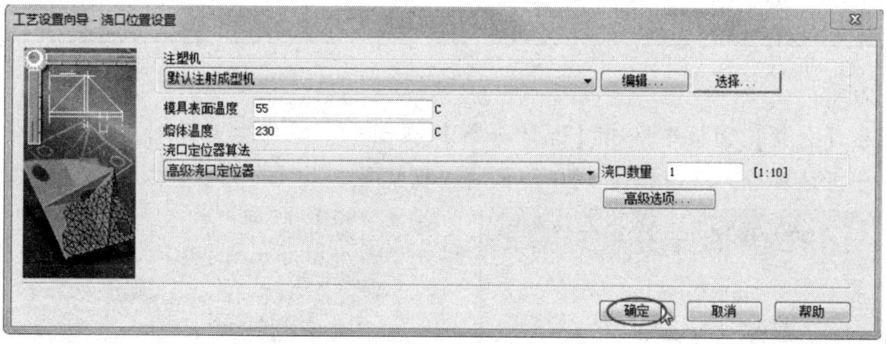

图 5-19 工艺参数设置

知识链接

选择的材料跟模具表面温度（模温）和溶体温度是有直接联系的。一般系统会给出一个默认值，当然也可以根据材料厂家提供的实际参考来设置。表 5-1 提供了部分材料与溶体温度、模具温度的参数，以备使用参考。

表 5-1 常用塑胶材料的建议熔体温度与模具温度

材料名称	流动性质			熔体温度（℃/℉）			模具温度（℃/℉）			顶出温度（℃/℉）
	MFR g/10min	测试负荷 kg	测试温度 ℃	最小值	建议值	最大值	最小值	建议值	最大值	建议值
ABS	35	10	220	200/392	230/446	280/536	25/77	50/122	80/176	88/190
PA 12	95	5	275	230/446	255/491	300/572	30/86	80/176	110/230	135/275
PA 6	110	5	275	230/446	255/491	300/572	70/158	85/185	110/230	133/271
PA 66	100	5	275	260/500	280/536	320/608	70/158	80/176	110/230	158/316
PBT	35	2.16	250	220/428	250/482	280/536	15/60	60/140	80/176	125/257
PC	20	1.2	300	260/500	305/581	340/644	70/158	95/203	120/248	127/261
PC/ABS	12	5	240	230/446	265/509	300/572	50/122	75/167	100/212	117/243
PC/PBT	46	5	275	250/482	265/509	280/536	40/104	60/140	85/185	125/257
PE-HD	15	2.16	190	180/356	220/428	280/536	20/68	40/104	95/203	100/212
PE-LD	10	2.16	190	180/356	220/428	280/536	20/68	40/104	70/158	80/176
PEI	15	5.00	340	340/644	400/752	440/824	70/158	140/284	175/347	191/376
PET	27	5	290	265/509	270/518	290/554	80/176	100/212	120/248	150/302
PETG	23	5	260	220/428	255/491	290/554	10/50	15/60	30/86	59/137
PMMA	10	3.8	230	240/464	250/482	280/536	35/90	60/140	80/176	85/185
POM	20	2.16	190	180/356	225/437	235/455	50/122	70/158	105/221	118/244
PP	20	2.16	230	200/392	230/446	280/536	20/68	50/122	80/176	93/199
PPE/PPO	40	10	265	240/464	280/536	320/608	60/140	80/176	110/230	128/262
PS	15	5	200	180/356	230/446	280/536	20/68	50/122	70/158	80/176
PVC	50	10	200	160/320	190/374	220/428	20/68	40/104	70/158	75/167
SAN	30	10	220	200/392	230/446	270/518	40/104	60/140	80/176	85/185

4. 分析

01 在【分析】面板中单击【开始分析】按钮，程序自动执行最佳浇口位置分析，分析计算后，得出如图5-20所示的分析结果。

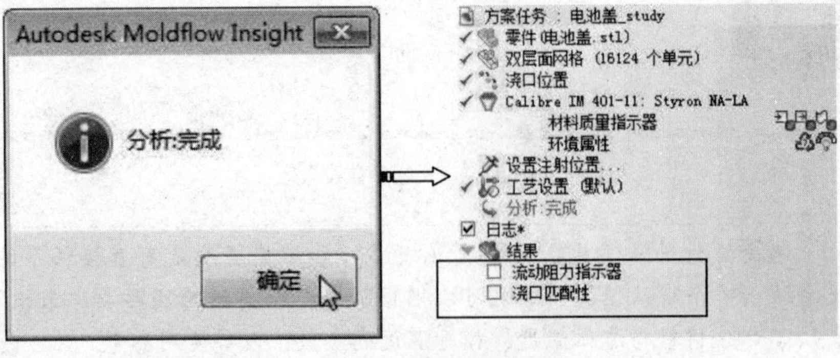

图 5-20 分析完成

02 在任务视窗中勾选【流动阻力指示器】复选框，查看流动阻力，如图 5-21 所示。从图 5-21 中可以看出，阻力最小的区域就是最佳浇口位置区域。

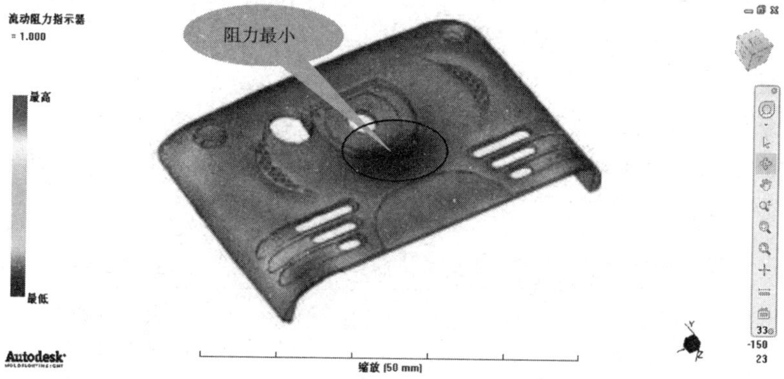

图 5-21　流道阻力

03 勾选【浇口匹配性】复选框，同样也可以看出最佳浇口位置，如图 5-22 所示。匹配性最好的区域就是最佳浇口位置区域。

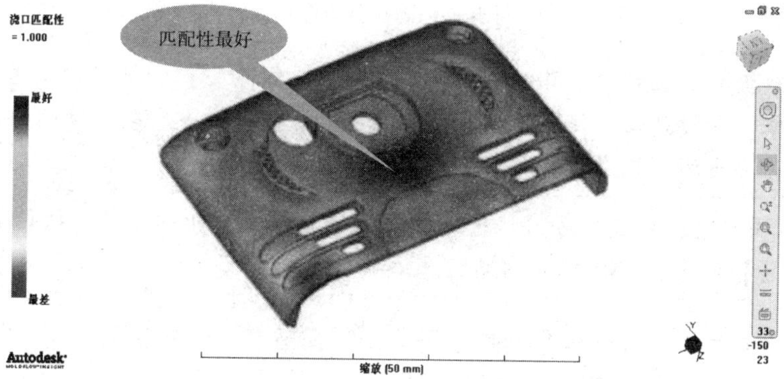

图 5-22　查看匹配性

04 最佳浇口位置分析后，系统会自动标识最佳浇口位置的节点，并放置注射锥。在工程视窗中双击“电池盖_ study (浇口位置)”子项目，即可查看注射锥，如图 5-23 所示。

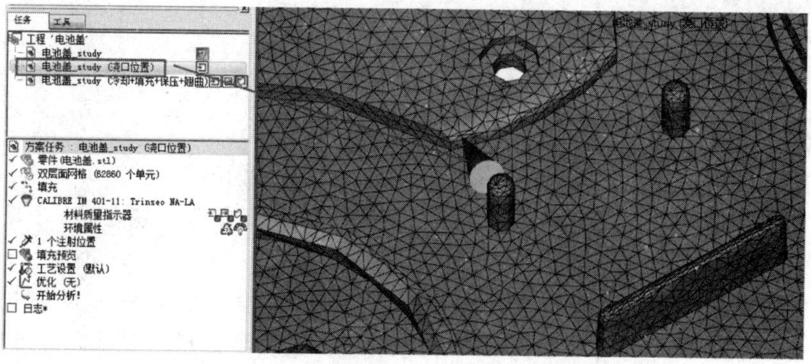

图 5-23　查看最佳浇口位置的注射锥

三、冷却 + 填充 + 保压 + 翘曲分析

本案例通过冷却 + 填充 + 保压 + 翘曲分析，改善制品的质量。首先以 Moldflow 最佳浇口位置区域分析结果为基础，展开基本分析。

1. 分析设定

01 选择分析序列。在【成型工艺设置】面板中单击【分析序列】按钮，弹出【选择分析序列】对话框，选择【冷却 + 填充 + 保压 + 翘曲】选项，单击【确定】按钮，如图 5-24 所示。

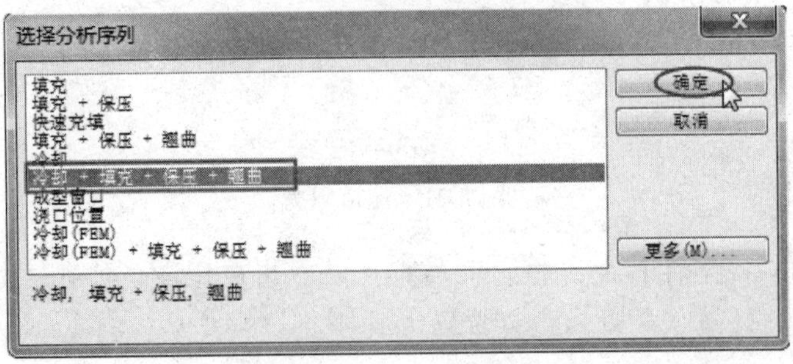

图 5-24　选择分析序列

02 选择放置注射位置时，Moldflow 会提示用户要删除先前的最佳浇口位置分析或者保存副本。一般是选择保存副本，如图 5-25 所示。也就是在后续的分析过程中将继承前面分析的结果。

温馨提示	用户也可以在任务窗格中选中最佳浇口位置分析的项目，执行右键菜单中的【重复】命令，AMI 就会粘贴所选的项目。

03 创建副本后，在【任务】选项卡下的工程视窗中进行重命名操作，如图 5-26 所示。

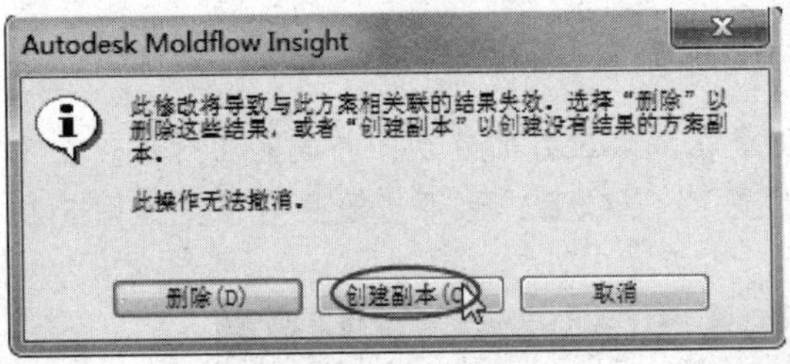

图 5-25　创建副本

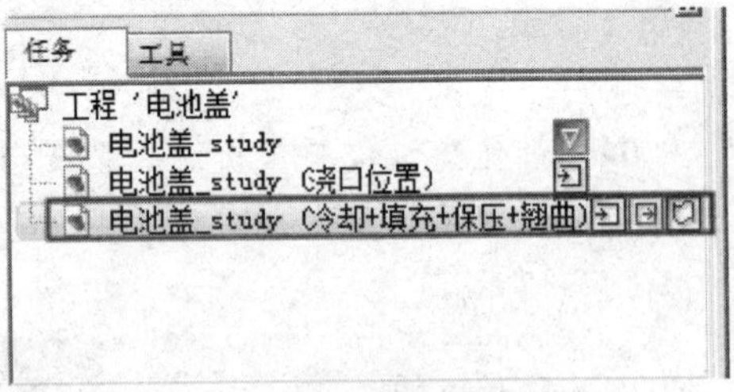

图 5-26　重命名

2. 设计冷却回路

要进行冷却分析，就必须先设计冷却回路，具体步骤如下。

01 在工程视窗中双击"电池盖_ study (冷却 + 填充 + 保压 + 翘曲)"子项目，切换到该分析项目运行中。

02 在方案任务视窗中选中【创建冷却回路】项目，然后执行右键菜单中的【回路向导】命令，或者在【几何】选项卡【创建】面板单击相关按钮，如图 5-27 所示。

03 弹出【冷却回路向导 – 布局 – 第 1 页】对话框，参数设置如图 5-28 所示。

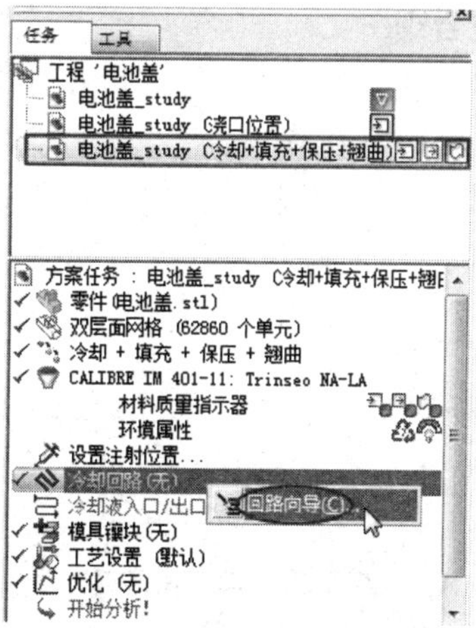

图 5-27 执行【回路向导】命令

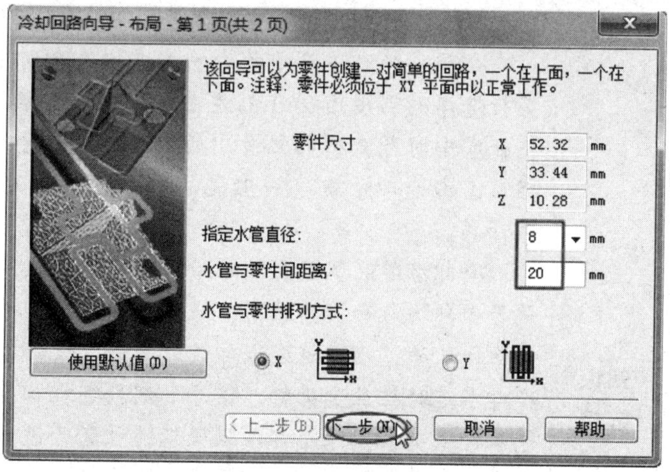

图 5-28 设置第 1 页参数

04 单击【下一步】按钮进入第 2 页，然后设置如图 5-29 所示的参数。

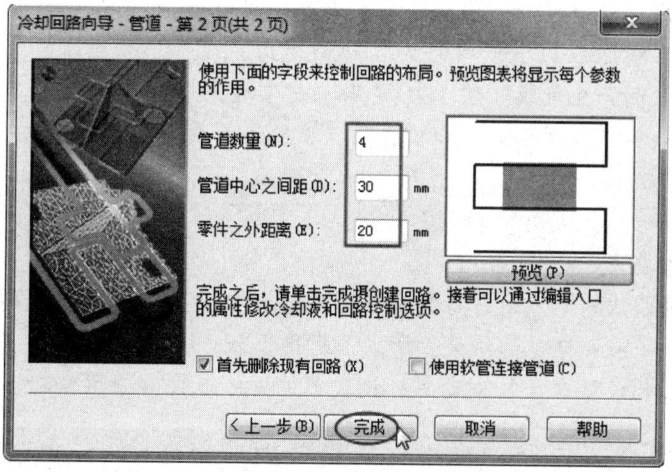

图 5-29 设置第 2 页参数

05 最后单击【完成】按钮，创建冷却回路，如图 5-30 所示。

图 5-30 创建的冷却回路

知识链接

冷却水道到型腔表壁的距离应合理

冷却系统对生产率的影响主要由冷却时间来体现。通常，注射到型腔内的塑料熔体的温度为 200 ℃左右，塑件从型腔中取出时的温度在 60 ℃以下。熔体在成型时释放出的热量中约有 5% 以辐射、对流的形式散发到大气中，其余 95% 需由冷却介质（一般是水）带走，否则由于塑料熔体的反复注入将使模温升高。

冷却水道到型腔表壁的距离关系到型腔是否冷却均匀和模具的刚、强度问题。不能片面地认为，距离越近冷却效果越好。设计冷却水道时往往受推杆、镶件、侧抽芯机构等零件限制，不可能都按照理想的位置开设水道，水道之间的距离可能较远，这时，水孔距离型腔位置过近，会导致冷却均匀性差。同时，在确定水道与型腔壁的距离时，还应考虑模具材料的强度和刚度。避免距离过近，在模腔压力下使材料发生扭曲变形，使型腔表面产生龟纹。图 5-31 是水孔与型腔表壁距离的推荐尺寸，该尺寸兼顾了冷却效率、冷却均匀性和模具刚、强度的关系，水孔到型腔表壁的最小距离不应小于 10mm。

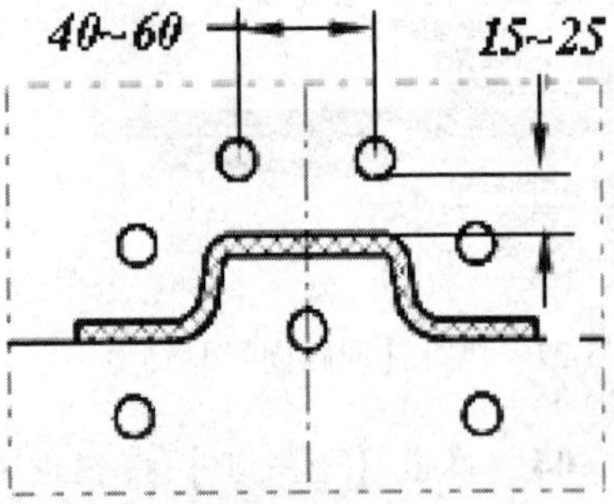

图 5－31　水孔到型腔表壁的推荐距离

3. 设置工艺参数

为了验证系统默认的工艺设置参数对分析的精确性，工艺参数全部保持默认设置。

01 由于继承了前面分析的结果，所以不用再重新选择材料。单击【工艺设置】按钮，弹出【工艺设置向导】对话框，设置第 1 页的参数，如图 5-32 所示。

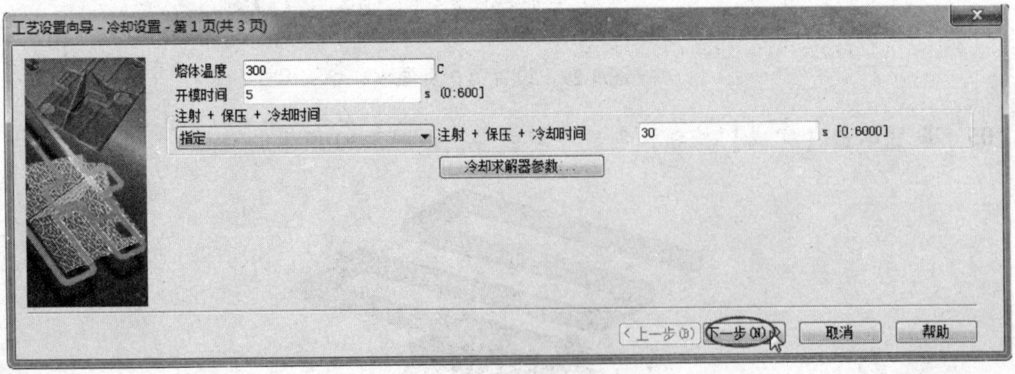

图 5-32　设置第 1 页参数

02 单击【下一步】按钮进入第 2 页，设置如图 5-33 所示的参数。单击【编辑曲线】按钮，并手工创建保压曲线。在弹出的图 5-34 所示的【保压控制曲线设置】对话框中填写保压压力与时间参数。

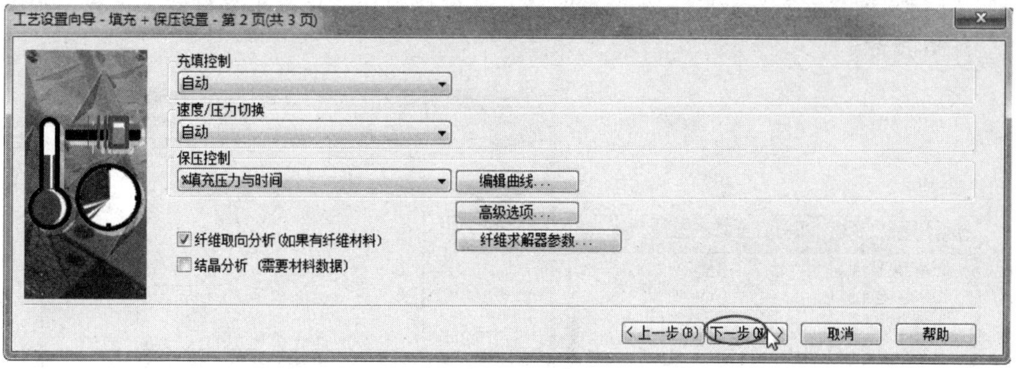

图 5-33　设置第 2 页参数

图 5-34　编辑保压曲线

03　单击【下一步】按钮进入第 3 页。在第 3 页中勾选【考虑模具热膨胀】和【分离翘曲原因】复选框，最后单击【完成】按钮关闭对话框，如图 5-35 所示。

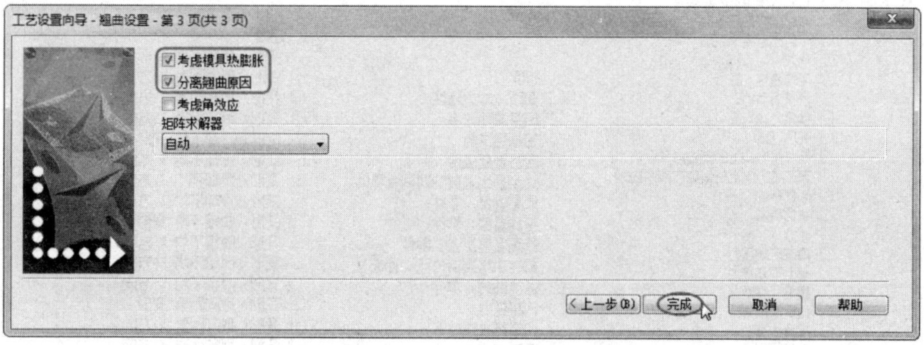

图 5-35　设置第 3 页参数

4. 执行分析

01　重新在加强筋部位设置注射锥。

02　设置完参数后，单击【开始分析】按钮，Moldflow 启动分析操作。用户可以单击

【作业管理器】按钮，在弹出的【作业管理器】对话框中查看分析进程，如图 5-36 所示。

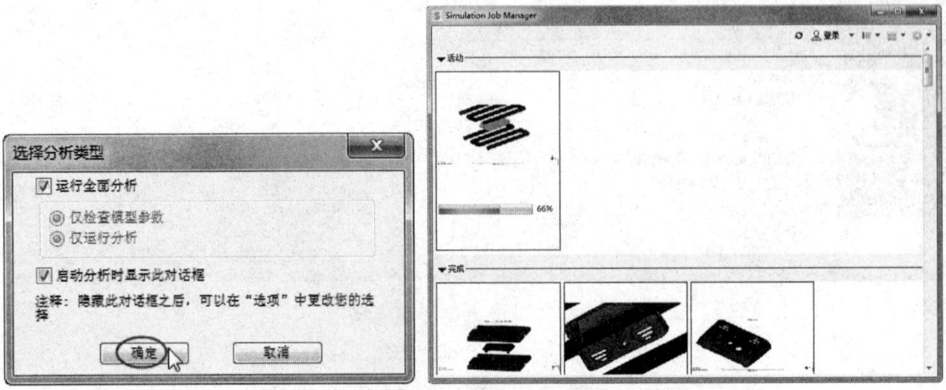

图 5-36　查看分析进程

四、分析结果解析

经过较长时间的耐心等待之后，完成了冷却 + 填充 + 保压 + 翘曲分析，下面将对分析结果进行解读。

在方案任务窗格中查看分析的结果时，可以看到本案有 3 个结果：流动、冷却和翘曲，如图5-37 所示。

1. 流动分析

为了简化分析的时间，下面将只列出重要的分析结果。

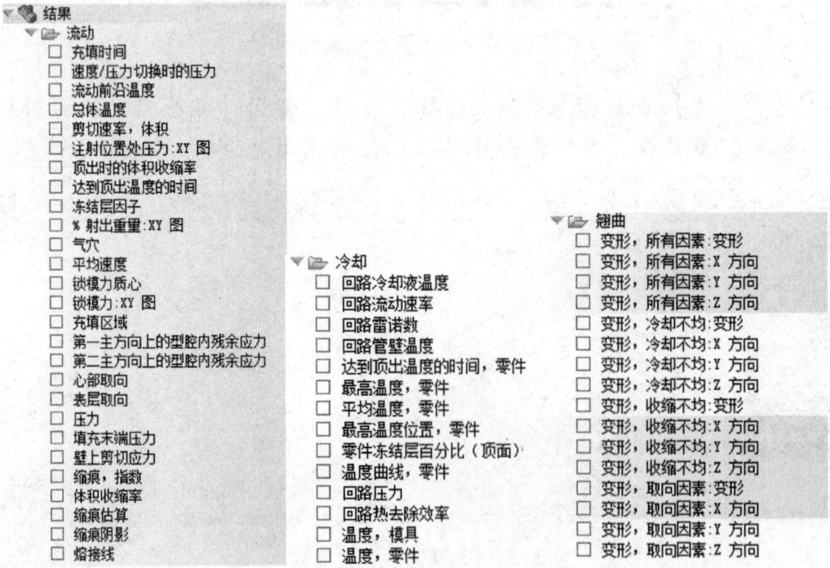

图 5-37　分析结果列表

(1) 充填时间

按 Moldflow 常规的设置，所得出的充填时间接近 0.5 秒，如图 5-38 所示。从充填效果看，产品中还出现了灰色区域，表示无法填充的区域，说明发生严重滞流现象，导致产品短射。原因在于注射位置附近存在加强筋，而且此筋又太薄（仅 0.4mm 左右），浇口又距离此筋太近，塑料流动到该处时受到极大阻力而停滞不前并迅速凝固了。

此外，产品圆形凸起部位因注射压力不足有短射现象，但影响较小。

温馨提示	实际试模中用 GE PPE + PS + 40% GF 的塑料可能勉强填满，但成型窗口很窄，还是会存在短射现象。

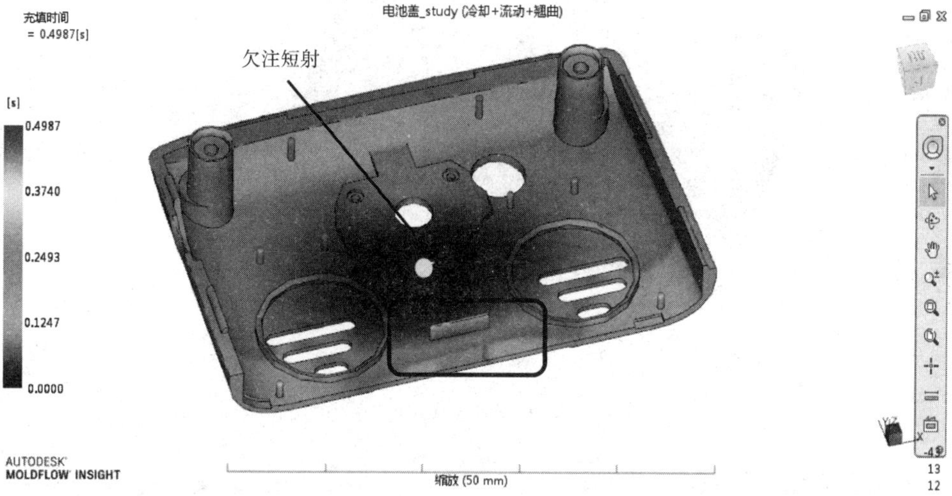

图 5-38　充填时间

（2）流动前沿温度

图 5-39 中表示的是充填过程中流动波前温度的分布，产品中大部分区域波前温度较为均匀，均在 300 度左右。但圈示区域（灰色区域为薄筋）因发生严重滞流，流动前沿温度急剧下降至 144 度，已接近于凝固温度，阻碍了后续料流进入该区域，从而导致短射发生。

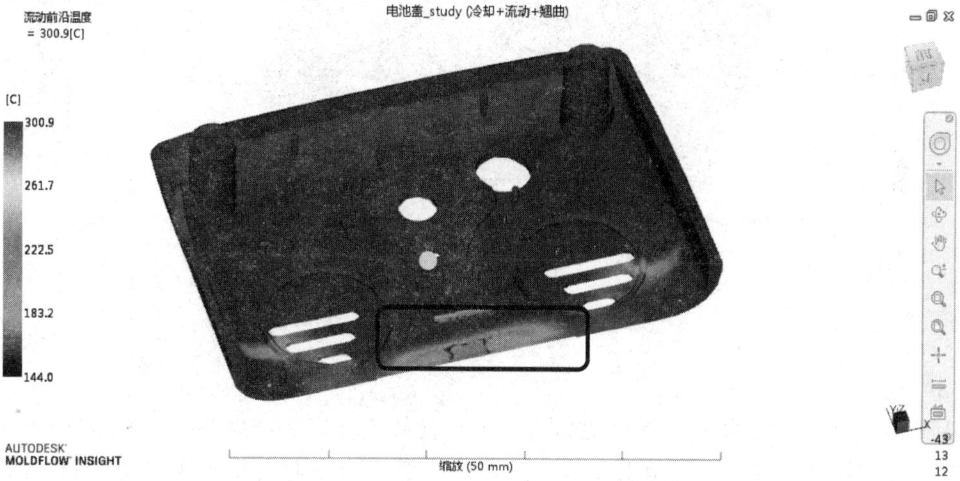

图 5-39　流动前沿温度

（3）速度/压力切换时的压力

图5-40所示转换点浇口压力为53.08MPa。图中浇口位置的压力在通过转换点后由53.08MPa降低为保压压力39.81MPa，而在压力控制下继续填充整个型腔。图中圈示的灰色显示部分为欠注（未填充），其转换压力为零。剩余的填充将在从填充切换到保压时所达到的恒压下或者在指定的保压压力下进行。

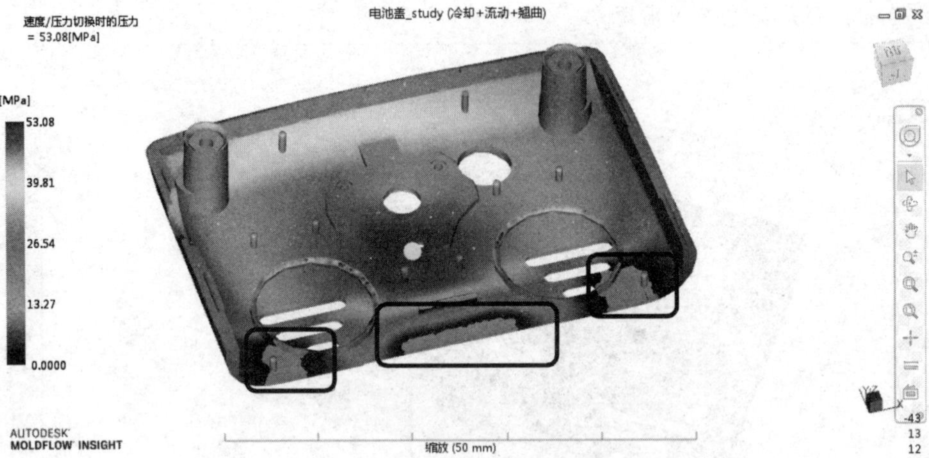

图5-40　速度/压力切换时的压力

（4）达到顶出温度的时间

图5-41所示整个产品从充填到顶出，所需的时间为7.674s，超出预设的5s，除了短射部分，说明产品的冷却质量较差，需要改善。

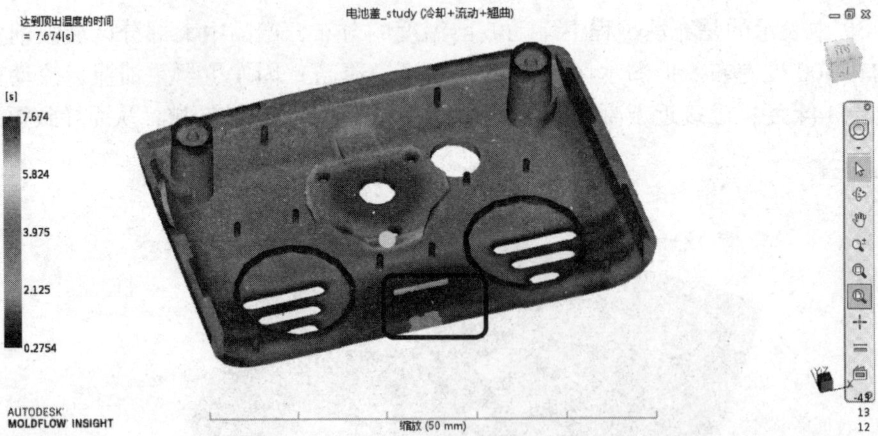

图5-41　达到顶出温度的时间

（5）熔接线

从图5-42所示的熔接线分布图可以看出，熔接线主要集中产品筋、BOSS柱位置，这并不影响产品的外观质量，不用做出改善。只要熔接线尽量靠近产品边缘或筋、肋、BOSS柱位置即可。

温馨提示	此外，熔接线如果集中出现在产品中心或筋、肋较少的受力区域，极易造成产品断裂。

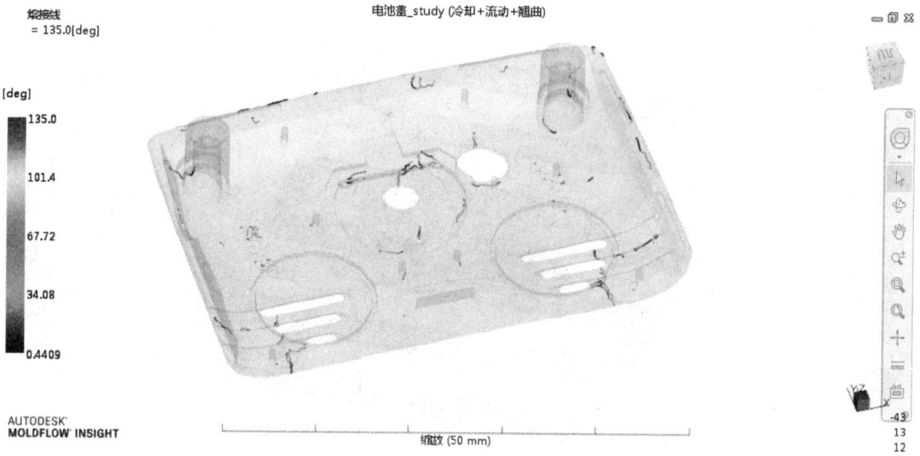

图 5-42 熔接线

2. 冷却分析

冷却分析结果中，以回路冷却液温度、产品最高温度、产品冷却时间 3 个主要方面来进行介绍。图 5-43 为【达到顶出温度的时间，零件】的冷却过程。这 4 个图表示产品的冷却凝固过程，蓝色区域表示最先凝固的区域，一般最薄处最先凝固，最厚处最后凝固。从图中可看出，较厚区域周围先行凝固而切断了保压回路，致使较厚区域得不到有效保压。

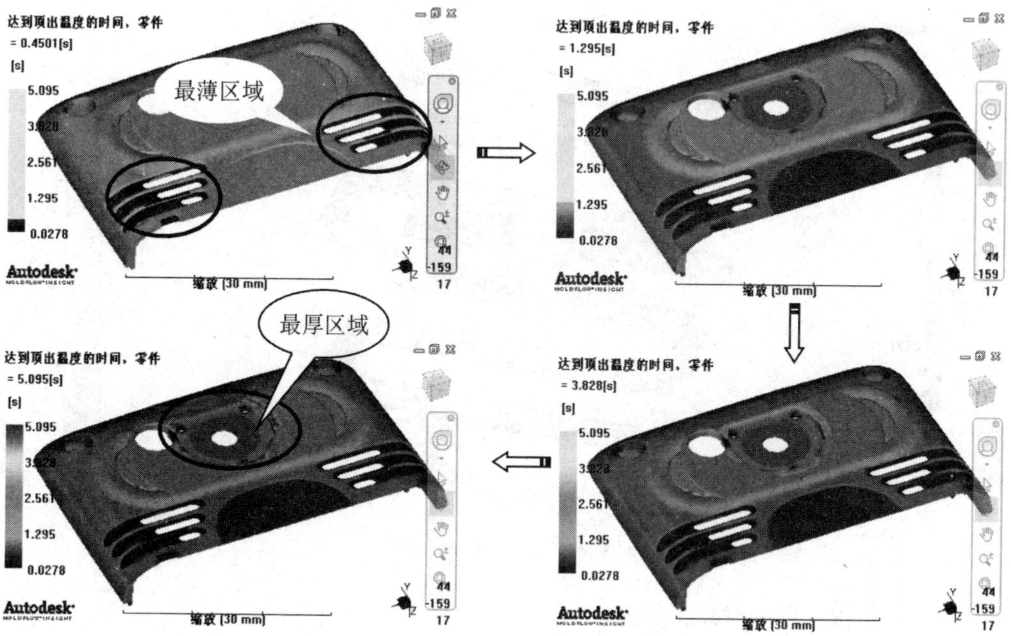

图 5-43 冷却过程

（1）回路冷却液温度

图5-44所示冷却介质最低温度与最高温度之差仅约为0.07℃，总的来说冷却系统是恒温的。而最高温度与室温也差不多，说明整个冷却系统设计还是较为成功的。

图5-44　回路冷却液温度

（2）最高温度，零件

图5-45所示制品的最高温度为47.41℃，最低温度为28.62，说明温差较大，如果冷却不均匀，产品容易翘曲。这需要对冷却管道与制件间的距离进行调整，直至符合设计要求为止。

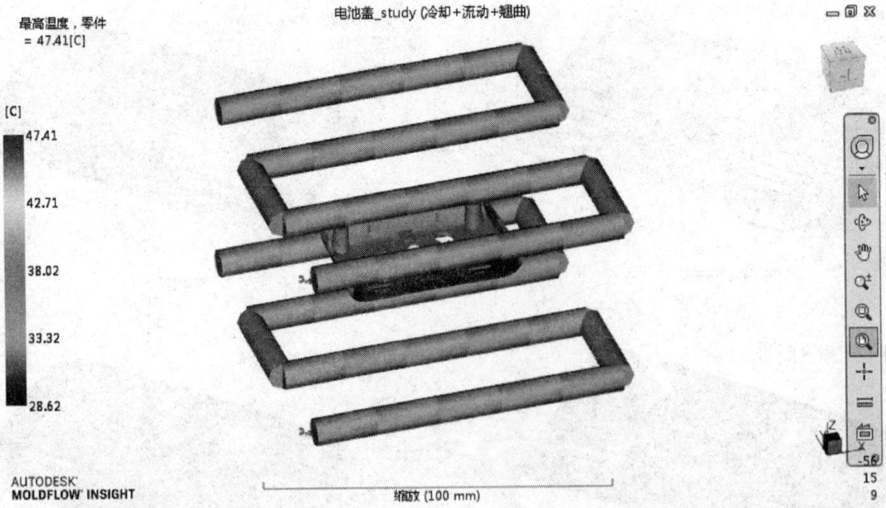

图5-45　最高温度，零件

（3）达到顶出温度的时间，零件

图5-46所示达到顶出温度的时间为5.095s，超出预设的开模时间5s，说明冷却效果不明显。

图 5-46 达到顶出温度的时间，零件

3. 翘曲分析

翘曲是塑件未按照设计的形状成形，却发生表面扭曲，塑件翘曲原因是成形塑件的不均匀收缩。假如整个塑件有均匀的收缩率，塑件变形就不会翘曲，仅仅会缩小尺寸。然而，由于分子链/纤维配向性、模具冷却、塑件设计、模具设计及成形条件等诸多因素的交互影响，要能达到低收缩或均匀收缩是一件非常复杂的工作。

图 5-47 为翘曲的总变形。总的来说，产品的翘曲在 3 个方向都有，尤其在 Z 方向上的翘曲量最大。总的翘曲量为 0. 3885。

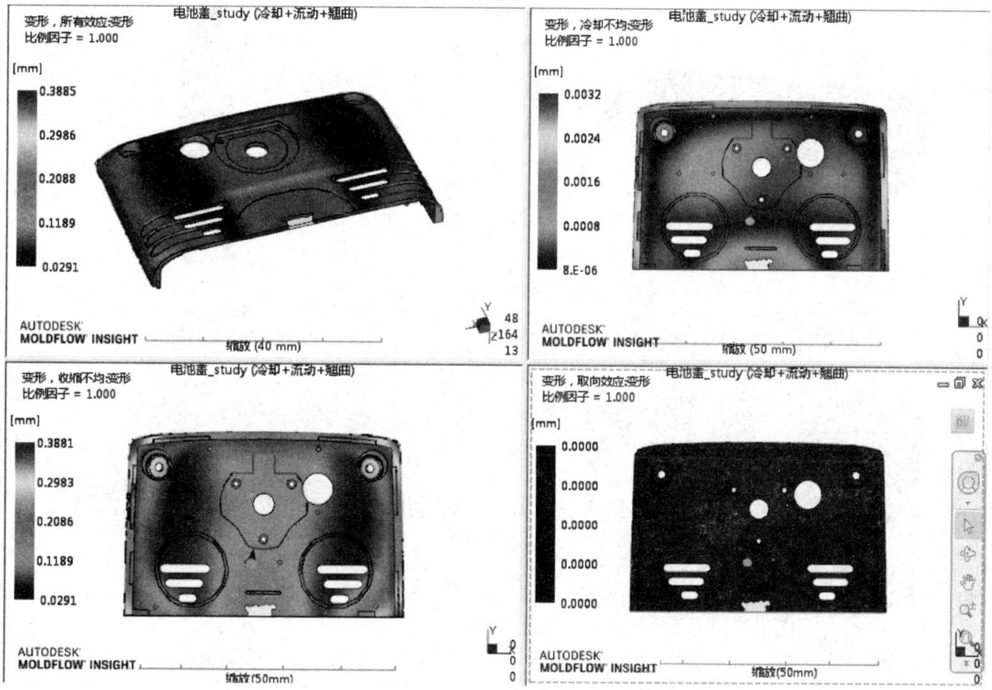

图 5-47 翘曲总变形

温馨提示	要想将翘曲变形的比例因子放大，可以在分析结果中选中某一变形，单击鼠标右键并选择【属性】命令，在打开的【图形属性】对话框的【变形】选项卡中设置【比例因子】的值即可，如图 5-48 所示。

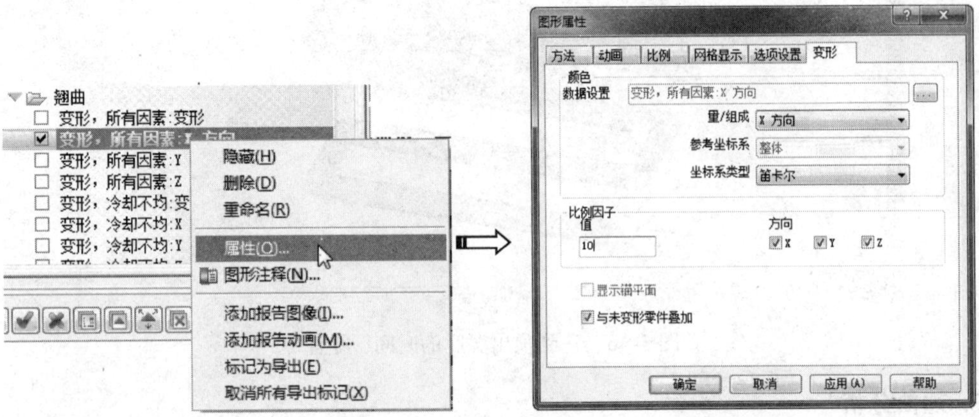

图 5-48　设置比例因子

（1）导致翘曲的冷却不均因素

图 5-49 所示为导致翘曲的冷却不均因素的图像，可以看出冷却因素对翘曲的影响是微不足道的，总的翘曲量为 0.0032，稍微改善下冷却系统就可以避免翘曲。

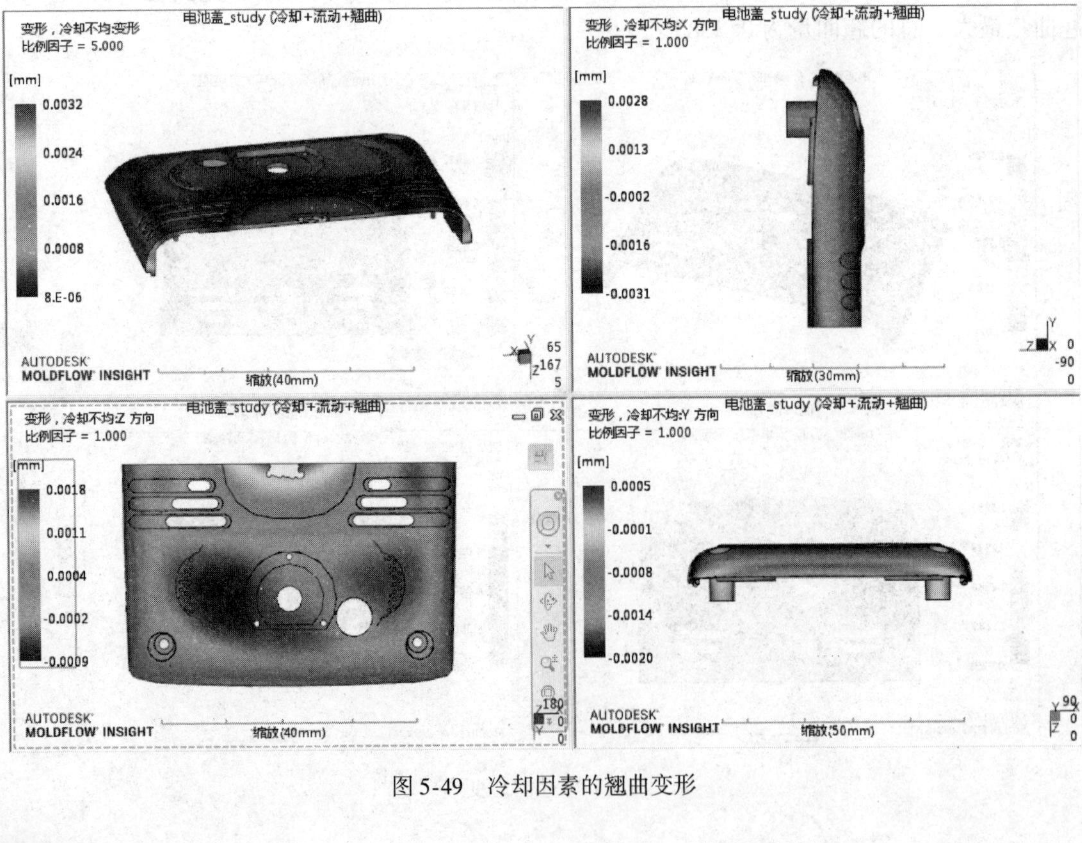

图 5-49　冷却因素的翘曲变形

（2）导致翘曲的收缩不均因素

图 5-50 为导致翘曲的收缩不均因素的图像，从图中我们可以看出，收缩不均因素仍对翘曲变形影响较大，仍是导致翘曲变形的主要因素。

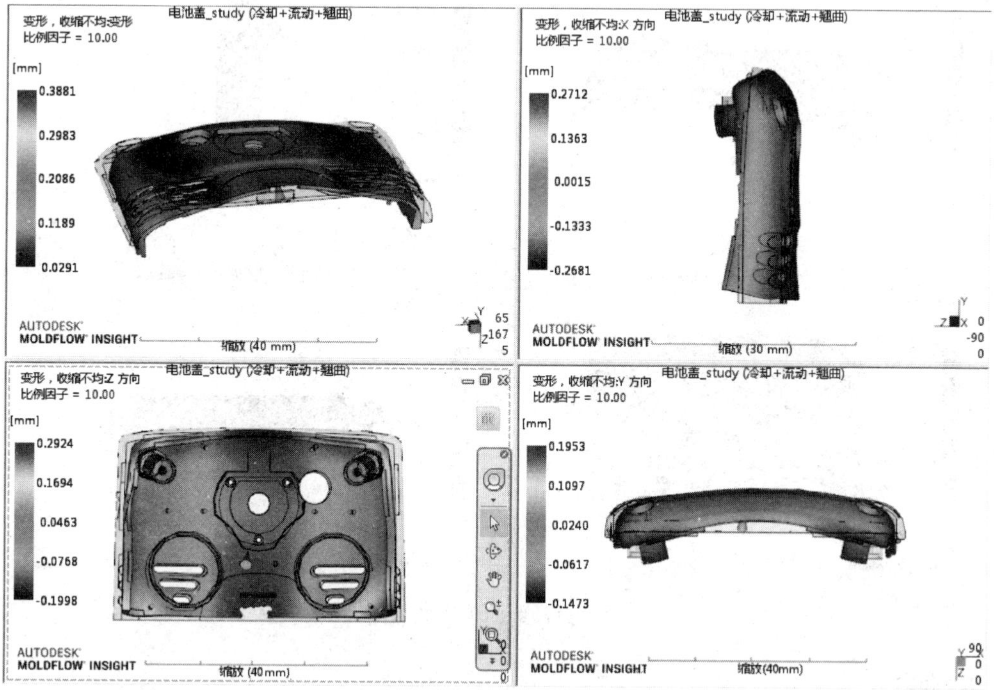

图 5-50　收缩因素的翘曲变形

温馨提示	塑件产生过量收缩的原因包括射出压力太低、保压时间不足或冷却时间不足、熔融料温度太高、模具温度太高或保压压力太低。

知识链接

收缩与残留应力

塑料射出成形先天上就会发生收缩，因为从制程温度降到室温，会造成聚合物的密度变化，造成收缩。整个塑件和剖面的收缩差异会造成内部残留应力，其效应与外力完全相同。在射出成形时假如残留应力高于塑件结构的强度，塑件就会于脱模后翘曲，或是受外力而产生破裂。

残留应力（Residual Stress）是塑件成形时，熔融料流动所引发（flow-induced）或者热效应所引发（thermal-induced），而且冻结在塑件内的应力。假如残留应力高过于塑件的结构强度，塑件可能在射出时翘曲，或者稍后承受负荷而破裂。残留应力是塑件收缩和翘曲的主因，可以减低充填模穴造成之剪应力的良好成形条件与设计，可以降低熔胶流动所引发的残留应力。同样，充足的保压和均匀的冷却可以降低热效应引发的残留应力。对于添加纤维的材料而言，提升均匀机械性质的成形条件可以降低热效应所引发的残留应力。

（3）导致翘曲的取向因素

图 5-51 为导致翘曲的取向因素的图像，从图中我们可以看出，取向因素并没有导致翘

曲产生。

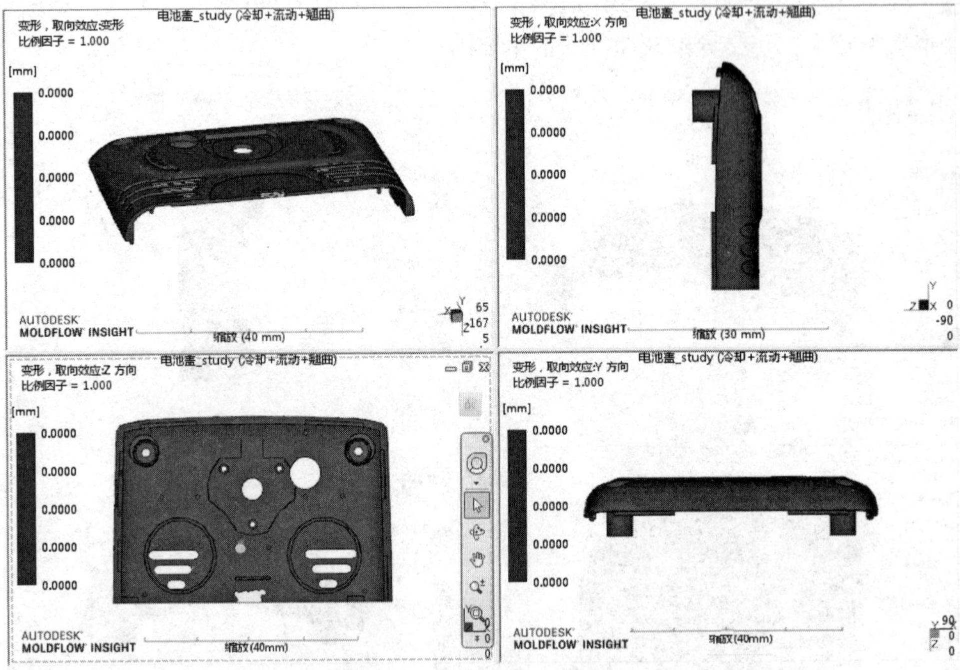

图 5-51 取向因素的翘曲

4. 结论

从初次按 Moldflow 理论值进行分析的结果可以得出如下结论：

（1）流动前沿温度温差较大，冷却效果不太理想。

（2）有一条薄筋发生严重滞流现象，导致产品短射。归因于此筋太薄（仅 0.4mm 左右），而浇口又距离此筋太近，塑料流动到该处时受到极大阻力而停滞不前，滞流时间太长，温度急剧下降而迅速凝固。

（3）局部区域太厚，周围区域先行凝固而切断了保压回路，致使其得不到有效保压而发生严重缩水凹陷。

（4）翘曲变形量较大，其中收缩不均因素为主要因素。

第 3 节 优化分析

针对初步分析的结论，为优化分析给出以下合理的建议。

- 改善冷却效果，即改变冷却回路与制件之间的间距。
- 因最佳浇口位置附近有筋，导致短射，因此需要改变浇口的位置，使浇口远离筋区域，并将单浇口改为双浇口。
- 针对“局部区域太厚而产生缩凹”，由于产品已经定型，不能轻易改变其厚度，所以仍然通过改善冷却系统来减少产品缺陷。
- 通过后期调节注塑机，适当增大注射压力，促使薄筋区域完全充填。

1. 重新设置注射位置

01 在工程视窗复制分析项目，然后重命名，如图5-52所示。双击重命名的分析项目，激活此项目。

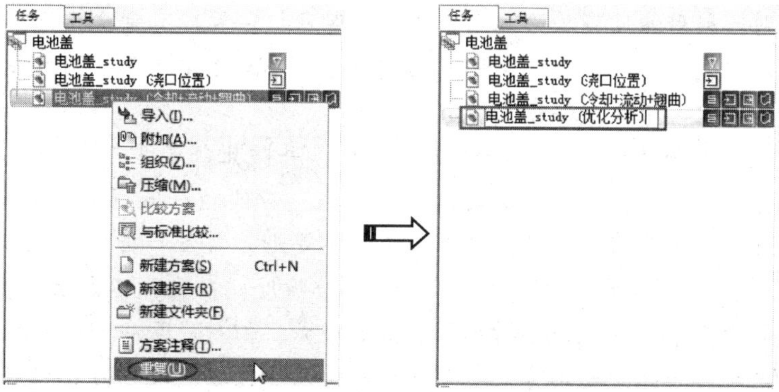

图5-52 复制项目

02 虽然注射锥位置是最佳的浇口位置，但是偏离了产品对称中心线，会造成流动不平衡，严重时会导致短射、翘曲、注射时间过长烧焦等缺陷。所以要重新设置浇口位置（注射锥），加强筋是造成短射的直接原因，所以浇口应设置在加强筋上。

知识链接	**浇口的设置技巧** 因浇口的截面尺寸较小，如果正对宽度和厚度较大的型腔，则高速熔体因受较高的剪切应力，将产生喷射和蠕动等熔体破裂现象，在塑件上形成波纹状痕迹，或在高速下喷出高度定向的细丝或断裂物，造成塑件的缺陷或表面瑕疵。因此浇口应布置在有阻挡物（即让进入浇口后的塑料熔体冲击到阻挡物）位置，例如本例模型设置在加强筋上，既有阻挡物，又不会直接喷射到外表面上，使塑料熔体稳定，减少喷射的几率。

03 删除默认创建的注射锥。单击【注射位置】按钮，在图5-53所示的加强筋中间位置放置浇口注射锥。

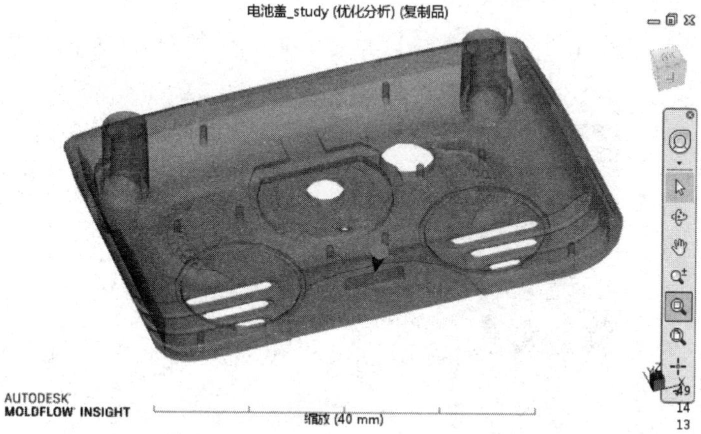

图5-53 重新放置注射锥

知识链接

浇口设计的其他原则

(1) 应有利于流动、排气和补料：当塑件壁厚相差较大时，在避免喷射的前提下，应把浇口开设在塑件截面最厚处，这样有利于补料。若塑件上有加强筋，则可利用加强筋作为流动通道。同时浇口位置应有利于排气，通常浇口位置应远离排气部位，否则进入型腔的熔体会过早封闭排气系统，致使型腔内气体不能顺利排出，而在塑件顶部形成气泡。

(2) 应使流程最短，料流变向最少，并防止细长型芯变形：在保证良好填充条件的前提下，为减少流动能量的损失，应使塑料流程最短，料流变向最少。要防止浇口位置正对细长型芯，避免型芯变形、错位和折断。

(3) 应有利于减少熔接痕和增加熔接强度：在流程不太长且无特殊需要时，一般不设多个浇口，避免增加熔接痕的数量，但对底面积大而浅的壳体塑件，为减少内应力和翘曲变形可采用多点进料。对于轮辐式浇口可在料流熔接处的外侧开设冷料穴，使前锋冷料溢出，消除熔接痕。

(4) 应考虑分子定向对塑件性能的影响：高分子通常在流动方向和拉伸方向产生定向，可利用高分子的这种定向现象改善塑件的某些性能。如为使聚丙烯铰链几千万次弯折而不断裂，需在铰链处高度定向。因此，可将浇口开设正对铰链的位置，使之在流动方向产生定向，脱模后要立即弯折几次，使之在拉伸方向再产生定向，这样大大提高了铰链的寿命。

(5) 应尽量开设在不影响塑件外观的部位：浇口位置总会留下浇口痕迹，故浇口位置应尽量在不影响塑件外观的部位，如塑件的边缘、底部和内侧。特别是对外观质量要求高的塑件，更要考虑浇口的位置。

(6) 应满足熔体流动比：确定大型塑件的浇口位置时，应考虑塑料所允许的最大流动距离比。最大流动距离比是指熔体在型腔内流动的最大长度 L 与流道厚度 t 之比。

2. 改善冷却回路

01 在任务窗格中右击【2 个冷却回路】项目并选择右键菜单中的【回路向导】命令，重新打开【冷却回路向导－布局－第 1 页】对话框。

02 在第 1 页中更改【指定水管直径】和【水管和零件间的距离】的值，如图 5-54 所示。

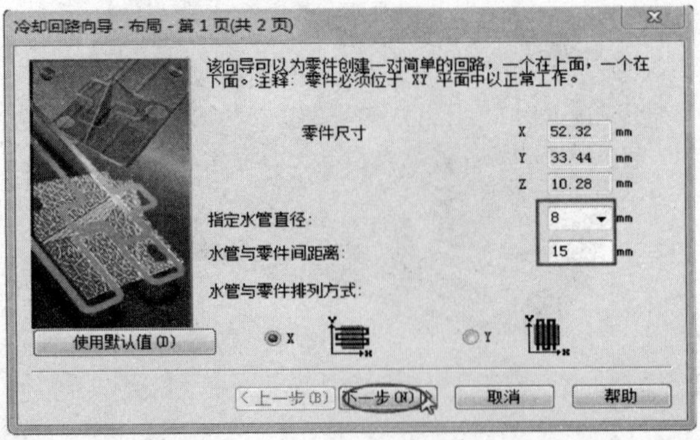

图 5-54　设置水管直径和间距值

03 单击【下一步】按钮进入第 2 页，然后设置新参数，如图 5-55 所示。最后单击【完成】按钮退出冷却回路设置向导。

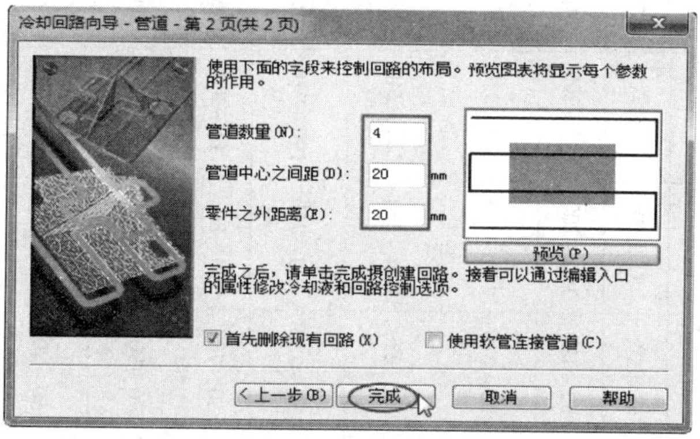

图 5-55 设置第 2 页参数

04 查看重新创建的冷却回路，如图 5-56 所示。

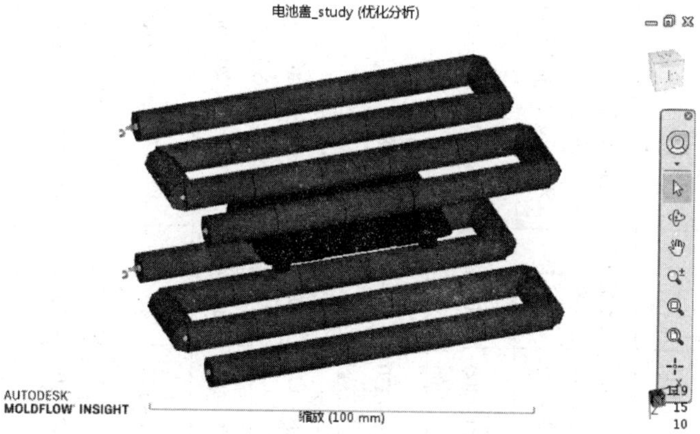

图 5-56 重新创建的冷却回路

3. 重设置注射工艺参数

材料不同，其注射工艺参数设置也不同，表 5-2 给出一些常用塑料材料的工艺参数供用户参考。

01 打开【工艺设置向导】对话框，设置第 1 页的工艺参数，根据表 5-1 中提供的 PC 材料跟模具温度和溶体温度的关系，进行以下调整，如图 5-57 所示。

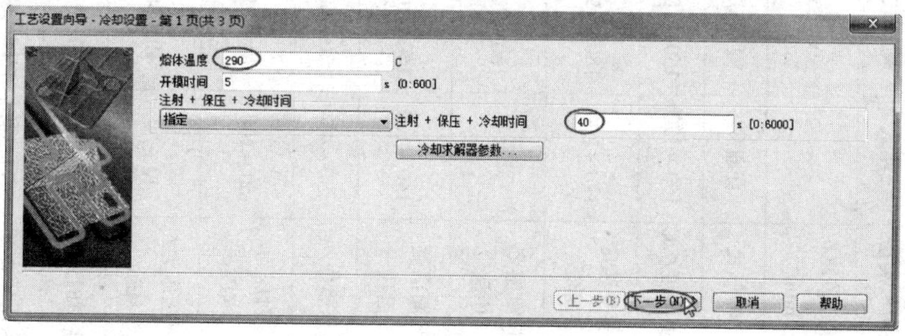

图 5-57 设置第 1 页参数

表 5-2　常用塑料材料的工艺参数

项目＼塑料	LFPE	HDPE	乙丙共聚 PP	PP	玻纤增强 PP	软 PVC	硬 PVC	PS	HIPS	ABS	高抗冲 ABS	耐热 ABS	ACS
注射机类型	柱塞式	螺杆式	柱塞式	螺杆式	螺杆式	柱塞式	螺杆式	柱塞式	螺杆式	螺杆式	螺杆式	螺杆式	螺杆式
螺杆转速/(r. min^{-1})	—	30 ~ 60	—	30 ~ 60	30 ~ 60	—	20 ~ 30	—	30 ~ 60	30 ~ 60	30 ~ 60	30 ~ 60	20 ~ 30
喷嘴形式	直通式	直通式	直通式	直通式	直通式	直通式	直通式	直通式	直通式	直通式	直通式	直通式	直通式
喷嘴温度/ ℃	150 ~ 170	150 ~ 180	170 ~ 190	170 ~ 190	180 ~ 190	140 ~ 150	150 ~ 170	160 ~ 170	160 ~ 170	180 ~ 190	190 ~ 200	190 ~ 200	160 ~ 170
料料筒温度/℃前段	170 ~ 200	180 ~ 190	180 ~ 200	180 ~ 220	190 ~ 200	160 ~ 190	170 ~ 190	170 ~ 190	170 ~ 190	200 ~ 210	200 ~ 210	200 ~ 220	170 ~ 180
料筒温度中段	—	180 ~ 200	190 ~ 220	200 ~ 220	210 ~ 220	—	165 ~ 180	—	170 ~ 190	210 ~ 230	210 ~ 230	220 ~ 240	180 ~ 190
料筒温度后段	140 ~ 160	140 ~ 160	150 ~ 170	160 ~ 170	160 ~ 170	140 ~ 150	160 ~ 170	140 ~ 160	140 ~ 160	180 ~ 200	180 ~ 200	190 ~ 220	160 ~ 170
模具温度/℃	30 ~ 45	30 ~ 60	50 ~ 70	40 ~ 80	70 ~ 90	30 ~ 40	30 ~ 60	20 ~ 60	20 ~ 50	50 ~ 70	50 ~ 80	60 ~ 85	50 ~ 60
注射压力/MPa	60 ~ 100	70 ~ 100	70 ~ 100	70 ~ 120	90 ~ 130	40 ~ 80	80 ~ 130	60 ~ 100	60 ~ 100	70 ~ 90	70 ~ 120	85 ~ 120	80 ~ 120
保压压力/MPa	40 ~ 50	40 ~ 50	40 ~ 50	50 ~ 60	40 ~ 50	20 ~ 30	40 ~ 60	30 ~ 40	30 ~ 40	50 ~ 70	50 ~ 70	50 ~ 80	40 ~ 50
注射时间/S	0 ~ 5	0 ~ 5	0 ~ 5	0 ~ 5	2 ~ 5	0 ~ 8	2 ~ 5	0 ~ 3	0 ~ 3	35	3 ~ 5	3 ~ 5	0 ~ 5
保压压力/S	15 ~ 60	15 ~ 60	15 ~ 60	20 ~ 60	15 ~ 40	15 ~ 40	15 ~ 40	15 ~ 40	15 ~ 40	15 ~ 30	15 ~ 30	15 ~ 30	15 ~ 30
冷却时间/S	15 ~ 60	15 ~ 60	15 ~ 50	15 ~ 50	15 ~ 40	15 ~ 30	15 ~ 40	15 ~ 30	10 ~ 40	15 ~ 30	15 ~ 30	15 ~ 30	15 ~ 30
成型周期/S	40 ~ 140	40 ~ 140	40 ~ 120	40 ~ 120	40 ~ 100	40 ~ 80	40 ~ 90	40 ~ 90	40 ~ 90	40 ~ 70	40 ~ 70	40 ~ 70	40 ~ 70

续

项目＼塑料	玻纤增强 PA－66	PA610	PA312	PA1010		玻纤增强 PA1010		透明 PA	PC		PC/PE		玻纤增强 PC
注射机类型	螺杆式	螺杆式	螺杆式	螺杆式	柱塞式	螺杆式	柱塞式	螺杆式	螺杆式	柱塞式	螺杆式	柱塞式	螺杆式
螺杆转速（r. min [1]	20～40	20～50	20～50	20～50	—	20～40	—	20～50	20～40	—	20～40	—	20～30
喷嘴形式	直通式	自锁式	自锁式	自锁式	自锁式	直通式	直通式	直通式	直通式	直通式	直通式	直通式	直通式
喷嘴温度/℃	250～260	200～210	200～210	190～200	190～210	180～190	180～190	220～240	230～250	240～250	220～230	230～240	240～260
料料筒温度/℃前段	260～270	220～230	210～220	200～210	230～250	210～230	240～260	240～250	240～280	270～300	230～250	250～280	260～290
料筒温度中段	260～290	230～250	210～230	220～240	—	230～260	—	250～270	260～290	—	240～260	—	270～310
料筒温度后段	230～260	200～210	200～205	190～200	180～200	190～200	190～200	220～240	240～270	260～290	230～240	240～260	260～280
模具温度/℃	100～120	60～90	40～70	40～80	40～80	40～80	40～80	40～60	90～110	90～110	80～100	80～100	90～110
注射压力/MPa	80～130	70～110	70～120	70～100	70～120	90～130	100～130	80～130	80～130	110～140	80～120	80～130	100～140
保压压力/MPa	40～50	20～40	30～50	20～40	30～40	40～50	40～50	40～50	40～50	40～50	40～50	40～50	40～50
注射时间/S	3～5	0～5	0～5	05	0～5	2～5	2～5	0～5	0～5	0～5	0～5	0～5	2～5
保压压力/S	20～50	20～50	20～50	20～50	20～50	20～40	20～40	20～60	20～80	20～80	20～80	20～80	20～60
冷却时间/S	20～40	20～40	20～50	20～40	20～40	20～40	20～40	20～40	20～50	20～50	20～50	20～50	20～50
成型周期/S	50～100	50～100	50～110	50～100	50～100	50～90	50～90	50～110	50～130	50～130	50～140	50～140	50～110

续

项目 \ 塑料	聚芳砜	聚醚砜	PPO	改性 PPO	聚芳酯	聚氨酯	聚酰硫醚	聚酰亚胺	聚酰纤维素	醋酸丁酸纤维素	醋酸丙酸纤维素	PSU	改性 PSU
注射机类型	螺杆式	螺杆式	螺杆式	螺杆式	螺杆式	螺杆式	螺杆式	螺杆式	柱塞式	柱塞式	柱塞式	螺杆式	螺杆式
螺杆转速 (r. min 1	20 ~ 30	20 ~ 30	20 ~ 30	20 ~ 50	20 ~ 50	20 ~ 70	20 ~ 30	20 ~ 30	—	—	—	20 ~ 30	20 ~ 30
喷嘴形式	直通式	直通式	直通式	直通式	直通式	直通式	直通式	直通式	直通式	直通式	直通式	直通式	直通式
喷嘴温度/ ℃	380 ~ 410	240 ~ 270	250 ~ 280	220 ~ 240	230 ~ 250	170 ~ 180	280 ~ 300	290 ~ 300	150 ~ 180	150 ~ 170	160 ~ 180	280 ~ 290	250 ~ 260
料料筒温度/ ℃前段	385 ~ 420	260 ~ 290	260 ~ 280	230 ~ 250	240 ~ 260	175 ~ 185	300 ~ 310	290 ~ 310	170 ~ 200	170 ~ 200	180 ~ 210	290 ~ 310	260 ~ 280
料筒温度 中段	345 ~ 385	280 ~ 310	260 ~ 290	240 ~ 270	250 ~ 280	180 ~ 200	320 ~ 340	300 ~ 330	—	—	—	300 ~ 330	280 ~ 300
料筒温度 后段	320 ~ 370	260 ~ 290	2302 ~ 40	230 ~ 240	230 ~ 240	150 ~ 170	260 ~ 280	280 ~ 300	150 ~ 170	150 ~ 170	150 ~ 170	280 ~ 300	260 ~ 270
模具温度/℃	230 ~ 260	90 ~ 120	110 ~ 150	60 ~ 80	100 ~ 130	20 ~ 40	120 ~ 150	120 ~ 150	40 ~ 70	40 ~ 70	40 ~ 70	130 ~ 150	80 ~ 100
注射压力/ MPa	100 ~ 200	100 ~ 140	100 ~ 140	70 ~ 110	100 ~ 130	80 ~ 100	80 ~ 130	100 ~ 150	60 ~ 130	80 ~ 130	80 ~ 120	100 ~ 140	100 ~ 140
保压压力/ MPa	50 ~ 70	50 ~ 70	50 ~ 70	40 ~ 60	50 ~ 60	30 ~ 40	40 ~ 50	40 ~ 50	40 ~ 50	40 ~ 50	40 ~ 50	40 ~ 50	40 ~ 50
注射时间/S	0 ~ 5	0 ~ 5	0 ~ 5	0 ~ 8	2 ~ 8	2 ~ 6	0 ~ 5	0 ~ 5	0 ~ 3	0 ~ 5	0 ~ 5	0 ~ 5	0 ~ 5
保压压力/S	15 ~ 40	15 ~ 40	30 ~ 70	30 ~ 70	15 ~ 40	30 ~ 40	10 ~ 30	20 ~ 60	15 ~ 40	15 ~ 40	15 ~ 40	20 ~ 80	20 ~ 70
冷却时间/S	15 ~ 20	15 ~ 30	20 ~ 60	20 ~ 50	15 ~ 40	30 ~ 60	20 ~ 50	30 ~ 60	15 ~ 40	15 ~ 40	15 ~ 40	20 ~ 50	20 ~ 55
成型周期/S	40 ~ 50	40 ~ 80	60 ~ 140	60 ~ 130	40 ~ 90	70 ~ 110	40 ~ 90	60 ~ 130	40 ~ 90	40 ~ 90	40 ~ 90	50 ~ 140	50 ~ 130

续

塑料 项目	SAN(AS)	PMMA	PMMA/PC	氯化聚醚	均聚 POM	共聚 POM	PET	PBT	玻纤增强 PBT	PA-6	玻纤增强 PA-6	PA-11	PA-12
注射机类型	螺杆式	螺杆式	柱塞式	螺杆式	螺杆式	螺杆式	螺杆式	螺杆式	螺杆式	螺杆式	螺杆式	螺杆式	螺杆式
螺杆转速（r. min ¹	20~50	20~30	—	20~30	20~40	20~40	20~40	20~40	20~40	20~40	20~50	20~40	20~50
喷嘴形式	直通式	直通式	直通式	直通式	直通式	直通式	直通式	直通式	直通式	直通式	直通式	直通式	直通式
喷嘴温度/℃	180~190	180~200	180~200	220~240	170~180	170~180	170~180	250~260	200~220	210~230	200~210	200~210	180~190
料筒温度/℃前段	200~210	180~210	210~240	230~250	180~200	170~190	170~190	260~270	230~240	230~240	220~230	220~240	185~200
料筒温度中段	210~230	190~210	—	240~260	180~200	170~190	180~200	260~280	230~250	140~260	230~240	230~250	190~220
料筒温度后段	170~180	180~200	180~200	210~230	180~190	170~180	170~190	240~260	200~220	210~220	200~210	200~210	170~180
模具温度/℃	50~70	40~80	40~80	60~80	80~110	90~120	90~100	100~140	60~70	65~75	60~100	80~120	60~90
注射压力/Mpa	80~120	50~120	80~130	80~130	80~110	80~130	80~120	80~120	60~90	80~100	80~110	90~130	90~120
保压压力/MPa	40~50	40~60	40~60	40~60	30~40	30~50	30~50	30~50	30~40	40~50	30~50	30~50	30~50
注射时间/S	0~5	0~5	0~5	0~5	0~5	2~5	2~5	0~5	0~3	2~5	0~4	2~5	0~4
保压时间/S	15~30	20~40	20~40	20~40	15~50	20~80	20~90	20~50	10~30	10~20	15~50	15~40	15~50
冷却时间/S	15~30	20~40	20~40	20~40	20~50	20~60	20~60	20~30	15~30	15~30	20~40	20~40	20~40
成型时间/S	40~70	50~90	50~90	50~90	40~110	50~150	50~160	50~90	30~70	30~60	40~100	40~90	40~100

02 单击【下一步】按钮，然后设置第 2 页相关的参数，如图 5-58 所示。

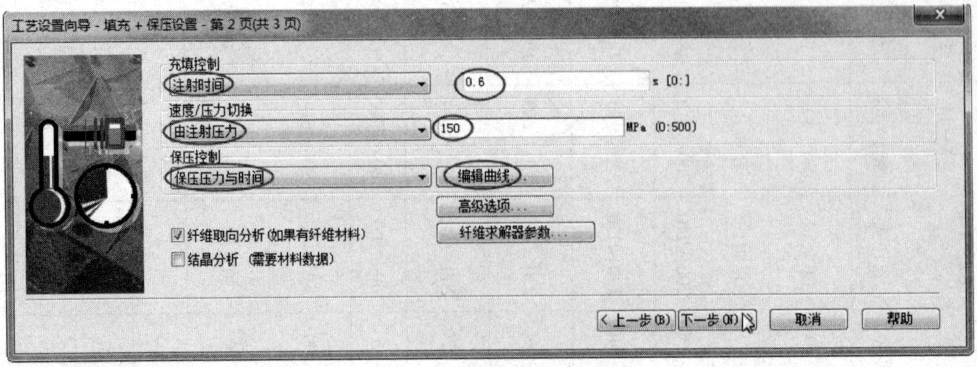

图 5-58 设置第 2 页参数

温馨提示

“速度/压力切换”设置为“由注射压力”控制。下面介绍注塑压力与塑件的关系。

塑件的形状、精度、所用原料的不同，其选用的注射压力也不同，其致分类如下。

(1) 注射压力 70MPa，可用于加工流动性好的塑料，且塑件形状简单，壁厚较大。

(2) 注射压力为 70 ~ 100MPa，可用于加工黏度较低的塑料，且形状和精度要求一般的塑件。

(3) 注射压力为 100 - 140MPa，用于加工中高黏度的塑料，且塑件的形状、精度要求一般。

(4) 注射压力为 140 ~ 180MPa，用于加工较高黏度的塑料，且塑件壁薄流程长、精度要求高。

(5) 注射压力 >180MPa，可用于高黏度塑料，塑件为形状独特，精度要求高的精密制品。

03 在第 2 页中单击【编辑曲线】按钮，绘制保压曲线，如图 5-59 所示。

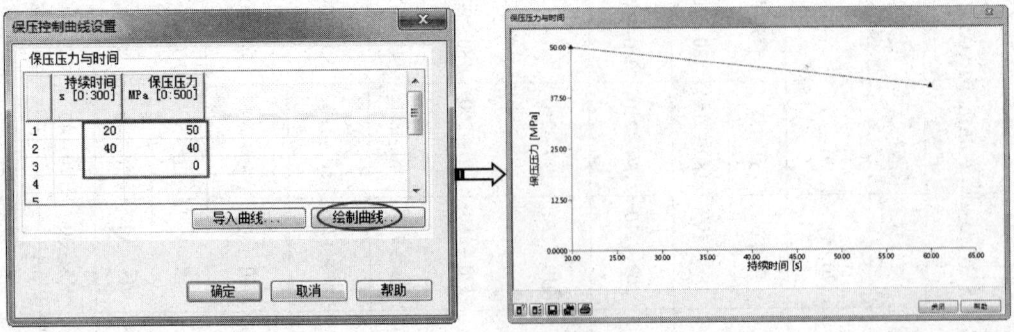

图 5-59 绘制保压曲线

温馨提示	在注塑过程将近结束时，螺杆停止旋转，只是向前推进，此时注塑进入保压阶段。保压过程中注塑机的喷嘴不断向型腔补料，以填充由于制件收缩而空出的容积。如果型腔充满后不进行保压，制件大约会收缩25%左右，特别是筋处由于收缩过大而形成收缩痕迹。保压压力一般为充填最大压力的65%左右，当然要根据实际情况来确定。

04 工艺参数设置完成后关闭对话框。最后单击【分析】按钮执行优化分析。

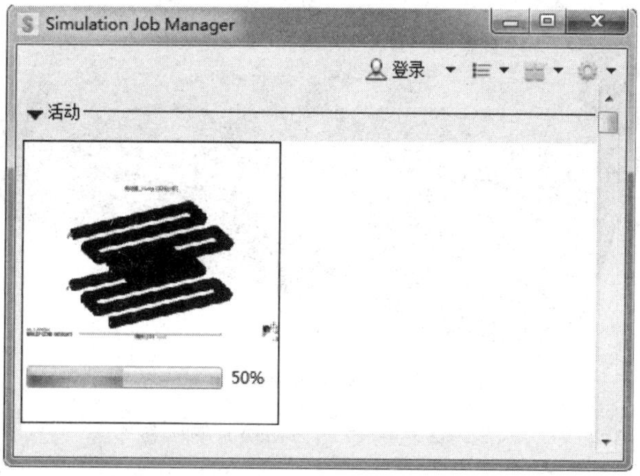

图5-60 查看分析进程

温馨提示	由于分析的时间较长，用户可以通过单击【作业管理器】按钮，打开【作业管理器】对话框查看分析进程，如图5-60所示。

4. 优化分析的结果解析

下面将对前面的初步分析与本次优化分析作对比，以得出较好的分析结果。

（1）流动分析——充填时间

图5-61所示优化后的充填时间为0.6119秒，跟工艺设置时的充填时间基本吻合。从充填效果看，产品中的短射欠注缺陷已经得到解决。

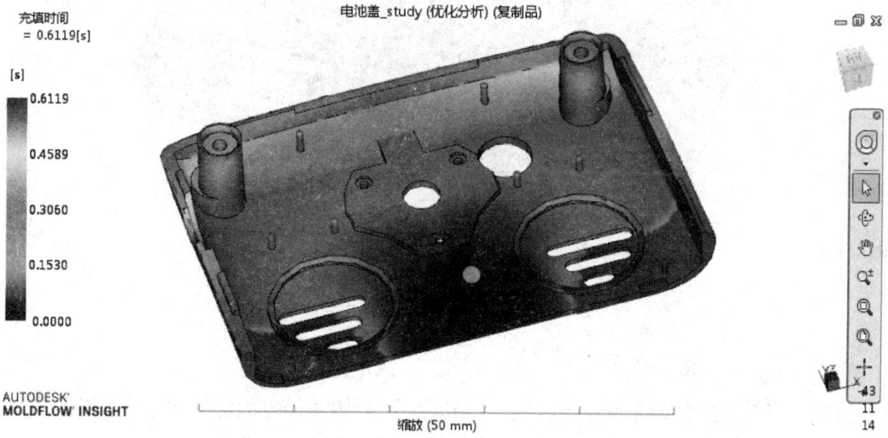

图5-61 充填时间

（2）流动分析——速度/压力切换时的压力

图 5-62 所示增加注射压力后，转换点浇口压力变成 115.7MPa。图中浇口位置的压力在通过转换点后由 11.75MPa 降低为保压压力 86.75MPa。

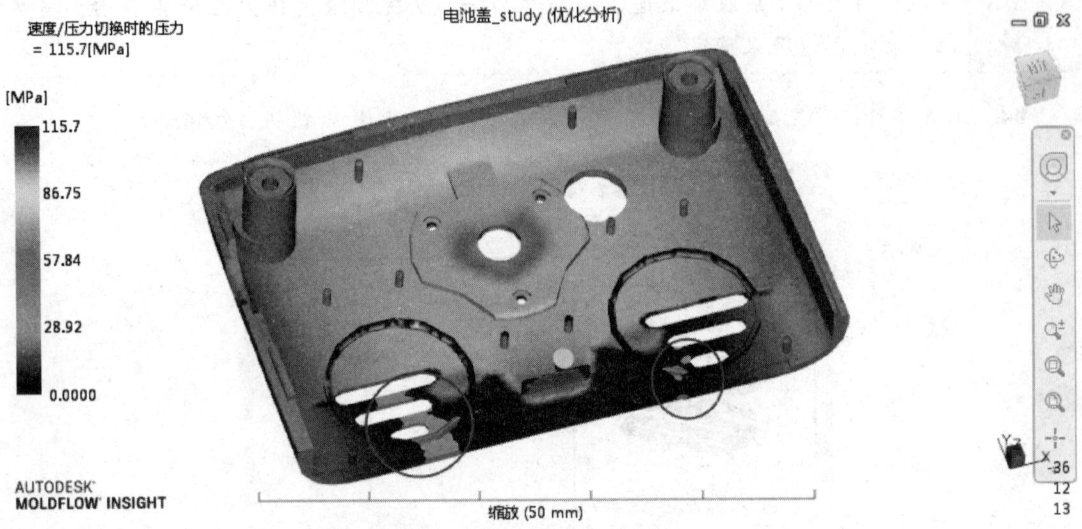

图 5-62　速度/压力切换时的压力

（3）流动分析——达到顶出温度的时间

图 5-63 所示整个产品从充填到顶出，所需的时间总共 5.648s，比初步分析（7.674s）中减少了 2s 左右，说明优化分析后的效果比较明显。

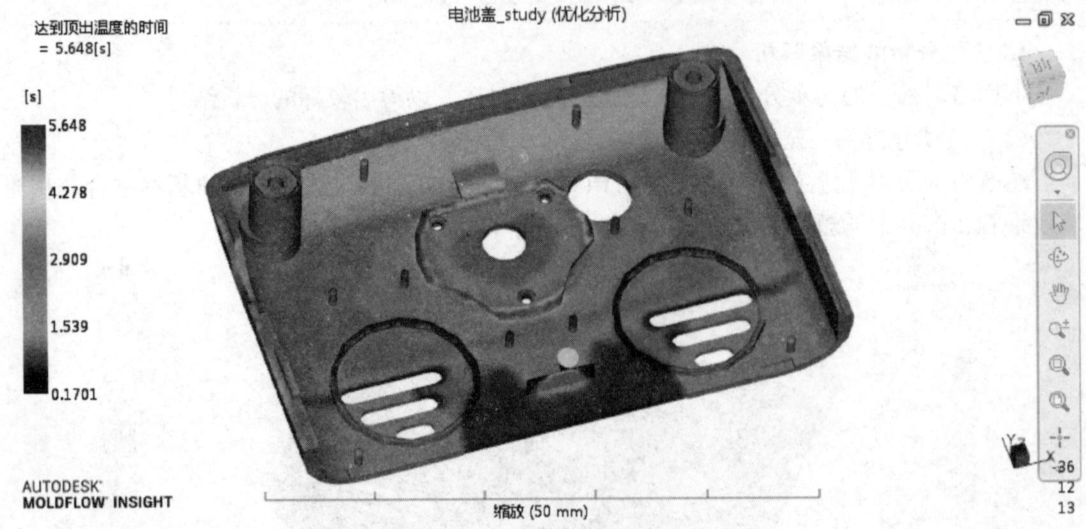

图 5-63　达到顶出温度的时间

（4）流动分析——熔接线

不难发现，熔接线明显减少了很多，主要存在于填充最后的区域，由产品结构的原因，如图 5-64 所示。如果将模型进行简化处理，其效果将更佳。

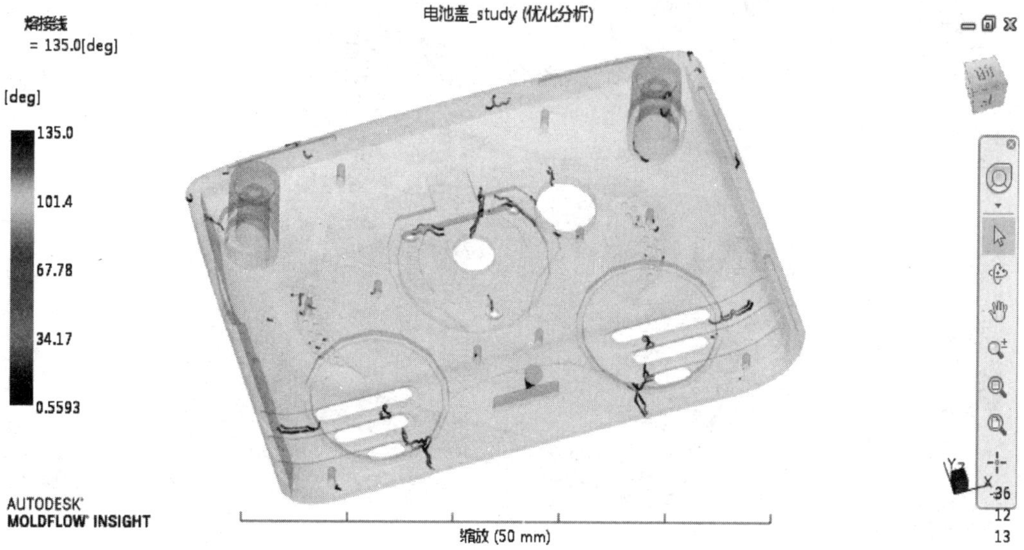

图 5-64　熔接线

（5）冷却分析——回路冷却液温度

图 5-65 所示冷却介质最低温度与最高温度之差仅约为 0. 06℃，确实比初步分析要恒温得多，说明改善后的冷却系统设计是成功的。

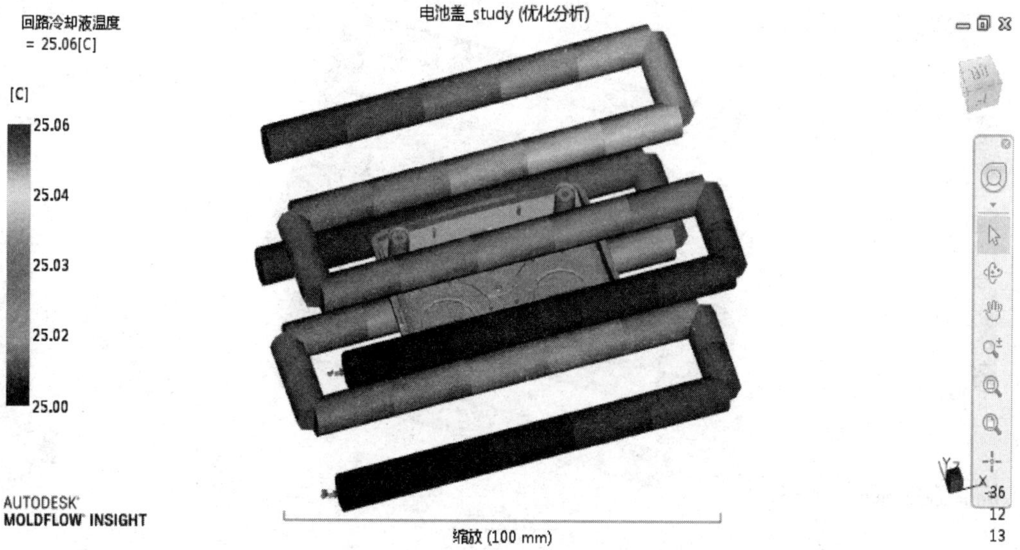

图 5-65　回路冷却液温度

（6）冷却分析——最高温度，零件

图 5-66 所示制品的最高温度为 44. 78℃，最低温度为 27. 28，这个温差已经比初步分析中有了不少改善，制品的翘曲度也改善了很多。

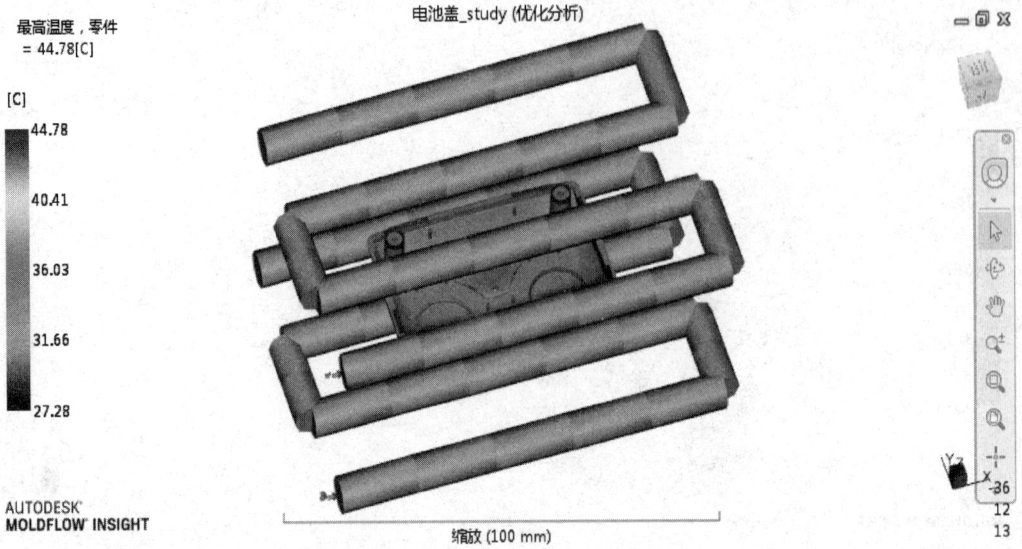

图 5-66　最高温度，零件

（7）达到顶出温度的时间，零件

图 5-67 所示达到顶出温度的时间为 4. 765s，在预设的【开模时间】内，说明冷却效果很理想。

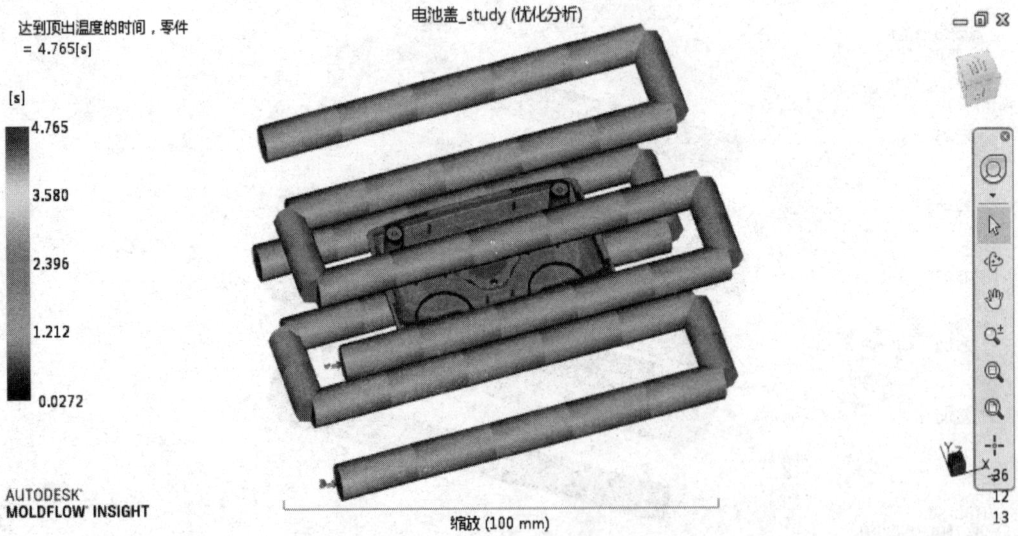

图 5-67　达到顶出温度的时间，零件

（8）翘曲分析——总翘曲变形

图 5-68 为翘曲的总变形。

总的来说，产品的翘曲在 3 个方向都有，尤其在 X 方向上的翘曲量最大。总的翘曲量为 0. 1757，比初步分析中的 0. 3241 有了明显改善。没有完全改善的原因是注射压力与保压压力稍稍偏大，可根据实际情况进行调节，另外产品中的小特征较多，降低了网格质量。

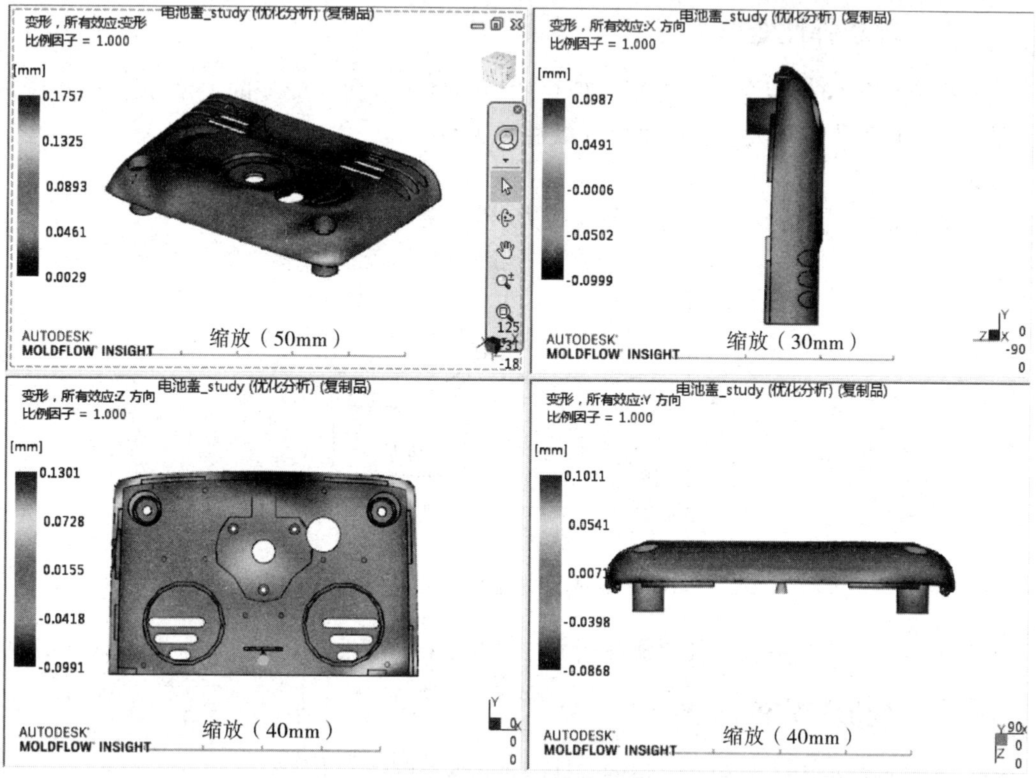

图 5-68 翘曲总变形

5. 结论

经过优化分析后，得出以下新结论。

- 产品质量有较明显的改善，仍发生轻微滞流现象，但因为浇口远离该区域，使该区域填充可能性增大。彻底解决此问题的根本办法是尽可能加厚凸起特征，或者在此区域适当增加浇口。
- 翘曲变形量不大，优化分析后有改善，收缩不均因素仍为主要因素。
- 注射压力比原始方案大，可通过调整保压曲线将锁模力降低，使翘曲量变小。
- 相对原始方案，将浇口移动至加强筋位上，解决了短射问题，充填时间也减少了。
- 总体来说，模流分析得到的结果还不能作为实际的参考，差距较大。毕竟本例产品没有经过 CADdoctor 简化处理，导致网格质量还达不到理想的分析状态，这也就是翘曲变形的重要原因之一，建议经过简化处理后再导入 Moldflow 中进行分析，鉴于篇幅限制，此类操作读者可按前面介绍的简化模型方法自行完成。

第 4 节 塑料的变形及翘曲知识

塑料在成形过程中，由于温度、压力等因素的影响，在材料分子之间产生很大的内应力，在这种内应力的作用下，产品就产生了变形翘曲。在应力和应变之间存在着一种特定的关系，每种材料都不相同。

一、理想弹性变形

材料受到应力的作用会发生变形，理想的弹性材料应力－应变的关系如图5-69所示，应变随着应力的增大而增大，且成正比（线性）关系。

关系式：

应变量＝应力/杨氏模量 E

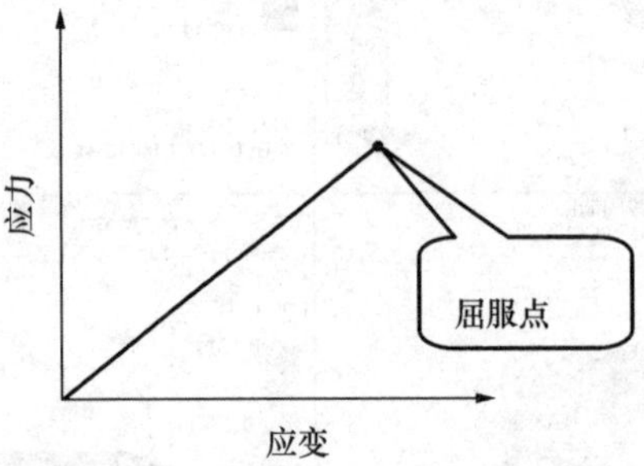

图5-69　应力－应变图

实际上没有一种塑料符合理想弹性变形，每种塑料都有它独特的应力－应变曲线。

二、变形稳定性问题

材料在变形过程中还存在着失稳的问题，如图5-70的a、b所示。

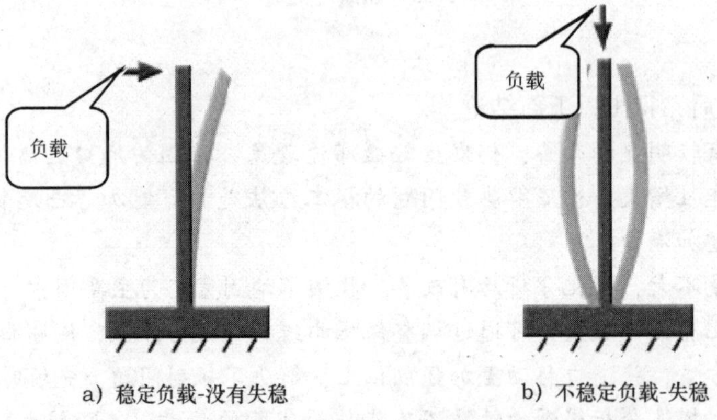

图5-70　变形稳定性问题

根据变形的稳定性来分，可将材料的翘曲分为稳态翘曲和非稳态翘曲两种。

- 稳态翘曲：翘曲变形是线性的，应力均匀。
- 非稳态翘曲：在平面内压力逐渐加大，变形趋势是不稳定的，将平面内的能量转换为弯曲能量，产生大变形。

三、变形翘曲原因

造成材料变形翘曲的原因主要有以下三个方面。

- 冷却不均；

- 收缩不均；
- 纤维取向。

每种因素所产生的翘曲方向及大小都是不一样的，用户可以根据分析结果有针对性地进行优化调整。

1. 冷却不均

塑料在冷却过程中的收缩比率跟材料的冷却速度相关：冷却速度快，材料收缩率较小；冷却速度慢，材料收缩大。此处冷却不均是指产品厚度方向上不同层之间的温度差，如图5-71和5-72所示。

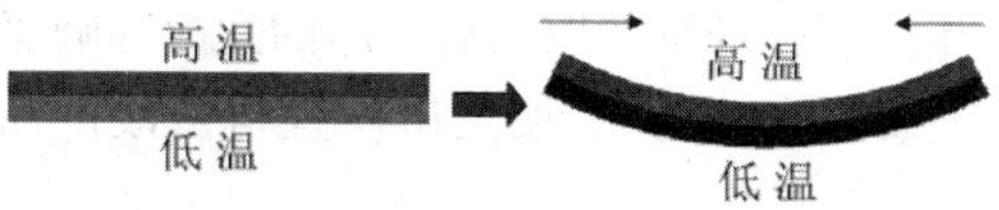

图5-71 上表面收缩大于下表面－产品中间下凹

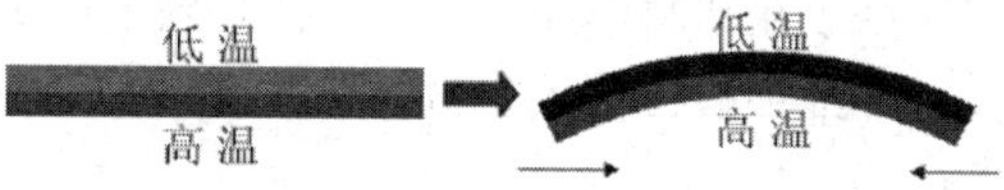

图5-72 下表面收缩大于上表面－产品中间上凸

产品内外表面的冷却不均，导致产品产生翘曲，减小此翘曲的方法是使定模和动模的冷却均匀。解决方法：调整冷却水管排布、调整冷却液温度以及在积热的地方加强冷却。

2. 收缩不均

产品不同区域的收缩大小不一，所以不同区域之间产生内应力，致使产品产生翘曲，如图5-73和图5-74所示。

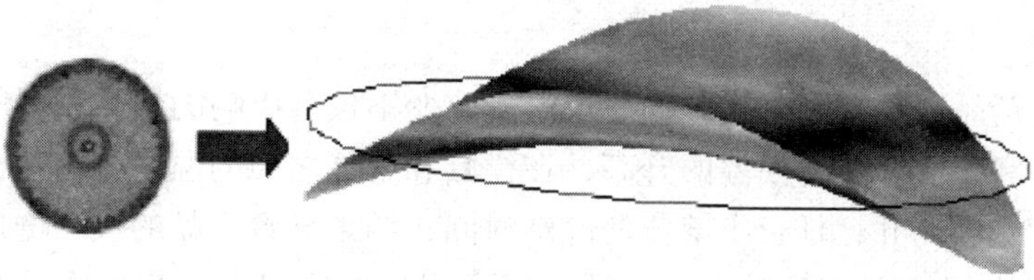

图5-73 中间收缩大于四周－产生马鞍形翘曲

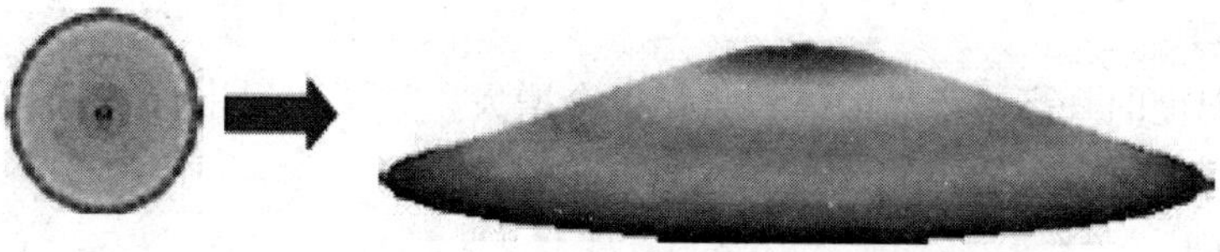

图5-74 四周收缩大于中间－中间下凹或凸起

产品各区域收缩不均导致变形，解决方法：调整保压曲线、修改产品设计以及改变冷却来影响收缩。

3. 纤维取向

塑料分子为长链状，在高温状态下，沿分子链方向可以弹性收缩，所以沿分子链方向比垂直方向收缩要大，如图5-75所示。

玻纤是刚性的无机物，在纤维方向几乎是不可收缩的，纤维和纤维之间的收缩较大。

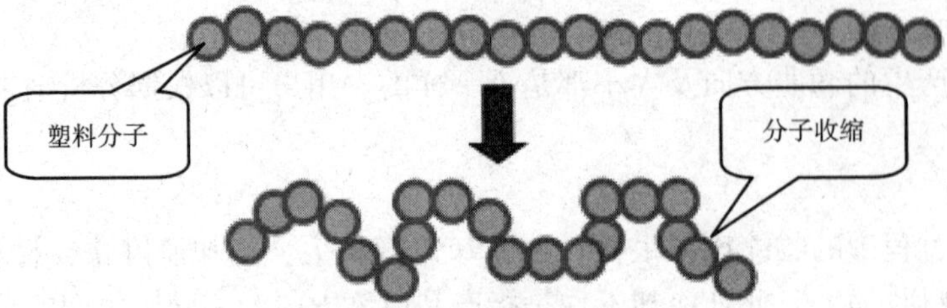

图 5-75　塑料分子收缩

由于在塑料中加入纤维，使材料的收缩特性发生改变，纤维的取向对产品的翘曲影响很大，纤维一般按流动方向取向。解决方法（改变纤维的取向）：更换浇口位置与修改产品设计。

四、工艺参数对翘曲的影响

在产生收缩及翘曲的过程中，影响其产生因素的工艺参数有以下 5 个方面。

- 模具温度；
- 熔料温度；
- 注射时间；
- 保压时间；
- 保压压力。

1. 模具温度

模具温度对产品成型有显著的影响。模温的改变不仅会影响的模具温度的平衡而且会影响到产品的收缩和翘曲。随着模温的升高，在模具和熔体之间的温度梯度就会变小，这使得熔体的冷却速度减慢，并且延长了熔体的冷却时间，结果导致产品的收缩增加。

尽管这是模具/冷却液温度改变的极端，但可明显地说明它对产品质量的影响。对于产品来说，导致翘曲的主要原因不是冷却的不均，所以冷却水温度的变化对该产品的翘曲来说是次要的因素。

2. 熔料温度

随着熔料温度的升高，产品的体积收缩也会增大。为了达到相同的保压效果，随着熔料温度的升高，保压压力也需要加大。

3. 注射时间

注射时间对制品的收缩和翘曲有一个显著的非线性的影响。在注射时间、保压压力和浇口冷却之间有个重要的相互关系。通常，比较长的注射时间会增加产品的体积收缩量。在保压压力较高的情况下，浇口会维持较久的开放时间，使得注射时间延长，体积收缩可以减小。

4. 保压时间

由于注射时间和保压压力之间有重要的相互影响，因此制品翘曲的形状可以随着注射时间与保压压力的改变而变化。

对于制品的翘曲和翘曲的稳定性来说，保压时间是一个非常重要的因素。另外在产品的成型过程中浇口是否已凝固也是非常重要的，这将确保每次成型产品的重量、尺寸和翘曲的一致。如果不能保证这些因素的一致性，就很难使每次成型都得到一致的产品。当浇口在保压完成时还没有完全凝固，那么就会产生一些回流，熔体就会从型腔中流回到流道里。

如果当保压压力撤消后，浇口还没有凝固的话，保压时间就对产品的翘曲会有负面的作用。保压压力应该到浇口已经凝固后才可以撤消，在这以后发生的翘曲就与保压时间没有关系了。

5. 保压压力

随着保压压力的增大，产品的体积收缩量会减少。这就使得通常需要比较长的冷却时间以确保浇口已经凝固。在大多数情况下，随着制品的体积收缩量的减少，制品的翘曲会得到改善，这是因为体积收缩是所有收缩背后的原动力。如果保压压力过高的话可能出现另一个问题，分布在制品上的高压可能使制品产生较高的翘曲。保压压力的大小可以改变制品的重量，同样地也可以改变产品的线性尺寸。对于尺寸要求比较严格的产品，一旦合适的压力确定下来，那么其保压压力就没有多大的调整范围。

过保压和欠保压是相对而言的。过保压通常是指制品上的一部分区域相对与另外区域具有较低的体积收缩率。这通常是在整个保压期间都维持着较高压力的情况下发生的，使浇口四周的体积收缩率较低。欠保压通常是指制品上的某些区域在保压过程中没有得到足够的材料补充。

第 6 章

收缩分析

本章导读

本章主要介绍利用 Moldflow 的收缩分析功能，辅助改善模具型腔设计和材料的选择，主要表现在浇口分析、流道 + 保压 + 收缩分析的优化前后比较，通过分析以获取得产品收缩率的最佳方案。

案例展现

ANLIZHANXIAN

案 例 图	描 述
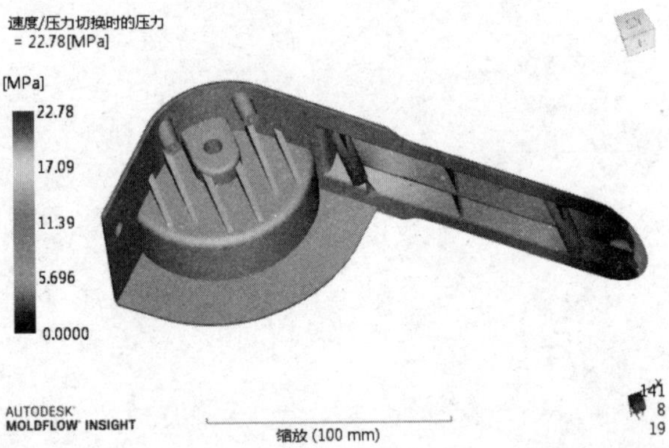	流动 + 保压 + 收缩分析是基于模型的最佳浇口位置分析基础之上的。用户在最佳浇口位置的分析结果基础上继续完成流动 + 保压 + 收缩分析，查看会出现那些制件缺陷，便于第二次进行优化设置并重新分析
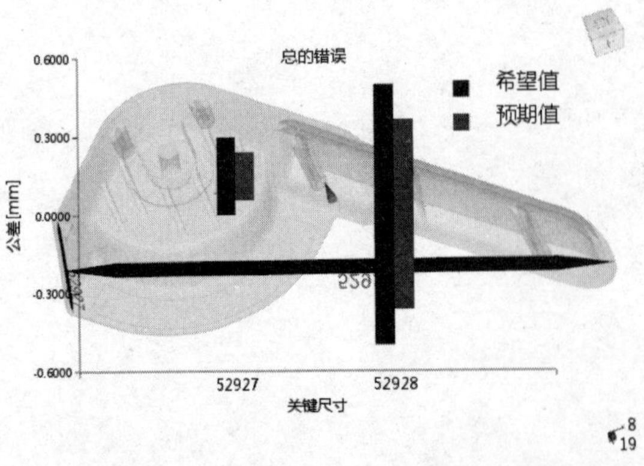	Moldflow 日志中的收缩分析数据结果不一定准确，本章仅介绍分析过程，要想得出合理的分析结果，还需要参考实际数据以及工程人员的经验

第1节 模具型腔尺寸优化

使用 Moldflow，可以对模具型腔的尺寸进行优化，下面详细进行介绍。

一、模具型腔尺寸与塑料收缩率的关系

塑料制品从模具中取出时发生尺寸收缩的特性称为塑料的收缩性。因为塑料制品的收缩不仅与塑料本身的热胀冷缩性质有关，而且还与模具结构及成型工艺条件等因素有关，所以将塑料制品的收缩统称为成型收缩。

模具型腔尺寸与塑料的收缩率有直接关系。在实际成型时，不同品种的塑料其收缩率不同，而且不同批次的同一品种塑料或者同一制品的不同部位的收缩率也经常不同。收缩率的变化受塑料品种、制品特征、成型条件、模具结构、浇口尺寸和位置等诸多因素的影响，因此制品的实际收缩率与设计模具所选用的计算收缩率之间存在着误差。在实际的生产中，收缩率的选取原则如下。

- 对于收缩率范围较小的塑料品种，可按收缩率的范围取中间值，此值称为平均收缩率。
- 对于收缩率范围较大的塑料品种，应根据制品的形状，特别是根据制品的壁厚来确定收缩率，对于壁厚者取上限（大值），对于壁薄者取下限（小值）。
- 收缩率的选择还要考虑到修模的余地，如凹模要选小值，型芯选大值。

从塑料收缩率的选取原则可以看到，塑料收缩率的选择是很重要的，它直接影响到制品的质量以及生产效率。

二、Moldflow 收缩分析模块

Moldflow 在充分考虑塑料性能、制品尺寸以及成型工艺参数的情况下，能够给出合适的成型收缩率，它的功能如下。

- 计算合理的收缩率；
- 图示给定的收缩率对制品是否合适；
- 确保制品尺寸在公差范围内，降低废品率；
- 如果用户对某个尺寸规定了公差范围，MPI/Shrink 能够计算给定的收缩率是否满足公差的要求。

Moldflow 能对中型面网格和表面网格进行分析，其网格质量与流动分析、冷却分析等要求相同。进行收缩分析时，需要选择已进行收缩实验的材料。

在进行 MPI 收缩分析前，需进行流动分析，利用流动分析结果来确保收缩分析结果对成型模拟的准确性。Moldflow 收缩分析提供了两种分析流程：【流动 + 收缩】和【冷却 + 流动 + 收缩】，用户可根据实际情况进行选择。

第2节 流动 + 保压 + 收缩分析任务介绍

下面将对扣合件注塑模具案例的各参数、属性和设计要求进行介绍，具体如下。

设计题目：扣合件注塑模具

产品 3D 模型图：

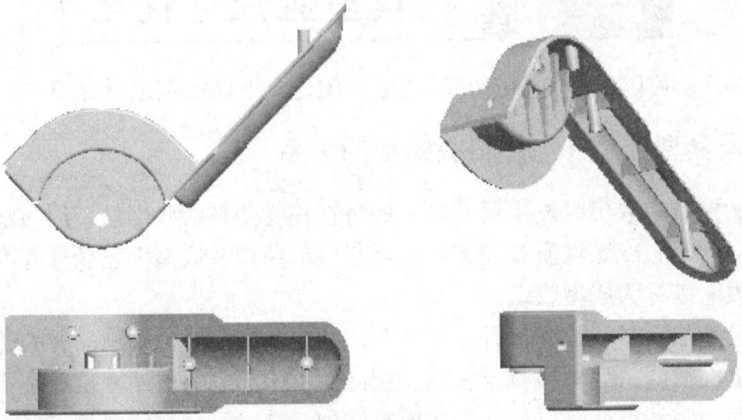

图 6-1　扣合件模型

模型外观：外形尺寸 224mm × 54.6mm × 95mm

壁厚：均匀壁厚 2.75mm

设计要求：

1. 材料：PC + ABS
2. 缩水率：0.0065 mm
3. 设计要求：无制件缺陷、表面精度高
4. 模具布局：一模一腔
5. 生产纲领：8000 件/年

第 3 节　Moldflow 分析流程

本案例要制作的扣合件产品，对尺寸精度要求较高。采用 PS 塑料以冷流道成型，产品结构已经确定，不再更改。进浇位置预先假设，希望借以 Moldflow 模流分析帮助改善产品的常见缺陷。

练习文件路径：结果文件 \ Ch06 \ qmb. prt

演示视频路径：视频 \ Ch06 \ 收缩分析 . avi

一、分析的前期准备

Moldflow 分析的前期准备工作主要有以下几方面。

- 导入 CAD 模型；
- 网格模型的创建；
- 网格修复处理；
- 设定分析类型；
- 选择材料；
- 设置成形工艺；

● 运行分析；

● 新建工程并导入 CAD 模型。

1. 创建工程

01 启动 Moldflow 2018 软件，然后单击【新建工程】按钮，弹出【创建新工程】对话框，输入工程名称及保存路径后，单击【确定】按钮完成工程的创建，如图 6-2 所示。

图 6-2 创建工程

02 在【主页】选项卡单击【导入】按钮，弹出【导入】对话框，在本例模型保存的路径下打开【qmb. prt. 1】文件，如图 6-3 所示。

03 随后弹出要求选择网格类型的【导入】对话框，选择【双层面】类型作为本案例分析的网格后，单击【确定】按钮完成模型的导入操作，如图 6-4 所示。

图 6-3 导入模型

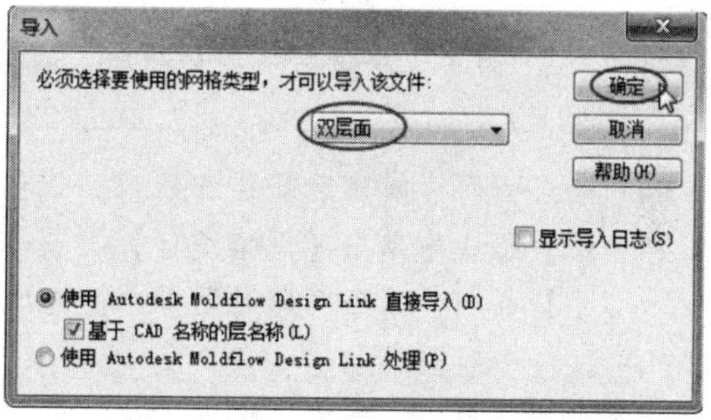

图 6-4 选择网格类型

04 导入的模型，如图 6-5 所示。

图 6-5 导入模型

2. 网格模型的创建

01 在【主页】选项卡【创建】面板中单击【网格】按钮，打开【网格】选项卡。

02 在【网格】选项卡的【网格】面板中单击【生成网格】按钮，工程管理视窗的【工具】选项卡中显示【生成网格】选项面板。

03 设置【全局边长】的值为0.6mm，然后单击【立即划分网格】按钮，程序自动划分网格，效果如图6-6所示。

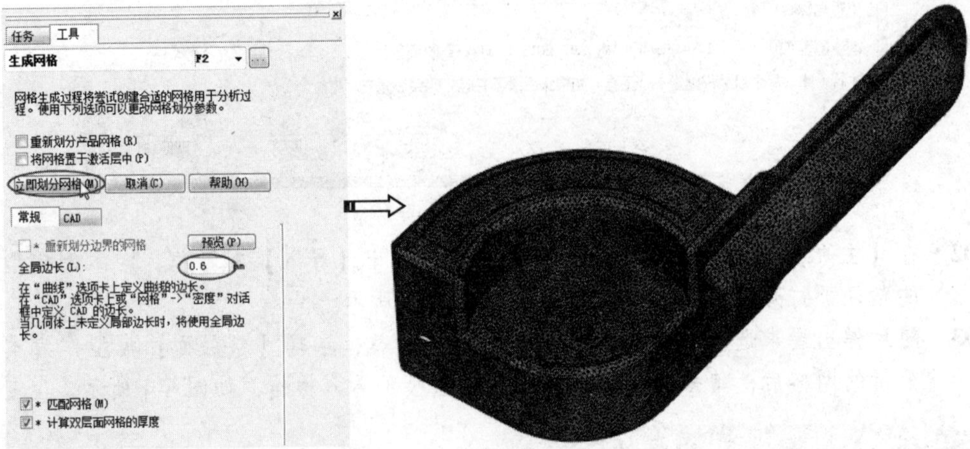

图6-6 划分网格

> **温馨提示**
> 为了让分析结果更加精准，网格边长值建议比计算的默认值要低$\frac{1}{2}$以上。

04 双层面网格创建后需要作统计，以统计结果判判是否需要修复网格。在【网格诊断】面板中单击【网格统计】按钮，然后再单击【网格统计】选项面板的【显示】按钮，程序立即对网格进行统计并弹出【网格信息】对话框，如图6-7所示。

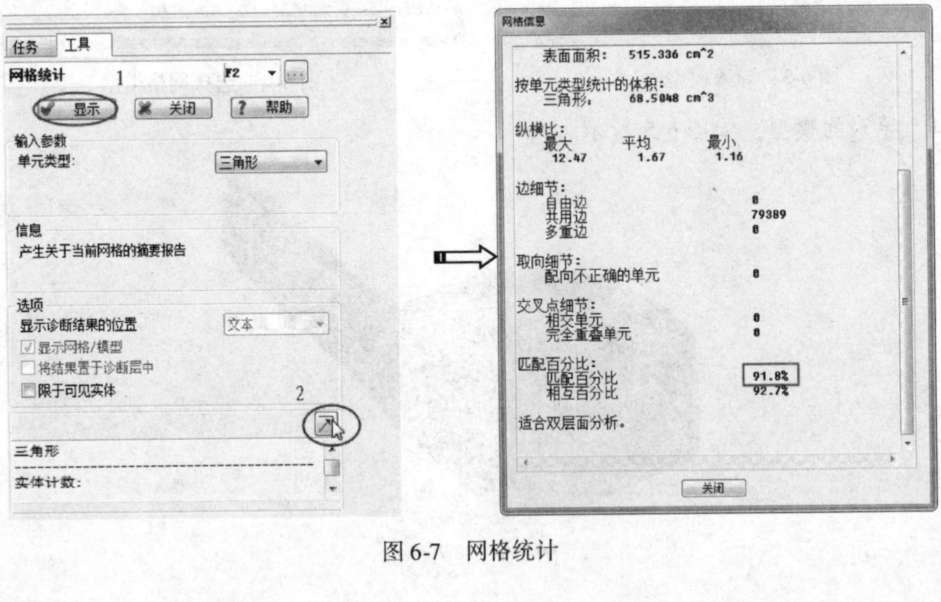

图6-7 网格统计

05 从网格统计结果可见无任何网格缺陷，网格匹配率较高，完全满足分析要求。

二、最佳浇口位置分析

最佳浇口位置分析包括选择分析序列、选择材料、工艺设置和执行分析等，下面介绍具体分析步骤。

1. 选择分析序列

01 在【主页】选项卡的【成型工艺设置】面板中单击【分析序列】按钮，弹出【选择分析序列】对话框。

02 选择【浇口位置】选项后，单击【确定】按钮即可完成分析序列的选择，如图6-8所示。

图6-8 选择分析序列

2. 选择材料

01 在【主页】选项卡的【成型工艺设置】面板中单击【选择材料】按钮，或者在任务视窗中执行右键菜单中的【选择材料】命令，弹出【选择材料】对话框，如图6-9所示。

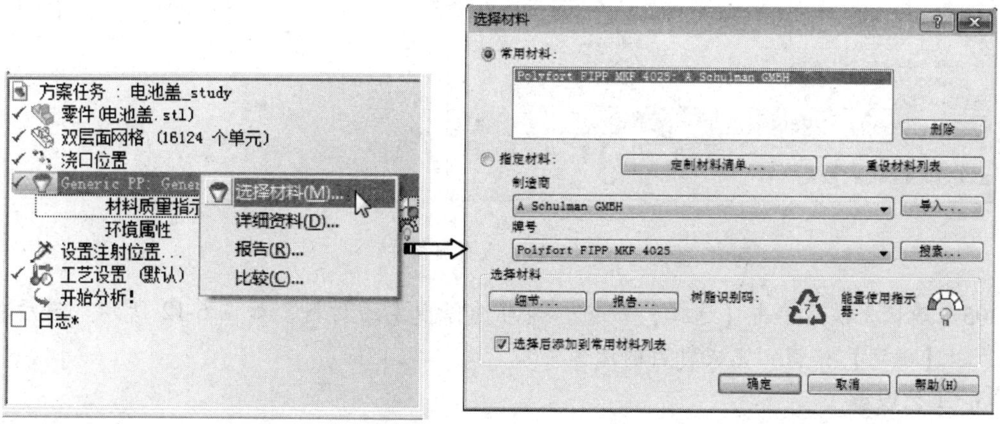

图6-9 【选择材料】对话框

02 【选择材料】对话框中的【常用材料】列表中的材料简称PP，而本案例的材料为PC，因此需要重新指定材料。选择【指定材料】单选按钮，然后单击【搜索】按钮，弹出【搜索条件】对话框。

03 在【搜索条件】对话框的【搜索字段】列表中选择【材料名称缩写】选项，然后在【子字符串】文本框中输入PC，勾选【精确字符串匹配】复选框后，单击【搜索】按钮，如图6-10所示。

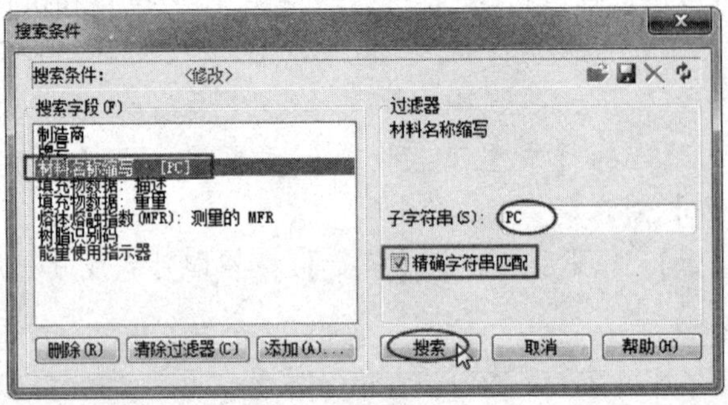

图6-10 指定搜索条件

04 在随后弹出的【选择热塑性材料】对话框中选择列表中的第1种材料，然后单击【细节】按钮，查看是否为所需材料，如图6-11所示。

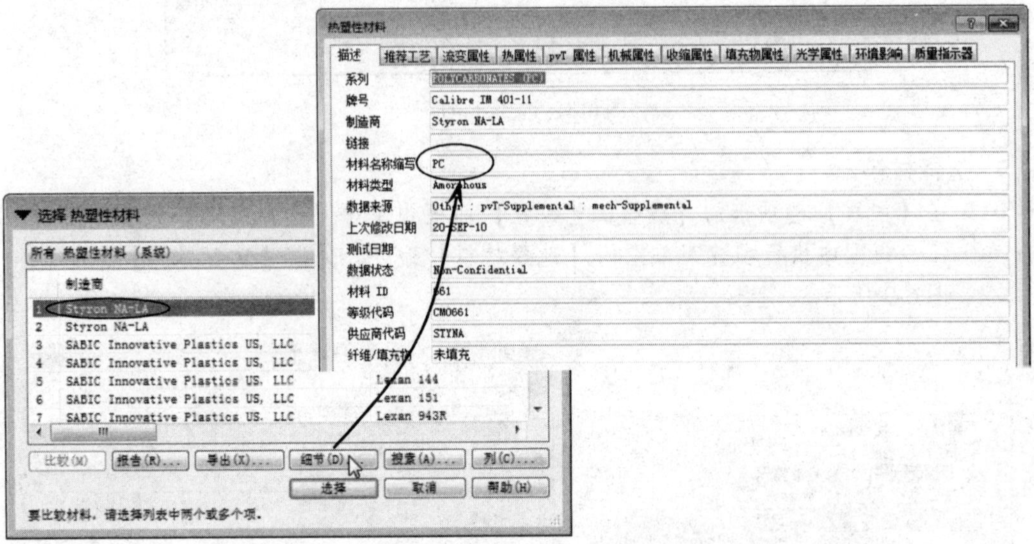

图6-11 查看材料

05 确认无误后单击【选择】按钮，即可选择搜索的材料，如图6-12所示。最后单击【确定】按钮，完成材料的选择。

3. 工艺设置

01 在【主页】选项卡的【成型工艺设置】面板中单击【工艺设置】按钮，弹出【工艺设置向导－浇口位置设置】对话框，如图6-13所示。

02 该对话框中设置【模具表面温度】和【熔体温度】参数值后，单击【确定】按钮完成工艺设置。

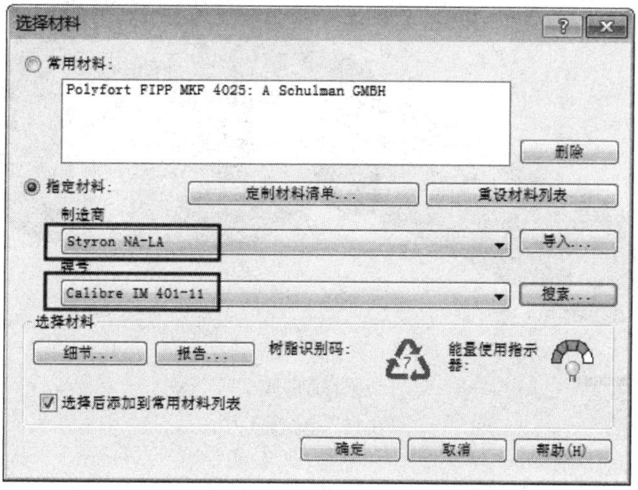

图 6-12　完成材料的选择

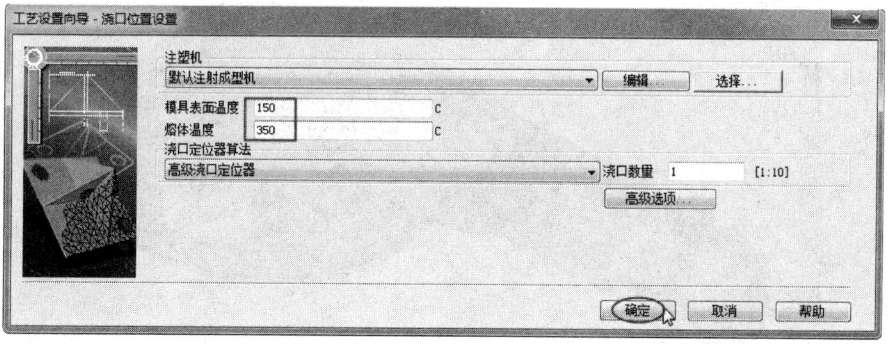

图 6-13　工艺参数设置

4. 分析

01　在【分析】面板中单击【开始分析】按钮，Moldflow 将执行最佳浇口位置分析，经过分析计算后，得出如图 6-14 所示的分析结果。

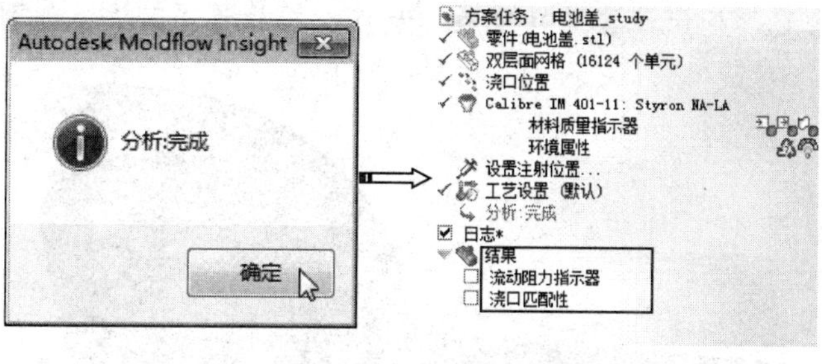

图 6-14　分析完成

02　在任务视窗中勾选【流动阻力指示器】复选框，查看流动阻力，如图 6-15 所示。从图中可以看出，阻力最低的区域就是最佳浇口位置区域。

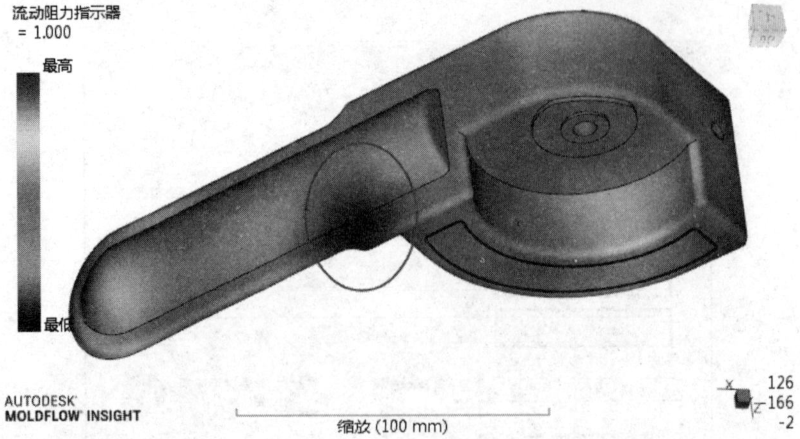

图 6-15　流道阻力

03 勾选【浇口匹配性】复选框，同样也可以看出最佳浇口位置，如图 6-16 所示。匹配性最好的区域就是最佳浇口位置区域。

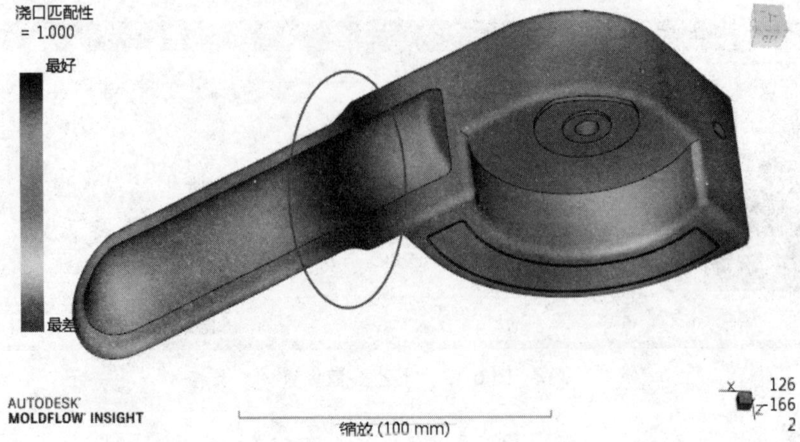

图 6-16　查看匹配性

04 最佳浇口位置分析后，在工程视窗中双击【qmb. prt_ study (浇口位置)】分析项目，系统会自动标识最佳浇口位置的节点，并放置注射锥，如图 6-17 所示。

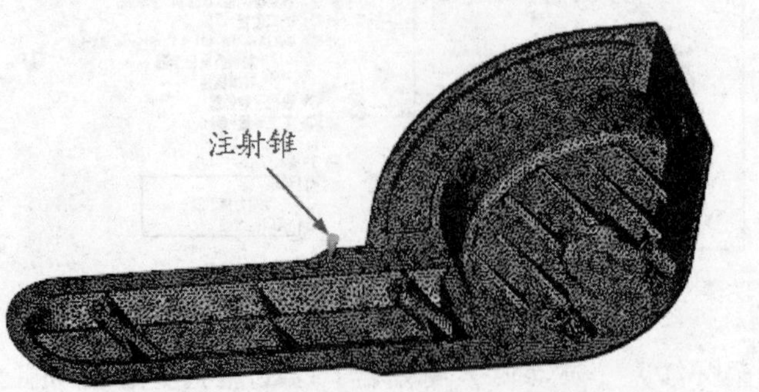

图 6-17　查看最佳浇口位置的注射锥

三、流动 + 保压 + 收缩分析

流动 + 保压 + 收缩分析是基于模型的最佳浇口位置分析基础之上的。用户先进行最佳浇口位置分析，然后再进行流动 + 保压 + 收缩分析，查看会出现那些制件缺陷，便于第二次进行优化设置并重新分析。

1. 分析设定

01 首先在工程视窗中复制第一个分析项目，如图 6-18 所示。双击并重命名新项目，进入该项目的分析环境中。

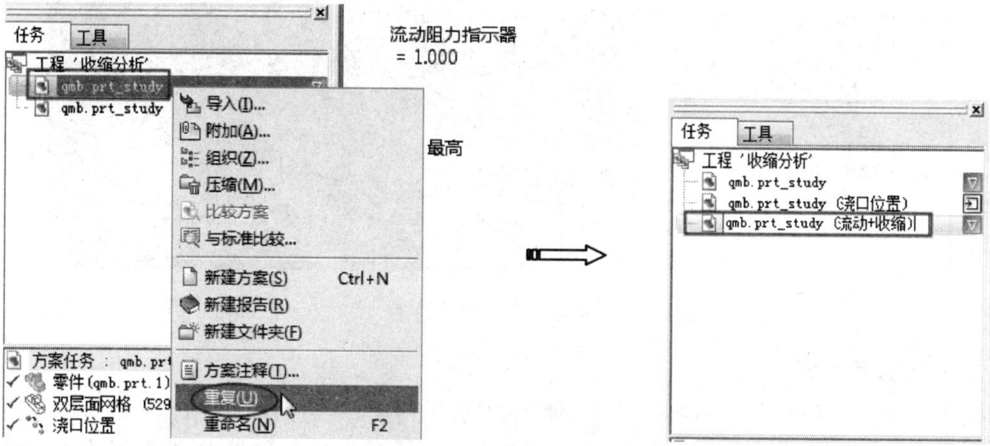

图 6-18 复制分析项目

02 在【成型工艺设置】面板中单击【分析序列】按钮，弹出【选择分析序列】对话框。单击【更多】按钮，弹出【定制常用分析序列】对话框。在该对话框中勾选【填充 + 保压 + 收缩】复选框，并单击【确定】按钮完成定制，如图 6-19 所示。然后在【选择分析序列】对话框中勾选【填充 + 保压 + 收缩】分析序列复选框，单击【确定】按钮即可。

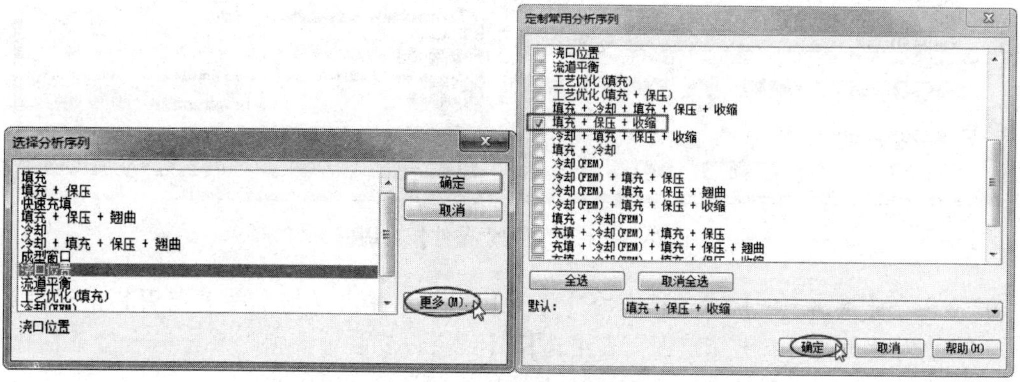

图 6-19 选择分析序列

03 选择注射位置（放置注射锥）时，用户可以参考前面最佳浇口位置的分析结果，如图 6-20 所示。

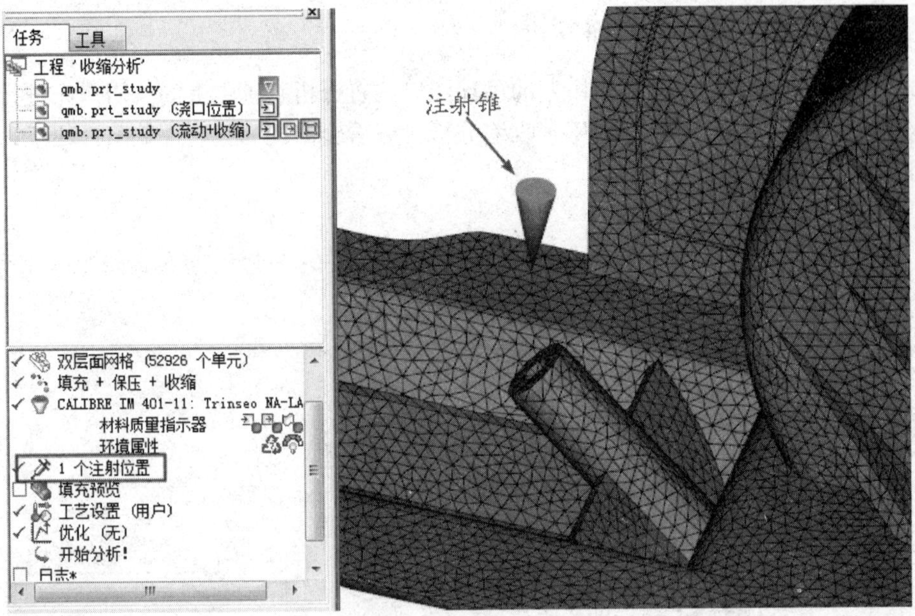

图 6-20 设置注射位置

2. 指定收缩材料

要进行收缩分析，首先需要选择进行收缩实验的材料，具体操作如下。

01 在方案任务视窗中双击材料项目，或者单击【选择材料】按钮，弹出【选择材料】对话框。单击【搜索】按钮，将弹出【搜索条件】对话框，如图 6-21 所示。

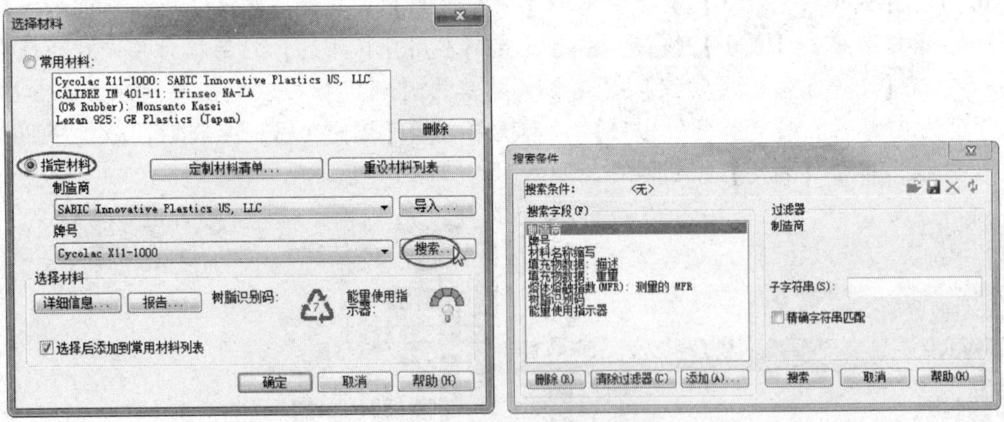

图 6-21 打开【搜索条件】对话框

02 单击【搜索条件】对话框中的【添加】按钮，弹出【增加搜索范围】对话框。在该对话框的材料选择范围列表中选择【残余应变收缩数据：平行标准偏差】选项，再单击【添加】按钮完成选择范围类型的添加，如图 6-22 所示。

03 在【搜索条件】对话框中，选择上步骤添加的范围类型，并在右侧区域中输入收缩率的最小值为 0.004，输入最大值为 0.0065，然后单击【搜索】按钮，如图 6-23 所示。

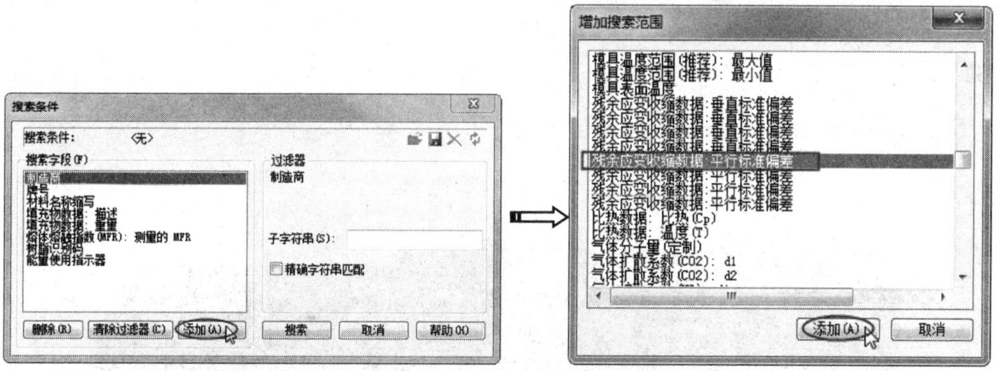

图 6-22 【增加搜索范围】对话框

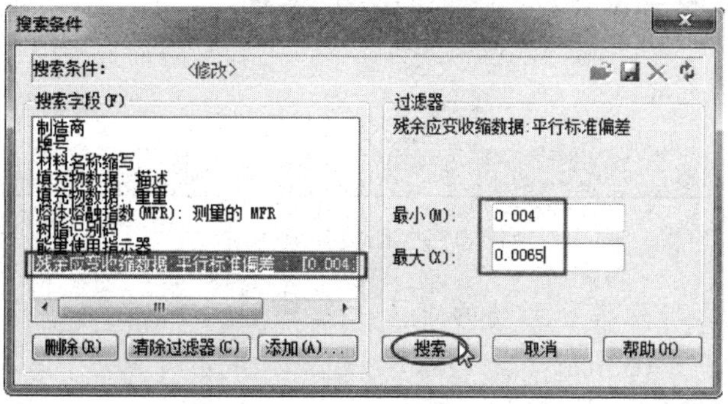

图 6-23 设置收缩公差范围

04 弹出【选择 热塑性塑料】对话框，对话框中有 3 种符合公差范围的材料选项，选择 Prime Polymer Co Ltd：Hi－Zex 8200B 材料选项，然后单击【选择】按钮，完成收缩材料的选择，如图 6-24 所示。

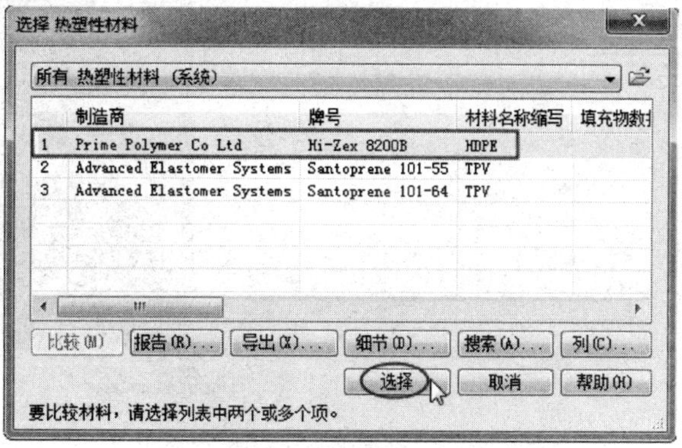

图 6-24 选择收缩材料

3. 定义尺寸公差

如果用户对某个尺寸规定了公差范围，Moldflow 可以根据规定的公差范围计算给定的收缩率是否满足公差的要求。

01 在【边界条件】选项卡的【尺寸】面板中单击【关键尺寸】|【收缩】按钮，弹出【收缩】工具标签。

02 在图形窗口中，将视图切换到上视图，如图6-25所示。

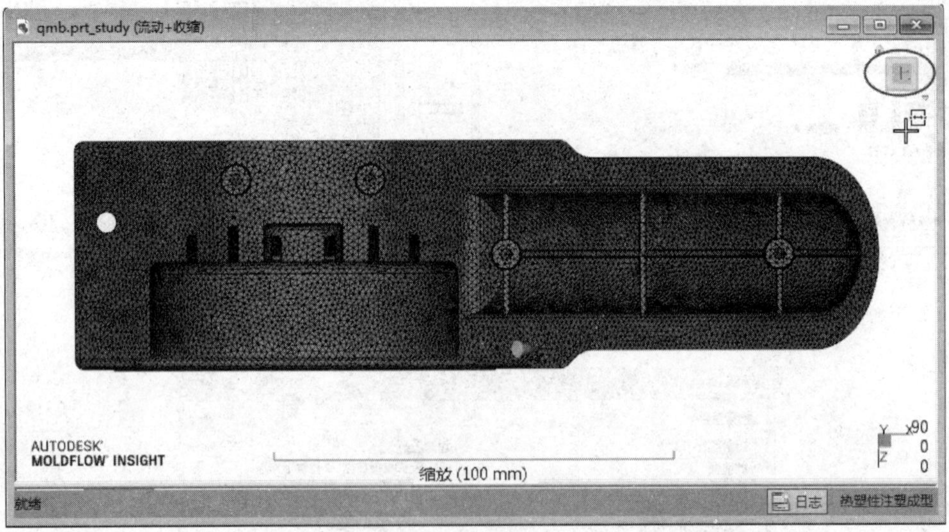

图6-25 切换到上视图

03 在Z轴方向上选取模型两端的节点作为尺寸参考点，两节点的距离为55.33mm，并将上公差设为0.3mm，下公差设为0mm，单击【应用】按钮完成z方向的尺寸公差设置，如图6-26所示。

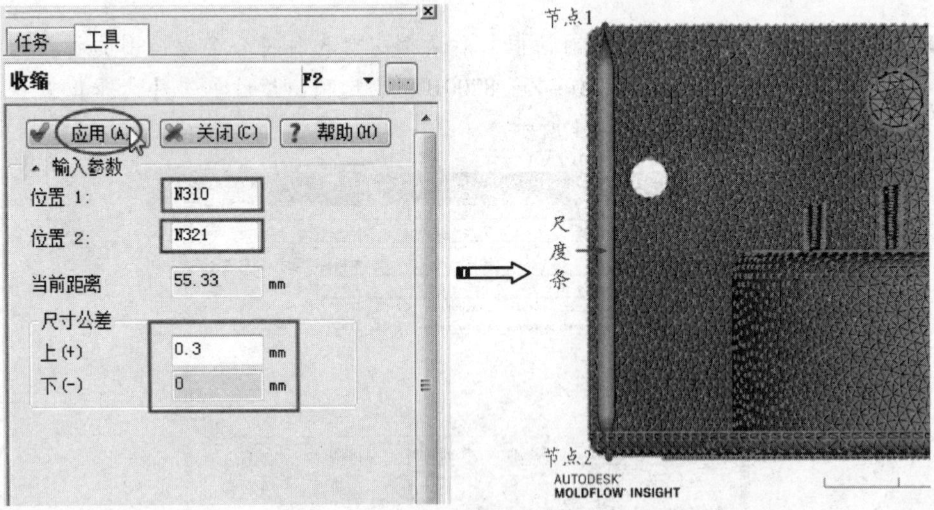

图6-26 设置Z方向上的尺寸公差

04 接下来设置X方向上的尺寸公差。在X方向上选择模型两端的节点，在面板中显示两节点距离为219.54mm，将上公差设为0.5mm，下公差设为0.5mm，最后单击【应用】按钮完成X方向上的尺寸公差设置，如图6-27所示。设置的尺寸公差将以尺度条的形式表达在模型中。

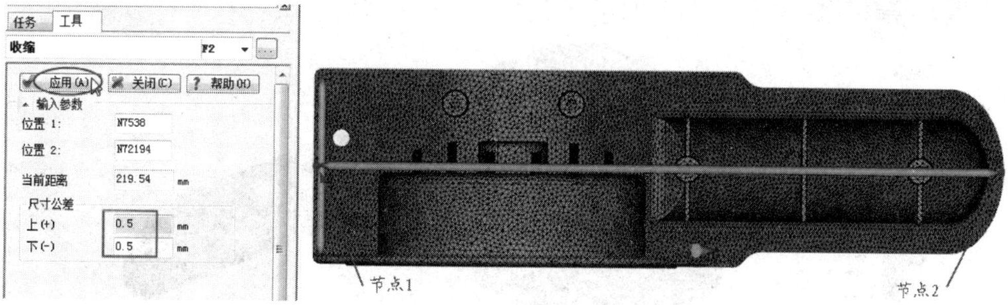

图 6-27 设置 X 方向上的尺寸公差

4. 设置工艺参数

为了验证系统默认的工艺设置参数对分析的精确性，工艺参数全部保持默认设置。

01 单击【工艺设置】按钮，弹出【工艺设置向导】对话框，保持默认设置并单击【确定】按钮，如图 6-28 所示。

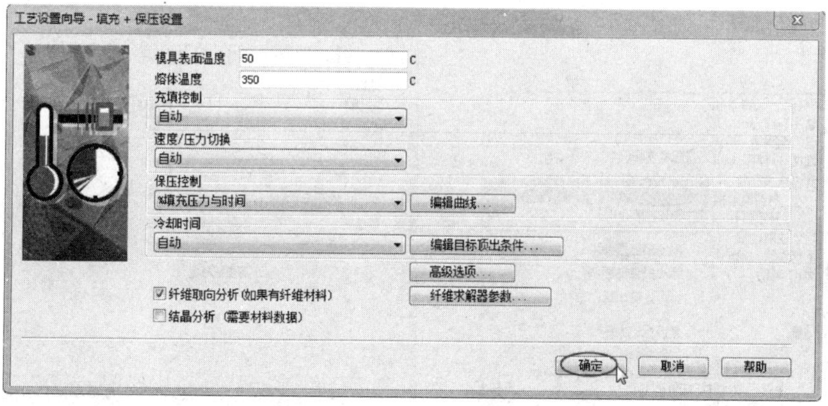

图 6-28 保持默认的工艺设置参数

02 设置完所有参数后，单击【开始分析】按钮，Moldflow 将执行分析操作。

5. 分析结果解析

经过较长时间的耐心等待之后，Moldflow 将完成填充 + 保压 + 收缩分析，下面对分析结果进行解读。

在方案任务窗格中查看分析的结果，本案有两个结果：流动和收缩，如图 6-29 所示。

(1) 流动分析结果

为了简化分析的时间，下面仅将重要的分析结果逐一列出。

01 在图 6-30 中，按 Moldflow 常规的设置，所得出的充填时间为 1.408s，比自动的充填时间（1.2s）慢了 0.208s（可以从分析日志中找到）。

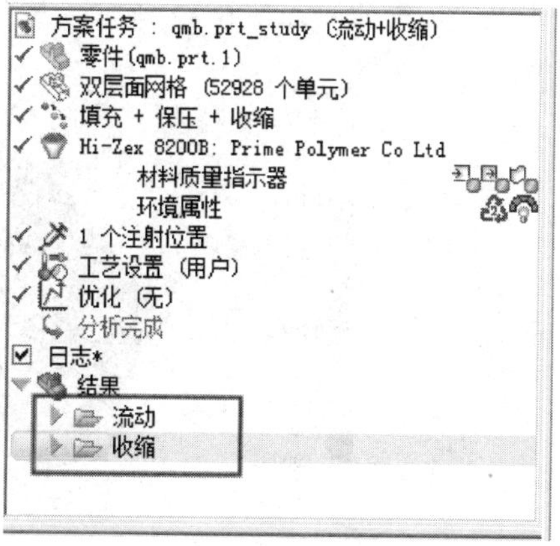

图 6-29 分析结果

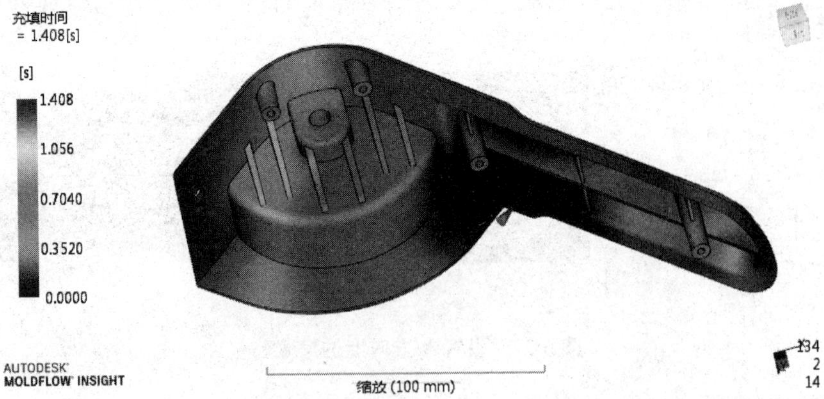

图 6-30　充填时间

02 在【充填时间】选项上单击鼠标右键，选择快捷菜单中的【属性】命令，然后设置【等值线】的方式来显示图形，如图 6-31 所示。

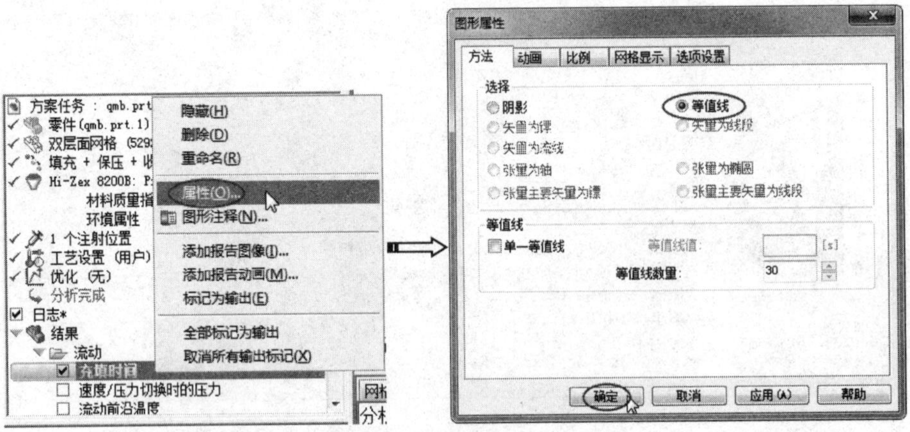

图 6-31　设置图形属性

03 从等值线云图可见等值线的间距在局部区域并不均匀，这说明该区域的填充是不平衡的，如图 6-32 所示。等值线间距不均匀会对制品的质量产生严重影响。

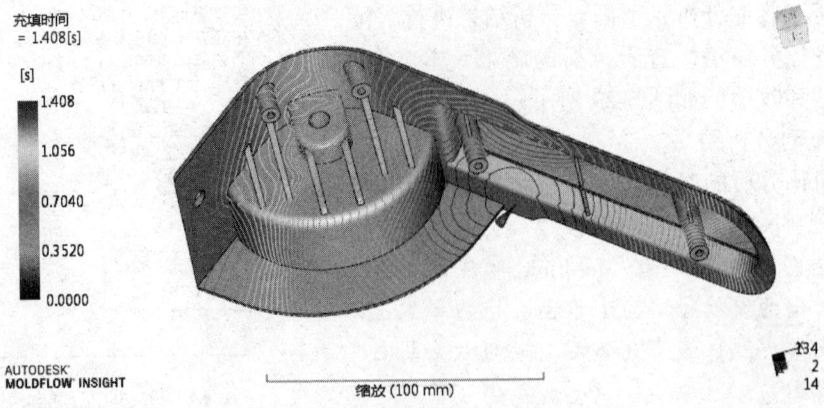

图 6-32　不均匀的等值线

04 图6-33表示的是充填过程中流动波前温度的分布，产品中大部分区域波前温度较为均匀，均在350度左右。

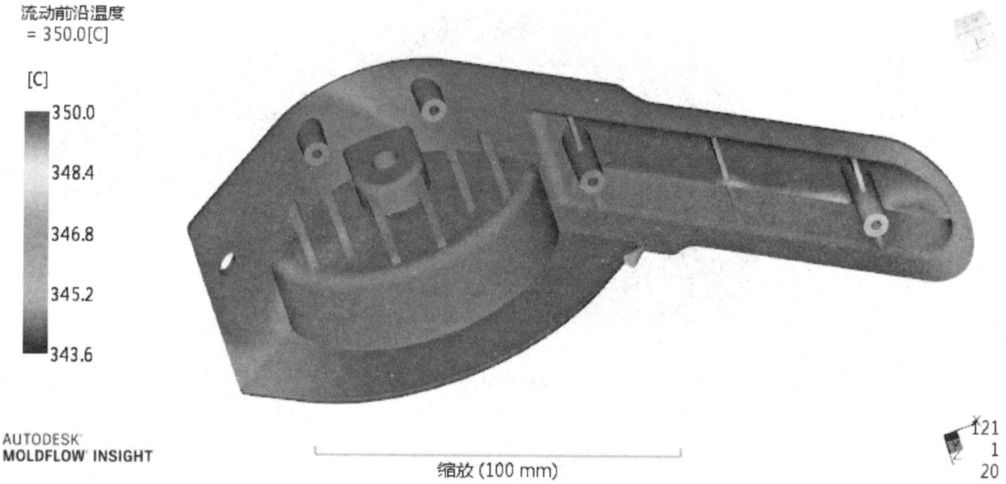

图6-33 流动前沿温度

05 图6-34所示的转换点浇口压力为21.88MPa。图中浇口位置的压力在通过转换点后由21.88MPa降低为保压压力16.41MPa，而在压力控制下继续填充整个型腔。图中圈示的灰色部分为欠注区域（未填充区域），剩余的填充将从填充切换到保压时所达到的恒压下或者在指定的保压压力下进行。

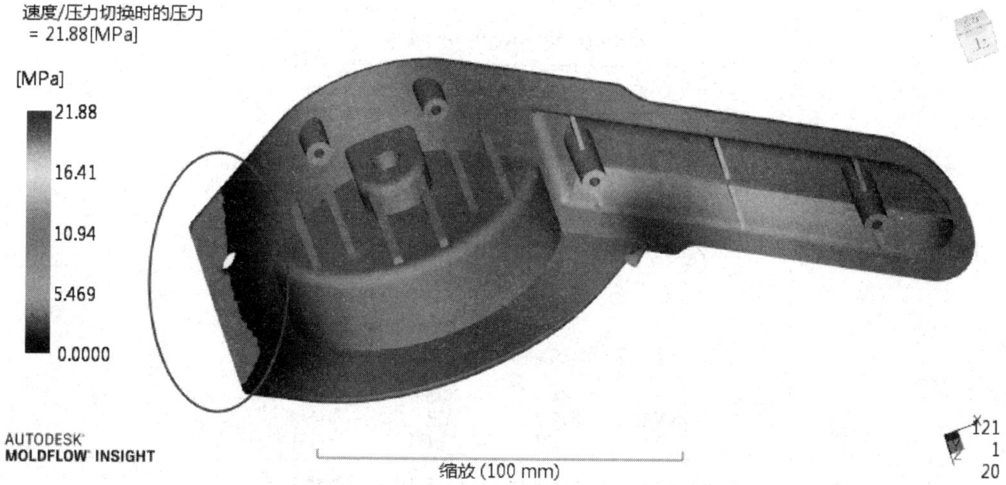

图6-34 速度/压力切换时的压力

06 充填结束时的压力属于单组数据，该压力图是观察制件的压力分布是否平衡的有效工具。充填结束时的压力对平衡是非常敏感的。

07 图6-35所示制品在充填结束时，压力已提前释放，很明显易产生欠注现象。

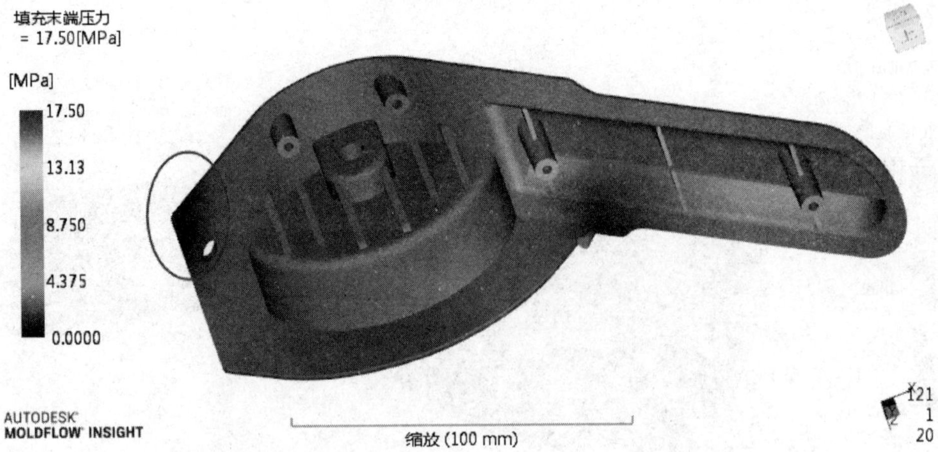

图 6-35　填充末端压力

（2）收缩分析结果

收缩分析结果可以查看日志，并结合云图来分析。

01　为了更好地解释图像说明，可以先将分析日志的结果列举，图6-36 所示的推荐的收缩率为“3. 70% ±0. 47%（取值在 3. 23% ~4. 17%之间）”。

分析正在使用存储的网格匹配和厚度数据
匹配数据是使用最大球体算法计算的

推荐的收缩容差报告 - 整个模型

总计　=　3.70 +/- 0.47 %

图 6-36　推荐的收缩率

02　图 6-37 为 X、Y 和 Z 方向推荐的收缩率。

组成收缩报告

方向	推荐值 [%]	单一值 有效范围 [%]	预期值 公差 [%]	收缩 最小:最大 [%]
X	2.89	0.78:4.99	2.11	0.00:5.72
Y	2.47	0.96:3.98	1.51	0.00:5.72
Z	2.07	-0.00:4.14	2.07	0.00:5.72
总计	3.70	2.50:4.91	1.20	1.31:4.55

图 6-37　X、Y、Z 方向推荐的收缩率

03　图6-38为尺寸定义的摘要报告。

```
              尺寸摘要报告
         (使用推荐的收缩容差)
------------------------------------------------------------------------
 所需的零件            要求的模具                      预期的零件
尺寸(-/+ 总计)        尺寸(总计)         警告         尺寸范围
    (mm)                 (mm)                           (mm)
-----------------    -------------     --------     ---------------
尺寸#1  节点 A =  310/节点 B =  321
++++++++++++++++++++++++++++++++++++++++
  55.33   -0.00:0.30   57.68 -0.54        不符         54.81:56.15
尺寸#2  节点 A = 7538/节点 B =72194
++++++++++++++++++++++++++++++++++++++++
  219.54   -0.50:0.50   229.06 -2.24        不符         216.90:222.18
========================================================================
```

图6-38　尺寸摘要报告

温馨提示	摘要报告中的【尺寸#1】实际为Z轴方向的收缩尺寸，【尺寸#2】实际为X轴方向的收缩尺寸。

04　图6-39为尺寸定义的全部报告。从报告图中可见，推荐的收缩率不能满足尺寸公差要求，【尺寸范围】均为【不符】。

```
              完全尺寸摘要报告
              (使用组成收缩)
------------------------------------------------------------------------
        所需的零件           要求的模具                     预期的零件
    尺寸(-/+ 总计)        尺寸(总计)         警告         尺寸范围
         (mm)                 (mm)                           (mm)
    -----------------    -------------     --------     ---------------
      尺寸#1   节点 A =  310/节点 B =  321
    ++++++++++++++++++++++++++++++++++++++++
 X        0.00 -0.00:0.00    -0.63   0.01     -------      -1.17:  1.17
 Y        1.30 -0.00:0.01     0.72 -0.01       不符         0.47:  2.14
 Z       55.32 -0.00:0.30    57.69 -1.04       不符        54.32: 56.62
合计   55.33 -0.00:0.30   57.68 -0.54        不符        54.81: 56.15
      尺寸#2   节点 A = 7538/节点 B =72194
    ++++++++++++++++++++++++++++++++++++++++
 X      201.36 -0.46:0.46   209.58 -3.94       不符       196.73:205.98
 Y       87.49 -0.20:0.20    92.46 -1.19       不符        84.17: 90.80
 Z        0.49 -0.00:0.00    -0.35  0.01     **相符**      -4.06:  5.04
合计 219.54 -0.56:0.50  229.06 -2.24        不符       216.90:222.18
========================================================================
```

图6-39　尺寸总报告

温馨提示	在报告中为什么在X、Y、Z方向上都有计算的值呢？事实上用户在选取点的时候，并不是完全在Z轴方向或X轴方向选取的两个节点，总会有些位置误差。当需要查看报告的时候，仅看预设的Z向值和X向值即可。

05 图6-40为收缩检查图，图中有两个区域显示为红色，即尺寸公差较大区域。结合尺寸总报告图来分析，得知红色区域也是【尺寸#2】使用程序推荐的收缩率，而导致公差在X和Y两个方向上都不能满足要求。

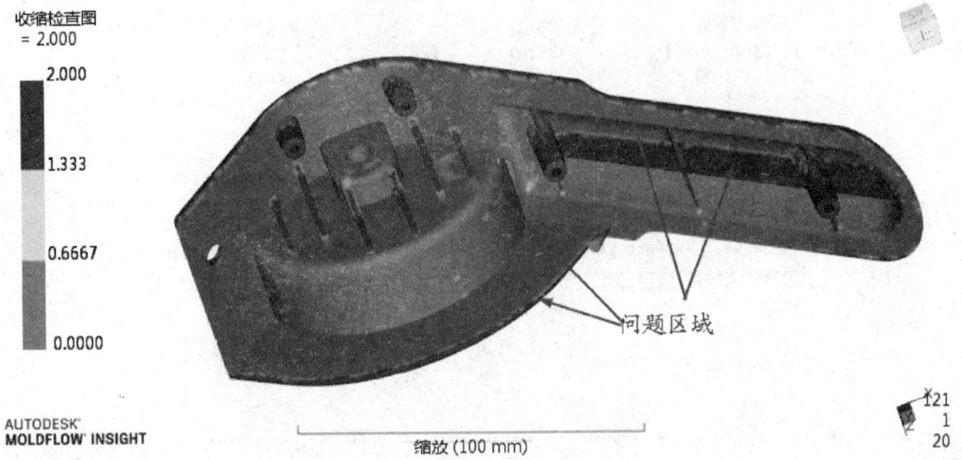

图6-40　收缩信息检查

06 图6-41为总的错误图，图中的【希望值】以蓝色条带显示，而【预期值】则以红色条带显示。可看出，定义的两个尺寸公差范围，其预期值总是高于希望值，再结合报告图查看尺寸#1，不难发现制品的希望值为55.33，而预期值为54.81。

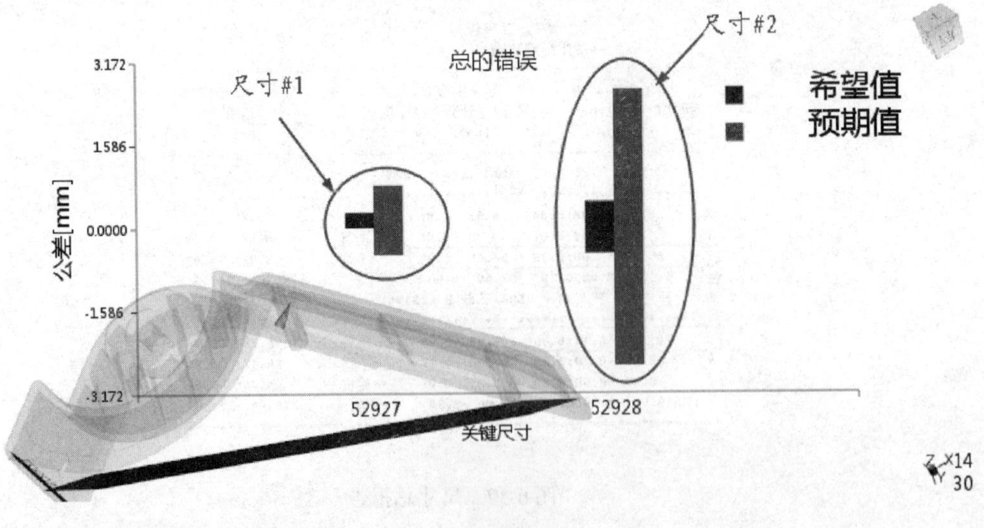

图6-41　总的错误图

07 图6-42为预测的错误显示图，从图中可看出，尺寸#1的希望值与预期值的出入不是很大，而尺寸#2的希望值与预期通的对比表示则是很大的。

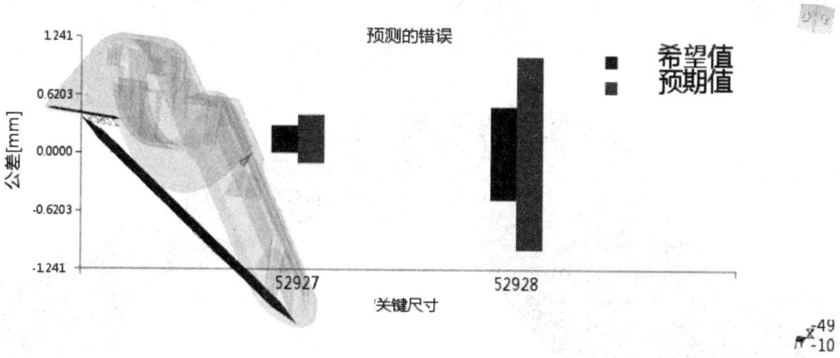

图 6-42 预期的错误图

6. 结论

从初次的 Moldflow 理论值进行的分析结果可以得出如下结论：

（1）从流动分析来看，制件无缺陷。

（2）从收缩分析来看，希望值远低于预期值，可能会造成产品的收缩不一致，在充填末端易产生收缩现象。

第 4 节 优化分析

针对之前得出的初步分析的结论，为优化分析给出了合理的建议，具体如下。

- 浇口位置需要重新设定；
- 工艺设置参数需要重新设置；
- 收缩材料需要重设。

1. 重新设置注射位置

01 在工程视窗复制【qmb. prt_ study（流动 + 收缩）】分析项目，然后重命名为【qmb. prt_ study（优化分析）】，如图 6-43 所示。双击重命名的分析项目，进入该项目的分析环境中。

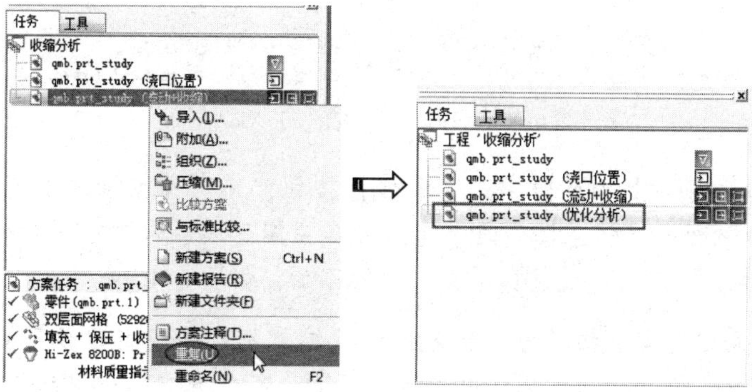

图 6-43 复制项目

02 虽然注射锥位置是最佳的浇口位置，但从初步的充填效果看，溶体流动性并不理想。建议重新把浇口设置在产品的顶部，如图6-44所示。

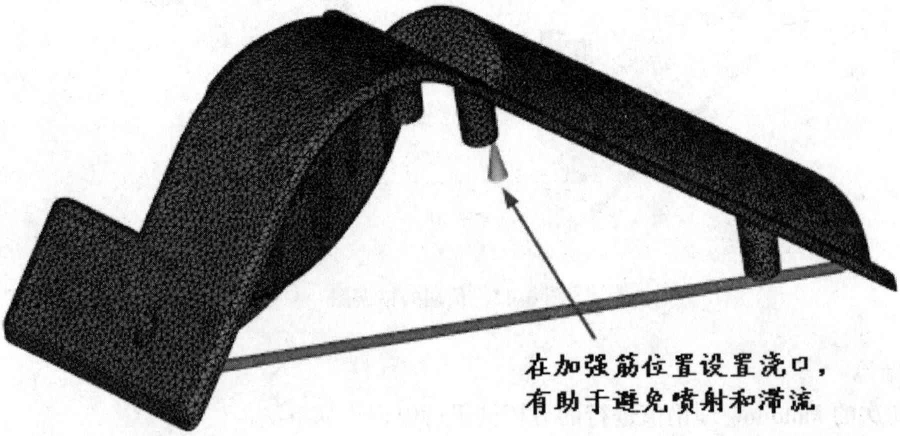

图6-44　重新放置注射锥

2. 更改收缩材料

01 在方案任务视窗中双击材料项目，或者单击【选择材料】按钮，弹出【选择材料】对话框。单击【搜索】按钮，弹出【搜索条件】对话框，如图6-45所示。

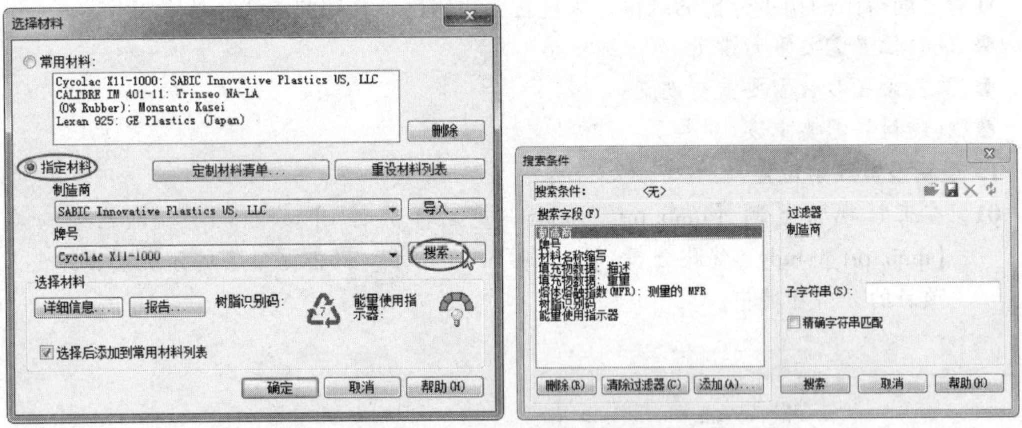

图6-45　打开【搜索条件】对话框

02 单击【搜索条件】对话框中的【添加】按钮，弹出【增加搜索范围】对话框。在该对话框的材料选择范围列表中选择【残余应变收缩数据：平行标准偏差】选项，单击【添加】按钮完成选择范围类型的添加，如图6-46所示。

温馨提示	列表中有4个相同的【残余应变收缩数据：平行标准偏差】范围，第一个范围用户在前面的初步分析中已经使用了，不要再继续使用此范围，应选择第2个相同名称的范围。

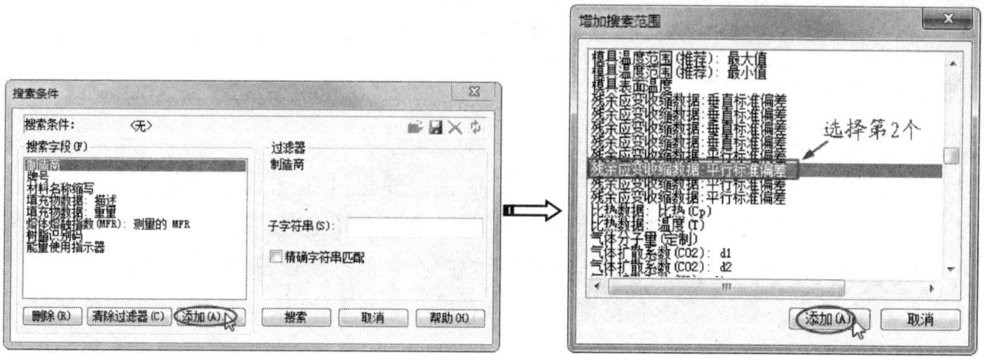

图 6-46 【增加搜索范围】对话框

03 在【搜索条件】对话框中，选择上步骤添加的范围类型，并在右侧区域中输入收缩率的最小值为0.0045，输入最大值为0.005，然后单击【搜索】按钮，如图6-47所示。

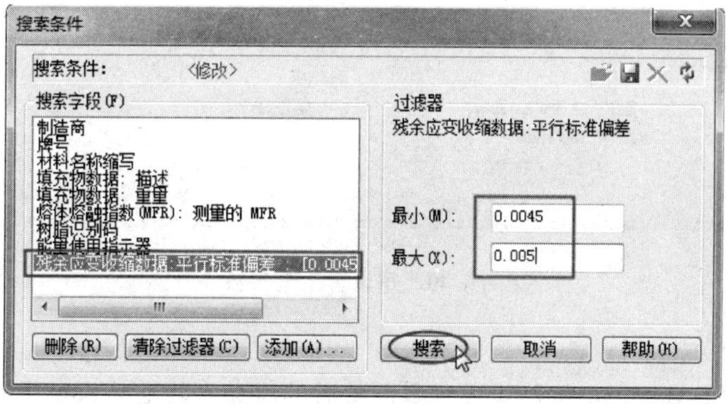

图 6-47 设置收缩公差范围

04 弹出【选择 热塑性塑料】对话框，选择唯一符合要求的材料选项，然后单击【选择】按钮，完成收缩材料的选择，如图6-48所示。

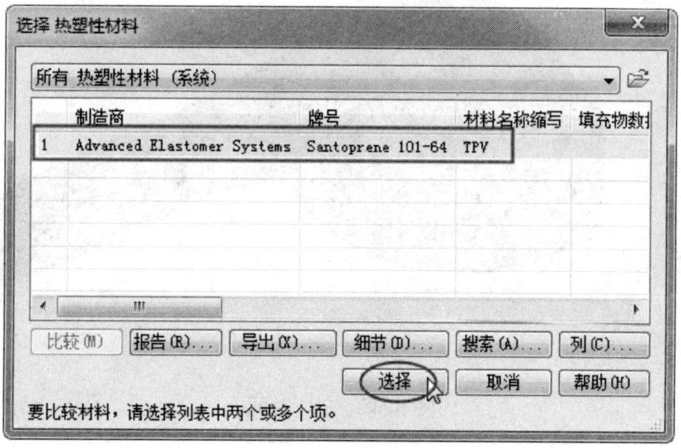

图 6-48 选择收缩材料

温馨提示	如果利用此收缩材料模拟的效果不是很理想，可以尝试其他材料（收缩率相似的）。

3. 重新设置工艺参数

01 在方案任务视窗中双击【工艺设置】项目，弹出【工艺设置向导】对话框。

02 在该对话框中保持默认的模具温度和熔体温度，【速度/压力切换】的控制方式选择【由%充填体积】，单击【确定】按钮完成工艺参数设置，如图6-49所示。

03 设置完成后，在方案任务视窗中单击【开始分析】按钮，程序执行分析计算。

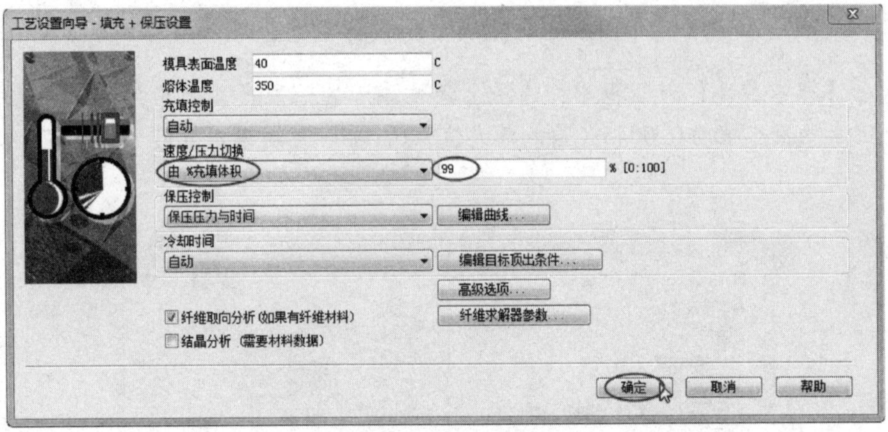

图6-49 重设置工艺参数

4. 结果分析

分析计算结束，Moldflow重新生成方案调整后的流动和收缩分析结果。

(1) 流动分析结果

01 图6-50所示充填时间为1.194s，与自动充填时间1.2s非常接近。

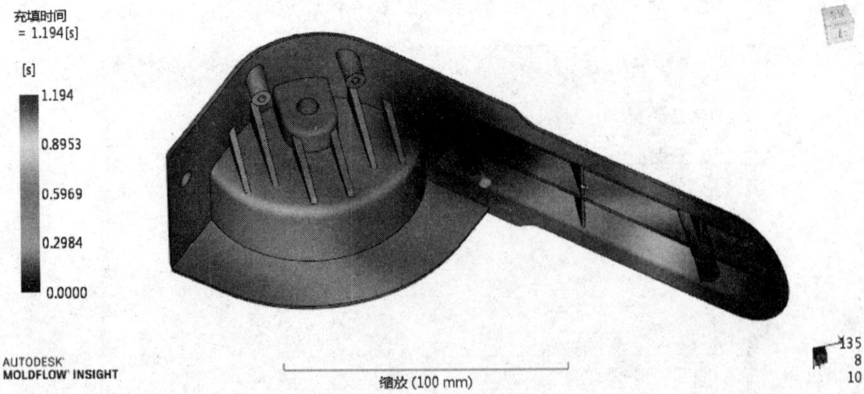

图6-50 充填时间

02 图6-51所示优化分析后，整体的流道前沿温度较之前平衡得多，均在350度左右。

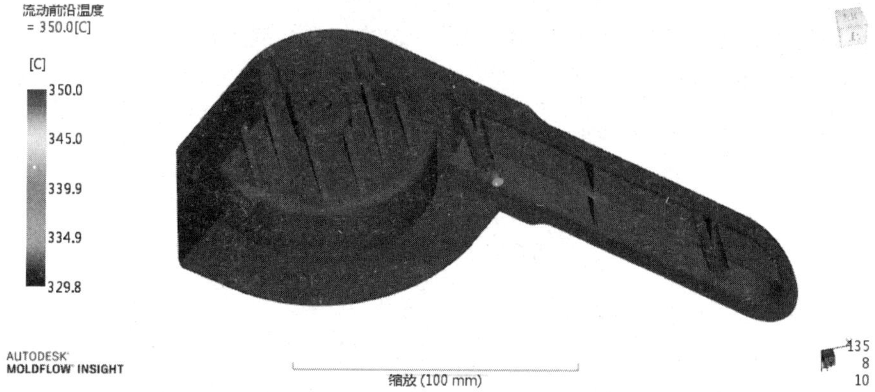

图 6-51 流动前沿温度

03 图 6-52 所示转换点浇口压力为 13.04MPa。图中浇口位置的压力在通过转换点后由 13.04MPa 降低为保压压力 9.779MPa，并在保压压力控制下继续填充整个型腔。

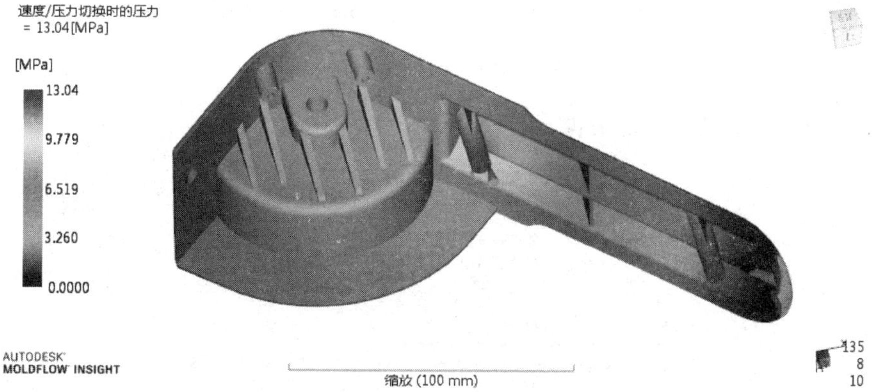

图 6-52 速度/压力切换时的压力

04 图 6-53 所示充填末端压力为 0，说明此处不会产生溢料（飞边）。

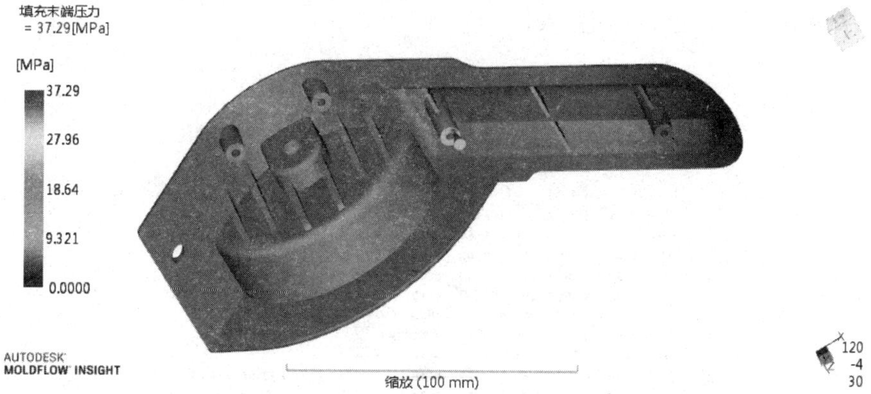

图 6-53 填充末端压力

（2）收缩分析日志

为了更好地解释图像说明，可以先将分析日志的分析结果列出。

图6-54为推荐的0.66%收缩率。

推荐的收缩容差报告 – 整个模型

总计	= 0.66 +/- 0.10 %

图6-54　推荐的收缩率

图6-55为X、Y、Z方向推荐的收缩率。

组成收缩报告

方向	推荐值 [%]	单一值 有效范围 [%]	预期值 公差 [%]	收缩 最小:最大 [%]
X	0.39	0.07:0.71	0.32	0.00:1.32
Y	0.44	0.09:0.80	0.35	0.00:1.36
Z	0.49	0.04:0.93	0.45	0.00:1.36
总计	0.66	0.49:0.83	0.17	0.48:0.89

图6-55　X、Y、Z方向推荐的收缩率

图6-56为尺寸定义的摘要报告。

尺寸摘要报告
（使用推荐的收缩容差）

所需的零件 尺寸(-/+ 总计) (mm)		要求的模具 尺寸(总计) (mm)		警告	预期的零件 尺寸范围 (mm)
尺寸#1　节点 A =　310/节点 B =　321					
55.33	-0.00:0.30	55.74	0.06	**相符**	55.39:55.57
尺寸#2　节点 A = 7538/节点 B =72194					
219.54	-0.50:0.50	220.73	0.14	**相符**	219.18:219.91

图6-56　尺寸摘要报告

图6-57为完全尺寸定义的摘要报告。

完全尺寸摘要报告
（使用组成收缩）

	所需的零件 尺寸(-/+ 总计) (mm)		要求的模具 尺寸(总计) (mm)		警告	预期的零件 尺寸范围 (mm)
尺寸#1　节点 A =　310/节点 B =　321						
X	0.00	-0.00:0.00	-0.00	0.00	-------	-0.18:　0.18
Y	1.30	-0.00:0.01	1.30	-0.00	不符	1.11:　1.50
Z	55.32	-0.00:0.30	55.73	-0.10	不符	55.22: 55.72
合计	55.33	-0.00:0.30	55.74	0.06	**相符**	55.39: 55.57
尺寸#2　节点 A = 7538/节点 B =72194						
X	201.36	-0.46:0.46	202.33	-0.18	不符	200.66:202.05
Y	87.49	-0.20:0.20	88.25	-0.11	不符	86.71: 88.27
Z	0.49	-0.00:0.00	0.59	-0.00	不符	-0.49:　1.47
合计	219.54	-0.50:0.50	220.73	0.14	**相符**	219.18:219.91

图6-57　尺寸总报告

从上述报告图中可看出，两个方向的收缩尺寸能满足尺寸公差要求，同时，在满足公差要求的尺寸上给出了模具型腔的合理尺寸。

温馨提示	在日志中的数据结果不一定准确，这里仅介绍了分析过程。若需要得出合理的分析结果，还需要参考实际数据以及工程人员的经验等。

（3）收缩图像分析

01 图6-58为收缩检查图，从收缩的结果看，明显要好过先前初步分析的结果，绝大部分区域在预设的公差范围内产生收缩，仅有极小区域收缩超出预设值，不过不影响整体效果。

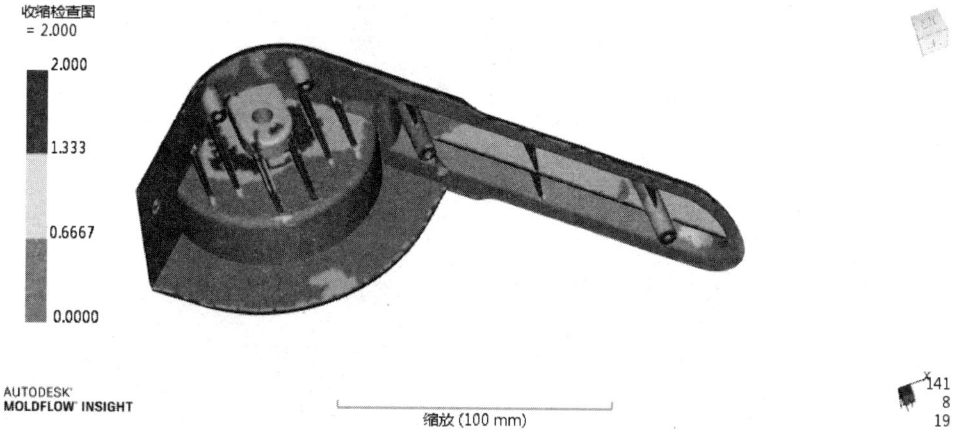

图6-58　收缩信息检查

02 图6-59为总的错误图，不难发现希望值已超出了预期值，说明收缩分析的效果是非常理想的。

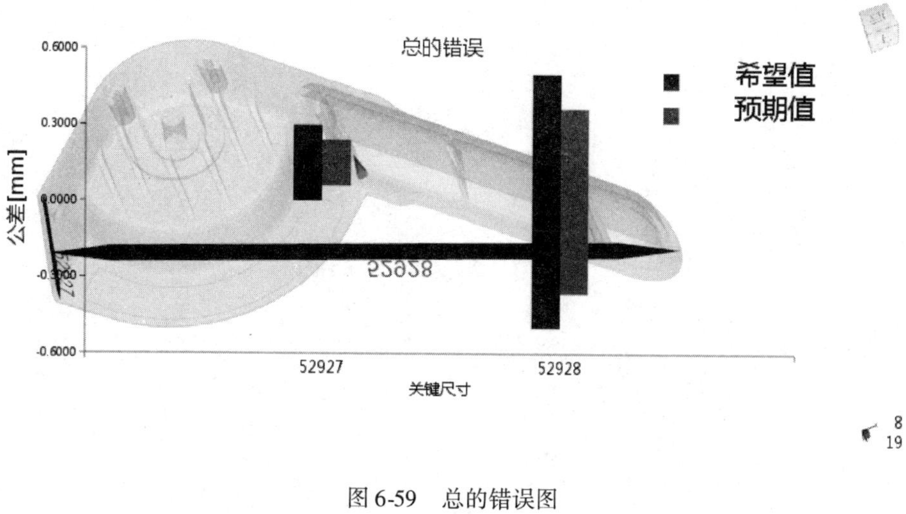

图6-59　总的错误图

03 图6-60为预测的错误显示图，从图中可看出，尺寸#1和尺寸#2的希望值比预期值高出很多。

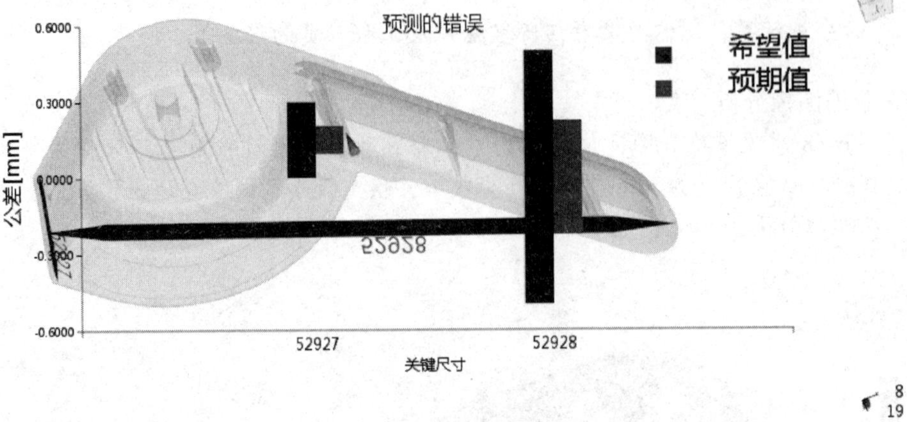

图6-60 预期的错误图

第 7 章

流道平衡分析

本章导读

本章中范例产品为两件组合模型，根据设计要求利用 Moldflow 分析工具，对模具的浇注系统进行平衡和优化设计，并确定流道横截面。

案例展现

ANLIZHANXIAN

案 例 图	描 述
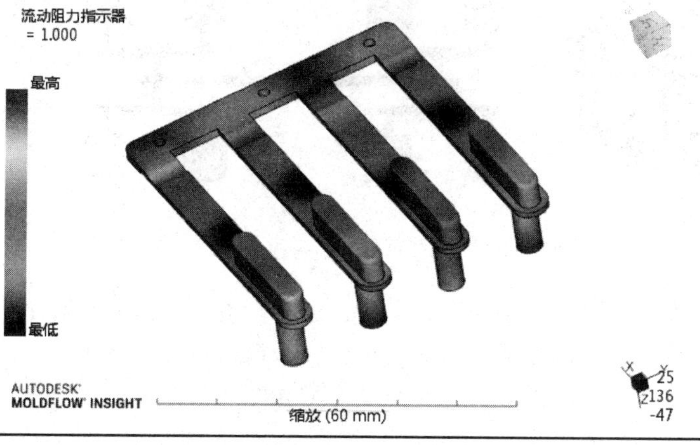	由于组合模型为非对称模型，因此在进行组合型腔布局之前先找到两组件模型的最佳浇口位置，以保证在初步分析中起到参考作用。用户从分析结果中得到最佳浇口位置，是基于单点浇口进行分析的。如果产品体积较大，或是面积较大，那么就不能再设置成单浇口了，必须设计成平衡布局的多浇口
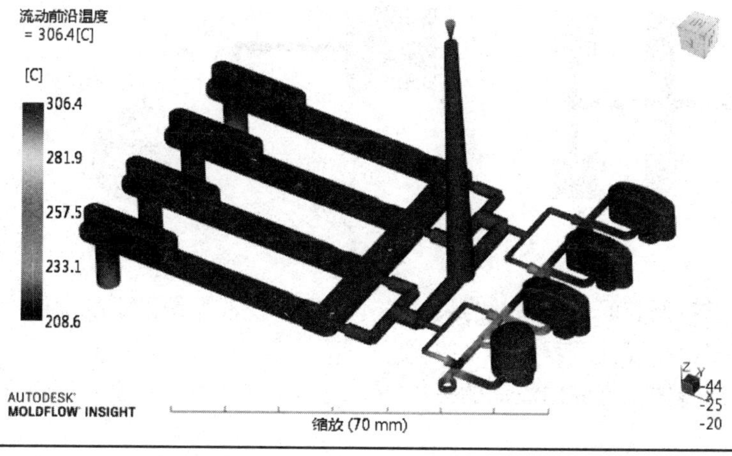	流道平衡分析通过约束条件的限制和不断逼近的迭代计算，来调整分流道的截面尺寸，从而达到平衡熔体流动的目的。但是，流道平衡分析仅仅是改变分流道的尺寸，而对主流道和浇口则不作调整。因此，主流道和浇口的尺寸必须由用户根据实际经验来获取

第 1 节 流道平衡设计原则

在一模多腔或组合型腔的注塑成型生产过程中，熔体在浇注系统中流动的平衡性是很重要的。若熔体能够在同一时间内完成对模具各个型腔的充填，那么这个浇注系统就是平衡。平衡的浇注系统不仅可以保证产品的良好质量，还能保证各个型腔内的产品质量均衡性。

对于一模多腔或组合型腔的模具，浇注系统的平衡性是与模具型腔、流道的布局息息相关的。通常情况下，型腔和流道的布局按平衡原理可分为以下两种类型。

- 自然平衡布局。
- 人工平衡布局。

所谓自然平衡布局，就是按照几何学平衡原理自然形成的布局。自然平衡流道系统中从直流道入口到每个模腔的流动长度都是相同的。

通常自然平衡流道系统比人工平衡的流道系统有更广的成型窗口（模流分析时能够获得合格产品的成型工艺条件范围，称为“成型窗口”，包括产品形状、材料、浇口设定、模温及注射时间等)。自然平衡布局按布局形式也可分为直线陈列和环形陈列，如图 7-1 所示。

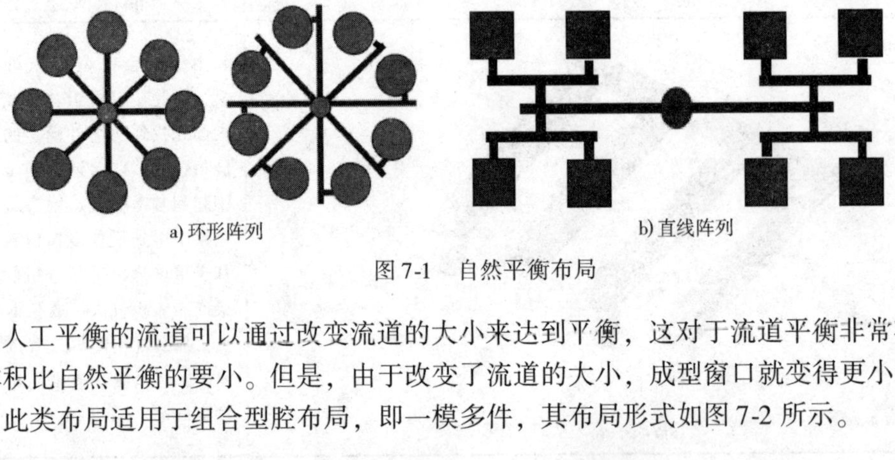

a) 环形阵列　　b) 直线阵列

图 7-1　自然平衡布局

人工平衡的流道可以通过改变流道的大小来达到平衡，这对于流道平衡非常有用，且流道体积比自然平衡的要小。但是，由于改变了流道的大小，成型窗口就变得更小了。

此类布局适用于组合型腔布局，即一模多件，其布局形式如图 7-2 所示。

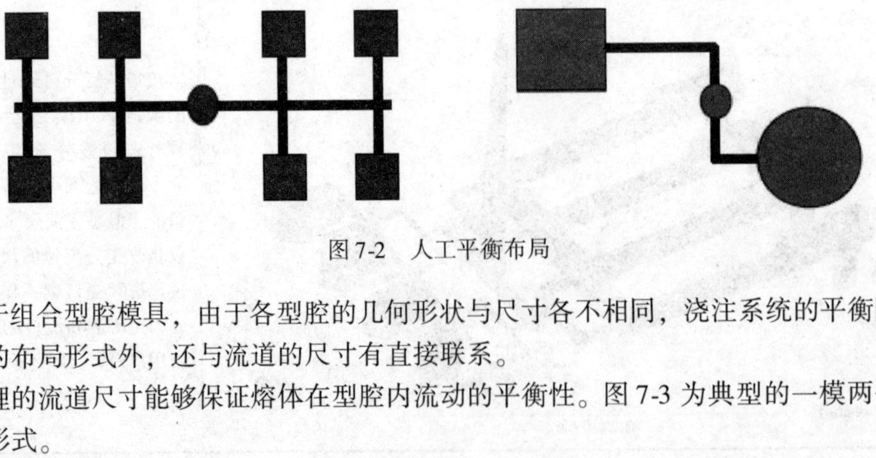

图 7-2　人工平衡布局

对于组合型腔模具，由于各型腔的几何形状与尺寸各不相同，浇注系统的平衡除了型腔与流道的布局形式外，还与流道的尺寸有直接联系。

合理的流道尺寸能够保证熔体在型腔内流动的平衡性。图 7-3 为典型的一模两件组合型腔布局形式。

Moldflow 系统提供了有效的流道平衡分析模块 Runner Balance，将 Runner Balance 流动平衡分析模块与 Flow 流动模块相结合，可优化浇注系统。

优化后的浇注系统可以达到以下基本要求。

- 保证各型腔在填充时间上保持一致性；
- 保证均衡保压；
- 保持合理的充填压力；
- 优化流道容积，节省填充料。

图 7-3　组合型腔布局

技巧点拨	流道平衡设计模块 Runner Balance 仅仅针对中性面模型 Midplane 和表面模型 Fusion，平衡分析也只是调整流道的尺寸。

第 2 节　Moldflow 连接器流道平衡分析案例

本小节将以两件组合模型为例，根据设计要求利用 Moldflow 对模具的浇注系统进行平衡和优化设计，并确定流道横截面。

一、设计任务

下面将对案例所涉及的两个连接器模型的参数，尺寸以及设计要求进行介绍，具体如下。

设计题目：连接器塑料注射成型

产品 3D 模型图。如图 7-4 所示。

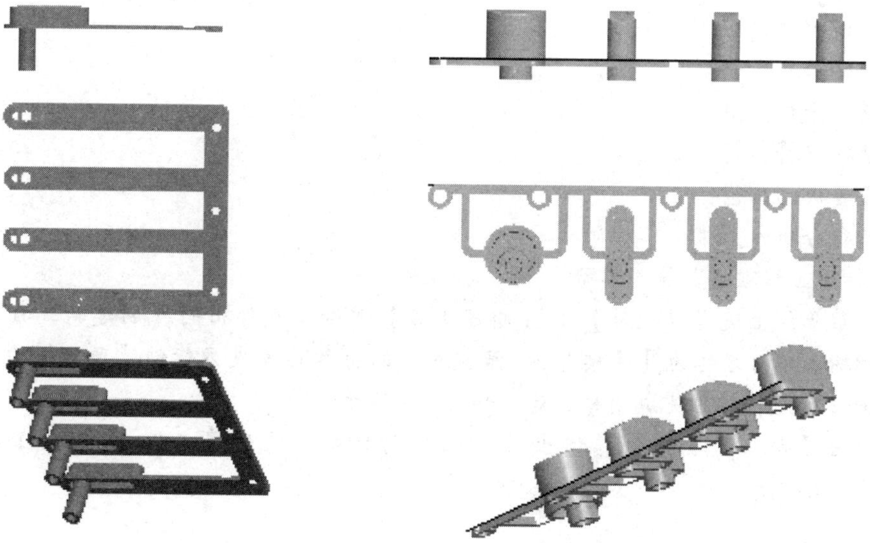

图 7-4　连接器模型

在本例中，包含两个模具产品模型，其尺寸如下：

模型 car1：外形尺寸 53.8 mm×51.3 mm×16mm

最大壁厚 3.9mm；最小壁厚 1.2mm

模型 car2：外形尺寸 61.5 mm×14.7mm×7mm；均匀壁厚 1.005mm

设计要求：

- 1. 材料：ABS；
- 2. 缩水率：0.005 mm；
- 3. 设计要求：无明显短射、滞留、气穴等缺陷；
- 4. 模具布局：一模两件；
- 5. 生产纲领：5000 件/年。

二、最佳浇口位置分析

由于组合模型为非对称模型，因此在进行组合型腔布局之前，需先找到两组件模型的最佳浇口位置，以保证在初步分析中起到参考作用。用户从分析结果中得到最佳浇口位置，是基于单点浇口进行分析的，如果产品体积较大，或面积较大，那么就不能再设置成单浇口了，必须设计成平衡布局的多浇口。本案例进行最佳浇口位置分析的目的，就是希望大家明白两者之间的区别。

练习文件路径：结果文件 \ Ch07 \ car1. prt 与 car2. prt

演示视频路径：视频 \ Ch07 \ 流道平衡分析 . avi

最佳浇口位置分析分为两部分，首先分析模型 car1，然后分析模型 car2。

1. 模型 car1 的浇口位置分析

(1) 分析前期处理

浇口位置分析的准备工作可以按照以下步骤来完成。

- 导入 CAD 模型；
- 网格模型的创建；
- 网格修复处理；
- 设定分析类型；
- 选择材料；
- 设置成形工艺；
- 运行分析。

01 新建工程项目并导入模型。

- 在菜单栏上选择【文件】|【新建工程】命令，在弹出的【创建新工程】对话框中输入项目名称为【连接器】，保留默认的存放目录或另行创建项目保存目录，单击【确定】按钮完成项目创建，如图 7-5 所示。
- 单击【导入】按钮，弹出【导入】对话框，然后将文件 car1. prt. 1 打开，如图 7-6所示。

图 7-5　创建新项目

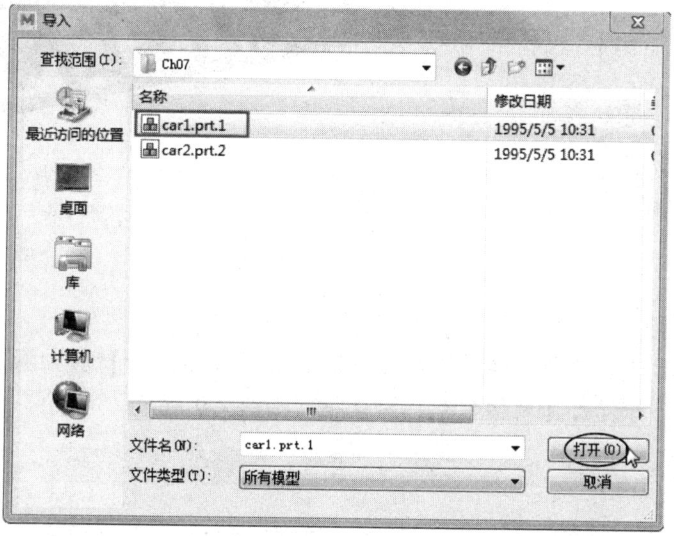

图 7-6 选择要导入的模型文件

温馨提示	“. prt. 1”格式是 CREO 软件的输出模型文件。为什么该文件的括展名中有个编号 1 呢？因为计算机中如果有同为三维软件输出格式也为 prt 时，会在相同格式的后缀位置添加编号加以辨别。

● 在弹出的【导入】对话框中选择【双层面】网格类型，然后单击【确定】按钮完成模型的导入，如图 7-7 所示。

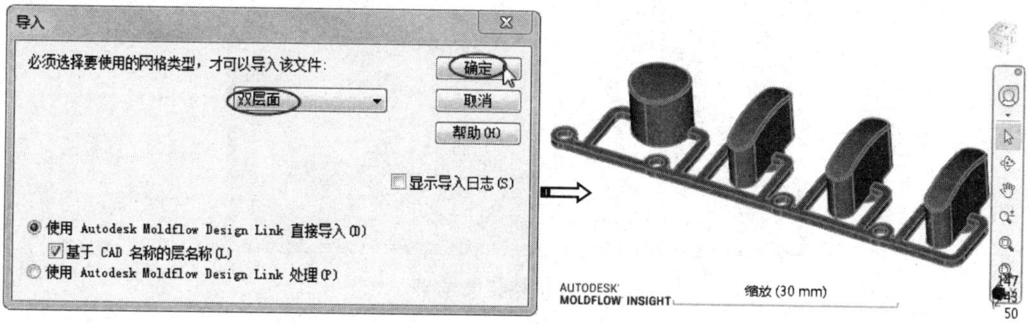

图 7-7　完成导入

02 即可生成有限元网格。

- 导入模型后，在【网格】选项卡单击【生成网格】按钮，在工程视窗的【工具】选项卡中弹出网格操作界面。
- 设置全局边长为0.25mm，单击【立即划分网格】按钮，自动生成有限元网格，如图7-8所示。

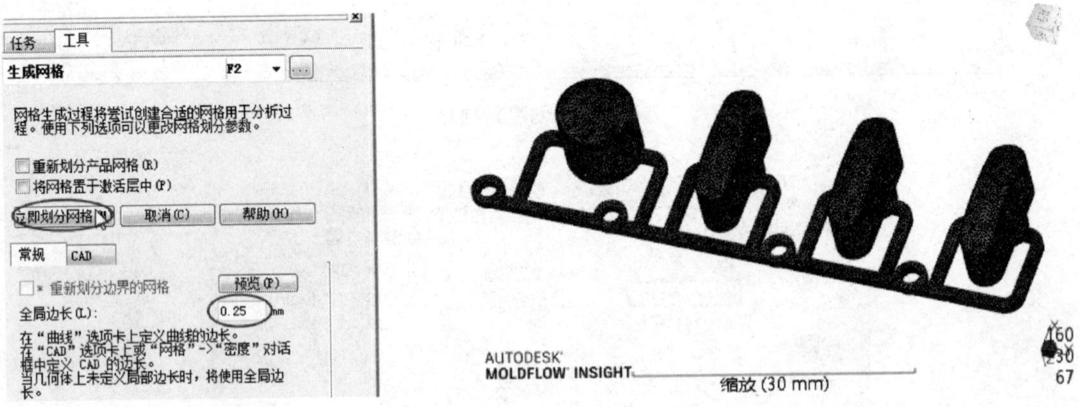

图7-8 生成有限元网格

03 下面进行网格统计。

- 网格生成后还需进行网格统计、检查。单击【网格统计】按钮，Moldflow将对网格进行统计并弹出【网格信息】对话框，如图7-9所示。

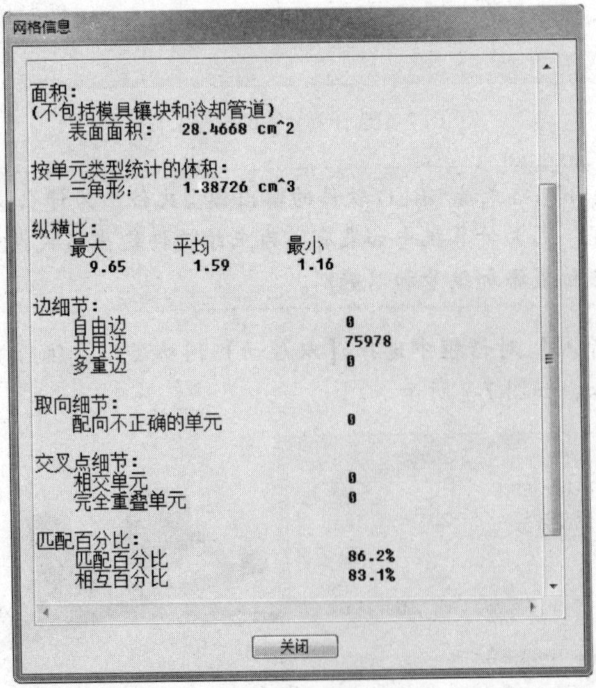

图7-9 网格诊断结果

- 在【网格信息】对话框中可看见网格模型状况良好，无任何网格缺陷。

04 设定分析类型。

- 网格统计后，按照分析步骤将设定分析的类型，首先单击【分析序列】按钮，弹出【选择分析序列】对话框。
- 在分析类型列表中选择【浇口位置】选项，单击【确定】按钮完成设置，如图 7-10 所示。

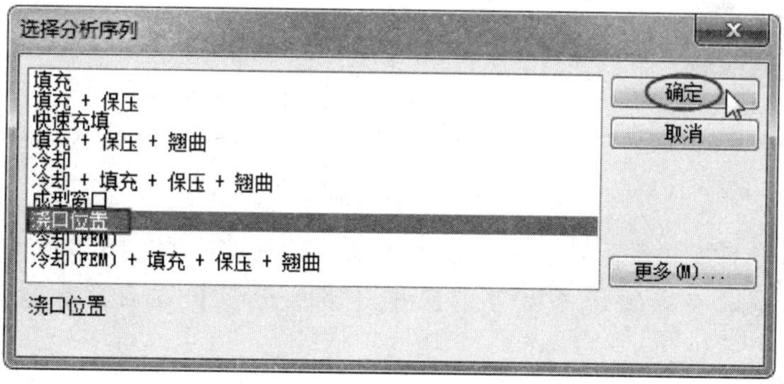

图 7-10 选择分析序列

05 要选择材料，则单击【选择材料】按钮，在弹出对话框中的【制造商】下拉列表中选择制造商为 GE Plastics（Japan），牌号保持默认设置。然后单击【确定】按钮，完成材料的选择，如图 7-11 所示。

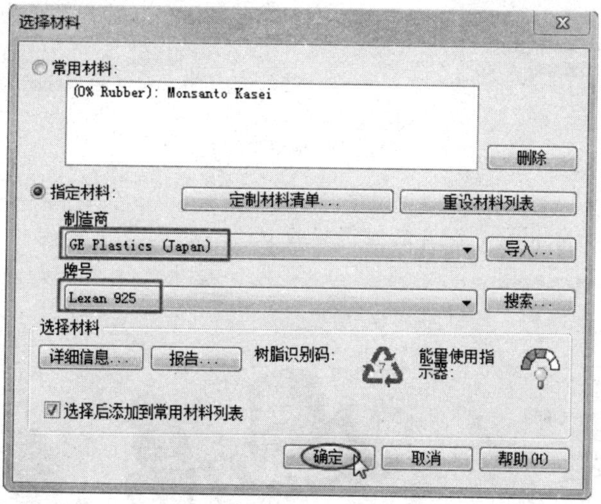

图 7-11 选择材料

06 设置成型工艺。

- 工艺过程参数一般采用程序的默认设置，如果按照实际生产中的注射机牌号进行参数设定，则要对注射机的几个模块参数进行设置，如填充控制、螺杆速度控制步数和压力控制步数等。
- 在模型显示区左边的方案任务窗口中，双击【工艺设置】项目，弹出【工艺设置向导 – 浇口位置设置】对话框，若要对部分参数进行设置，可单击【编辑】按钮，设置工艺过程参数。

- 本案例将设置 4 个浇口，单击【确定】按钮完成成型条件的设置，如图 7-12 所示。

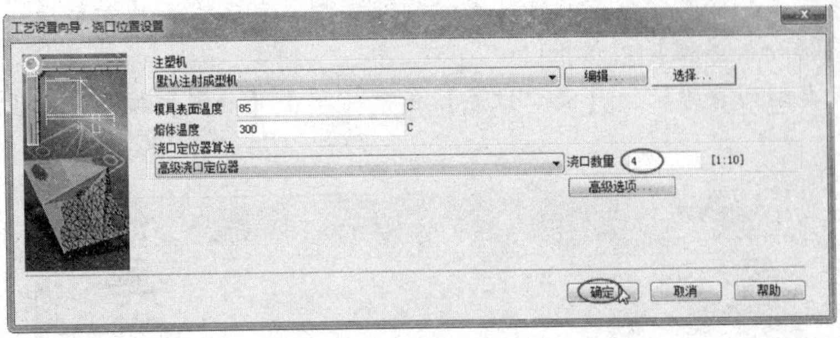

图 7-12 【工艺设置向导】对话框

07 在完成分析操作后，即可进行分析计算，整个解算器的计算过程由 Moldflow 程序自动完成。在方案任务窗口中双击【开始分析】项目，解算器开始运算，如图 7-13所示。

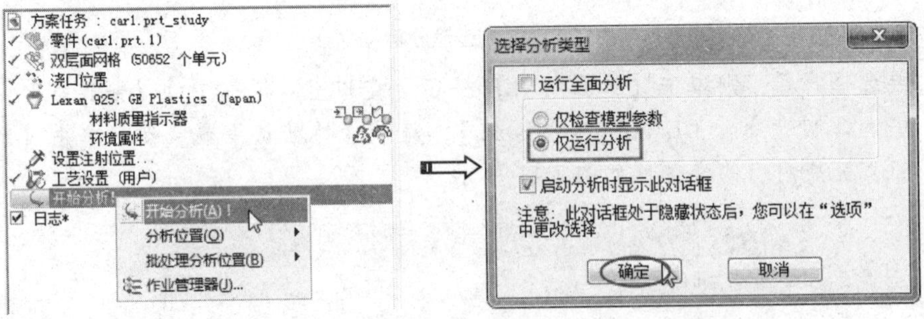

图 7-13 运行分析

(2) 结果分析

01 计算结束后，Moldflow 生成最佳浇口位置结果，在方案任务视窗中可看见分析的项目结果，结合流动阻力指示器图，可见阻力最小的区域就是浇口位置区域，大概 4 个区域（红色圈内），如图 7-14 所示。

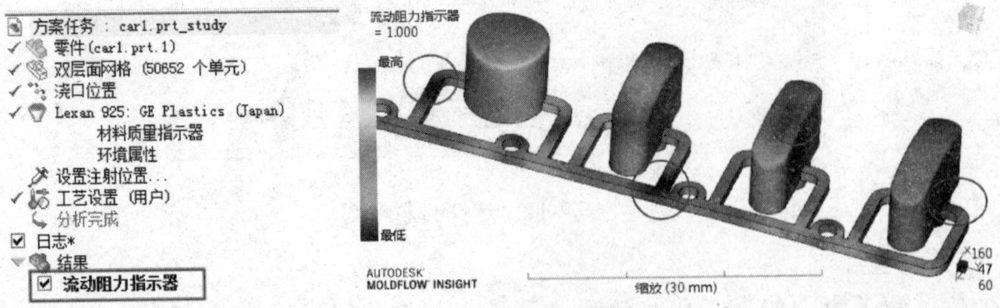

图 7-14 最佳浇口位置区域

02 从结果可见浇口分布不均匀，不容易设计成平衡的流道。但从上图得知，有 3 个区域在同一平面上，这为接下来的充填分析提供了较好的参考。

03 浇口位置分析后，在工程视窗中将会自动创建新的子项目 car1. prt_ study（浇口位置），双击新的子项目，可以查看注射锥位置，如图 7-15 所示。

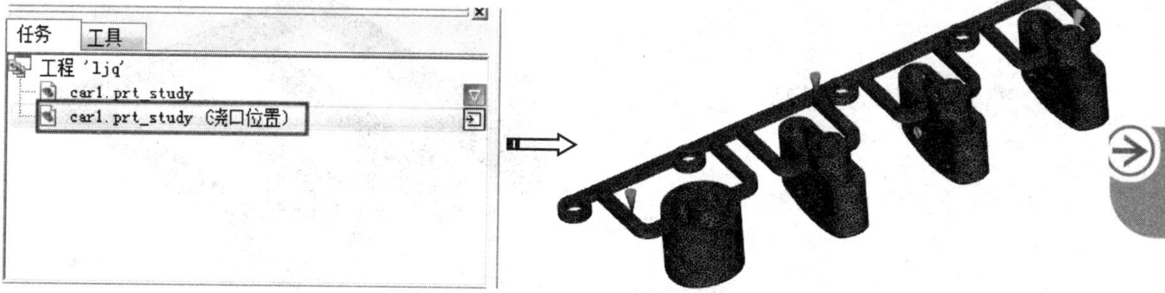

图 7-15 最佳浇口位置的注射锥

2. 模型 car2 的浇口位置分析

（1）分析前期处理

浇口位置分析的前期分析处理，按照以下步骤来完成。

- 导入 CAD 模型；
- 网格模型的创建；
- 网格修复处理；
- 设定分析类型；
- 选择材料；
- 设置成形工艺；
- 运行分析。

01 单击【导入】按钮，弹出【导入】对话框，然后将源文件 car2. prt 打开，如图 7-16 所示。

02 在弹出的【导入】对话框中选择【双层面】选项，然后单击【确定】按钮完成模型的导入，如图 7-17 所示。

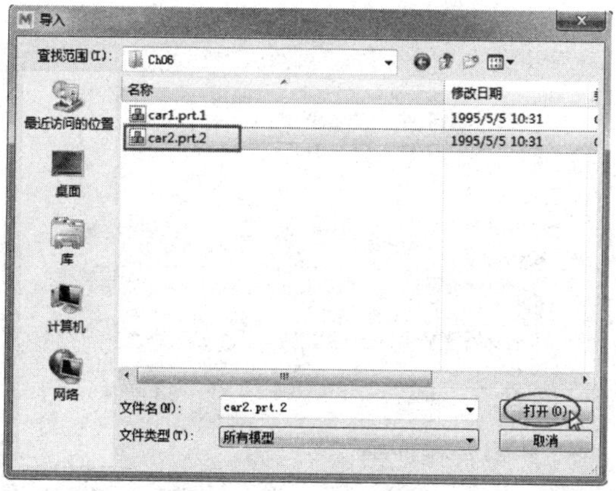

图 7-16 选择导入的文件

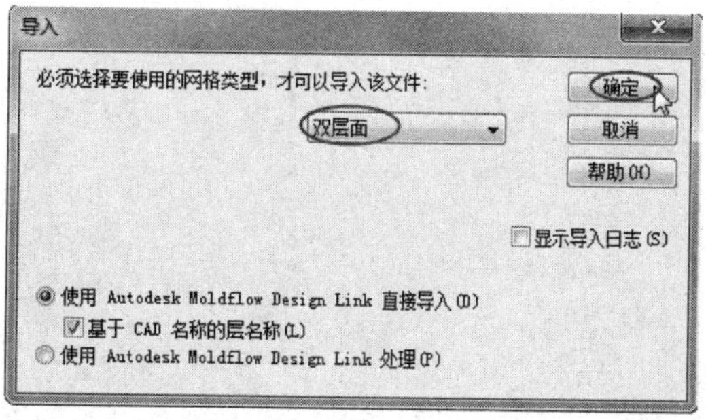

图 7-17 选择网格类型

03 要生成有限元网格，则单击【生成网格】按钮，在工程视窗的【工具】选项卡中弹出网格操作界面，设置全局边长为 0. 4mm，然后单击【立即划分网格】按钮，在图形编辑区中自动创建有限元网格模型，如图 7-18 所示。

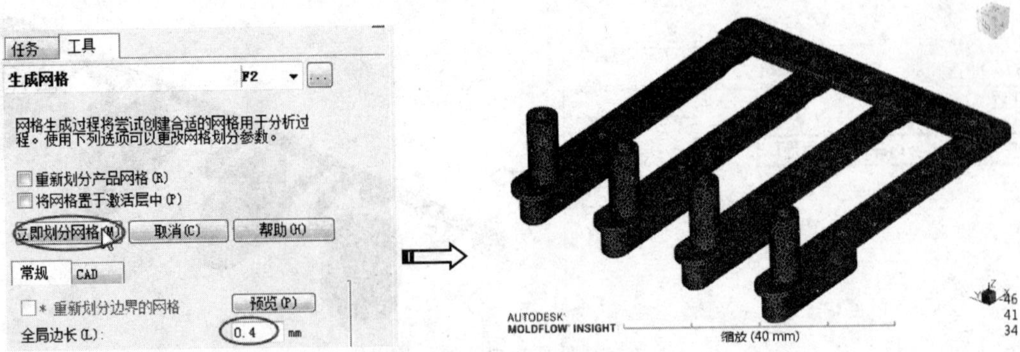

图 7-18　生成有限元网格

04 网格生成后，还需进行网格统计、检查。选择菜单栏上的【网格】|【网格统计】命令或单击工具栏上的【网格统计】按钮，程序立即对网格进行统计并弹出【网格信息】对话框，如图 7-19 所示。从统计结果中可以看出，网格质量非常好。

05 要设定分析类型，则在【主页】选项卡单击【分析序列】按钮，弹出【选择分析序列】对话框，在分析类型列表中选择【浇口位置】选项，单击【确定】按钮完成设置。

06 单击【选择材料】按钮，在弹出的对话框中选择与前一个模型相同的材料：GE Plastics（Japan），牌号保持默认设置。单击【确定】按钮完成材料的选择，如图 7-20所示。

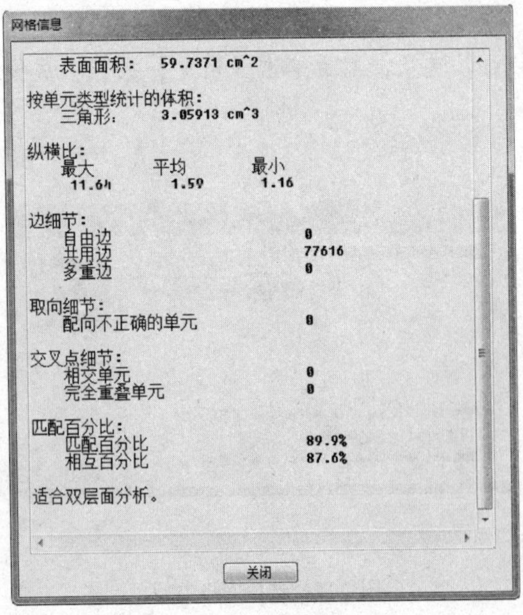

图 7-19 网格诊断结果

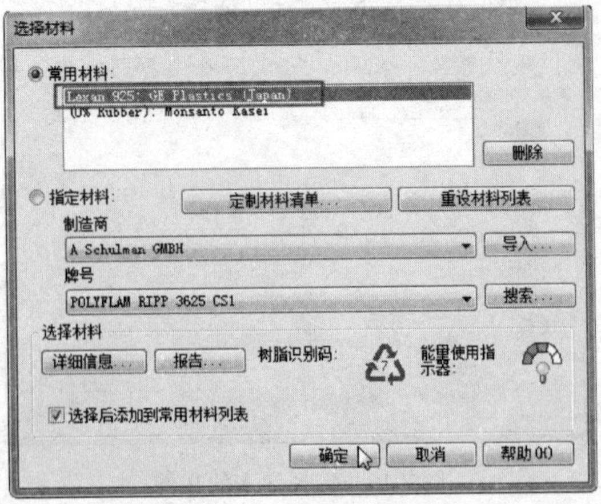

图 7-20　选择材料

07 保留与前一个模型相同的成型工艺设置参数，如图 7-21 所示。

08 在完成分析前的操作之后，即可进行分析计算，整个解算器的计算过程是由 Moldflow 程序自动完成。在方案任务窗口中双击【开始分析】项目，解算器开始运算。

图 7-21 设置工艺参数

(2) 最佳浇口位置结果分析

01 计算结束后，Moldflow 生成最佳浇口位置结果，结合流动阻力指示器的结果，分析最佳浇口位置，如图 7-22 所示。

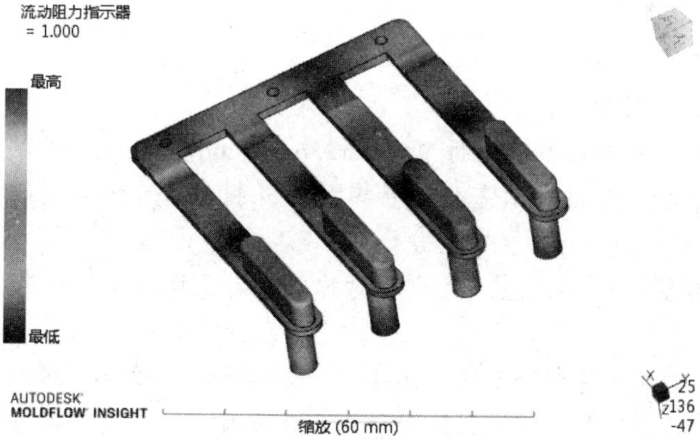

图 7-22 流动阻力指示器的结果

02 在文字信息中浇口最佳位置的节点如图 7-23 所示。在工程视窗中双击“car2. prt_study（浇口位置）”项目，可在网格模型中找到节点所在位置（以注射锥表示）。

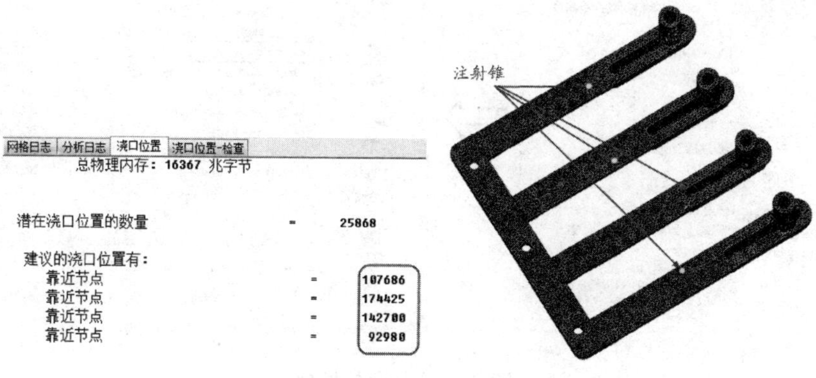

图 7-23 最佳浇口位置的注射锥

三、组合型腔的充填分析

组合型腔的充填分析是基于两个模型的最佳浇口位置分析基础之上的。因此完成了最佳浇口位置的分析以后，接下来还要将分析结果复制，作为充填分析的基本分析模型。

方案产品的充填分析过程也由两部分组成：分析前期处理和结果分析。

1. 分析前期处理

组合型腔的充填分析是在最佳浇口位置分析的基础之上进行的，主要有以下几个内容。

- 复制【浇口位置】基本分析模型；
- 创建型腔布局；
- 分析类型及顺序的设定；
- 浇口位置的设定；
- 创建浇注系统；
- 工艺过程参数设置；
- 计算分析。

（1）复制基本分析模型

01 在工程视窗中右击创建的分析模型 car2. prt_ study，在弹出的快捷菜单中选择【重复】命令，程序自动完成基本分析模型的复制。然后将复制的基本分析模型重命名为【组合型腔_ study（充填分析）】。

02 添加分析模型。组合模型形状为非对称，确定了型腔及流道布局为人工平衡布局方式。

- 在工程视窗中双击【组合型腔_ study（充填分析）】项目，然后单击【添加】按钮，弹出【选择要添加的模型】对话框，在项目工程保存路径中找到 car1prt_ study. sdy 方案，并将其打开，如图 7-24 所示。

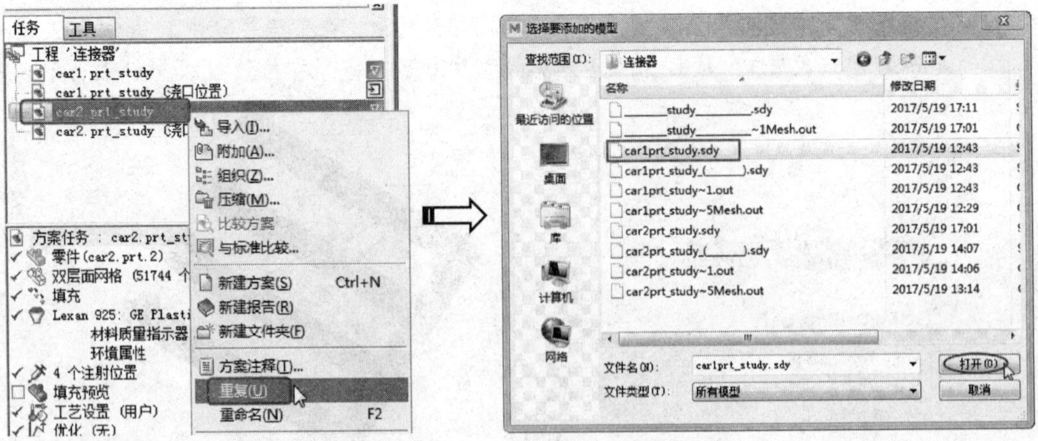

图 7-24　添加分析模型

- 查看导入后图形编辑区的模型状态，如图 7-25 所示。

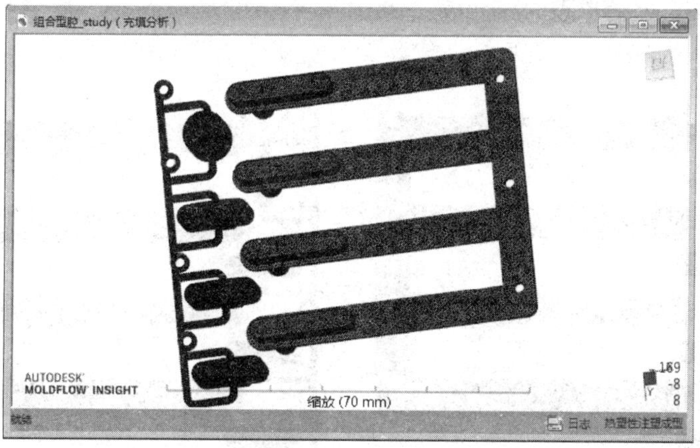

图 7-25 导入后的模型状态

(2) 创建型腔布局

模型导入后，还需要进行合理的布局。

01 在图层管理区将【网络节点】的选项关闭。

02 在【几何】选项卡【实用程序】面板中选择【移动】|【平移】选项，随后在工程视窗的【工具】选项卡中显示平移操作选项，如图 7-26 所示。

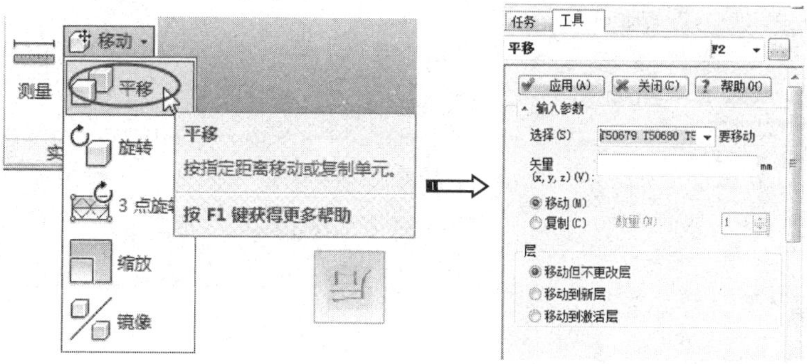

图 7-26 执行平移操作

03 将图形编辑区中的 car2 模型的所有节点与三角形选中，如图 7-27 所示。

04 接着在【工具】选项卡中将【输入参数】选项组下的【矢量 (x、y、z) (V)】选项激活，随后弹出【测量】对话框，如图 7-28 所示。

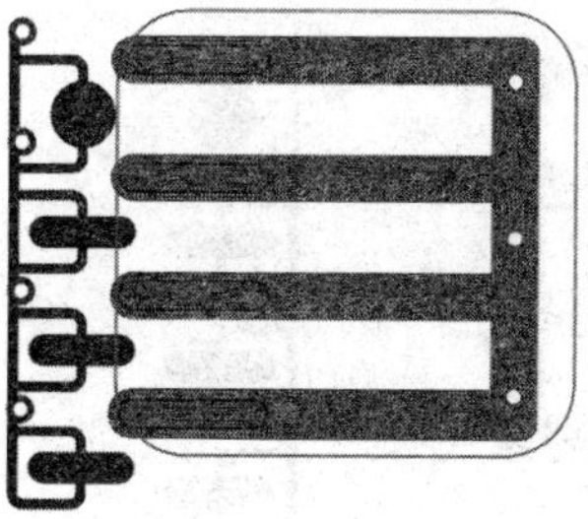

图 7-27 选中 car2 模型的节点和网格单元

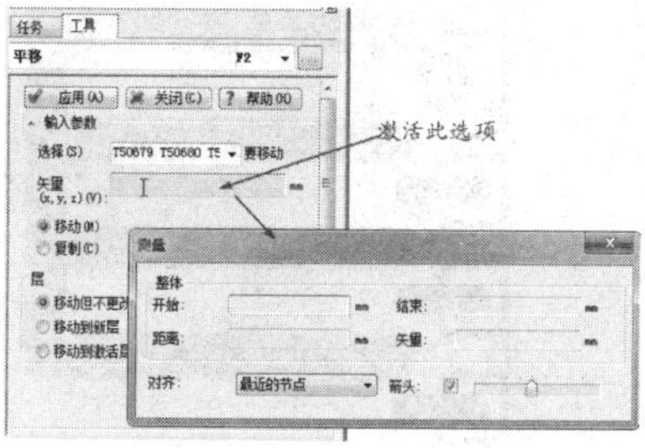

图 7-28 打开【测量】对话框

05 在 car2 模型上选择两个有一定距离的节点作为移动参照，选取后会显示矢量方向箭头，如图 7-29 所示。

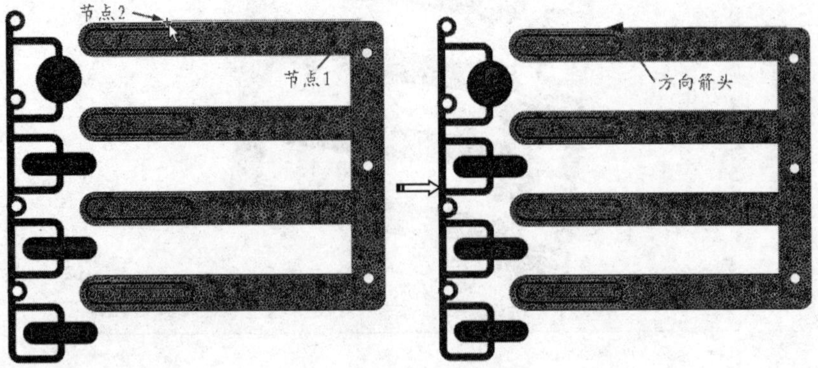

图 7-29 指定矢量参考

06 同时，测量得到的相对坐标值会自动显示在【矢量（x、y、z）（V）】数值框内，如图 7-30 所示。而且在【测量】对话框中也显示出所选节点的位移量，如图 7-31 所示。

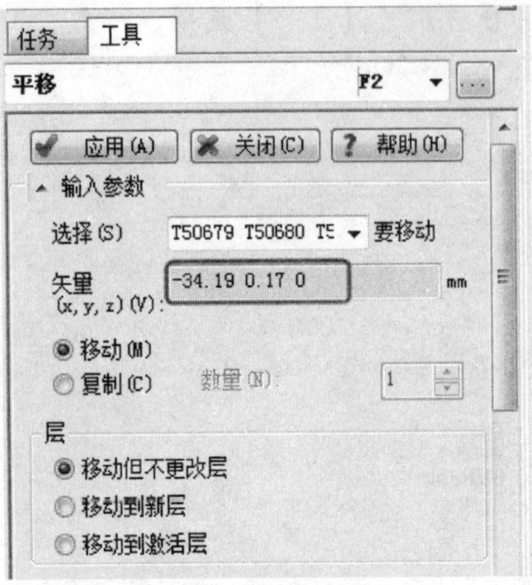

图 7-30 显示位移量数据

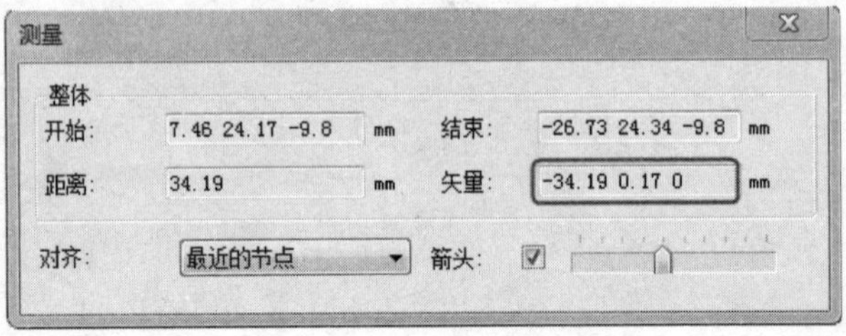

图 7-31 【测量】对话框显示位移量数据

07 在【矢量（x、y、z）（V）】数值框内将 X 轴坐标值由 –34.19 修改为 –94.19，然后单击【应用】按钮，程序将自动完成网格模型的平移，如图 7-32 所示。

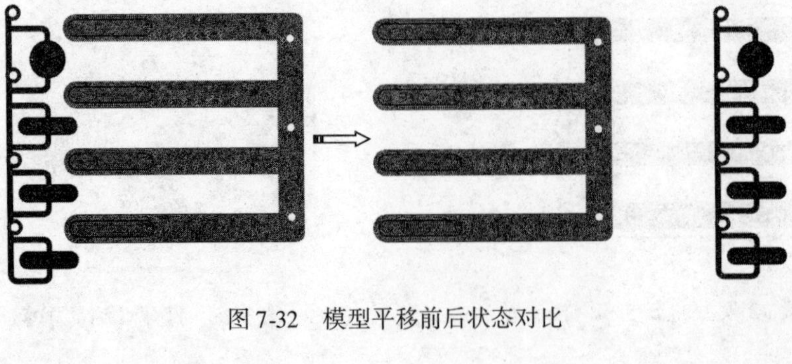

图 7-32 模型平移前后状态对比

> **温馨提示**
>
> 在选择节点作为位移考量时，需注意起始节点与终止节点的选择顺序，选择顺序即代表了平移矢量方向。此外，如果是水平或垂直平移，那么就必须在一条直线上依次选择两参考节点，否则，若是斜向选择两节点，那么模型的平移结果将是斜向平移的。

（3）分析类型及次序的设定

01 单击【分析序列】按钮，弹出【选择分析序列】对话框。

02 在对话框中选择【充填】类型后，单击【确定】按钮，在方案任务视窗中分析类型由【浇口位置】变成了【充填】，如图7-33所示。

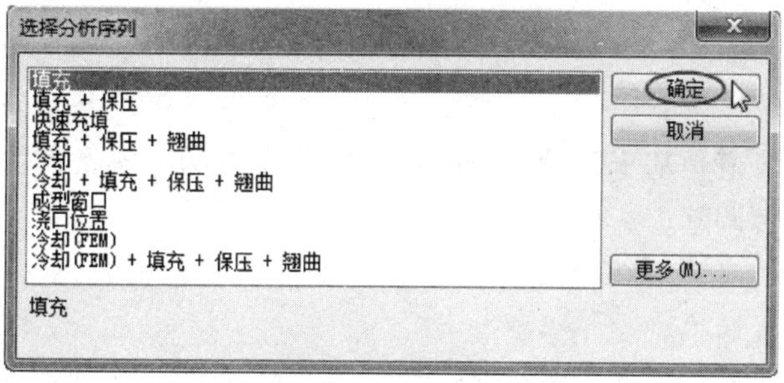

图7-33　选择分析类型

（4）浇口位置的设定

01 由于继承了先前基本分析模型的参数，所以此时可跳过材料选择步骤，直接进行浇口位置的设定。

> **温馨提示**
>
> 首先，从模型的形状可得知，两个模型都是由多个类似的小特征组合排列而成。如只设置一个浇口（在最佳浇口位置处），充填结果必然产生制件缺陷，即不平衡充填。将两个模型假设为8个小模型的排列组合，那么，可按照型腔和流道平衡布局形式进行浇口位置的设定。在Moldflow中，型腔和流道的平衡布局可由程序自动生成，也可进行人工创建，自动生成的布局为自然平衡布局，人工创建的布局为人工平衡布局，本例按照自然平衡布局来进行。

02 在方案任务视窗中双击【设置注射位置】项目，然后在模型中选择节点以创建注射位置。首先注射位置节点选择在模型的最底边，然后在模型car2的4个主要特征中心位置上进行设置即可，如图7-34所示。

03 而模型car1的注射位置节点只需将其设置在距离大致相等的位置上即可，如图7-35所示。

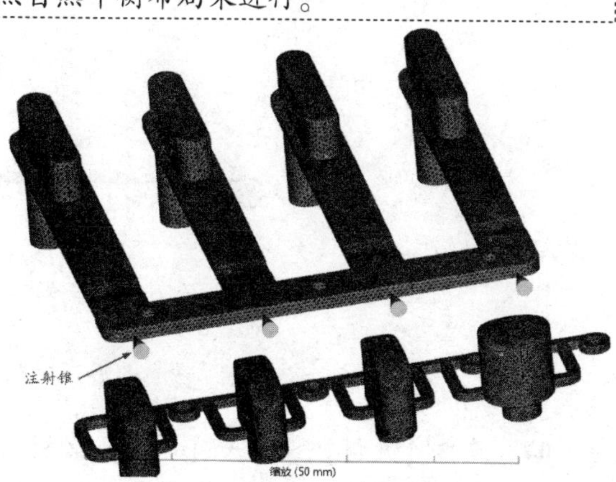

图7-34　设定模型car2注射位置

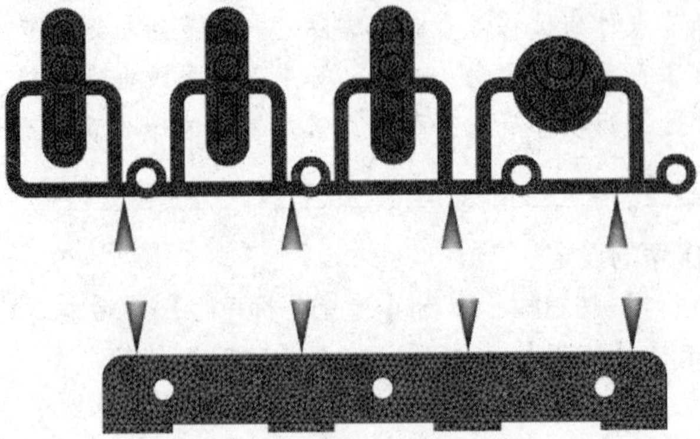

图 7-35　设定模型 car1 注射位置

（5）创建浇注系统

由于浇注系统的流道是基于 Z 轴正方向创建的，本例两个模型默认模具开模方向是 –Z 方向，因此需要做旋转调整。

01 在【几何】选项卡【实用程序】面板单击【镜像】按钮，在【工具】选项卡中显示镜像设置选项。

02 选中所有的网格和节点，保留默认的镜像参数设置，单击【应用】按钮完成镜像，如图 7-36 所示。

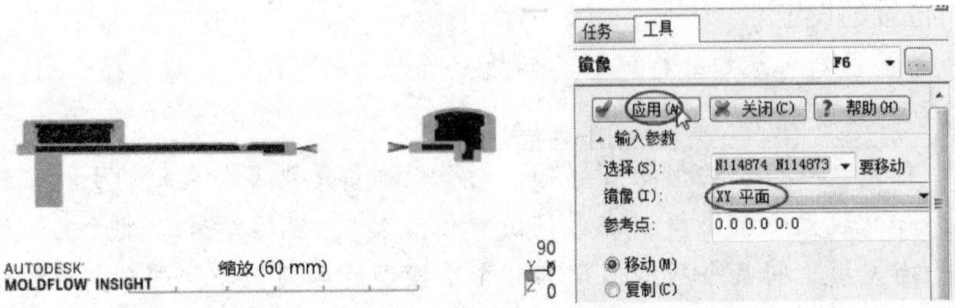

图 7-36　镜像操作

03 镜像的结果如图 7-37 所示。

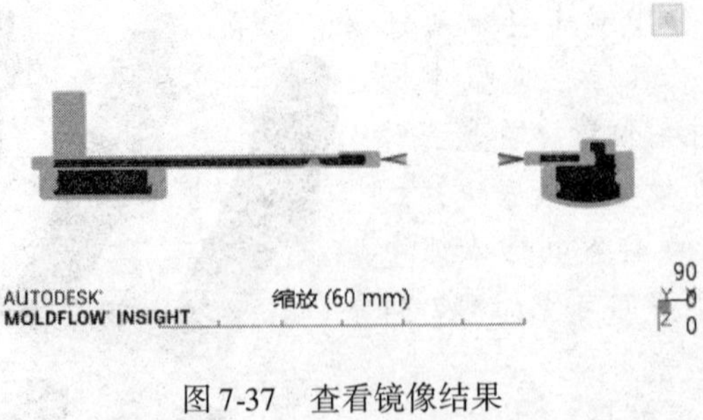

图 7-37　查看镜像结果

04 单击【几何】选项卡【创建】面板上的【流道系统】按钮，弹出【布局 – 第 1 页】对话框，在该对话框中单击【浇口中心】和【浇口平面】按钮后，单击【下一步】按钮，如图 7-38 所示。

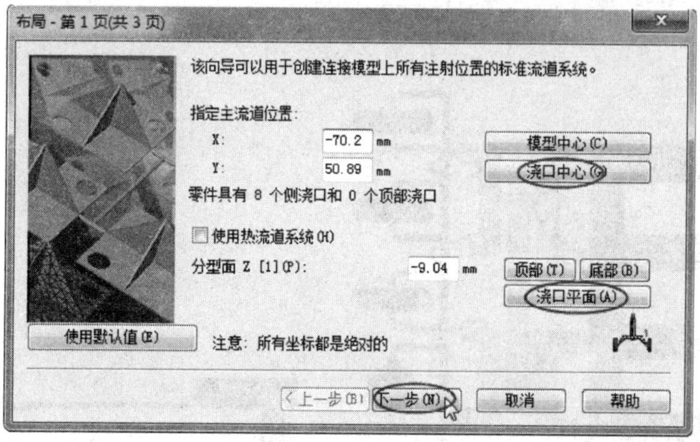

图 7-38　设置流道位置及平面高度

05 在随后弹出的【主流道/流道/竖直流道 – 第 2 页】对话框中，设置如图 7-39 所示的参数后，单击【下一步】按钮。

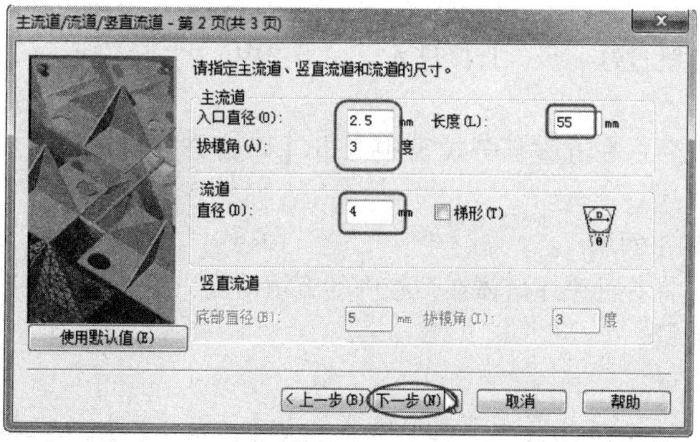

图 7-39　设置主流道/流道/竖直流道参数

06 接着弹出【浇口 – 第 3 页】对话框，设置浇口参数后，单击【完成】按钮，程序自动创建出流道系统，如图 7-40 所示。

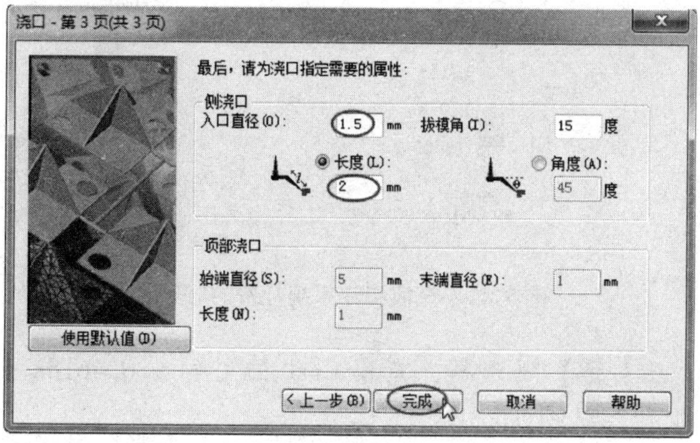

图 7-40　设置浇口参数

07 最终完成的浇注系统如图 7-41 所示。

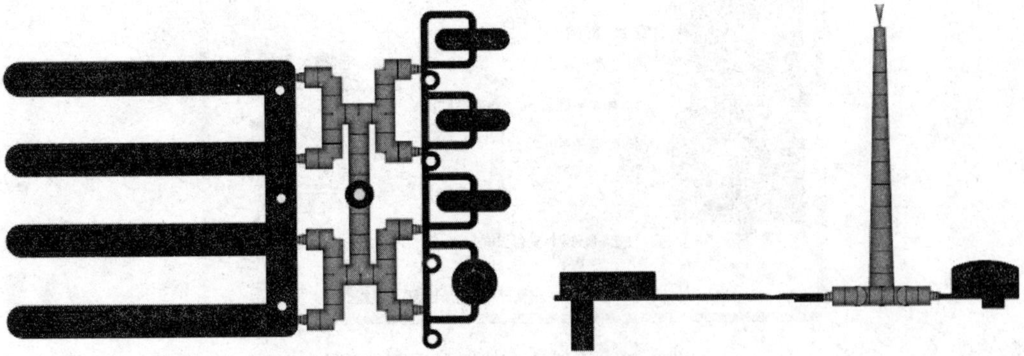

图 7-41 创建的浇注系统

（6）设定成型工艺参数

由于是初步成型分析，所以在成型工艺参数设置过程中均保留程序默认设置，因此复制了基本模型后也可以跳过这一步，直接进入下一步骤中。

（7）分析计算

完成分析前处理后，在方案任务视窗中双击【开始分析】项目，Moldflow 将执行分析计算。

2. 充填分析的结果解释

在分析结果中，将着重关注熔体在型腔内的充填情况、填充过程中压力变化情况以及填充完成后产品表面质量。

（1）充填时间

01 如图 7-42 所示，在图层管理器中取消勾选【网格单元】复选框，充填浇注系统时间为 0.4303s。

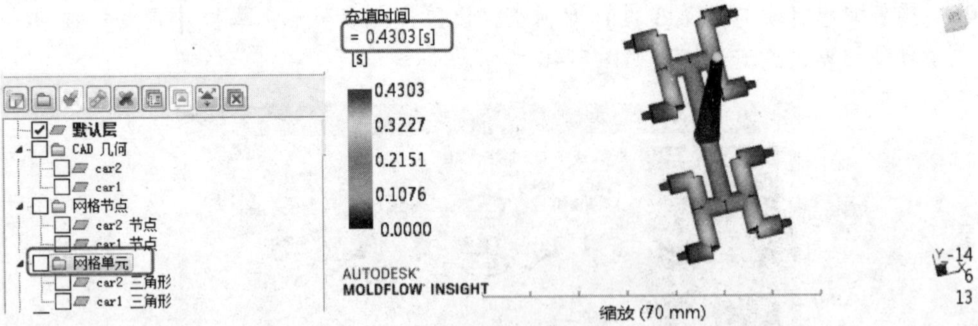

图 7-42 充填浇注系统耗费的时间

02 勾选【Car2 三角形】复选框，充填 Car1 的用时为 0.4618s（0.8921 − 0.4303 = 0.4618），如图 7-43 所示。

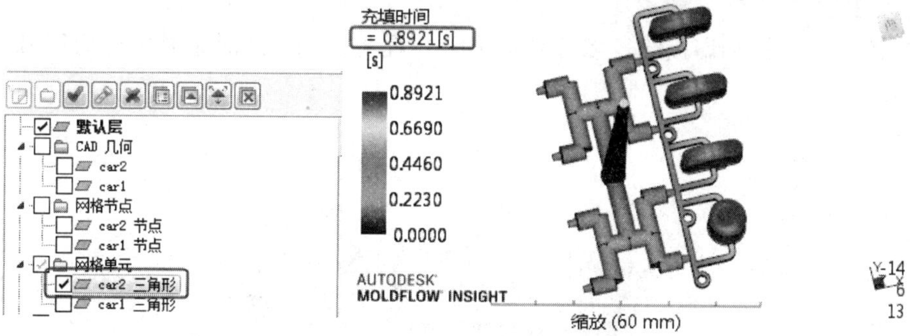

图 7-43 充填浇注系统与 Car2 时共耗费的时间

03 再勾选【Car1 三角形】复选框，充填 Car1 的时间为 0.3509s（1.243 − 0.8921 = 0.3509），很明显两模型充填不平衡，因此对制件的影响也是较大的，如图 7-44 所示。

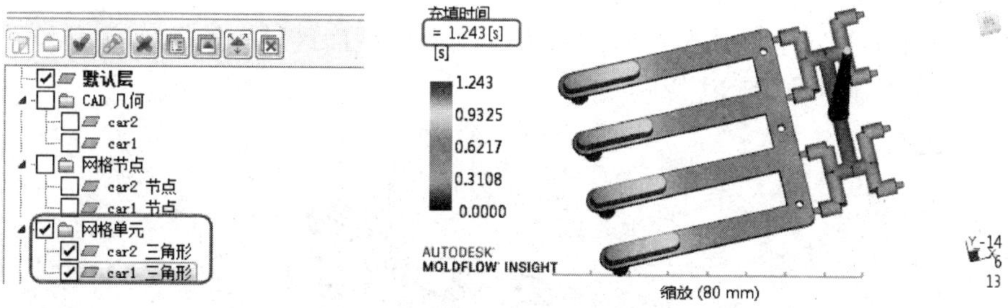

图 7-44 充填的全部时间

（2）速度/压力转换时的压力

图 7-45 所示转换点浇口压力为 122.1MPa。图中浇口位置的压力在通过转换点后由 122.1MPa 降低为保压压力 91.56MPa。

由于模型 car1 过早地填充完成，处于过保压状态。模型 car2 末端的转换点压力却极低，降至为零。就是说，转换点压力的不平衡造成制件填充不完全，会导致收缩、滞流、过保压等缺陷产生。

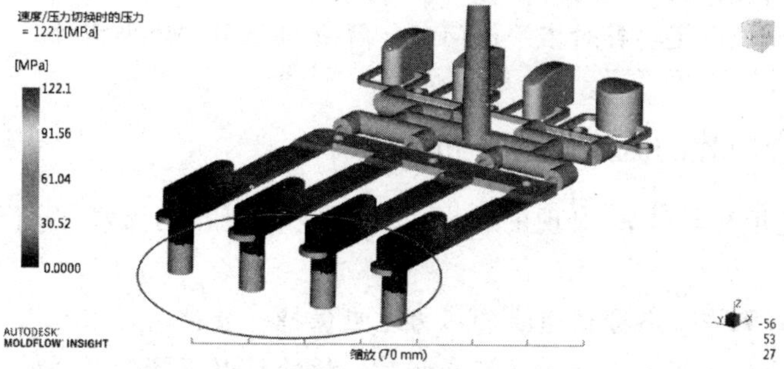

图 7-45 速度/压力切换时的压力

（3）熔接线

图 7-46 所示产品的熔接线较多，且又位于外观明显处，同时也是主受力区域，容易产生断裂现象。

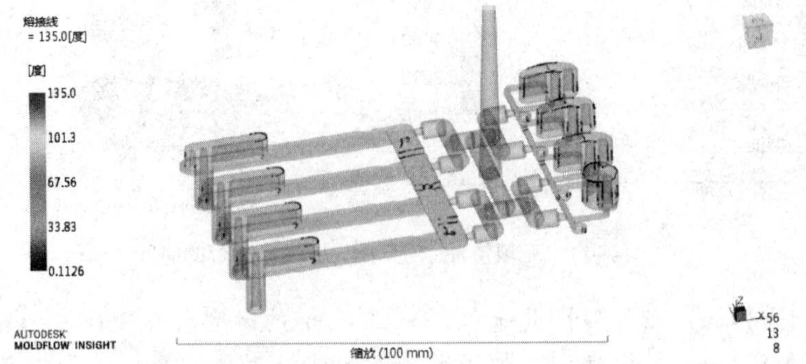

图 7-46　熔接线

（4）气穴

图 7-47 所示的气穴主要分布在制件的边缘及主分型面区域，这些地方均有顶杆设置，利于排气，不会对制件质量产生影响。

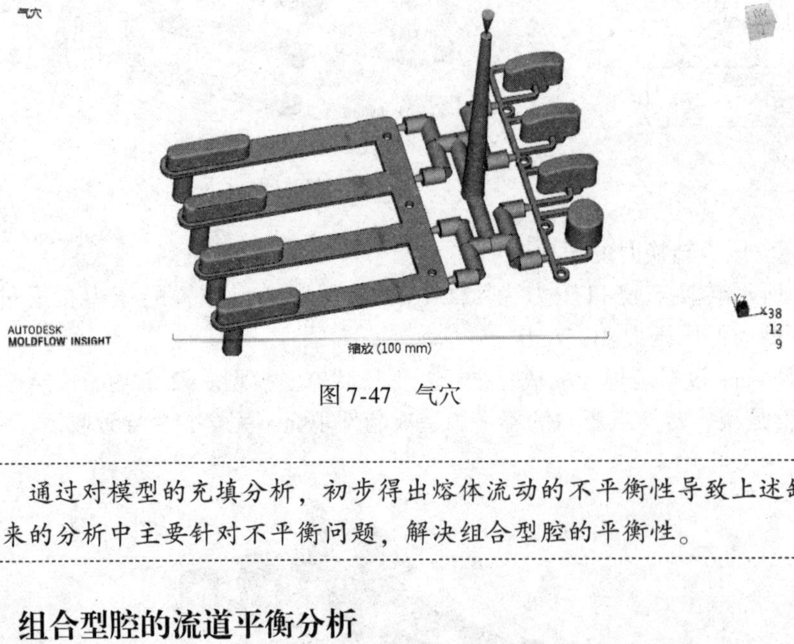

图 7-47　气穴

温馨提示	通过对模型的充填分析，初步得出熔体流动的不平衡性导致上述缺陷，在接下来的分析中主要针对不平衡问题，解决组合型腔的平衡性。

四、组合型腔的流道平衡分析

下面将针对充填分析中所出现的问题，进行组合型腔的流动平衡分析，要达到目的如下。

- 熔体填充过程中，各分流道上的压力差应保持一致；
- 减少流道内的摩擦热，从而保证在相对较低的料温下降低产品的残余应力；
- 通过自定义工艺参数，尽量减小流道内的凝料，节约生产成本。

温馨提示　流道平衡分析通过约束条件的限制和不断逼近的迭代计算，来调整分流道的截面尺寸，从而达到平衡熔体流动的目的。流道平衡分析仅仅是改变分流道的尺寸，而对主流道和浇口则不作调整。因此，主流道和浇口的尺寸必须由用户根据实际经验来获取。

1. 分析前期处理

组合型腔的流动平衡分析是在填充分析的基础之上进行的，因此过程相对简单一些，主要有以下几个步骤。

- 从充填分析中复制分析模型；
- 设定分析类型；
- 设定平衡约束条件；
- 运行分析。

（1）复制充填分析模型

01　在工程视窗中复制【组合型腔_ study（充填分析）】模型。

02　然后将复制的分析模型重命名为【组合型腔_ study（流道平衡）】，如图7-48所示。

03　双击新复制的分析模型。

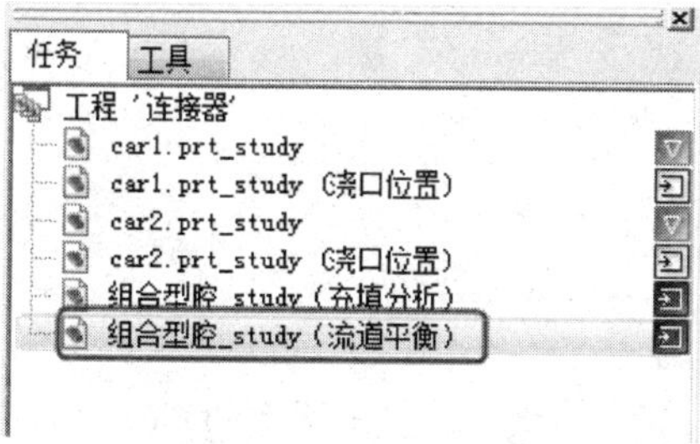

图7-48　复制分析模型

（2）设定分析类型

01　在方案任务视窗中双击【填充】分析类型（或者单击【分析序列】按钮），将弹出【选择分析序列】对话框。

02　在该对话框中单击【更多】按钮，弹出【选择常用分析序列】对话框。

03　勾选【流道平衡】复选框后单击【确定】按钮，添加分析序列，如图7-49所示。

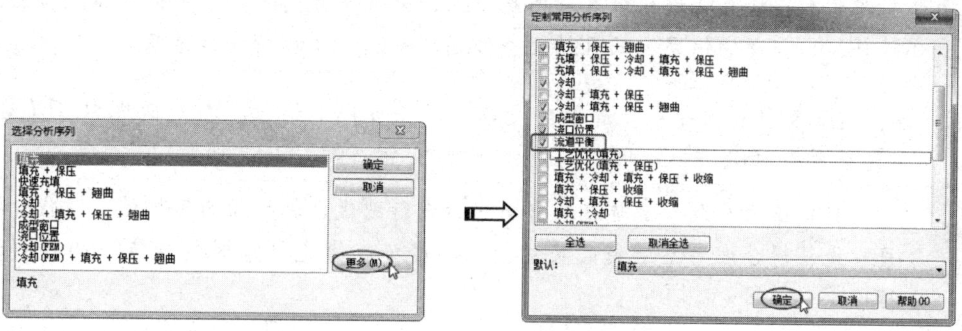

图7-49　添加分析序列

04 返回【选择分析序列】对话框，选择【流道平衡】选项，单击【确定】按钮完成分析序列的设置，如图 7-50 所示。

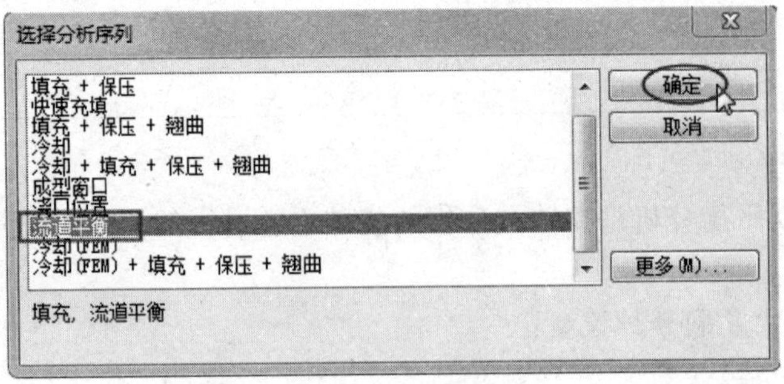

图 7-50　选择分析序列

(3) 设定平衡约束条件

接下来进行平衡约束条件设置，具体步骤如下。

01 在方案任务视窗中双击【工艺设置】项目，弹出【工艺设置向导 – 填充设置 – 第 1 页】对话框，保留该对话框中的默认设置参数，单击【下一步】按钮，如图 7-51 所示。

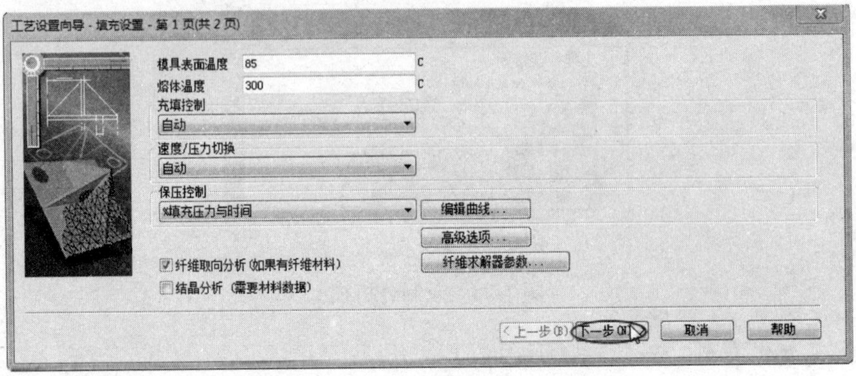

图 7-51　【工艺设置向导】对话框

> **温馨提示**
> 流道平衡分析中，最为重要的环节是平衡约束条件的设置。由于流道平衡分析属于数值计算的迭代计算，因此平衡约束条件直接决定了分析计算能否最终收敛并得出合理的结果，而且约束条件还影响到计算的精度和速度。

02 弹出【工艺设置向导 – 流道平衡设置 – 第 2 页】对话框，在对话框中将【目标压力】设置为 100，然后单击【高级选项】按钮，如图 7-52 所示。

> **温馨提示**
> 目标压力参数，就是流道平衡分析进行迭代计算的压力目标值，迭代分析的目标是获得合理的流道截面尺寸，从而保证在填充结束时转换点压力值接近目标值。

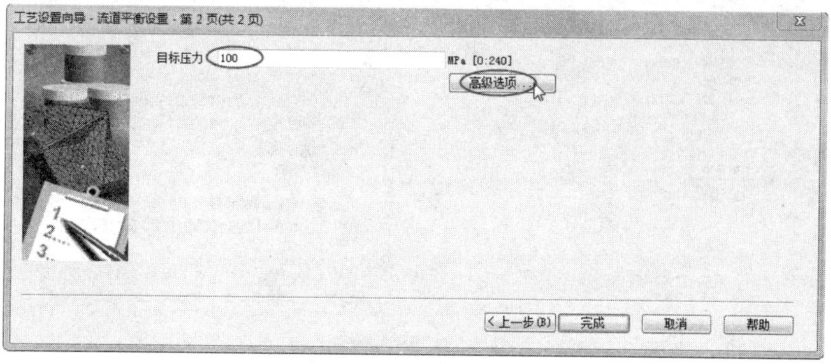

图 7-52　设置目标压力

03 将弹出【流道平衡高级选项】对话框，设置【研磨公差】值为 0.1，然后单击【确定】按钮，如图 7-53 所示。

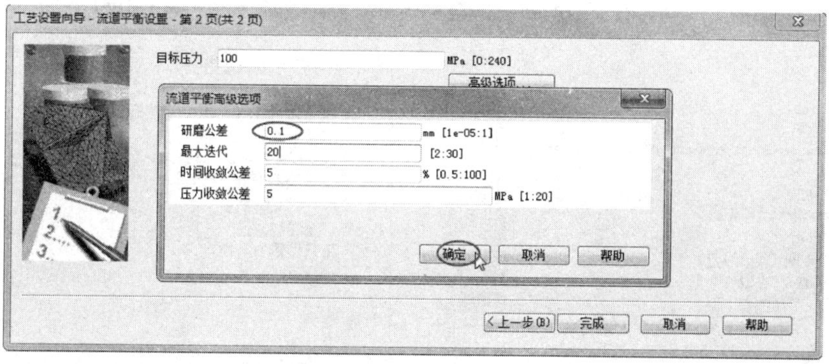

图 7-53　修改研磨公差值

04 打开【工艺设置向导 – 流道平衡设置 – 第 2 页】对话框，单击【完成】按钮结束流道平衡参数的设置，如图 7-54 所示。

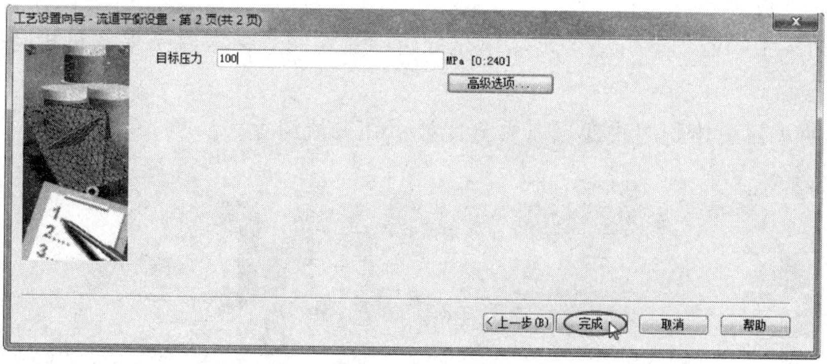

图 7-54　完成流道平衡参数设置

（4）运行分析

完成工艺设置后，在方案任务视窗中双击【继续分析】项目，Moldflow 将自动执行分析计算，如图 7-55 所示。

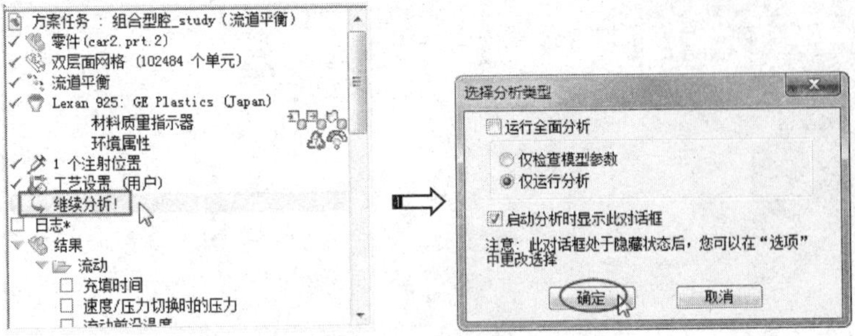

图 7-55　运行分析

2. 结果分析

分析计算结束，Moldflow 生成了两个结果：流道体积约束结果与流道尺寸自动调整后的填充分析结果。图 7-56 所示在工程视窗中显示分析结束生成的流道平衡项目。

在方案任务视窗中，可见生成的流道平衡项目的分析结果子项，如图 7-57 所示。

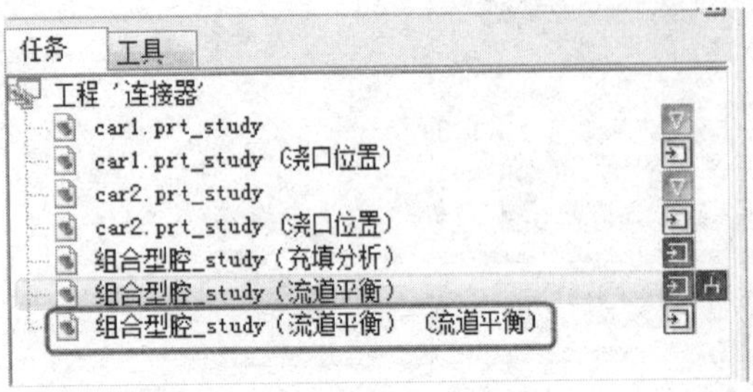

图 7-56　工程视窗中的流道平衡项目

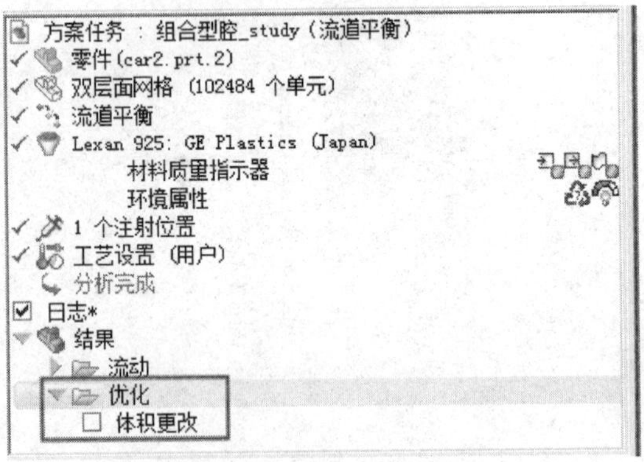

图 7-57　流道平衡分析结果

（1）流动平衡分析结果

在分析结果中的流动分析结果是从填充分析中复制而来，因此结果都是相同的，在这里就不重复叙述了。

图 7-58 所示流道体积的改变量以百分比显示在分流道上。

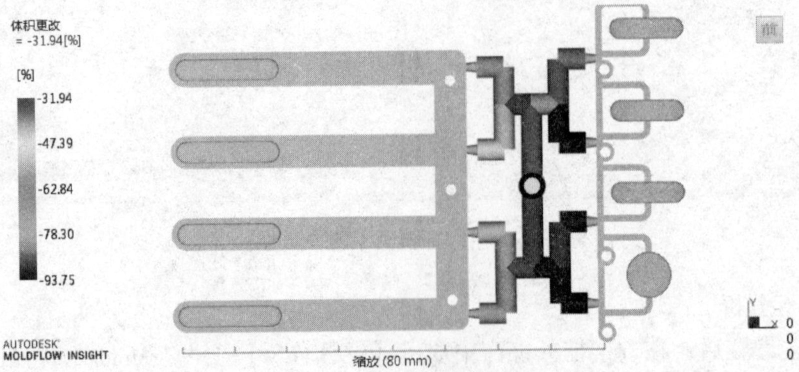

图 7-58　分流道优化结果

- 体积更改最小的是红色区域，应该减少31.94%；
- 体积更改最大的是蓝色区域，应该减少93.75%；
- 从云图中可以看出，主流道（浇口衬套）是不变的；
- 红色区域的部分流道为一级分流道；
- 绿色或蓝色区域的部分流道称为二次分流道，也叫次分流道。

（2）流道优化后的分析结果

01 在工程视窗中双击【组合型腔_ study（流道平衡）（流道平衡）】项目，然后在方案任务视窗中双击【运行分析】项目，对流道平衡优化后的项目再次进行填充分析，以此获得流道尺寸更改后的充填分析结果，如图7-59所示。

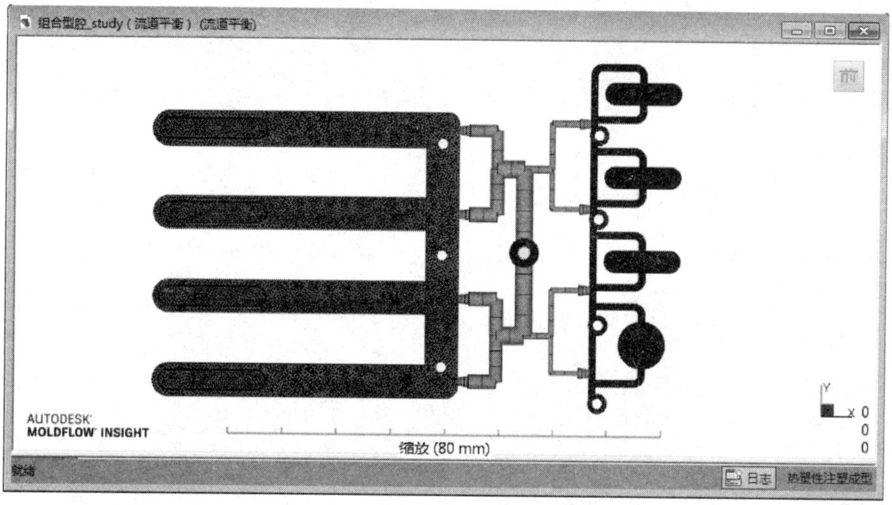

图7-59 流道尺寸更改后的充填分析

02 分析完成后，勾选【充填时间】复选框，制品的充填时间为1.149s，比平衡分析前减少了0.1s左右（分析前1.243s），并且制品两边是同时完成充填的，如图7-60所示。

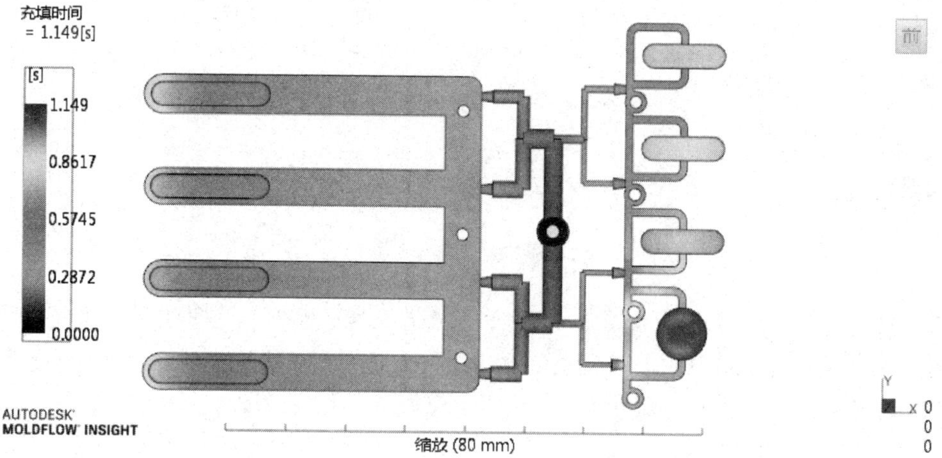

图7-60 充填分析

03 勾选【速度/压力切换时的压力】复选框，在制品car1边有灰色显示区域（保压压力为0），说明有收缩或短射缺陷产生，如图7-61所示。这是由于没有重新设置工艺参数，适当调整【速度/压力切换时的压力】为注射压力，提高模温或料温，改变浇口位置，并提高压力值即可消除缺陷。

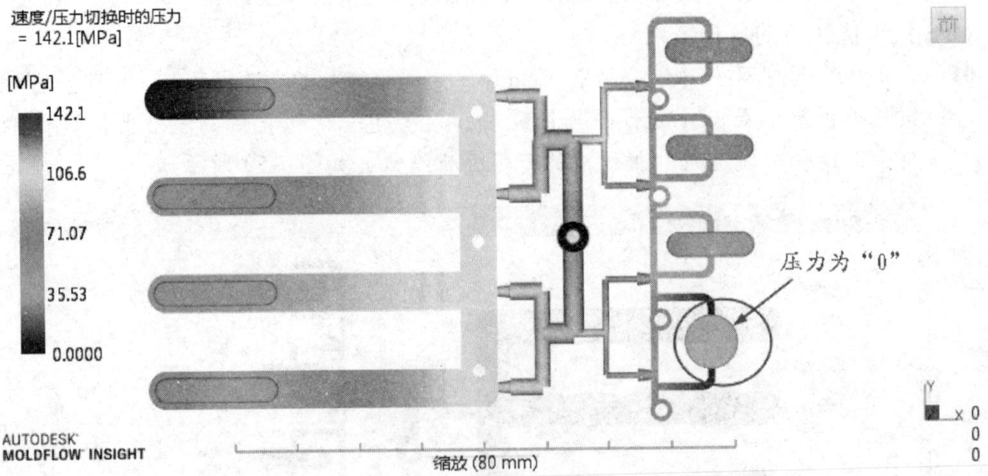

图7-61　速度/压力切换时的压力

04 勾选【熔接线】复选框，由于制件还有缺陷，因此熔接线没有发生变化，如图7-62所示。

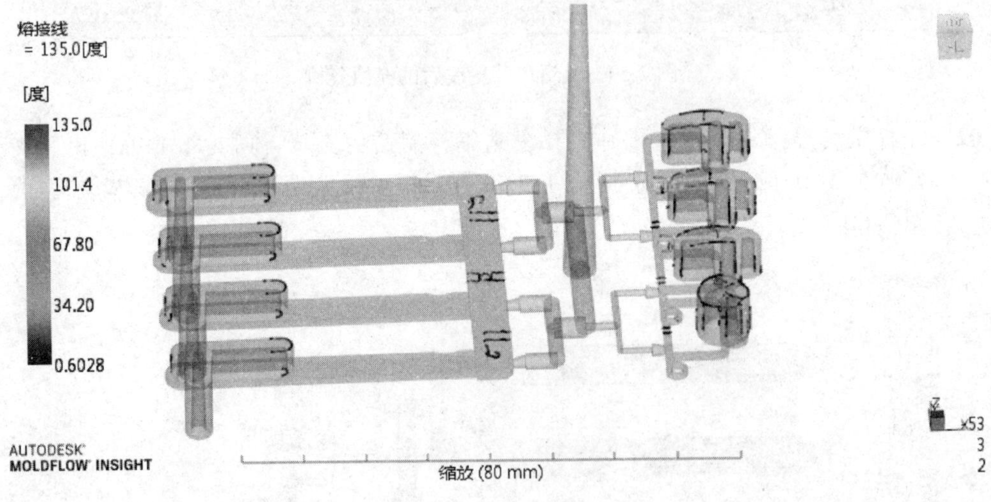

图7-62　熔接线

05 勾选【气穴】复选框，图7-63所示与流道平衡分析前相比并没有多大变化。

06 勾选【流道前沿温度】复选框，图7-64所示除局部位置出现较小温差外（可以通过重设浇口解决），其他绝大部分填充是均衡的。

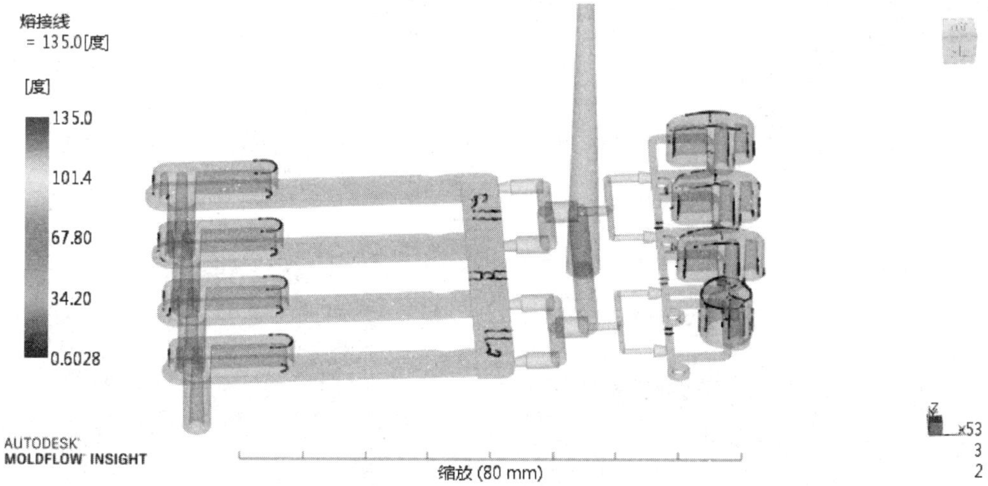

图 7-63 气穴

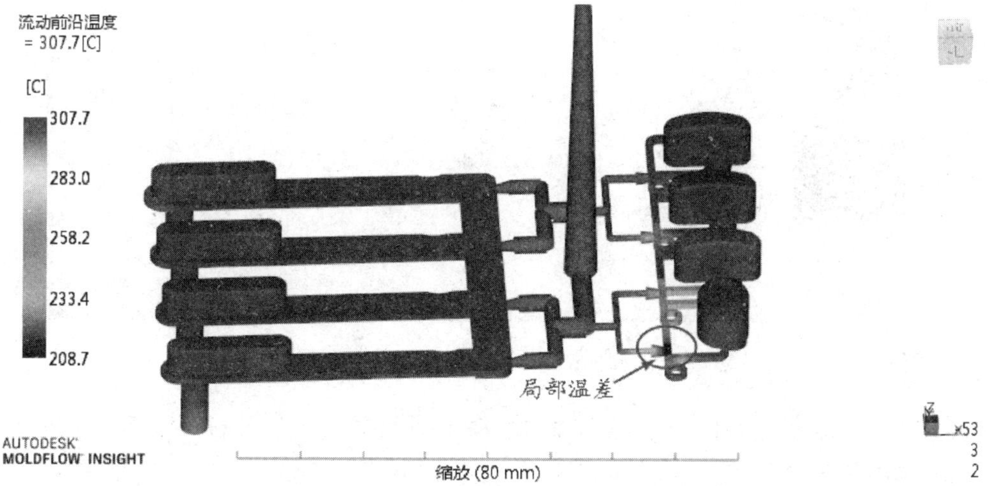

图 7-64 流动前沿温度

温馨提示	总的说来，流道平衡分析优化了分流道，使制品的填充达到了流动平衡，尽可能减小制品缺陷。

五、组合型腔的工艺优化分析

针对以上出现的收缩和短射缺陷，用户可以通过调整工艺参数进行解决。

01 在工程视窗中复制【组合型腔_ study（流道平衡）】项目，并重命名为【组合型腔_ study（工艺优化）】，如图 7-65 所示。

02 双击复制的【组合型腔_ study（工艺优化）】项目，进入该项目的分析环境。单击【工艺设置】按钮，设置基本的模温、料温、充填控制、速度压力切换和保压控制等，如图 7-66 所示。

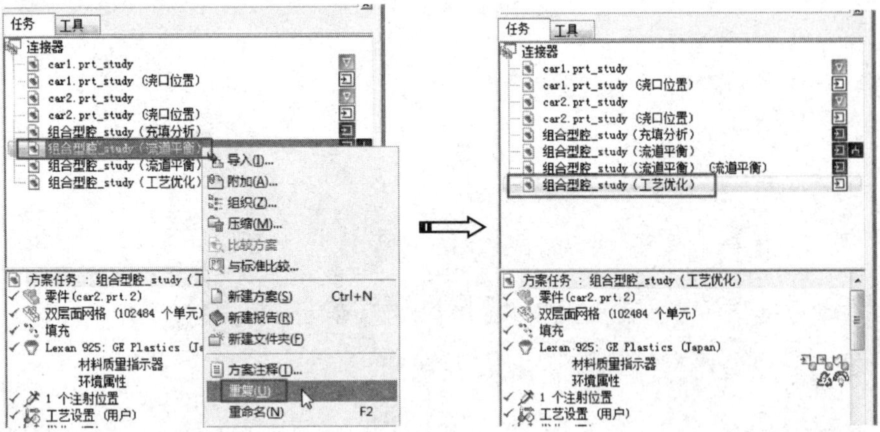

图 7-65　复制分析项目

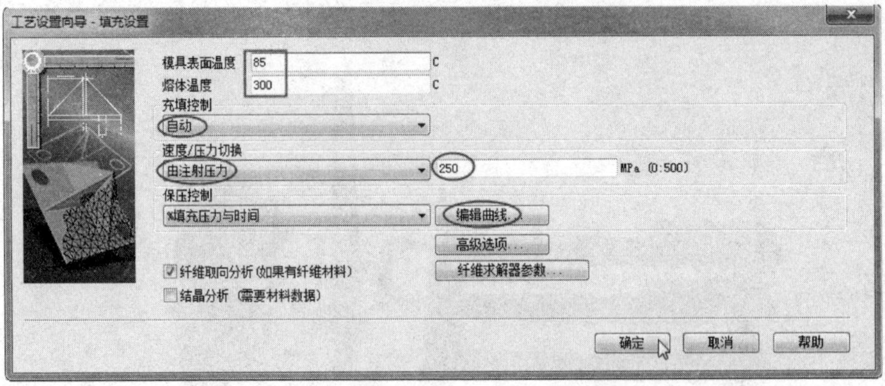

图 7-66　设置工艺参数

03　保压控制由填充压力与时间来控制，单击【编辑曲线】按钮后编辑保压压力曲线，如图 7-67 所示。

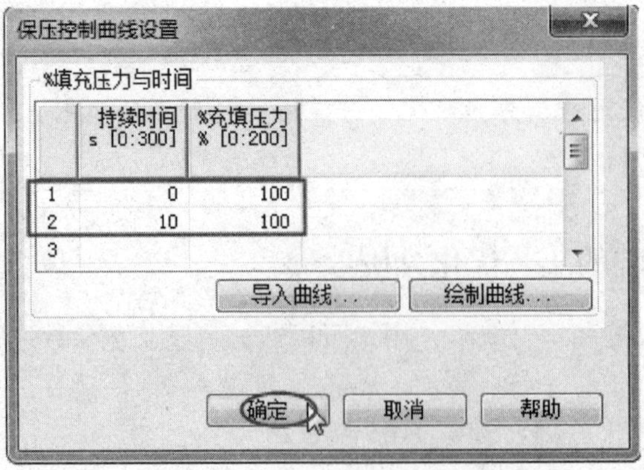

图 7-67　编辑保压压力曲线

04 重新运行分析，稍后分析完成。勾选【充填时间】复选框，图 7-68 所示制品的充填时间为 1.048s，比工艺优化分析前减少了 0.1s 左右（工艺优化分析前为 1.149s），并且制品两边是同时完成充填的。

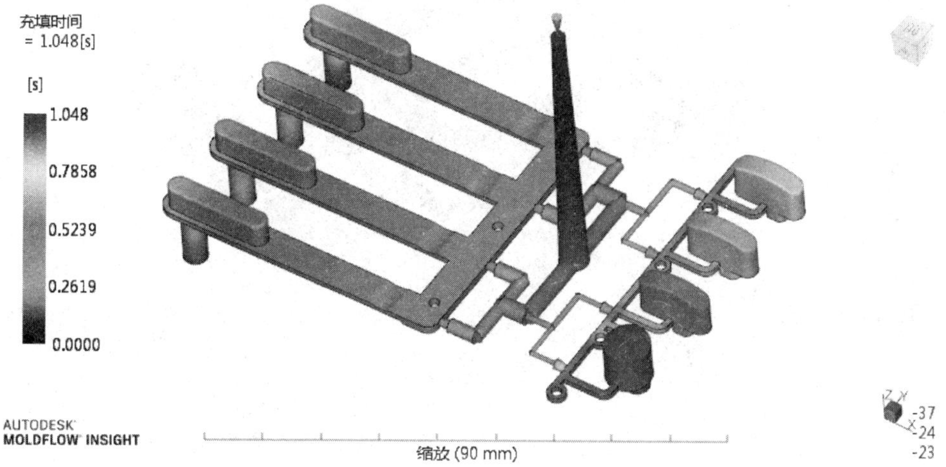

图 7-68　充填分析

05 勾选【速度/压力切换时的压力】复选框，图 7-69 所示在制品 car1 上仍然存在部分区域保压压力为 0，虽然得到较大改善，但浇口位置没有改进，难免还有缺陷。

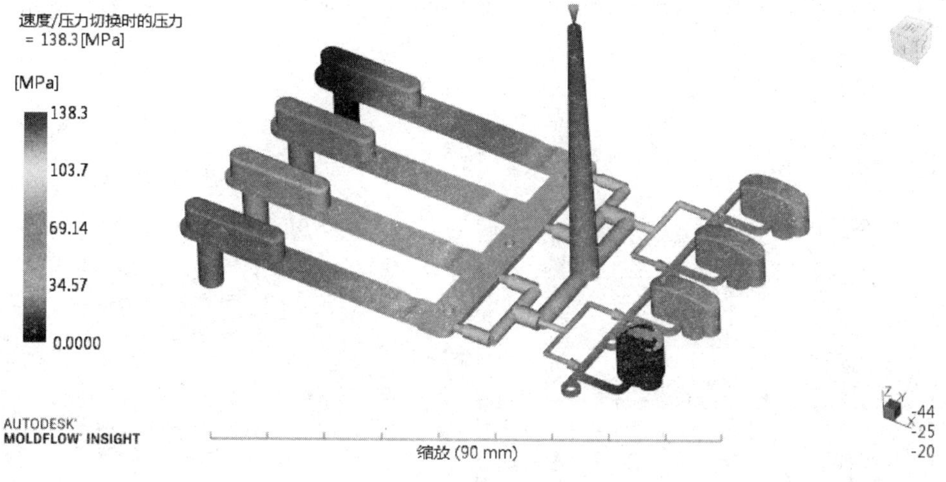

图 7-69　速度/压力切换时的压力

温馨提示	由于要耗费 40 多个小时进行流道优化分析，故不能改变浇口重新流道优化分析。只需要将 car2 和 car1 模型在 XY 平面上都旋转 180 度，在另一侧进行浇注。

06 勾选【流道前沿温度】复选框，图 7-70 所示于优化前相比流道前沿温度有了少量的改善，但还是存在 100 度左右的温差，还需要重设浇口进行优化。

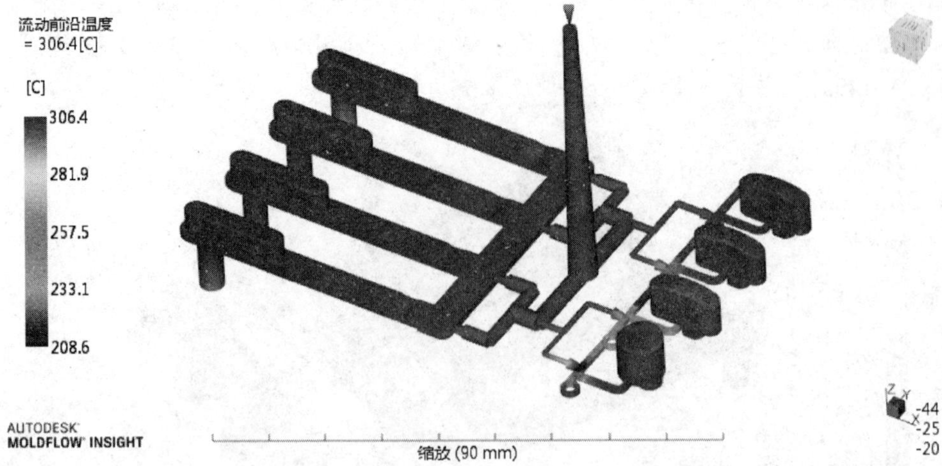

图 7-70 流动前沿温度

07 至此，流道平衡的优化分析全部完成。由于本章的重点是流道平衡分析，所以其他因填充出现的制件缺陷暂不做更深一步的优化。

知识链接	事实上，本例的模流分析是通过平衡的流道布局模拟而得到流道的截面尺寸，但我们在真正设计模具时还须考虑模具零件加工性，就是流道截面尽量保存尺寸一致性，所以把自然平衡布局改为人工平衡布局，如图 7-71 所示。这样一来能够保证两个制品在同一时间内完成充填，也避免一些因流道不平衡而导致的制件缺陷。

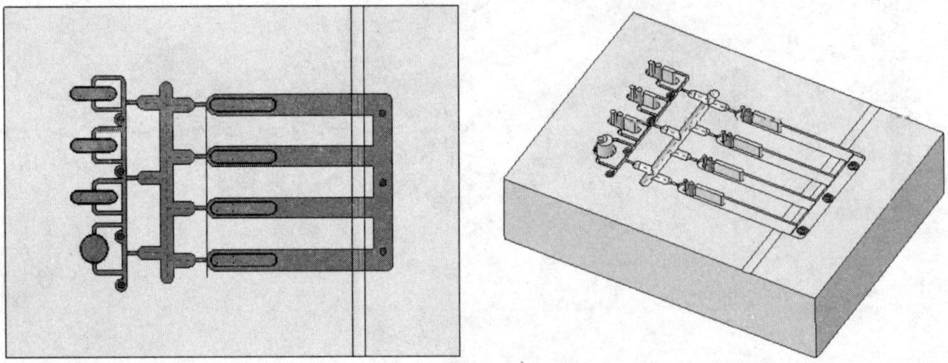

图 7－71 人工平衡流道布局和模具型芯零件

第 8 章

通过工艺优化分析解决问题

本章导读

在本书前面章节中的初步分析和优化分析，都是根据出现的实际缺陷而进行的分析。该方案除了耗费大量的分析运行时间外，而且分析所得的数据也不是非常精准。本章将通过 Moldflow 提供的多种工艺优化分析序列，为用户提供一条便捷的设计之路。

网格模型成型分析的准确程度，跟网格质量有关。在进行成型分析时，有两大要素可以决定制件缺陷的程度，一是工艺设置二是浇口设置。工艺设置是重中之重，其中又包含了成型窗口的优化设置和工艺优化设置。本章将详细讲解如何进行工艺设置的优化分析过程及技巧应用。

案例展现

ANLIZHANXIAN

<table>
<tr><th>案　例　图</th><th>描　　述</th></tr>
<tr><td>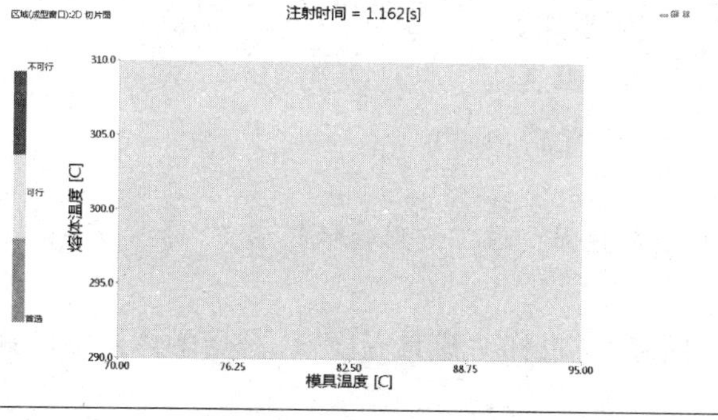
</td><td>成型窗口分析的结果可以帮助模流分析得到一组合理的工艺设置参数，如注射时间、模温和料温（熔融体温度）。以此作为填充＋保压分析的前期准备工作</td></tr>
<tr><td>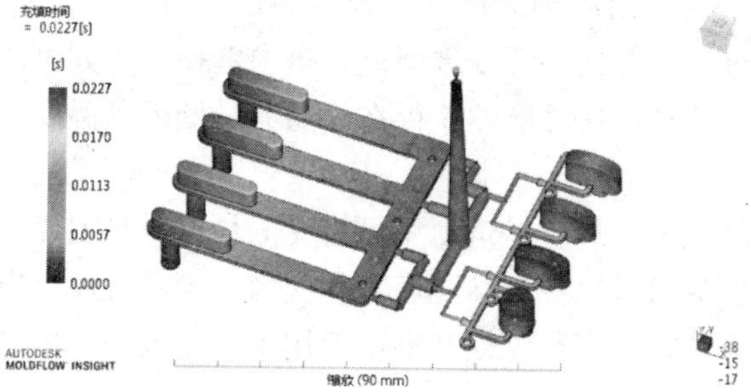
</td><td>工艺优化分析用于确定最佳螺杆速度和保压压力曲线，使生产出的零件达到最高质量
工艺优化分析根据材料数据、模具几何和注塑机的特征计算出最佳的工艺设置。然后使用最佳工艺设置运行填充分析或填充＋保压分析</td></tr>
</table>

第 1 节 关于工艺设置参数

工艺设置参数包括整个注塑周期内有关模具、注塑机等所有相关设备及其冷却、保压、开合模等工艺的参数。因此，工艺设置参数的设定实际上是将现实的制造工艺和生产设备抽象化的过程。工艺设置参数的设定将直接影响到产品注塑成型的分析结果。工艺设置向导对话框如图 8-1 所示。

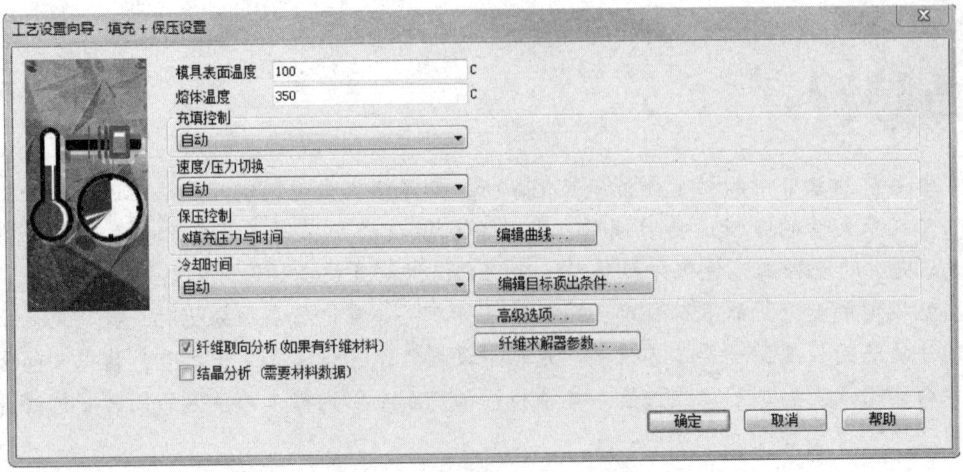

图 8-1　工艺设置向导对话框

一、模具表面温度和熔融体温度

影响熔融体温度和模具温度的一些因素如下。

- 射出量—大射出量需要较高的模具温度。
- 射出速率—高射出速度会造成致稀性的高温。
- 流道尺寸—长的流道需要较高温度。
- 塑件壁厚—粗厚件需要较长冷却时间，通常使用较低模温。

1. 模具表面温度

模具表面温度就是通常说的“模温”，也称“模具温度”，是熔融体接触模具型腔内壁时的表面温度。

模具温度的限制在于避免塑料在模穴内的剖面冻结以及塑料的冷却性质（如结晶等）。所以，模具温度应该是在熔融体的流动性与模具温度之间进行折中选择。假如可能的话，应该让临界冻结位置发生在浇口处。调节浇口尺寸能够获得在可能的最低模具温度下的最佳流动性。

较低的模具温度可以加速制品的成形，故应尽量使用可接受的最低模具温度。有些射出成形需要冷却或冷凝，有些则需要加热模具以控制结晶度和热应力。模具温度可以使用冷却剂调节，模具温度和冷却剂温度都应监控。模具定模和动模使用不同模温的目的之一是要控制成品附着在动模，以方便顶杆顶出制件。

2. 熔融体温度

熔融体温度应与塑料种类、注塑机特性、射出量等参数相互配合。

最初设定的熔融体温度应参考塑料供货商的推荐数据。通常选择高于软化温度并低于塑料熔点作为熔融体温度，避免过热而裂解。以 nylon（尼龙）为例，在射出区的温度通常比料筒的温度高，此增加的热量可以降低熔融体射出压力而不至于使熔融体过热。因为 nylon 熔融体的黏滞性相当低，可以很容易地充填模穴而不必倚赖提升温度造成的致稀性。

温馨提示	关于模具温度和熔融体温度的选择，可以参考第 5 章（表 5-1）“常用塑胶材料的建议熔体温度与模具温度”进行设置。 当然，在 Moldflow 中，每选择一种塑性材料，都会有一个模具表面温度和熔融体温度的参考值，在初次分析时都会采用这个默认值。

二、充填控制参数

充填控制的方式如图 8-2 所示。

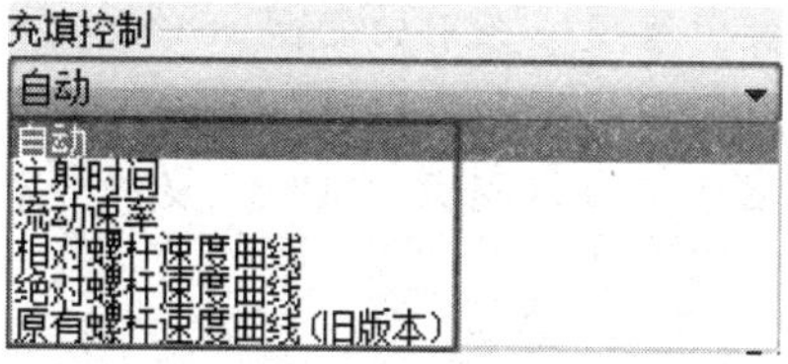

图 8-2　充填控制方式

1. 自动

自动充填控制方式可以通过系统自动计算模具型腔的尺寸，并根据所选的注塑机参数来控制充填的时间或速度，直至进行速度/压力切换。一般在不确定充填方式时，可以采用这种方式获得初步的分析数据。

2. 注射时间

注射时间是将熔融体充填至模穴所需的时间，受到射出速度控制。虽然最佳的充填速度取决于塑件的几何形状、浇口尺寸和熔融体温度，但大多数情况会将熔融体尽速射入型腔。因为模具温度通常低于塑胶的凝固点，所以太长的注射时间会提高导致塑料太早凝固的可能性。

3. 流动速率

指定熔融体被注入模具型腔时的流动速率。流动速率就是熔融体射出速度，也是熔融体射出过程中螺杆的前进速度。

4. 螺杆速度曲线

通过指定两个变量来控制螺杆速度曲线。相对螺杆速度曲线是用户还没有选择注塑机时的一种方式。如果已经知道了厂家提供的注塑机参数（如螺杆直径和最大注射速率），那么就使用绝对螺杆速度曲线方式。原有螺杆速度曲线（旧版本）是用户直接使用 Mlodflow 作过的螺杆速度曲线设置，无须再次设定螺杆速度曲线。图 8-3 所示螺杆在各阶段的位置。

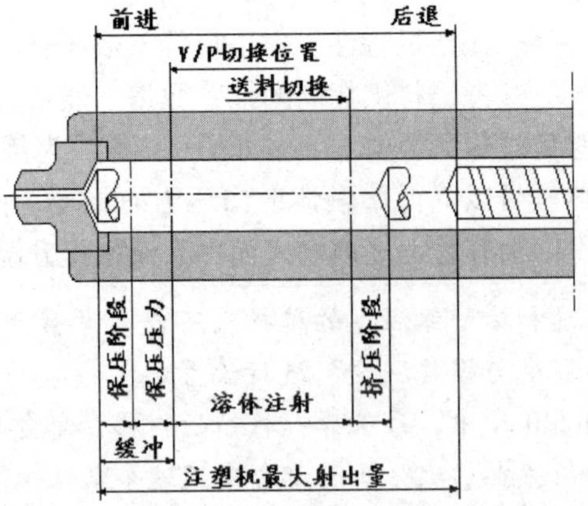

图 8-3 螺杆在各阶段的位置

> **温馨提示**
>
> 对于大部分的工程塑料，应该在制件设计的技术条件和制程允许的经济条件下，设定为最快的射出速度。在射出的起始阶段，应采用较低的射速以避免喷射流或扰流。接近射出完成时，也应该降低射速以避免造成塑件溢料，同时可以帮助形成均质的缝合线。所以，用户可以通过编辑螺杆速度曲线达到理想的充填控制。

（1）相对螺杆速度曲线

相对曲线将螺杆速度作为总注射大小（或行程）的函数，这些由零件几何、流道系统和浇口决定。相对螺杆速度曲线又包括以下两种曲线：

- 流动速率与%射出体积：100%射出体积对应于零件完全填充的时刻，0%射出体积表示注射尚未开始。
- %螺杆速度与%行程：100%行程表示塑化后准备开始注射时螺杆的位置，0%行程表示注射结束时螺杆的位置。

> **温馨提示**
>
> 如果输入的最大百分比行程值小于100或最小百分比行程值大于0，则曲线将通过最接近数据输入的百分比螺杆速度值得到延伸。例如，表8-1中的曲线将延伸变为表8-2中的曲线。

表 8-1 原始曲线

% 行程	% 螺杆速度
80	75
60	100
40	50
20	10

表 8-2 曲线延伸

% 行程	% 螺杆速度
100	75
80	75
60	100
40	50
20	10
0	10

通过单击【编辑曲线】按钮，在弹出的【充填控制曲线设置】对话框中编辑控制曲线，如图 8-4 所示。

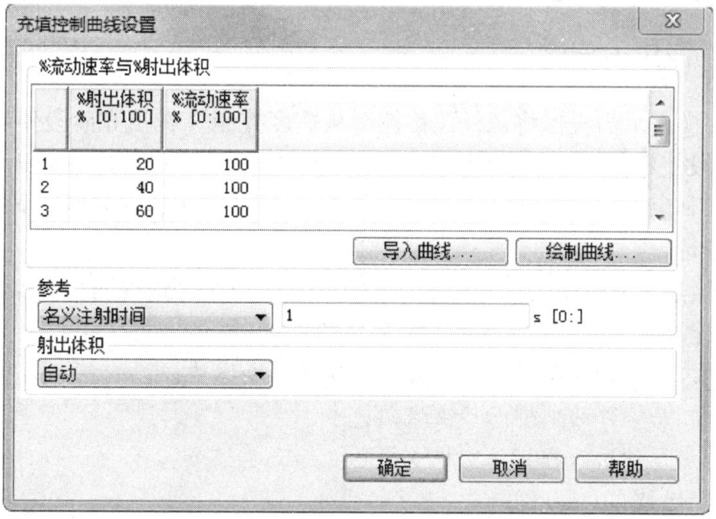

图 8-4　【充填控制曲线设置】对话框

- %流动速率与%射出体积：以螺杆位置（射出体积）的函数形式控制螺杆速度（流动速率）。
- 参考：用于为指定的螺杆速度曲线设置参考点。
- 射出体积：指定注塑机的射出体积。包括自动和指定方式。设为指定方式后，单击【编辑设置】按钮将弹出【射出体积设置】对话框，如图 8-5 所示。

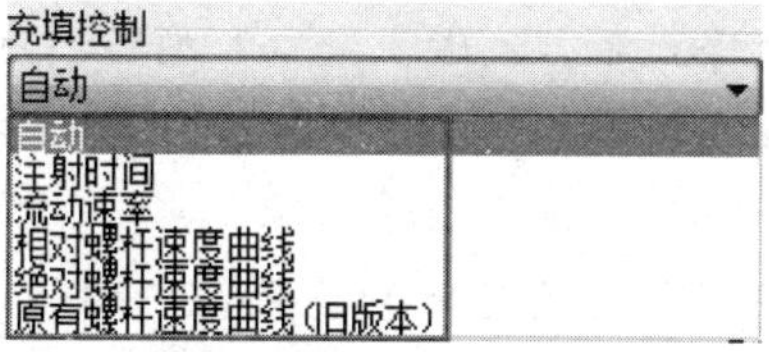

图 8-5　【射出体积设置】对话框

- 注塑机螺杆直径：指定成型机上注射成型螺杆的尺寸。
- 行程长度：输入周期的填充阶段注塑机螺杆将要移动的行程长度或距离。

（2）绝对螺杆速度曲线

当注塑机的关键参数已知时，可使用绝对螺杆速度曲线。通过运行带有绝对螺杆速度曲线的分析，可以将模拟结果和使用注塑机获得的实际结果相比较。绝对螺杆速度曲线包括以下几种曲线。

- 螺杆速度与螺杆位置。
- 流动速率与螺杆位置。
- %最大螺杆速度与螺杆位置。

- 螺杆速度与时间。
- 流动速率与时间。
- %最大螺杆速度与时间。

三、速度/压力切换

速度/压力切换表示当机器将螺杆位移控制从速度控制（在填充阶段使用）切换为压力控制（在保压阶段使用）时，螺杆所处的位置。从图 8-3 中可以看出，V/P 切换位置就是速度/压力切换点。剩余的填充将在从填充切换到保压/保持时所达到的恒压下或者在指定的保压/保持压力下进行。

通过考虑切换过早或过晚可能导致的两种后果，可以很好地说明切换点的重要性。

切换过晚可能导致：

- 由于填充末端积聚的型腔压力过大而产生开模和飞边；
- 由于塑料猛击零件的端壁而产生烧焦；
- 由于螺杆底端伸出而损坏注塑机或模具。

切换过早可能导致：

- 由于螺杆位移不足而产生短射；
- 周期时间较长。

温馨提示	如果发生切换的时间比预期的早，则应查看是否存在短射现象，或者检查在设置速度/压力切换点时是否考虑材料的可压缩性。

速度/压力切换包含以下几种切换方式。

- 自动：如果希望流动模拟可以自动预计从速度控制切换为压力控制的可接受时间，则选择该选项即可。切换将会尽早执行，以避免在填充结束时出现压力峰值。选择切换点，使得螺杆突然停止时，流道、浇口和型腔内有足够的熔体松退来填充型腔。可以想成这样一种场景：注射流动突然停止，但聚合物继续在型腔中流动，期间不会出现短射，直到各个位置的压力均达到零。
- 由%充填体积：指定在型腔的填充体积达到某一特定百分比时从填充切换到保压。默认情况下，此百分比为 99%。

温馨提示	仅对于注射压缩成型分析，由%充填体积指定的是零件设计重量的百分比（而非其他分析中所指的型腔体积）。零件设计重量可定义为室温和大气压下的密度乘以设计厚度下的型腔体积。之所以不使用型腔体积是因为总体积（包括由压力机打开距离产生的额外空间）将随着压缩压力机的移动每隔一段时间更新一次。也就是说，只要压力机移动，总体积便会不断变化，从而将与原始总体积存在差异。此外，由%充填体积仅可控制注射单元，而不会控制压缩单元。

- 由注射压力：指定在注塑机达到指定的注射压力时从填充切换到保压。
- 由液压压力：指定在注塑机达到指定的液压时从填充切换到保压。
- 由锁模力：指定在锁模力达到指定的限制时进行切换。

- 由压力控制点：指定当网格上某指定的位置处达到指定的压力时从填充切换到保压。
- 由注射时间：指定在周期开始后的某一指定的时间从填充切换到保压。
- 由任一条件满足时：如果要指定以上所列的其中一个或多个切换条件，请选择该选项。在这种情况下，只要满足其中一个设置的条件，就会发生速度/压力切换。

四、保压控制

保压控制是指定控制成型工艺加压阶段的方法。包含以下几种方法。

- %填充压力与时间：以填充压力与时间的百分比函数形式控制成型周期的保压阶段。
- 保压压力与时间：以注射压力与时间的函数形式控制成型周期的保压阶段。

温馨提示	理想的保压时间设定为浇口凝固时间或塑件凝固时间。第一次执行模拟时，可以将保压时间设定为 Moldflow 预估充填时间的 10 倍。Moldflow 也可以估算浇口凝固时间，选择浇口凝固时间与塑件凝固时间较短者为保压时间，作为最初设计的参考值。

- 液压压力与时间：以液压压力与时间的函数形式控制成型周期的保压阶段。
- %最大注塑机压力与时间：以最大压力与时间的百分比函数形式控制成型周期的保压阶段。

五、冷却时间

设置制品在模具型腔中的冷却时间。包括以下两种方法。

- 自动：自动设置冷却时间。
- 指定：指定在保压阶段后，零件经过充分冻结已可从模具中顶出的时间。

单击【编辑顶出条件】按钮，弹出【目标零件顶出条件】对话框，如图 8-6 所示。可通过自动计算所需冷却时间，指定用于冷却分析的零件顶出条件。

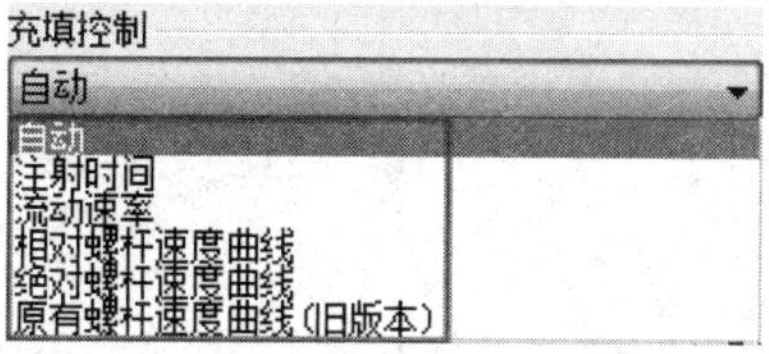

图 8-6　【目标零件顶出条件】对话框

六、其他选项

1. 高级选项

单击【高级选项】按钮，弹出高级选项的设置对话框，如图 8-7 所示。在该对话框中可以选择并编辑成型材料、工艺控制器、注塑机、模具材料和求解器参数等。

一般来说，在实际工作中，通常会根据厂家提供的塑胶材料、模具材料、注塑机品牌等参数信息，通过高级选项设置对话框进行设置，以完全模拟与真实的注塑成型过程。

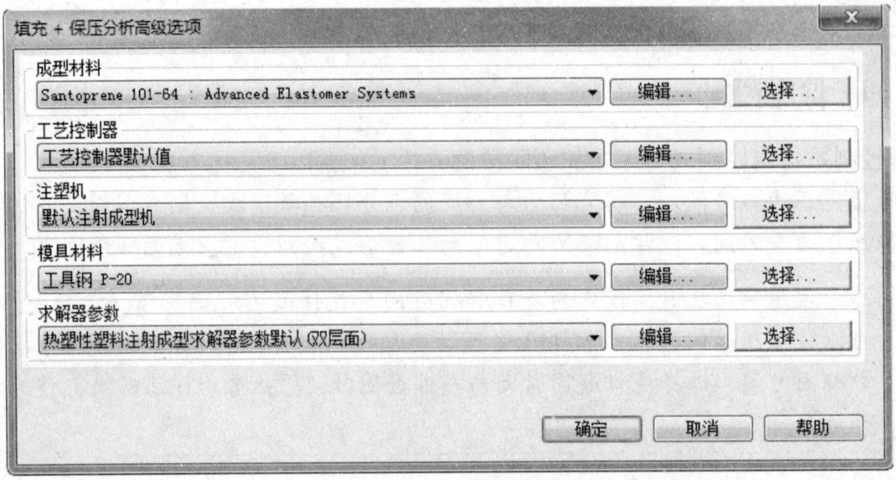

图 8-7　高级选项的设置对话框

2. 纤维取向分析

如果材料中包含纤维，则启用纤维取向分析。

3. 结晶分析

当材料为半结晶材料且材料数据包括结晶形态参数时，启用结晶分析。

第 2 节　连接器注射成型优化分析

本节将以本书第 7 章的连接器流道平衡分析的案例作为本次分析的源模型。主要是通过利用 Moldflow 的优化分析解决方案，来解决填充问题。

练习文件路径：结果文件 \ Ch08 \ 连接器 . mpi

演示视频路径：视频 \ Ch08 \ 连接器注射成型优化分析 . avi

一、分析前期准备

01 打开本例源文件“\ 源文件 \ Ch08 \ 连接器 . mpi”，打开的项目工程在工程视窗中可见，如图 8-8 所示。

02 工程视窗中的“组合型腔_ study（工艺优化）”项目（图 8-8 矩形框范围内）是用户在第 7 章中进行工艺设置后的分析结果。当然这个结果仅仅是解决了流道平衡问题，但填充的问题并未完美解决。

03 本案例从这个分析结果开始，进行成型窗口分析。复制“组合型腔_ study（工艺优化）”项目，然后重命名为“组合型腔_ study（成型窗口）”，如图 8-9 所示。

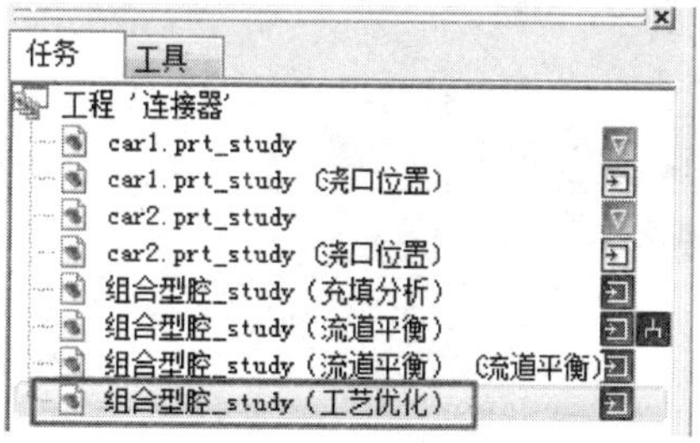

图 8-8 打开的项目工程

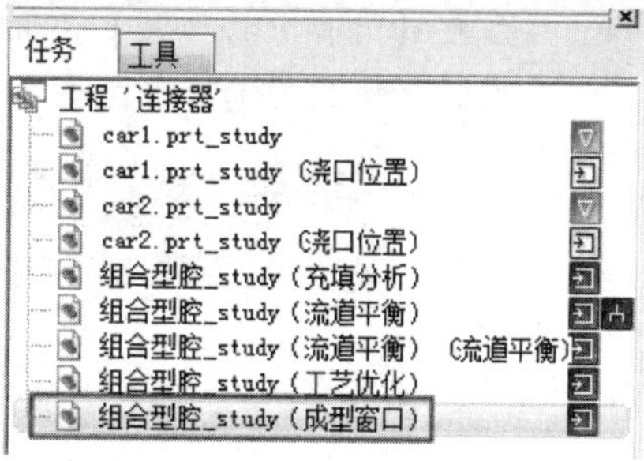

图 8-9 复制项目

二、成型窗口分析

成型窗口分析的结果可以帮助模流分析师得到一组合理的工艺设置参数，如注射时间、模温和料温（熔融体温度）。以此作为填充＋保压分析的前期准备工作。

要进行成型窗口分析，须执行下列操作：

- 成型工艺；
- 在分析前检查网格；
- 分析序列；
- 选择材料；
- 注射位置；
- 工艺设置。

由于继承了连接器流道平衡分析的结果，也就是仅对分析序列重新选择即可，其他操作无须重做。

1. 成型窗口分析操作

01 双击复制的项目“组合型腔_ study（成型窗口）”进入到该项目的分析环境中。

02 在【主页】选项卡【成型工艺设置】面板中单击【分析序列】按钮，弹出【选择分析序列】对话框。

03 单击【更多】按钮，在打开的【定制常用分析序列】对话框中勾选【成型窗口】和【工艺优化（填充＋保压）】复选框，单击【确定】按钮完成定制，如图 8-10 所示。

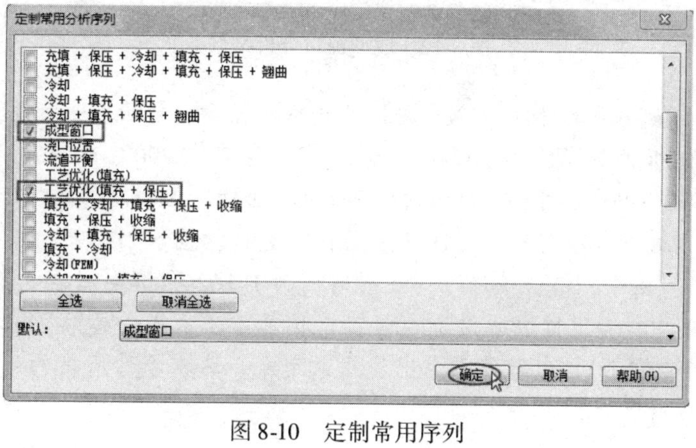

图 8-10 定制常用序列

04 然后在【选择分析序列】对话框中选择【成型窗口】序列，再单击【确定】按钮完成分析序列的选择，如图 8-11 所示。

图 8-11　选择分析序列

05 在任务视窗中双击【开始分析】项目，运行成型窗口分析。

2. 成型窗口分析结果

经过一定时间的分析后得出如图 8-12 所示的成型窗口优化分析的结果。

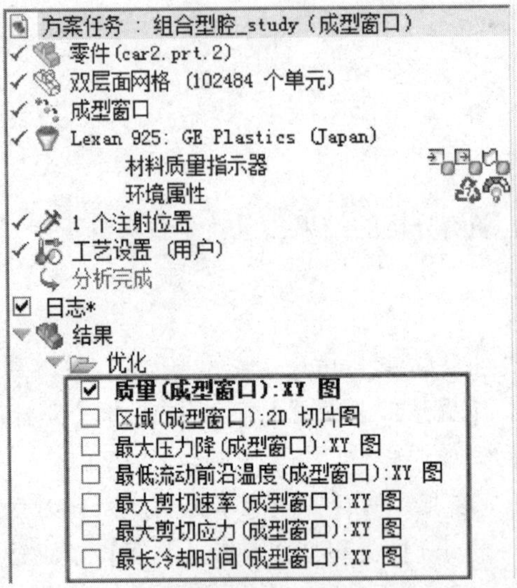

图 8-12　成型窗口分析结果

01 勾选【质量（成型窗口）：XY 图】复选框，显示分析云图，如图 8-13 所示。以前面填充分析的时间（0.2474s）和熔融体温度（290℃）为准，当注射时间为 0.1966 ~0.1968 之间时，最佳的模具温度为 94℃ ~99℃之间。

02 勾选【区域（成型窗口）：2D 切片图】复选框，显示 2D 切片图，如图 8-14 所示。在 2D 切片图中，给出了可行的注射时间为 1.162s，熔融体温度 310℃和模具温度 95℃。图中成型窗口区域内全部为黄色显示，表示某个局部区域并不能达到【首选】（绿色显示），但零件不会出现短射现象。填充零件所需的注射压力小于注塑机最大注射压力。

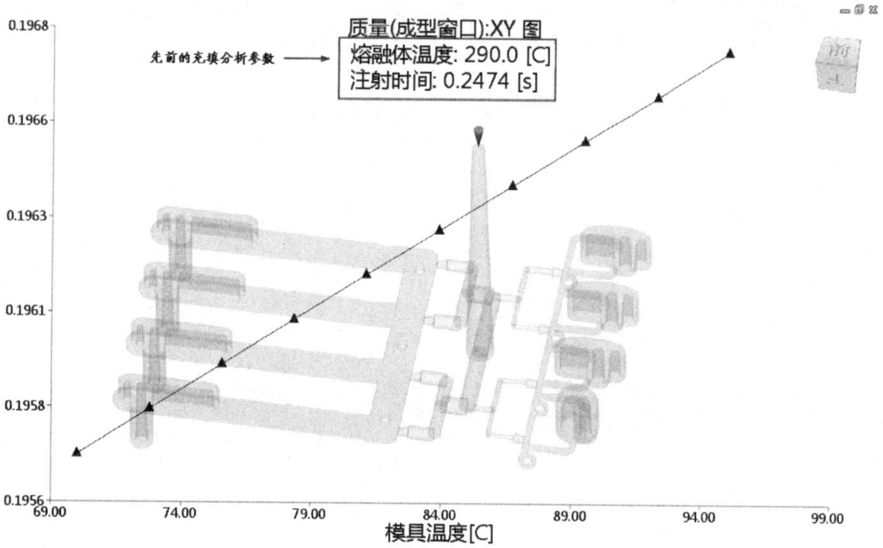

图 8-13　质量 XY 图

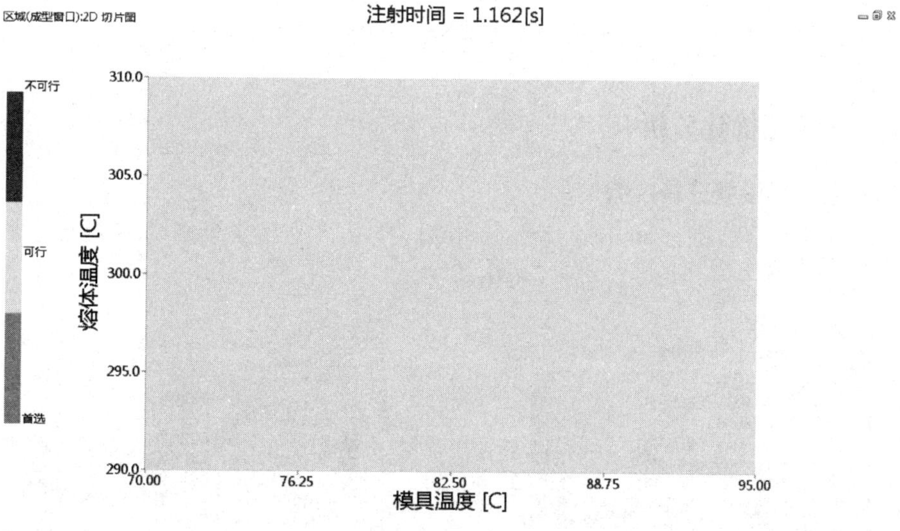

图 8-14　2D 切片图

温馨提示

2D 切片云图中，左边有一色谱条带，分绿色、黄色和红色。

（1）绿色：零件不会出现短射。填充零件所需的注射压力小于注塑机最大注射压力的 80%。流动前沿温度应高于注射（熔体）温度 10°C 以下。流动前沿温度低于注射（熔体）温度 10°C 以上。剪切应力小于材料数据库中为该材料所指定的最大值。剪切速率小于材料数据库中为该材料所指定的最大值。

（2）黄色：零件不会出现短射。填充零件所需的注射压力小于注塑机最大注射压力。

（3）红色：零件出现短射。所需的注射压力大于指定的注塑机注射压力。

03 勾选【最长冷却时间（成型窗口）：XY 图】复选框，显示最长冷却时间图，如图 8-15 所示。在模具温度为 95℃时，最长冷却时间（不超过）6s。

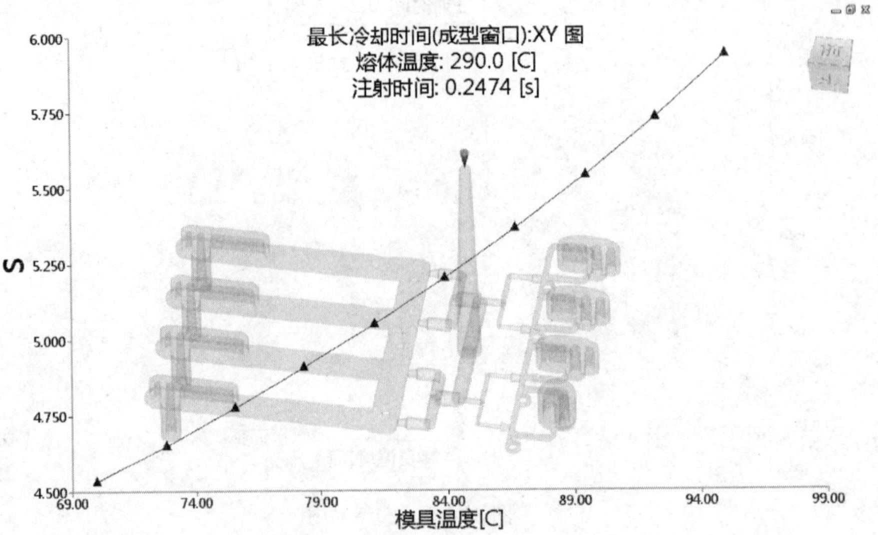

图 8-15　最长冷却时间图

三、工艺优化分析

1. 准备项目并设置分析序列

01 复制【组合型腔_ study（工艺优化）】项目，然后重命名为【组合型腔_ study（工艺设置优化分析）】，如图 8-16 所示。

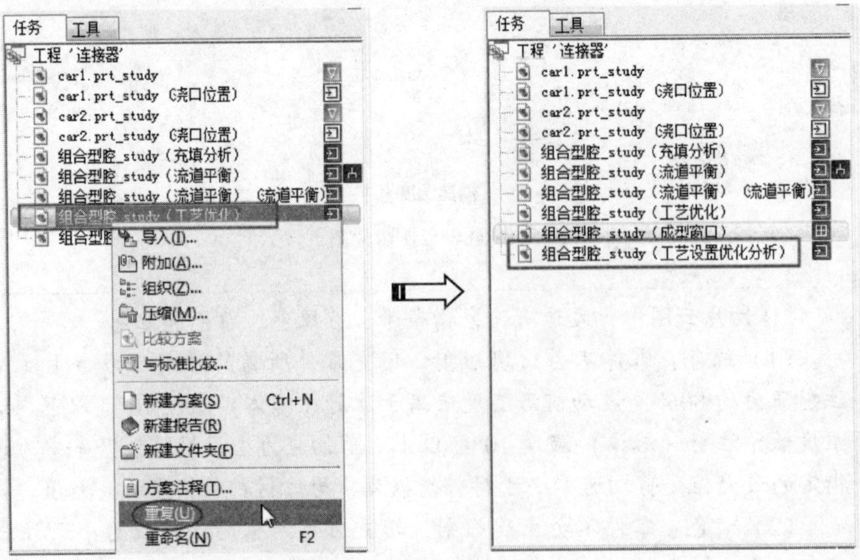

图 8-16　复制项目

02 双击【组合型腔_ study（工艺设置优化分析)】项目进入分析环境中。单击【分析序列】按钮，然后在【选择分析序列】对话框中选择【工艺优化（填充 + 保压)】序列，单击【确定】完成选择，如图 8-17 所示。

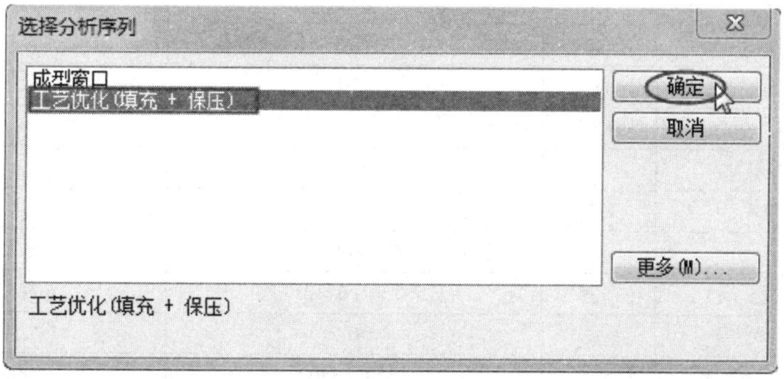

图 8-17 选择分析序列

03 在任务视窗中双击【工艺设置（用户)】项目，打开【工艺设置向导】对话框，单击【编辑】按钮，如图 8-18 所示。

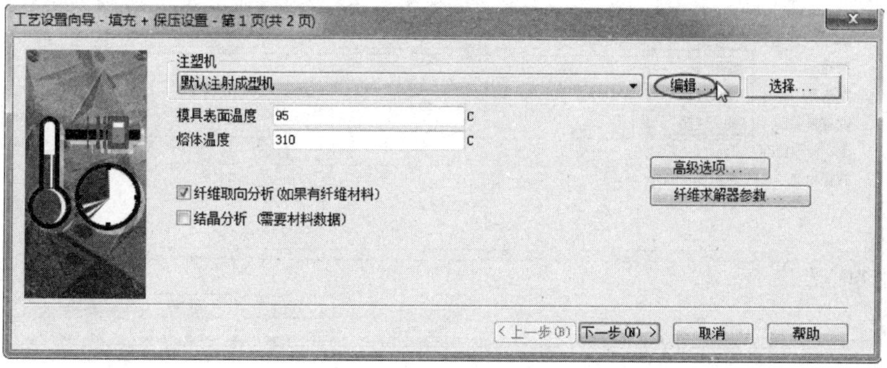

图 8-18 选择注塑机

温馨提示 表 8-3 所示为 HTF 海天注塑机技术参数，可作为使用者自定义注塑机时的参考。至于其他注塑机的相关技术参数，可通过注塑机厂家获取。

表 8-3 HTF 海天注塑机技术参数

型号参数	单位	200 × A	200 × B	200 × C	300 × A	300 × B	300 × C
螺杆直径	mm	45	50	55	60	65	70
理论注射容量	cm3	334	412	499	727	853	989
注射重量 PS	g	304	375	454	662	776	900
注射压力	MPa	210	170	141	213	182	157
注射行程	mm	210			257		
螺杆转速	r/min	0 ~ 150			0 ~ 160		
料筒加热功率	KW	12.45			17.25		
锁模力	KN	2000			3000		
拉杆内间距（水平 × 垂直）	mm	510 × 510			660 × 660		
允许最大模具厚度	mm	510			660		

（续）

型号参数	单位	200×A	200×B	200×C	300×A	300×B	300×C
允许最小模具厚度	mm		200			250	
移模行程	mm		470			660	
移模开距（最大）	mm		980			1260	
液压顶出行程	mm		130			160	
液压顶出力	KN		62			62	
液压顶出杆数量	PC		9			13	
油泵电动机功率	KW		18.5			30	
油箱容积	l		300			580	
机器尺寸（长×宽×高）	m		5.2×1.6×2.1			6.9×2.0×2.4	
机器重量	t		6			11.5	
最小模具尺寸（长×宽）	mm		350×350			460×460	

04 按上表中“200×B”的型号，来设置注塑机，设置的【描述】选项卡中参数，如图8-19所示。

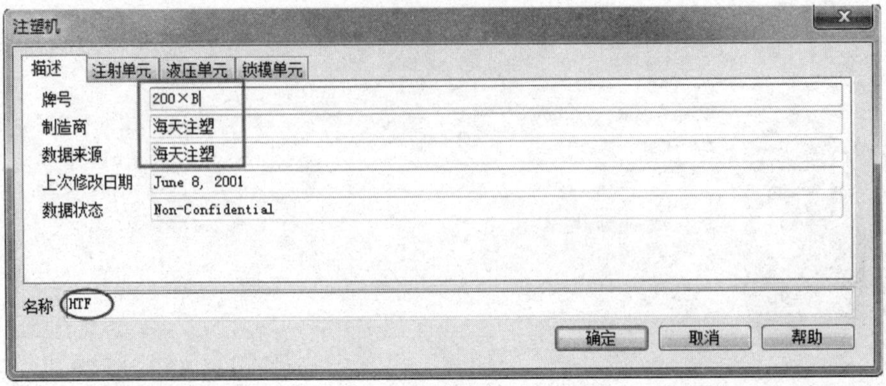

图8-19 选择注塑机描述

05 在【注射单元】选项卡中设置注塑机参数，如图8-20所示。

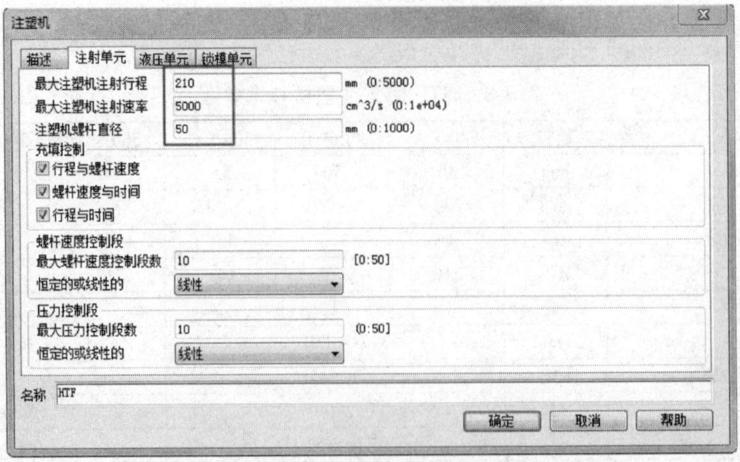

图8-20 设置注射单元

06　设置注塑机的液压单元，如图 8-21 所示。完成后单击【确定】按钮。

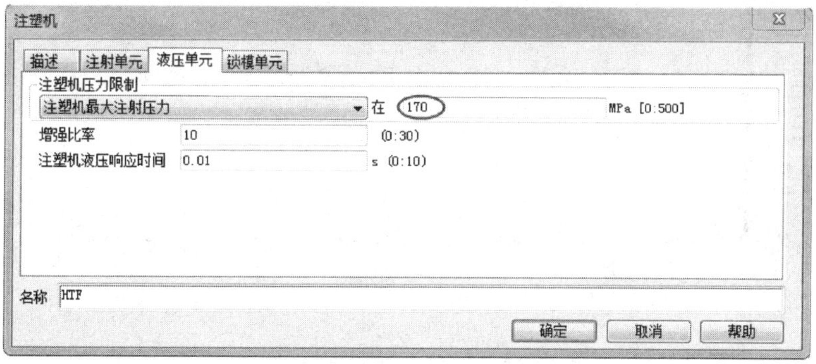

图 8-21　设置液压单元

07　返回到【工艺设置向导】对话框中单击【下一步】按钮，保留默认参数再单击【完成】按钮完成工艺参数设置，如图 8-22 所示。

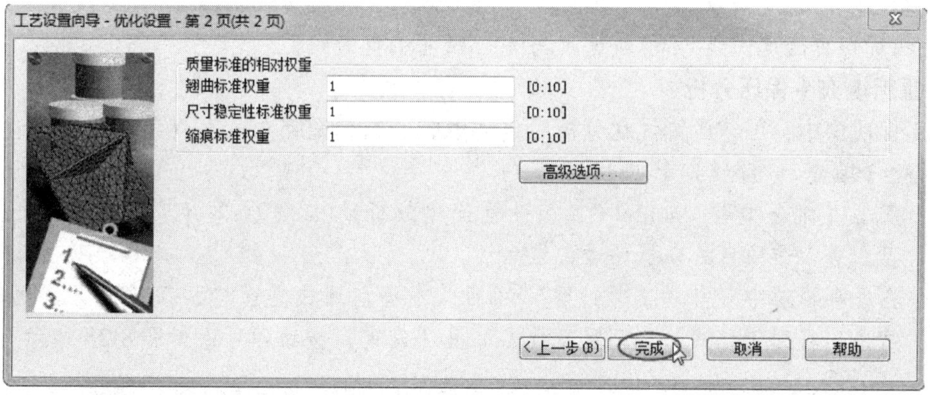

图 8-22　完成工艺参数设置

08　在任务视窗中双击【开始分析】项目，运行全面分析。

2. 分析结果解析

经过较长时间的耐心等待之后，完成了工艺设置的优化分析。只有一个结果：螺杆位置与时间：XY 图，如图 8-23 所示。

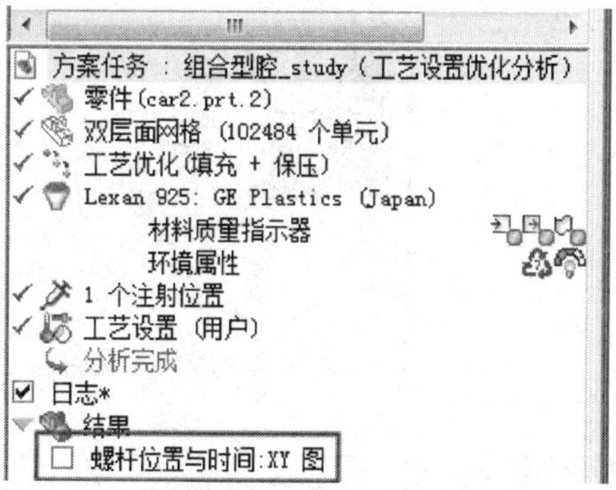

图 8-23　工艺设置优化分析结果

勾选【螺杆位置与时间：XY 图】复选框，显示螺杆位置与时间：XY 图的分析云图，如图 8-24 所示。

螺杆位置与时间：XY 图的分析云图描绘的是：指定了海天 HT 注塑机以后，在 10s 左右完成 31.75mm 熔融体体积的注射。整个充填过程是非常均衡的，没有起伏变化。根据这两个数据，用户可以计算出螺杆的注射速度：

$$31.75\text{cm} \div 11\text{s} \approx 2.89\text{cm/s}$$

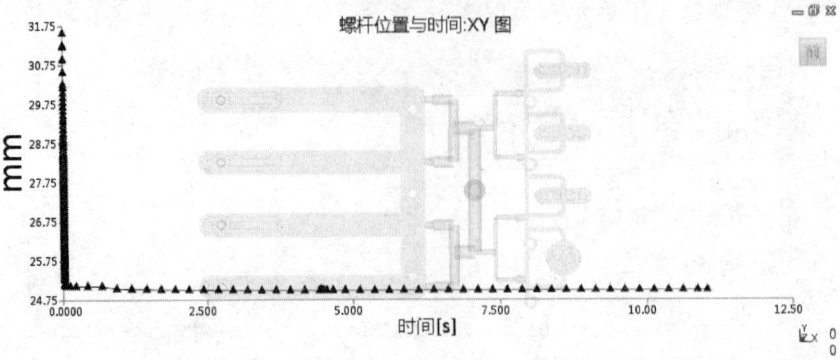

图 8-24　分析云图

根据这个计算结果，用户可以使用以下方式进行充填控制：

- 注射时间 =11s；
- 流动速率 =2. 89cm/s；
- 相对螺杆速度曲线：% 螺杆速度与 % 射出体积（编辑曲线）；
- 相对螺杆速度曲线：% 螺杆速度与 % 行程（编辑曲线）。

3. 重新填充 + 保压分析

在工程视窗中，工艺设置优化分析后自动生成【组合型腔_ study（工艺设置优化分析）（工艺优化（填充 + 保压））】项目。

01 双击【组合型腔_ study（工艺设置优化分析）（工艺优化（填充 + 保压））】项目，进入该项目的分析环境。

02 在任务视窗中双击“工艺设置”项目，根据前面成型窗口和工艺设置优化分析的结果，得到优化的工艺设置参数，单击【确定】按钮即可，如图 8-25 所示。

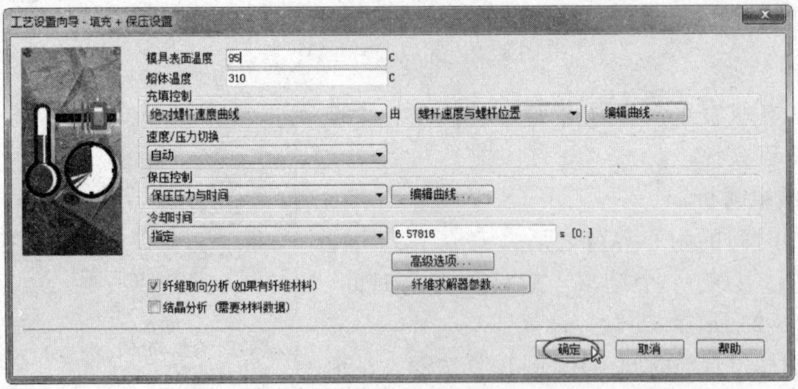

图 8-25　工艺设置

温馨提示	【工艺设置向导】对话框中的各项参数，都是基于工艺设置优化分析的结果，直接保持默认即可，不用再修改某些参数。如果分析结果仍然会出现一些小缺陷，到时再慢慢微调即可。

03 开始运行分析。得出如图 8-26 所示的结果。

下面就几项重要结果进行分析比较。

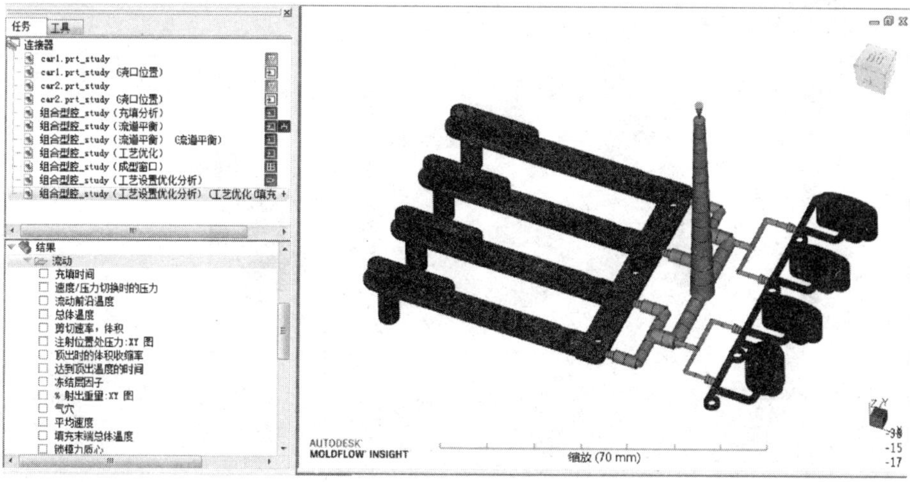

图 8-26 完成分析

（1）充填时间

图 8-27 所示工艺设置优化分析前的流道平衡分析的充填时间。制品的充填时间为 1.048s，比工艺优化分析前减少了 0.1s 左右（工艺优化分析前为 1.149s），并且制品两边是同时完成充填的。

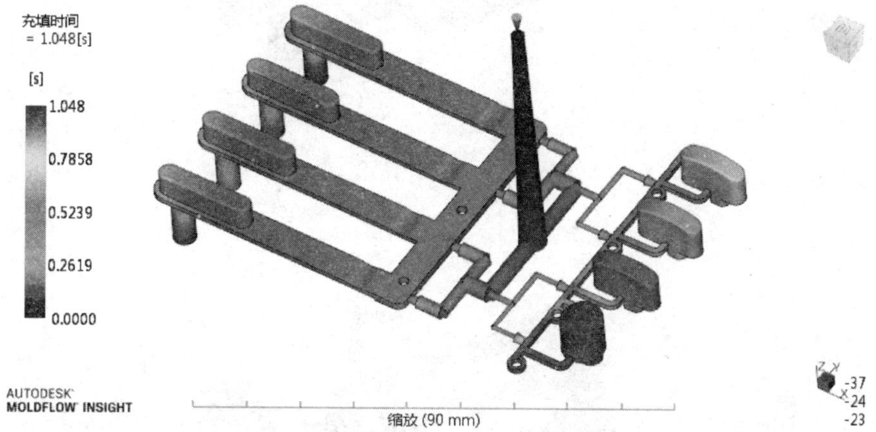

图 8-27 充填时间

图 8-28 所示重新填充 + 保压分析后的充填时间。完成整个填充所花的时间远远少于之前的充填时间。当然这个时间太短是有一定问题的，会导致制件缺陷，可以适当调整注射速率。但是从效果看，充填是非常均衡的，几乎是同时完成两边模型的充填。

（2）流动前沿温度

图 8-29 所示之前的流动前沿温度，流道前沿温度存在 100 度左右的温差。

图 8-30 所示重新填充 + 保压分析后的流动前沿温度。从效果图看，流动前沿温度差非常小，可以忽略不计，说明充填平衡效果十分好。

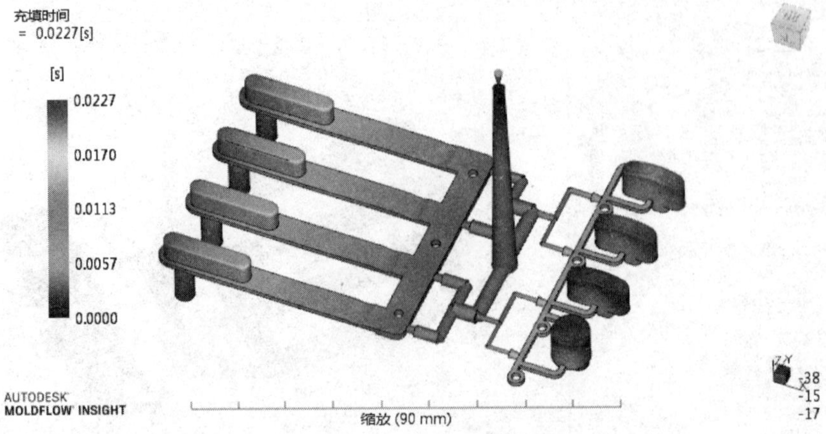

图 8-28　充填时间

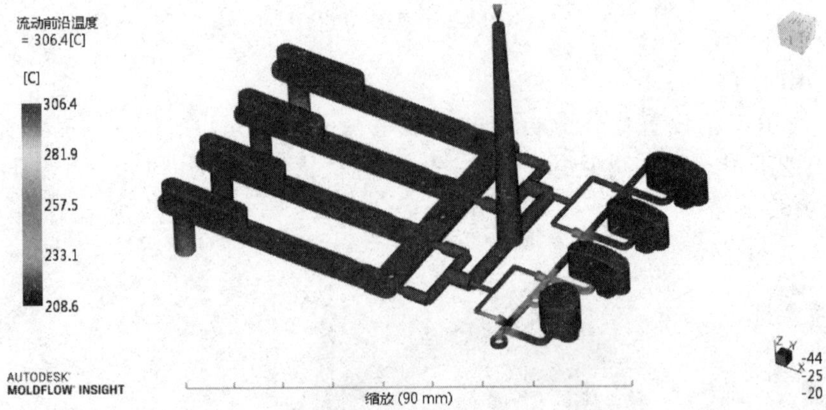

图 8-29　流动前沿温度

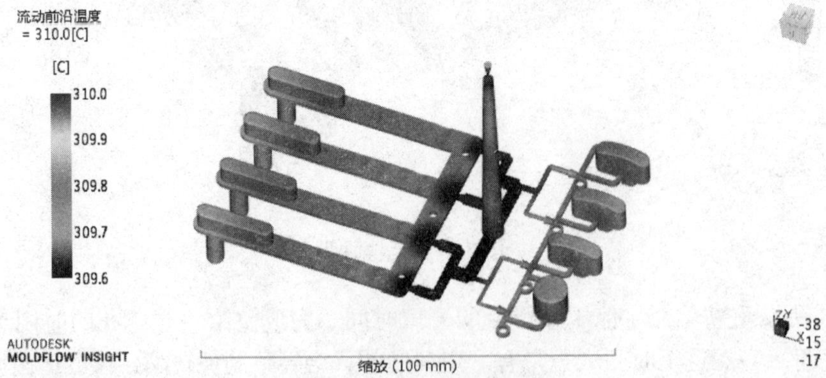

图 8-30　流动前沿温度

总体上讲，工艺设置的优化分析效果不会完全解决制品缺陷，但对于填充平衡来说，完全达到需求。只不过还要不断去调整工艺参数，并多次进行分析，以此得到符合实际生产要求的分析结果。鉴于时间和篇幅的限制，此处不再进行调整分析。读者可以自行完成。

第 9 章

二次成型分析

本章导读

二次成型工艺是指热塑性弹性体通过熔融粘附结合到工程塑胶的一种注塑过程。相比用第三方材料粘接，二次成型工艺效率更高，更符合成本效益，因此，被广泛用于塑胶结构设计。本章我们将以塑料扣双色注塑成型为例，详细介绍 Moldflow 重叠注塑成型分析的应用过程。

案例展现

ANLIZHANXIAN

案 例 图	描 述
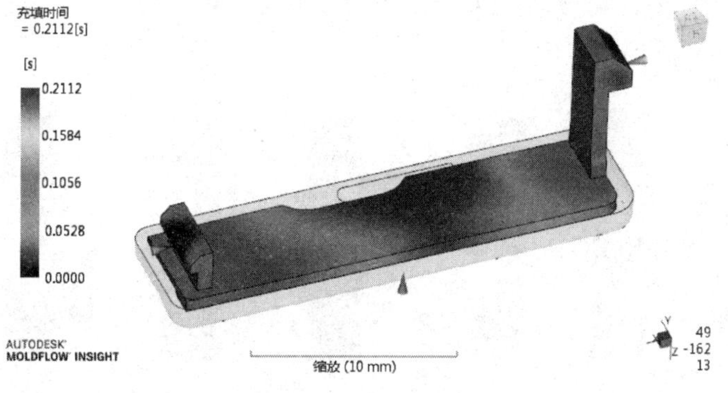	双色注塑成型，如果用冷流道注塑，势必会造成充填不全、压力不平衡等缺点，还会导致废料多、生产成本的增加。在双色注塑过程中，因一次注射和二次注射之间有一段时间间隔，而冷流道无法保证填充料一直保持熔融状态
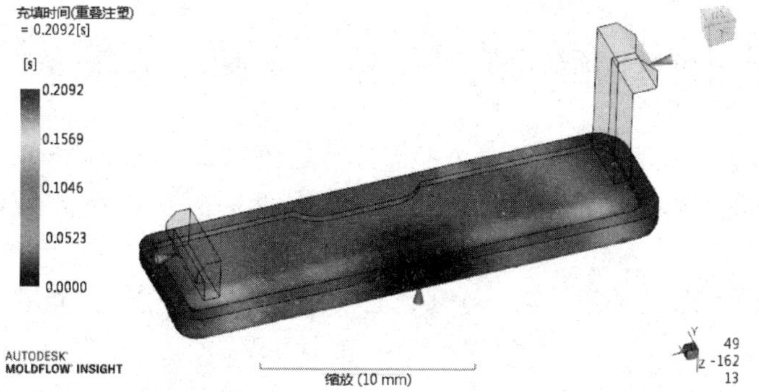	通过初次的重叠注塑分析，发现利用 Moldflow 系统默认的浇口位置和工艺参数，使第一色和第二色制品均出现了缺陷，需要重新优化并分析

第 1 节 二次成型工艺概述

二次成型工艺是指热塑性弹性体通过熔融粘附结合到工程塑胶的一种注塑过程。

相比用第三方材料粘接，二次成型工艺使过程更快，更符合成本效益。因此，已被广泛用于塑胶结构设计。

在二次成型时，软硬段的表面软化、外层弹性体的分子扩散和工程塑料之间必须相互兼容，也就是说它们不能拒绝对方的分子。随着分子流动性的增加，两种材料的分子相互扩散，产生融化附着力，最终在表面层网络形成凝聚力。

二次成型分重叠注塑成型、双组份注射成型和共注射成型三种，区别如下。

- 重叠注塑成型：双色注塑机，两个料筒，两个喷嘴，两幅模具。
- 双组份注塑成型：双组份注塑机，两个料筒，两个喷嘴，一副模具（有时也会设计两幅模具）。
- 共注射成型：共注射注塑机，两个料筒，一个喷嘴，一副模具。

一、重叠注塑成型（双色成型）

重叠注塑是一种注射成型工艺，其中一种材料的成型操作将在另一种材料上执行。重叠注塑的类型包括二次顺序重叠注塑和多次重叠注塑。

Moldflow 重叠注塑适用于中性面、双层面和 3D 实体网格。

重叠注塑分析分两个步骤：首先在第一个型腔（第一次注塑成型）上执行填充 + 保压分析，然后在重叠注塑型腔（第二次注塑成型）上执行填充 + 保压分析。

图 9-1 所示为重叠注塑成型的流程示意图。

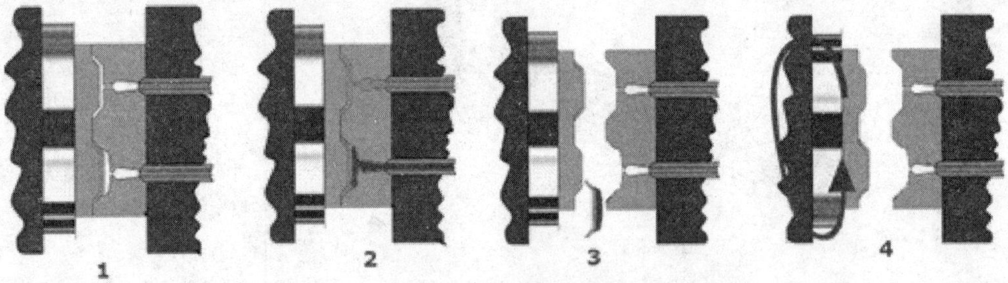

图 9-1　重叠注塑成型过程

（1）注射之后，样板将旋转 180 度，随后模具关闭，第一个零部件（蓝色）现位于下（重叠注塑）型腔中。

（2）将同时注射第一个零部件（蓝色）和第二个零部件（红色）。

（3）模具将打开，已加工成型的零件将从下型腔中顶出。与此同时，第一个零部件的流道将断开。

（4）样板将旋转 180 度，之后模具关闭。第一个零部件（蓝色）现位于下（重叠注塑）型腔中。

双色注塑机有两个料筒和两个喷嘴，如图 9-2 所示。

图 9-2 双色注塑机

重叠注塑工艺主要应用于双色注塑模具和包胶模具。

1. 双色注塑模具

双色注塑模具是将两种不同颜色的材料在同一台注塑机（双色注塑机）上进行注塑，分两次成型，最终一次性将双色产品顶出。图 9-3 为双色注塑示意图，图中的 1#浇注系统负责注塑 A 型腔，2#浇注系统负责注塑 B 型腔。图 9-4 为双色注塑产品。

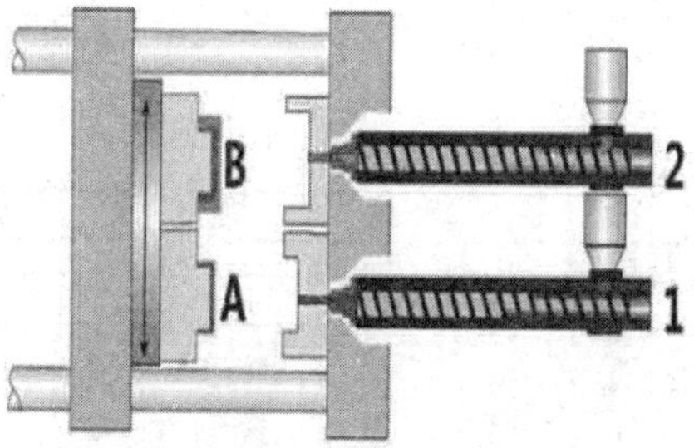

图 9-3 双色注塑

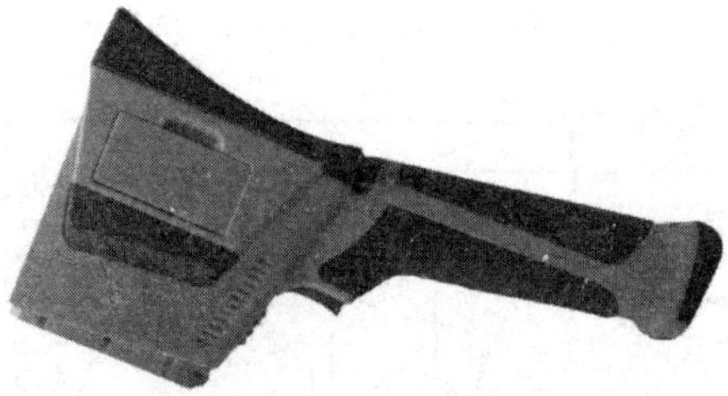

图 9-4 双色注塑产品

双色注塑是利用双色注塑机，将两种不同的塑料在同一机台注塑完成部件。适用范围广，产品质量好，生产效率高，是目前的趋势。

常见的旋转式双色模具，注塑成型时通常是共用一个动模（后模）、通过交换定模（前模）来完成的，如图 9-5 所示。

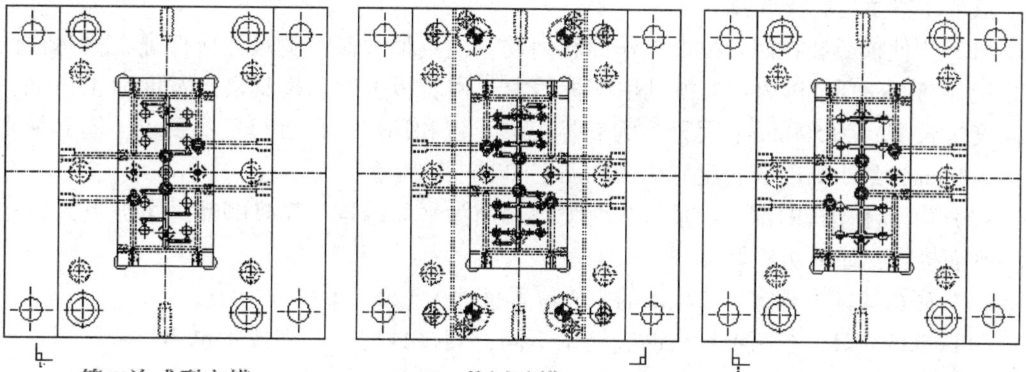

图 9-5 双色注塑模具的共用动模和两次成型定模

温馨提示	所谓“双色”，除了颜色不同，其材质也是不同的，一般分为硬质材料和软质材料两种。

因此在设计双色模具时，必须要同时设计两套模具，通常是两个型腔不同的定模和两个型腔相同的动模。在注塑生产时，两套模具同时进行生产，第一次注塑完成后动模旋转 180 度后与第二型腔的定模构成一套完整的模具完成第二次注塑。

图 9-6 是双色手柄的完整双色注塑模具。

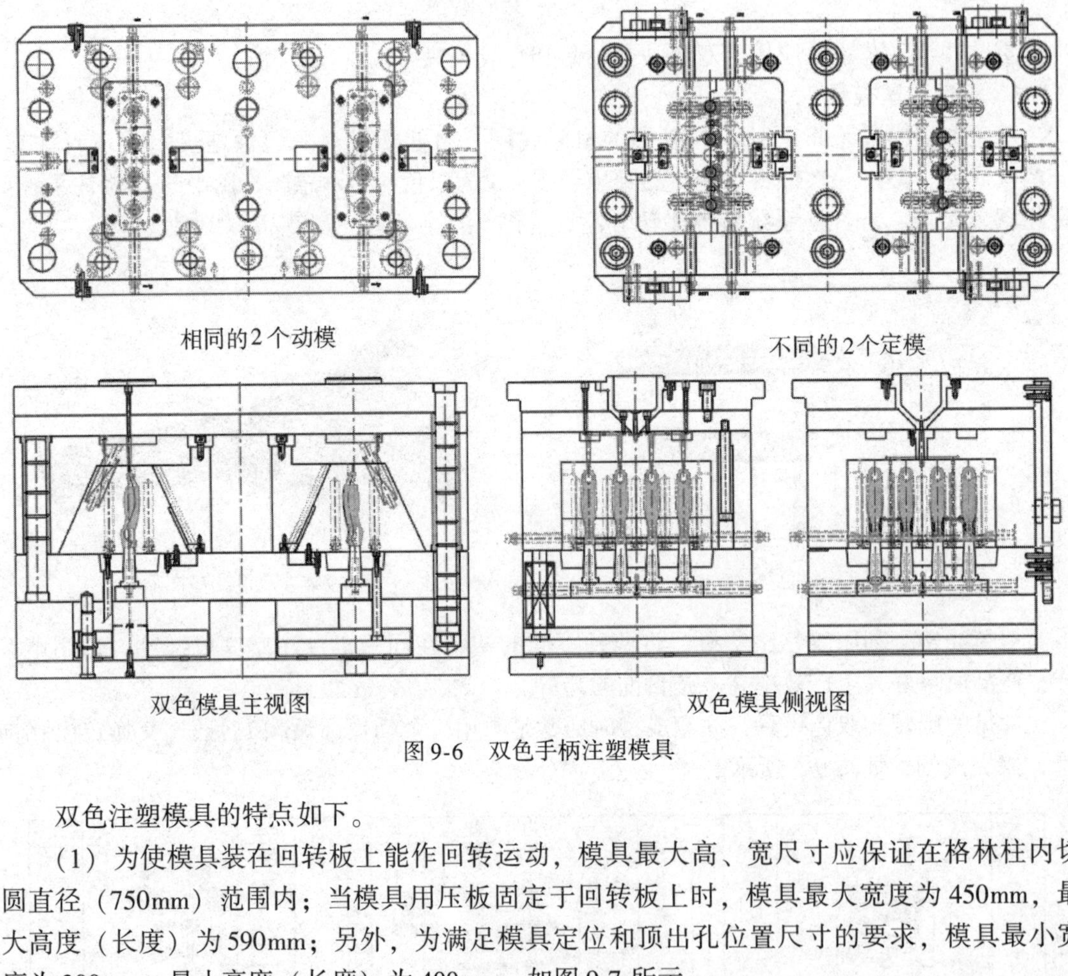

图 9-6 双色手柄注塑模具

双色注塑模具的特点如下。

（1）为使模具装在回转板上能作回转运动，模具最大高、宽尺寸应保证在格林柱内切圆直径（750mm）范围内；当模具用压板固定于回转板上时，模具最大宽度为 450mm，最大高度（长度）为 590mm；另外，为满足模具定位和顶出孔位置尺寸的要求，模具最小宽度为 300mm，最小高度（长度）为 400mm，如图 9-7 所示。

（2）由于注塑机的水平、垂直注射喷嘴端面为平面结构，模具唧嘴（主流道入口）须满足平面接触，如图 9-8 所示。

（3）注意保证模具定位和顶出的中心位置尺寸为 12060. 02。

（4）双色模具，若两种材料的收缩率不同，其模具型腔的缩放量也不一致，当进行第二次注射时，第一次成形的胶件（制品）已收缩。因此模具第二次成形的封胶面应为胶件实际尺寸，亦可减小（单边）0. 03mm 来控制封胶。

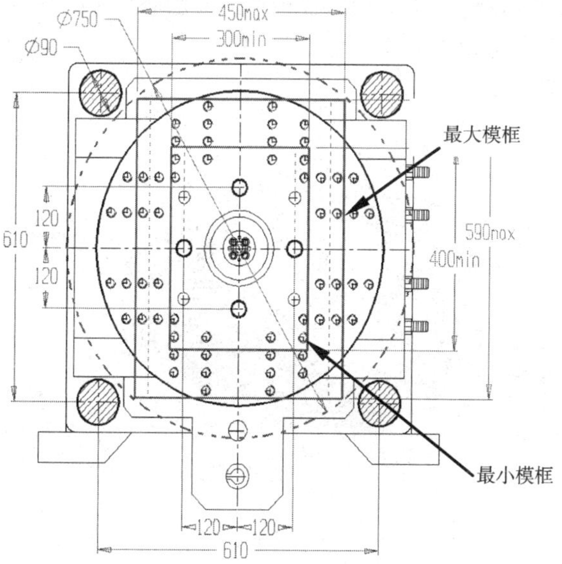

图 9-7　模具的尺寸

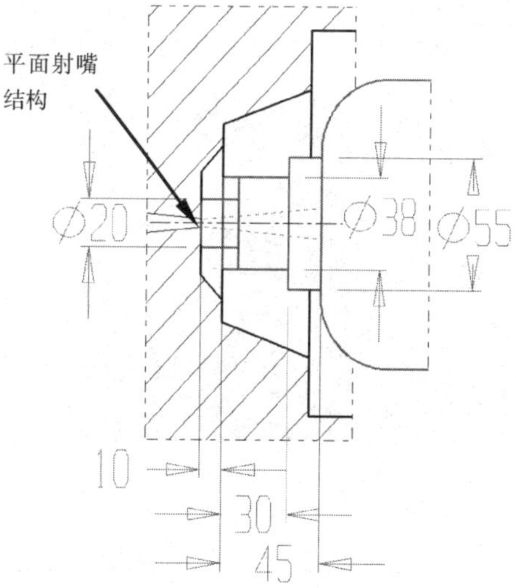

图 9-8　模具唧嘴

（5）模具二次成形的前模型腔，注意避空非封胶配合面，避免夹伤、擦伤第一次注射已成形的胶件表面，图 9-9 为避免夹伤的设计，图 9-10 为避免擦伤的设计。

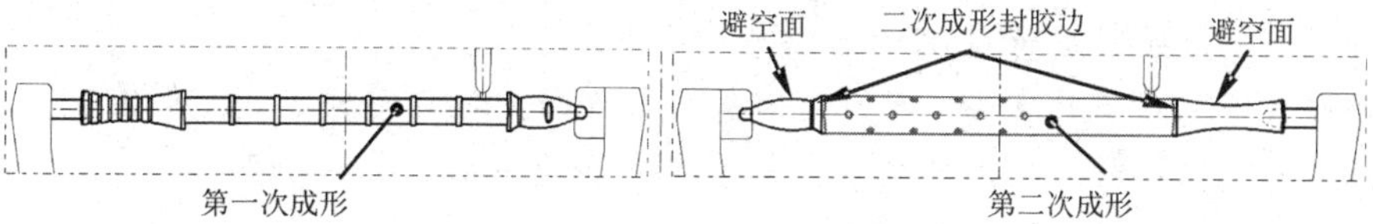

图 9-9　避免夹伤的设计

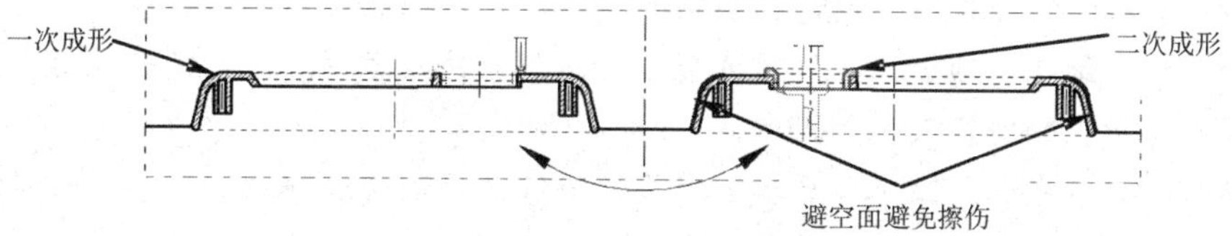

图 9-10　避免擦伤的设计

（6）避免两胶料接合端处锐角接合，当出现锐角接合时，因尖锐角热量散失多，不利于两胶料熔合，角位易脱开，如图 9-11 所示。

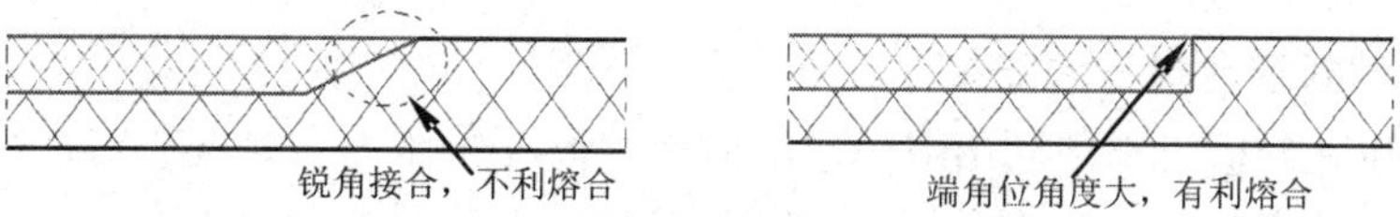

图 9-11　避免两胶料接合端处锐角接合

2. 包胶模具

有时又叫假双色，两种塑胶材料在不同注塑机上注塑，分两次成型。产品从一套模具中出模取出后，再放入另外一套模具中进行第二次注塑成型。一般这种模塑工艺通常由 2 套模具完成，而不需要专门的双色注塑机。图 9-12 为包胶产品。

图 9-13 为汽车三角玻璃窗包胶模具内部结构图。

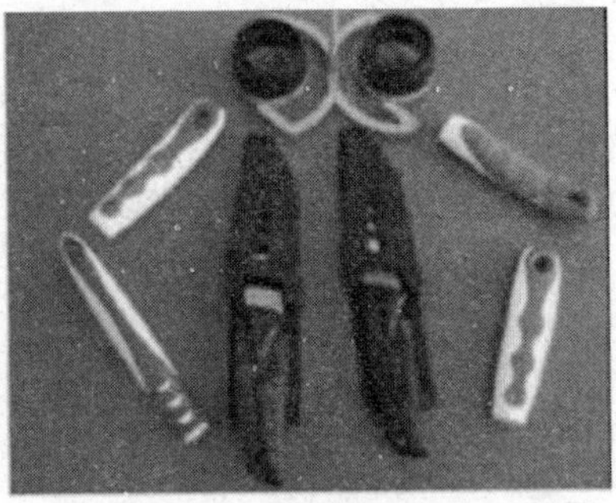

图 9-12　包胶产品

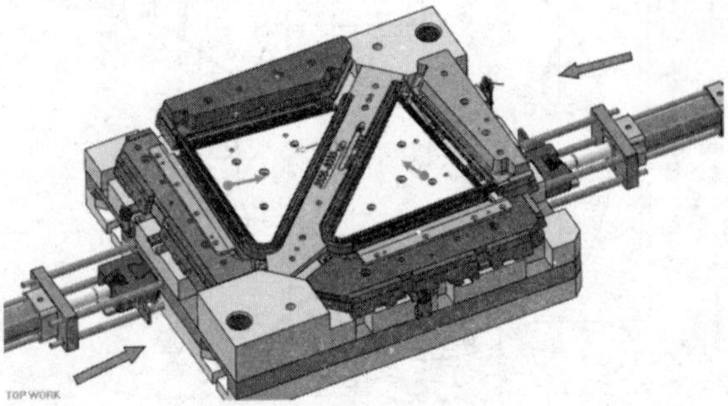

图 9-13　包胶模具结构

包胶模具设计，要注意以下几方面问题。

- 强度：包胶模具要注意骨架强度，防止包胶后变形。
- 缩水：包胶模要注意收缩率的问题。外置件是没有收缩的，因此该辟空的地方尽量辟空便于外置件的放入，原则上不影响封胶就好。
- 定位：做到可靠的封胶且在胶件上有反斜度孔，防止拉胶变形。
- 模具钢材：可用 H13 或 420H。
- 在软胶的封胶位多留 0.07 ~0.13 作为预压。
- 硬胶要有钢料作为支持，特别是有软胶的背面，避空间隙不可大于 0.3S。
- 底件与包胶料的软化温度要至少相差 20，否则底胶件会被融化。
- 若包 TPE，其排气深度为 0.01mm；
- 底成品与塑料部分的胶厚合理比例为 5:4。
- TPE 材料，其浇口不宜设计成潜顶针（顶针作为潜伏式浇口的一部分），可改用直顶。浇口做在直顶上，最好用方形，直顶与孔的配合要光滑，间隙在 0.02mm 以内，否则易产生胶粉。
- 流道不宜打光，留纹可助出模，前模要晒纹，否则会粘前模。
- TPE 缩水率会改变皮纹的深度。
- 如果产品走批锋，解决方法：前模烧焊，底件前模加胶，底件后模加胶，包胶模后模烧焊。
- 如果粘前模，解决方法：前模加弹出镶件，镶件顶部加弹弓胶，弹弓胶尺寸要小于镶件最大外围尺寸。

3. 重叠注塑对双色模型的要求

通过 Moldflow 分析可以预测出双色产品的充填情况，压力、温度、结合线困气位置、表面收缩，以及产品相互粘合及变形情况，可及时避免双色成型中的风险。

对于中性面网格，要注意以下问题。

- 要确保两个模型的网格质量要好；
- 网格宽度与厚度的比例控制在 4:1 以内；

- 两个成分的网格需要相互交叠（不能有间隙，否则无法进行热传导计算）；
- 两个模型的属性设定。

对于3D实体网格，要注意以下问题。

- 两者皆为几何结构简单的模型最佳；
- 两个成分的产品网格需要相互交叠；
- 元素的属性设定（如有热流道要控制在第二色）。

4. 重叠注塑的材料

重叠注塑的基本思路是将两种或多种不同特性的材料结合在一起，从而提高产品价值。第一种注入材料称为基材或者基底材料，第二种注入材料称为覆盖材料。

在重叠注塑过程中，覆盖材料注入基材的上方、下方、四周或者内部，组合成为一个完整的部件。这个过程可通过多次注塑或嵌入注塑完成，通常使用的覆盖材料为弹性树脂。

在选择两种塑性材料的应用时，要注意其接合效果，常用各胶料组合见表9-1。

表9-1 两种塑性材料组合

材料	ABS	PA6	PA66	PC	PE-HD	PE-LD	PMMA	POM	PP	PS-GP	PS-HI	TPU	PVC-W	PC-ABS	SAN
ABS	1	1	Y	Y	1	Y	Y	Y	1	1	1	1			
PA6	1	1	2	2	2	2	Y	Y	1						
PA66	1	1		2	2			2	Y	Y	1				
PC	1		2	1	Y	Y	2		Y	Y	U	1	1	1	1
PE-HD	Y	2	2	Y	1	1	2	2	Y	Y	Y	Y	2	Y	Y
PE-LD	Y	2	2	Y	1	1	2	2	1	Y	Y	Y		Y	Y
PMMA	1			2	2	2	1		2	Y	Y		1		1
POM					2	2		1	2	Y	Y				
PP	Y	2	2	Y	Y	1	2	2	1	Y	Y	Y	2	Y	Y
PS-GP	Y	Y	Y	Y	Y	Y	Y	Y	Y	1	1	Y	2	Y	Y
PS-HI	Y	Y	Y	Y	Y	Y	Y	Y	Y	1	1	Y	2	Y	Y
TPU	1	1	1	1	Y	Y			Y	Y	Y	1	1		1
PVC-W	1			1	2		1		2	2	2	1	1	1	1
PC-ABS	1			1	Y	Y			Y	Y	Y	1	1	1	
SAN	1			1	Y	Y	1	Y	Y	Y	1	1	1	1	

注明：（1）1为良好组合；2为较好组合；Y为较差组合。
（2）空白为无组合。

二、双组份注塑成型（插入成型）

双组份注塑成型（也称插入成型或嵌入成型）工艺是在不同的注射位置将两种不同的材料注射到一个模具中，这一过程也是由两组不同的注射单元所控制的。双组份注射流程中的注塑机各有两个料筒和喷嘴，如图9-14所示。

双组份注塑成型也分两种注塑方式：角式注塑和两次注塑（嵌入注塑）。

图 9-14　双组份角式注塑机

1. 角式注塑

该类注塑机有两个注射机构（料筒），并在水平面或垂直面成一定夹角分布，根据需要可以按照同时或先后的顺序，将两种原料注入同一副模具内。

角式注塑可在一台双组份注塑机上，利用一副模具实现双组份注塑的效果。

同副模具内分硬料腔和软料腔。第一模注射时，副料筒关闭，只进行主料筒的硬料注射。完成后，将硬料部分放入软料腔内，从第二模开始主、副料筒同时注射，完毕后，从软料腔脱模的零件即为成品，从硬料腔脱模的产品再放入软料腔内循环进行生产，如图 9-15 所示。

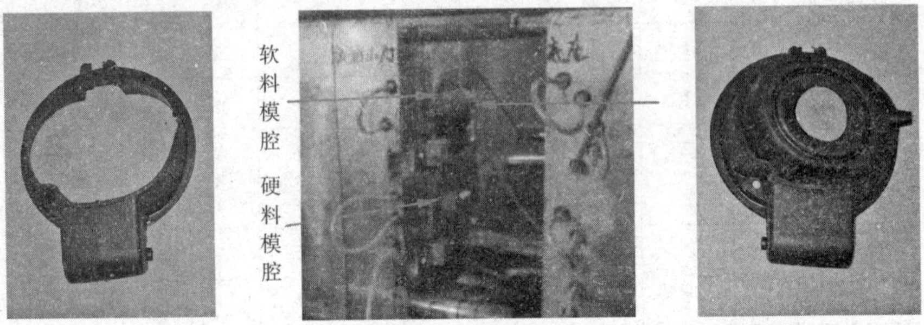

1. 先成型硬材料　　2. 将硬料放入软料模腔内　　3. 再成型软材料

图 9-15　角式注塑

2. 两次注塑

这是一种最简单的双组份成型方法，只需要两台常规的注塑机，但需要两副模具（分别成型硬料部分和软料部分）。先成型硬料部分制件，再将该制件作为嵌件放入软料模内，完成软料成型，如图 9-16 所示。

图 9-16　两台常规注塑机

图 9-17 所示利用两次成型工艺完成的电动工具外壳产品。两次注塑的优点在于对设备的依赖程度较小，利用普通注塑机即可实现双组份注塑的效果。缺点是要同时开制两副模具，生产周期为常规注塑的两倍，不适合较大体积产品的生产。

1. 先成型硬材料　　2. 作为嵌件放入软料模内　　3. 再成型软材料

图 9-17　电动工具外壳产品

3. 双组份注塑材料

单一的原材料在性能上往往都有一些缺陷，利用双组分注塑可以达到两种原料之间的优点互补，得到性能更加优良的产品。

双组份注塑工艺与普通注塑相比基本相同，同样分为：注射－保压－冷却。不同之处在于在短时间内先后实现了两次注塑成型过程，两种原料能有效地黏合在一起。

双组份注塑中采用的原料要求相互之间必须要有较强的黏合强度，才能保证不会出现原料结合处开裂、脱落等缺陷。

常见的双组份注塑材料之间的黏合强度见表 9-2。

表 9-2　双组份注塑材料组合之间的黏合强度

材料	ABS	ABS/PC	ASA	CA	EVA	PA6	PA66	PBT	PC	HDPE	LDPE	PMMA	POM	PP	PP0	PS	TPEE	TPU
ABS	1	1	1	1				1	1	Y	Y	1		Y	Y	Y	Y	1
ABS/PC	1	1	1						1	Y	Y			Y	Y	Y	Y	1
ASA	1	1	1	1	1				1	Y	Y	1		Y	Y	Y		1
CA	1		1	1	2					Y	Y			Y	Y	Y		1
EVA			1	2	1					1	1			1	1		Y	
PA6						1	1			2	2			2		Y	Y	1
PA66						1	1	1	2	2	2			2		Y	Y	1
PBT							1	1	1						Y		1	1
PC	1	1	1				2	1	1							Y	1	1
HDPE	Y	Y	Y	Y	1	2	2		Y	1	1	2	2	Y		Y	Y	Y
LDPE	Y	Y	Y	Y	1	2	2		Y	1	1	2	2	1		Y	Y	Y
PMMA	1	1							2	2	1		2	Y				
POM											2	2		1	2		Y	Y
PP	Y	Y	Y	Y	1	2	2	Y	Y	1	2	2	1	2	Y	Y	Y	
PPO	Y	Y	Y	Y										2	1	1	Y	Y
PS	Y	Y	Y	Y	1	Y	Y		Y	Y	Y	Y	Y	2	1	1	Y	Y

注明：（1）1 为良好黏度；2 为较差黏度；Y 为无黏度。

（2）空白为不形成组合。

4. 双组份注塑成型注意事项

双组份注塑成型的最大问题就在于两种原料能否有效黏合。除了前面介绍的两种原料本身之间能否相融外，在产品设计和加工过程还应注意以下方面。

（1）尽量增加两种原料结合部位的有效接触面积，也可以利用增加加强筋或槽、孔洞、斜面、粗糙面结构来达到此目的。应当尽量避免类似截面积很小的平面和平面之间的黏合，如图 9-18 所示。

（2）注意软料进入模腔的位置和流向，避免对硬料部分产生不良影响，如图 9-19 所示。同时也要对硬料部分相应位置做好加固。

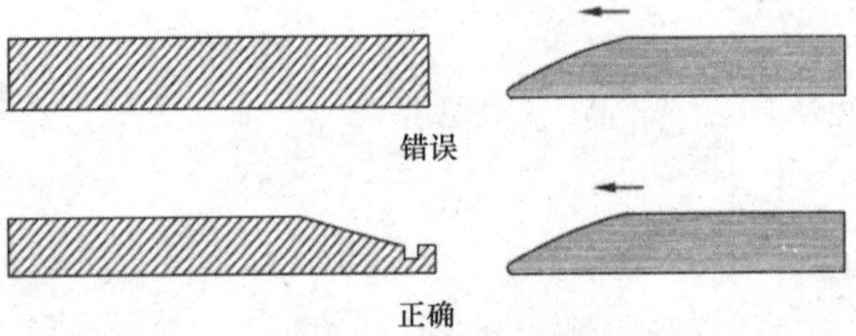

图 9-18　尽量增加两种原料的结合部位的有效接触面积

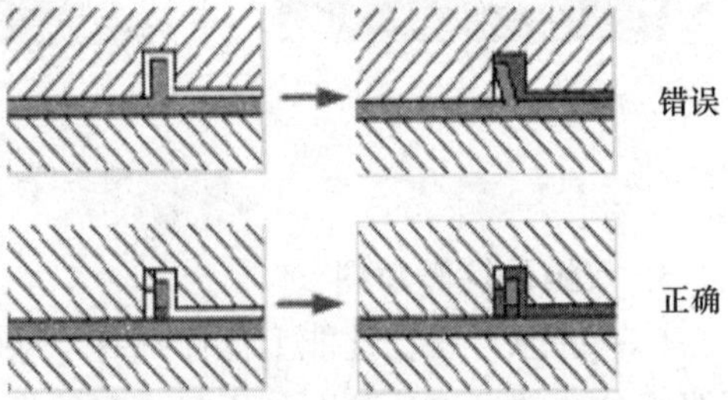

图 9-19　注意软料进入模腔的位置和流向

（3）注塑加工过程中，注意对原料加工温度、注射速度和模腔表面温度的控制，这些都会直接影响原料黏合强度的关键控制因素。

三、共注塑成型（夹芯注塑成型）

在共注塑成型中，硬基材和软弹性料同时注入到同一个模具中，软弹性料迁移到外层。材料之间的相容性是至关重要的，必须小心控制。

共注塑十分昂贵，且很难控制，也是二次成型中最少用的注塑工艺。因为硬基材和软弹性料都在完全的熔融状态，与模具相吻合，因此，共注塑提供了最好的熔融和物质之间的化学粘连。

共注塑成型可以通过选择不同的材料组合提供各种性能特点，具体组合方式如下。

- 实心表皮/实心模芯；
- 实心表皮/发泡模芯；
- 弹性表皮/实心模芯；
- 发泡表皮/实心模芯。

共注塑成型适用于各种材料，因为材料按组合方式使用，所以表皮和模芯之间的相对黏性和附着力是选择材料的重点考虑因素。

图 9-20 为共注塑成型工艺过程示意图。首先注入表皮材料（硬基材），局部充填模具型腔，如图 a）所示；当表皮材料的注射量达到一定要求后，转动熔料切换阀，开始注射模芯材料（软弹性材料）。模芯材料进入预先注入的表皮材料流体中心，推动表皮材料进入型腔的空隙部分，表皮材料的外层由于与冷型腔壁接触已经凝固，模芯层流体不能穿透，从而被表皮材料层包裹，形成了夹芯层结构，如图 b）、c）所示；最后再转动熔料切换阀回到起始位置，继续注射表皮材料，将流道内的模芯材料推入到型腔中并完成封模，此时清除了模芯

材料，为一下个成型周期做好准备，如图 d）所示。

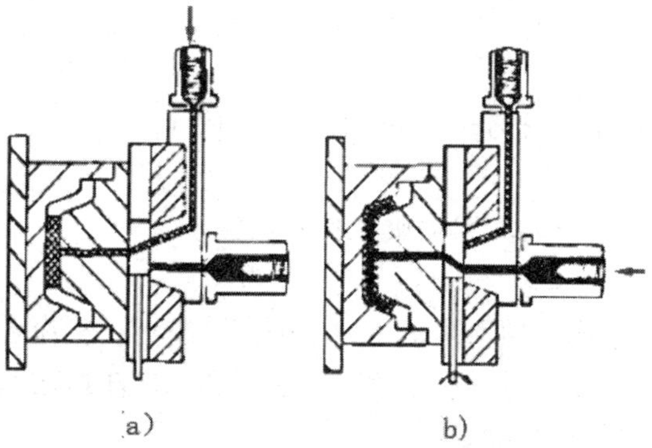

图 9-20　共注射工艺过程示意图
a）注入表皮材料　b）、c）注入模芯材料　d）再注入表皮材料

与普通注塑成型工艺相比较，共注塑成型工艺主要有以下特点。

- 共注射机由两套以上预塑和注射系统组成，每套注射系统射出熔料的温度、压力和数量的少许波动都会导致制品颜色、花纹的明显变化。为了保证同一批制品外观均匀一致，每套注射系统的温度、压力和注射量等工艺参数应严格控制。
- 共注射机的流道结构较复杂，流道长且有拐角，熔体压力损失大，需设定较高的注射压力才能保证顺利充模。为了使熔体具有较好的流动性，熔料温度也应适当提高。
- 由于熔体温度高，在流道中停留时间较长，容易热分解，因此，用于共注塑成型的原料应是热稳定性好、粘度较低的热塑性塑料。常用的有聚烯烃、聚苯乙烯、ABS 等。

第 2 节　塑料扣双色注塑成型分析

在 Moldflow 中，用户可以在网格模型上设置浇口注射锥，来模拟两幅双色模具中的流道系统。

练习文件路径：结果文件 \ Ch09 \ 模型 –1. stl 与模型 –2. stl
演示视频路径：Ch09 \ 塑料扣双色注塑成型分析 . avi

一、设计任务

下面将对塑料扣双色注塑成型案例的各尺寸参数和设计要求进行介绍，具体如下。

设计题目：塑料扣双色注塑成型

产品 3D 模型如图 9-21 所示：

图 9-21　双色塑料扣模型

规格：最大外形尺寸：23mm ×5.6mm ×8 mm（长×宽×高）

壁厚：最大2mm；最小0.4mm

设计要求：

- 材料：第1次注塑材料为ABS，第2次注塑材料为透明PP（后改为PC）；
- 缩水率：收缩率统一为0.005 mm；
- 外观要求：表面质量一般，制件无缺陷，一射与二射包胶性良好；
- 模具布局：一模4腔。

双色注塑成型，如果用冷流道注塑，势必会造成充填不全、压力不平衡等缺点，冷流道还会导致废料多、生产成本增加等。此外，在双色注塑过程中，因一次注射和二次注射之间有一段时间间隔，而冷流道无法保证填充料一直保持熔融状态。

双色模具多采用热流道注塑，本案例也不例外。下面讲解在Moldflow中重叠注塑分析的初步分析与优化方案的分析比较。

高质量的网格是任何形式模流分析的前提，而Moldflow重叠注塑分析则要求两个模型之间没有相交的部分，贴合的状态应该保持良好的贴合状态，否则会影响产品的分析结果，导入前一定要检查产品CAD模型，确认产品无上述问题后再进行下一步操作。

温馨提示	设计双色注塑模具或者进行重叠注塑分析时，必须确保两次注塑模型的参考坐标系必须是一致的。

二、分析的前期准备

下面对Moldflow分析的前期准备工作进行介绍，具体如下。

- 新建工程并导入第1个注射模型；
- 第1个注射模型网格的创建与修复；
- 导入第2个注射模型并划分、修复网格；
- 将第2个注射模型添加到第1个模型中；
- 创建流道系统。

1. 新建工程并导入第1个注射模型

01 启动Moldflow 2018，然后单击【新建工程】按钮，弹出【创建新工程】对话框，输入工程名称及保存路径后，单击【确定】按钮完成工程的创建，如图9-22所示。

图9-22 创建工程

02 在【主页】选项卡单击【导入】按钮，弹出【导入】对话框，在本例模型保存的路径下打开【模型-1.stl】文件，如图9-23所示。

图 9-23　导入模型

03 随后弹出要求选择网格类型的【导入】对话框，选择【实体（3D）】选项作为本案例分析的网格，单击【确定】按钮完成模型的导入操作，如图 9-24 所示。

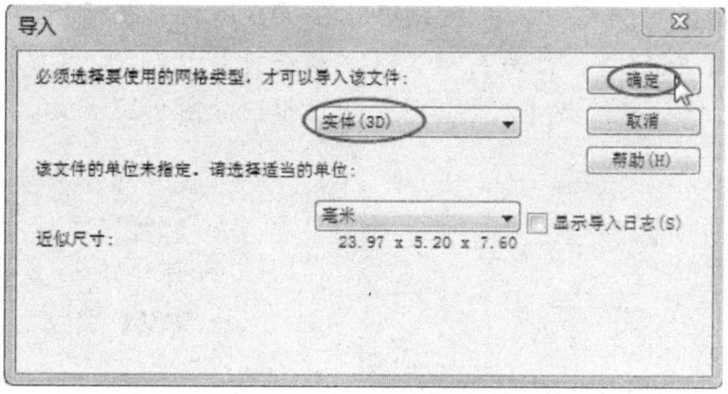

图 9-24　选择网格类型

04 导入的模型如图 9-25 所示。

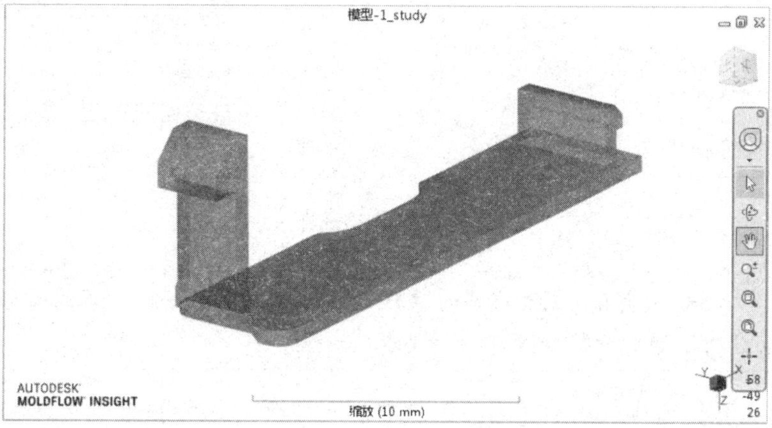

图 9-25　导入模型

2. 第 1 个注射模型网格的创建与修复

01 在【主页】选项卡【创建】面板中单击【网格】按钮，打开【网格】选项卡。

02 单击【生成网格】按钮，然后在工程管理视窗的【生成网格】选项面板中设置【全局网格边长】的值为 0.3mm，单击【立即划分网格】按钮，程序自动划分网格，结果如图 9-26 所示。

图 9-26　划分网格

03 网格创建后需要作统计，以此判定是否修复网格。在【网格诊断】面板中单击【网格统计】按钮，然后再单击【网格统计】选项面板的【显示】按钮，立即对网格进行统计并弹出【网格信息】对话框，如图 9-27 所示。

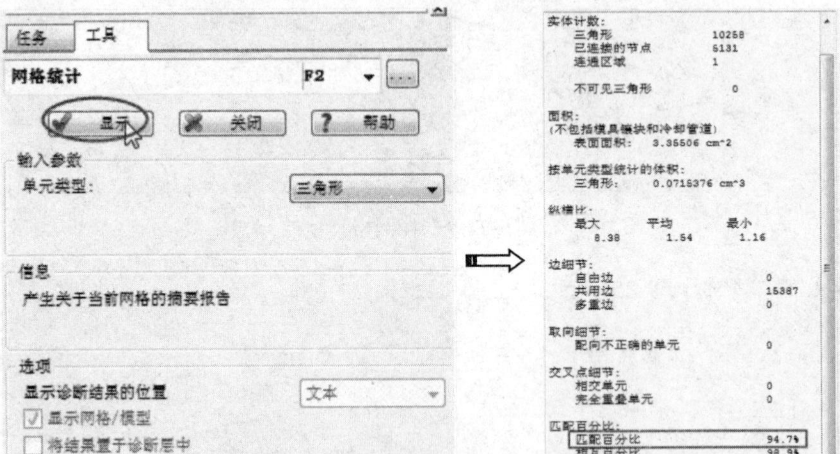

图 9-27　网格统计

温馨提示	从网格统计看，网格质量非常理想，没有明显的缺陷，匹配百分比完全满足流动分析、翘曲分析和冷却分析要求。

04 在【主页】选项卡单击【网格】按钮，打开【网格】选项卡。利用【纵横比】诊断工具，设置【最小值】为 5，如图 9-28 所示。

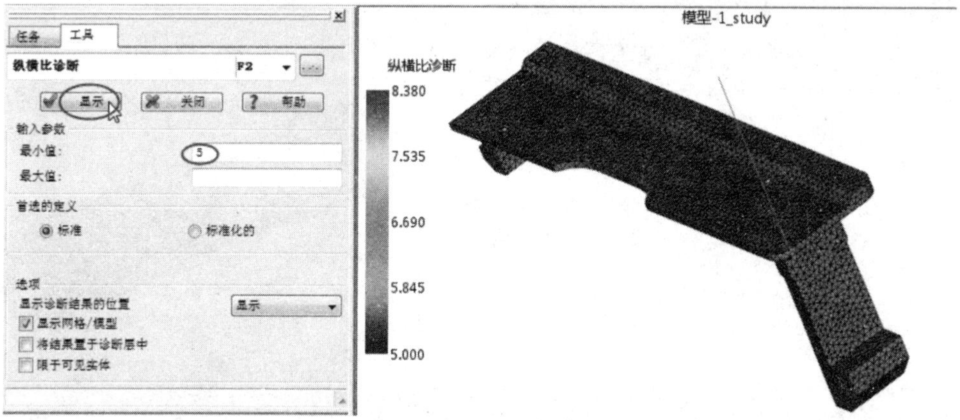

图 9-28　纵横比诊断

05　然后将指引线所在的三角形网格进行纵横比改善。网格纵横比修复后，网格重新统计结果如图 9-29 所示。

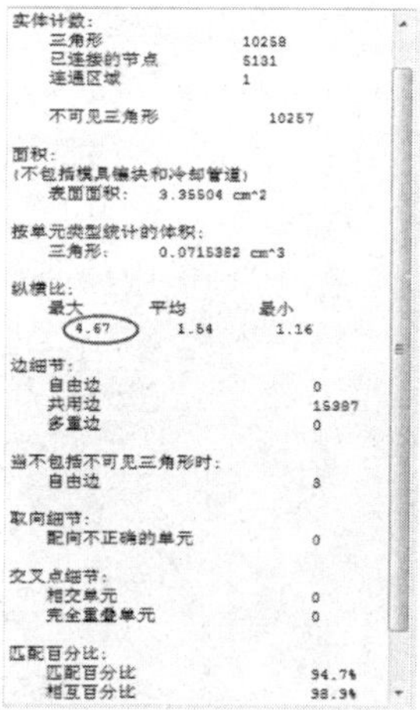

图 9-29　重新统计网格

06　网格划分后，在【主页】选项卡【成型工艺设置】面板中选择【热塑性塑料重叠注塑】类型，如图 9-30 所示。并将结果先保存。

3. 导入第 2 个注射模型

01　在【主页】选项卡单击【导入】按钮，将光盘中的【模型 –2. stl】模型文件打开，如图 9-31 所示。

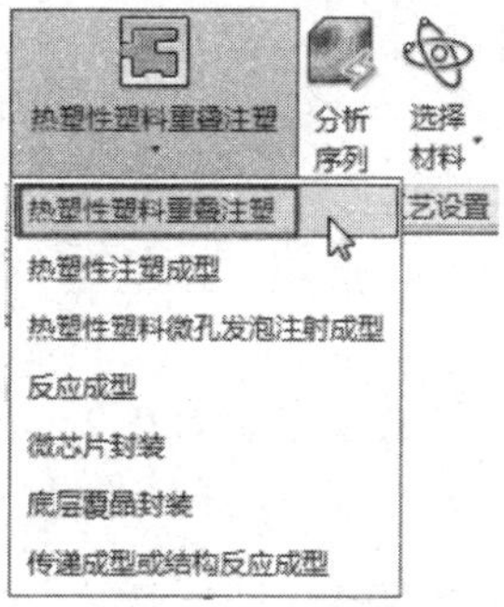

图 9-30　选择成型工艺类型

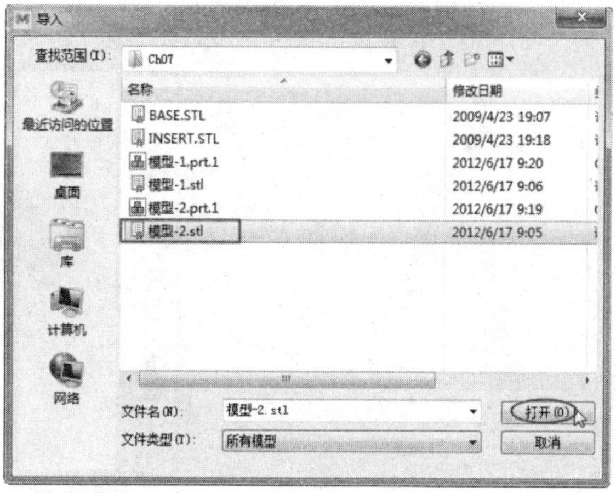

图 9-31　导入第 2 次注射的模型

02 将此模型以【双层面】网格类型导入，如图 9-32 所示。

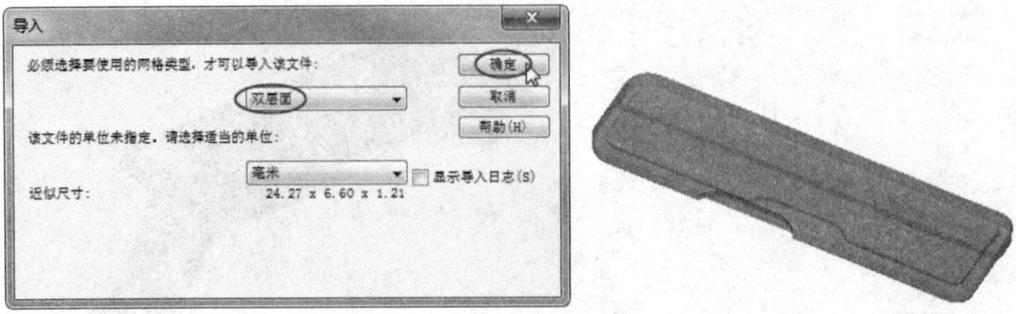

图 9-32　设置网格类型

03 同理，对导入的模型作网格划分、网格统计等操作，结果如图 9-33 所示。

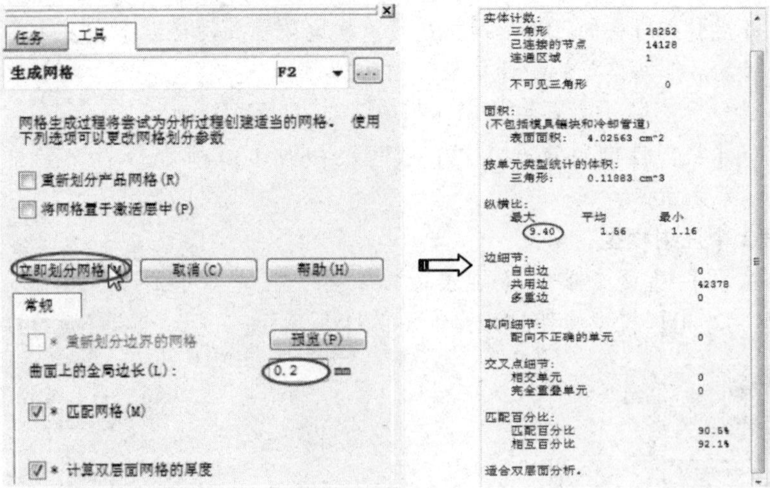

图 9-33　划分网格并统计网格

04 可以看出由于第 2 注塑模型圆角偏多，所以划分网格时边长值设为 0. 2mm。纵横比诊断结果如图 9-34 所示。

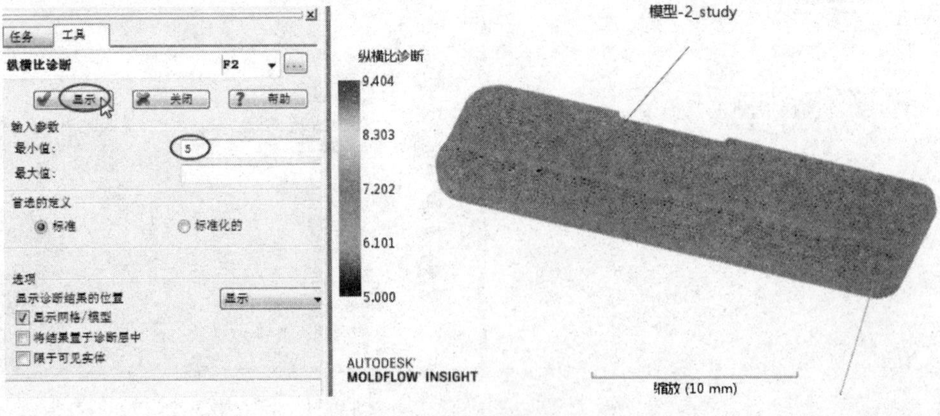

图 9-34　网格纵横比诊断

05 利用合并节点工具，修复纵横比。

4. 将第 2 色模型添加到第 1 色模型中

01 在工程视窗中复制【模型 -1_ study】项目，然后将其重命名为【重叠注塑_ study】，如图 9-35 所示。

02 双击【重叠注塑_ study】项目，然后在【主页】选项卡中单击【添加】按钮，从方案保存的文件夹中打开第 2 色模型的方案文件，如图 9-36 所示。

温馨提示	默认情况下，AMI 的工程项目及方案自动保存在【C：\ Users \（计算机名）\ Documents \ My AMI 2018 Projects】文件夹中。

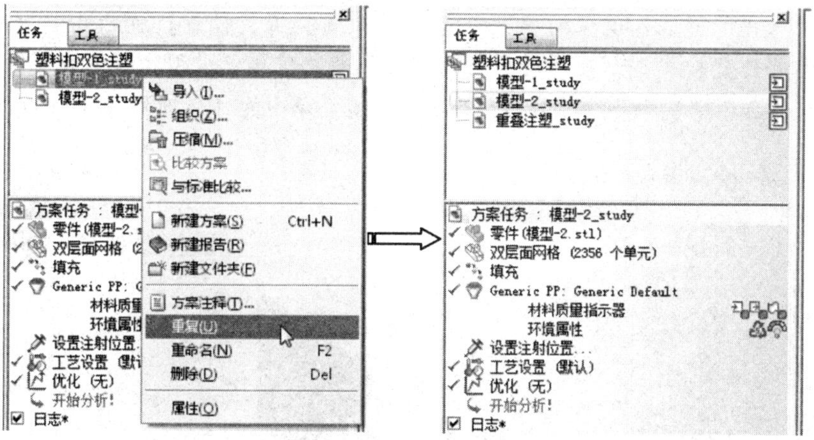

图 9-35 复制并重命名项目

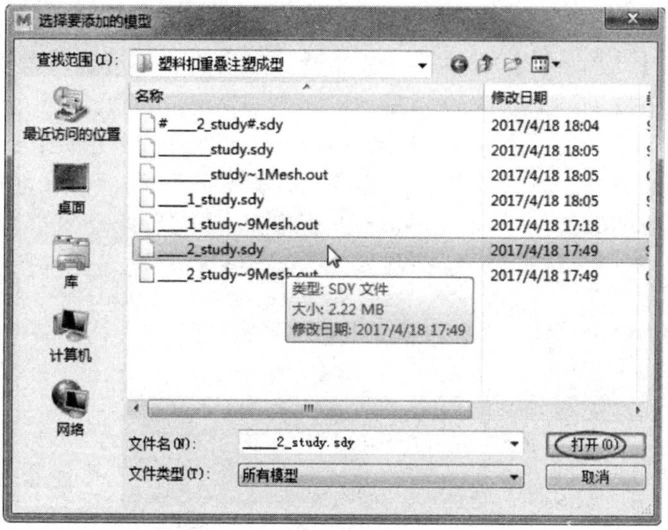

图 9-36 添加第 2 色模型的方案文件

03 文案文件添加完成后，图层项目管理视窗中显示两个模型的图层，并且图形区中可以看到第 2 个模型已经添加到第 1 个模型上，如图 9-37 所示。

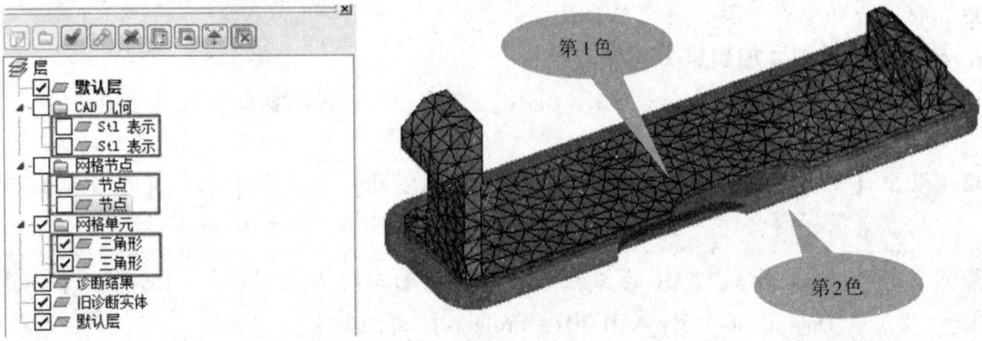

图 9-37　第 2 个网格模型添加到第 1 个网格模型中

04 接下来更改第 2 色模型的属性，首先在【成型工艺设置】面板中选择【热塑性塑料重叠注塑】类型，在图层项目管理区仅勾选第 2 色模型的【三角形】复选框。

05 框选第 2 色模型的三角形网格，并执行右键菜单中的【属性】命令，如图 9-38 所示。

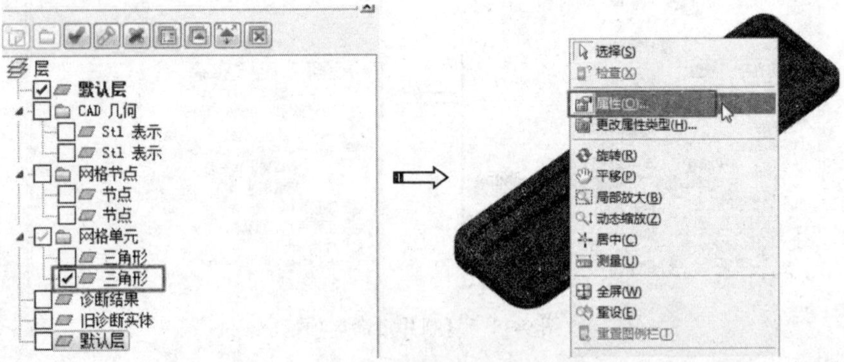

图 9-38　选中第 2 色模型编辑属性

06 随后弹出【选择属性】对话框，选择列表中列出的所有三角形单元属性，然后单击【确定】按钮，如图 9-39 所示。

07 将打开【零件表面（双层面）】对话框，在【重叠注塑组成】选项卡下选择【第二次注射】选项，单击【确定】按钮完成属性的更改，如图9-40 所示。

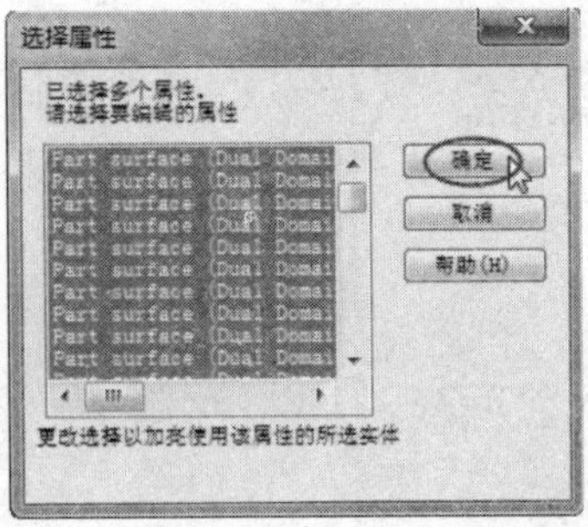

图 9-39　选择属性

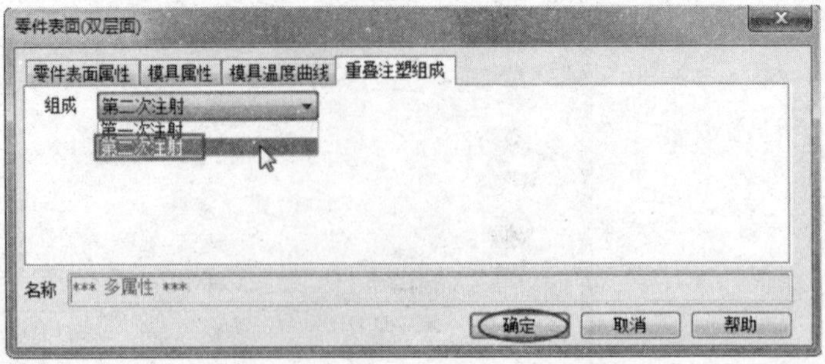

图 9-40　选择新的重叠注塑组成

三、最佳浇口位置分析

在进行重叠注塑分析前，要分别对两个模型进行最佳浇口位置进行分析，以便在重叠分析时设置注射锥。

01　在方案任务视窗中双击【模型－1_ study】任务。

02　设置分析序列为【浇口位置】，如图9-41所示。

03　保持工艺设置的默认参数设置，单击【分析】按钮，执行分析操作，如图9-42所示。

图9-41　选择分析序列

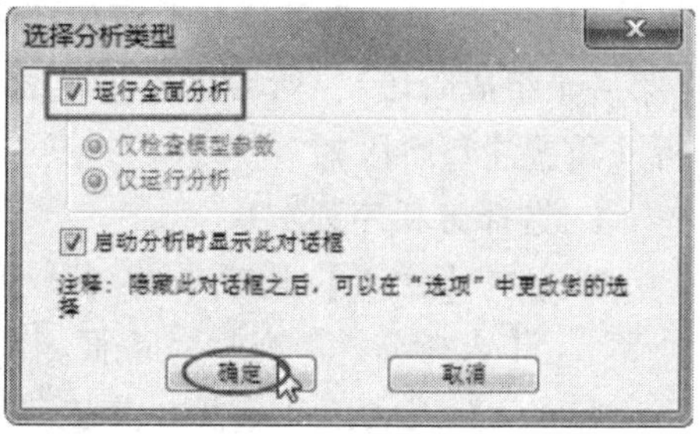

图9-42　运行分析

04　第一注射模型的浇口位置分析结果，如图9-43所示。

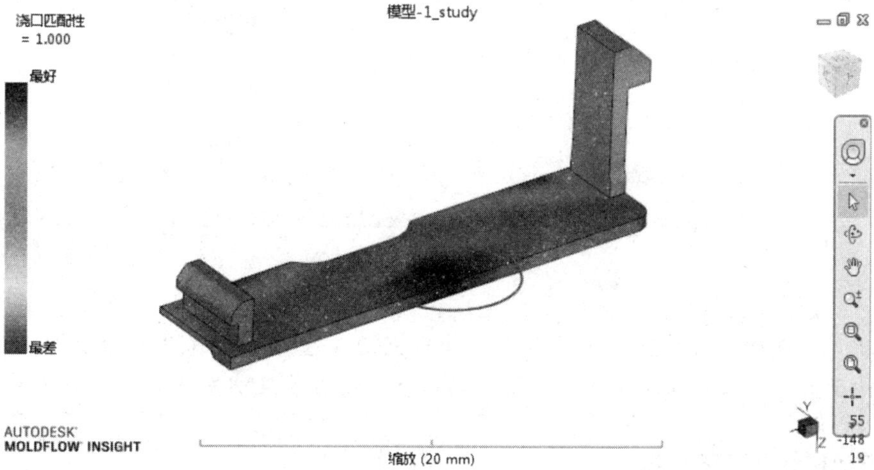

图9-43　第一注射模型的最佳浇口位置分析结果

05　同理，在方案任务视窗中双击【模型－2_ study】，然后对第二注射模型进行最佳浇口位置分析，分析结果如图9-44所示。

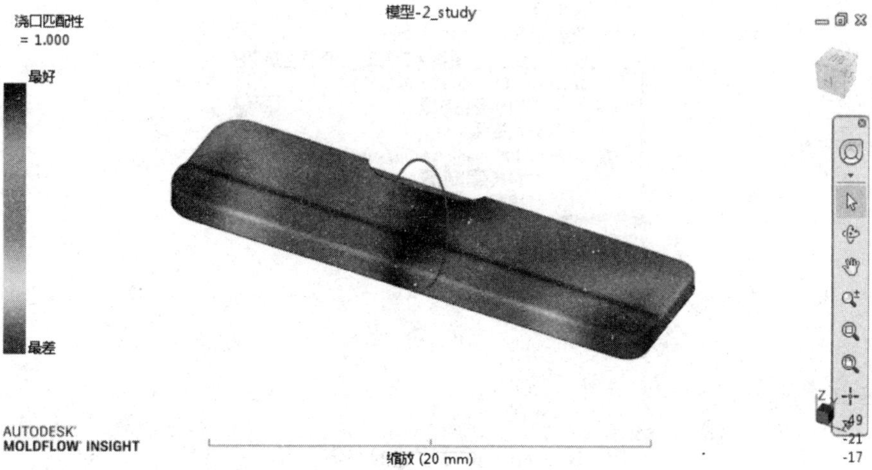

图9-44　第二注射模型的最佳浇口位置分析结果

四、重叠注塑初步分析

重叠注塑分析与一般的热塑性注塑分析基本相同，不同的是需要为2次注射指定不同的材料和注射位置。重叠注塑分析包括两个步骤：首先在第一个型腔上执行填充 + 保压分析（第一个组成阶段），然后在重叠注塑型腔上执行填充 + 保压分析或填充 + 保压 + 翘曲分析（重叠注塑阶段）。

1. 选择分析序列

01 在【主页】选项卡的【成型工艺设置】面板中单击【分析序列】按钮，弹出【选择分析序列】对话框。

02 选择【填充+保压+重叠注塑充填+重叠注塑保压】选项，单击【确定】按钮，完成分析序列的选择，如图9-45所示。

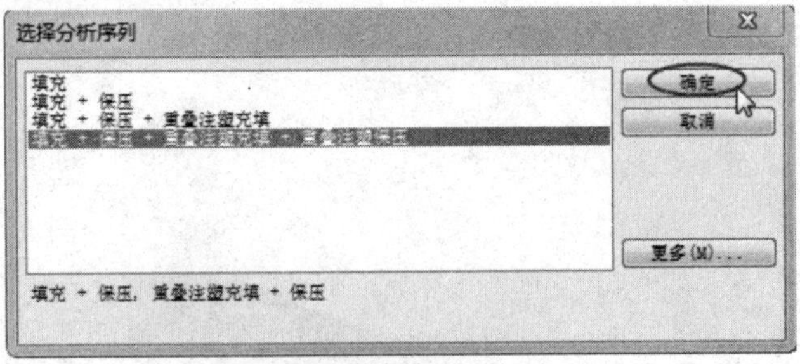

图9-45 选择分析序列

温馨提示	选择的【填充+保压+重叠注塑充填+重叠注塑保压】分析序列选项，表示第一色执行填充+保压分析，第二色执行重叠注塑充填+重叠注塑保压。

2. 选择材料及工艺设置

01 选择分析序列后，方案任务窗格中显示了重叠注塑分析的任务，如图9-46所示。包括选择2次注射的材料和2个模型的注射位置。

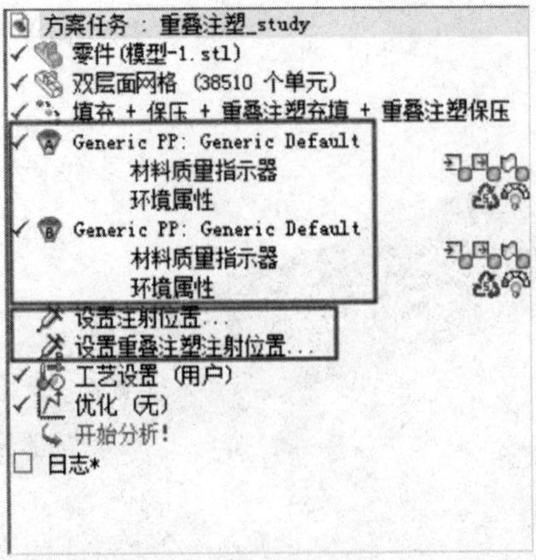

图9-46 重叠注塑的方案任务

02　首先指定第 1 次注射的材料为 ABS，如图 9 – 47 所示。

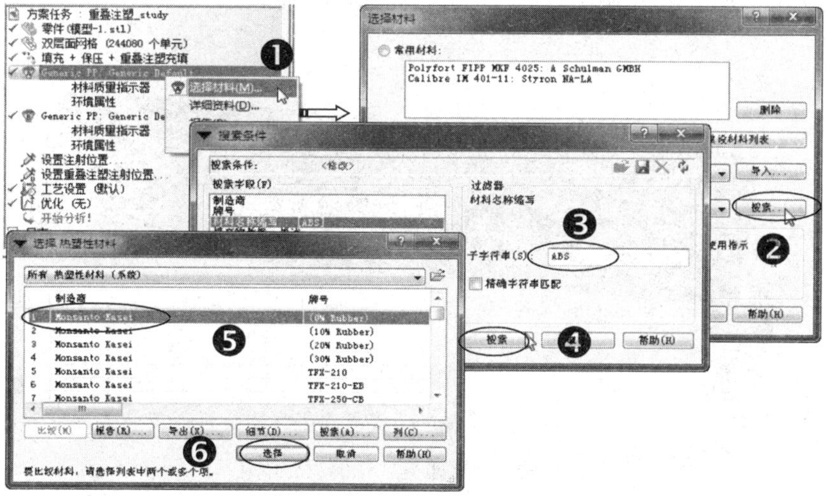

图 9-47　为第一次注射选择 ABS 材料

03　按上步骤的方法，选择第 2 次注塑的材料为 PP，如图 9-48 所示。

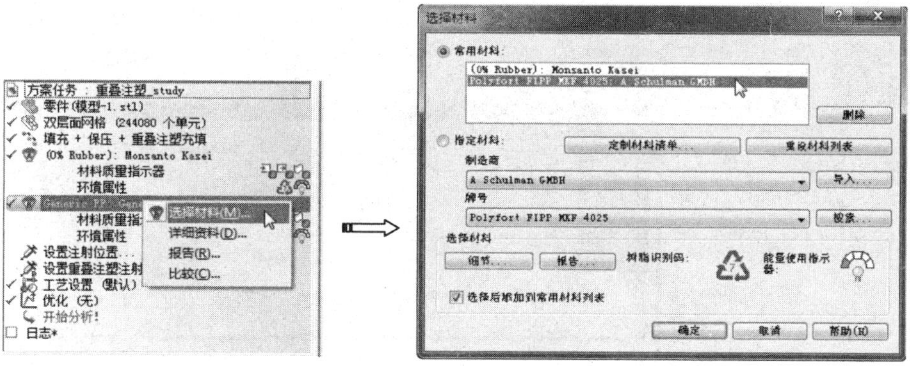

图 9-48　指定第 2 次注射材料

04　在方案任务视窗中双击【设置注射位置】任务，然后为第 1 次注射（第 1 色）设定注射位置，如图 9-49 所示。

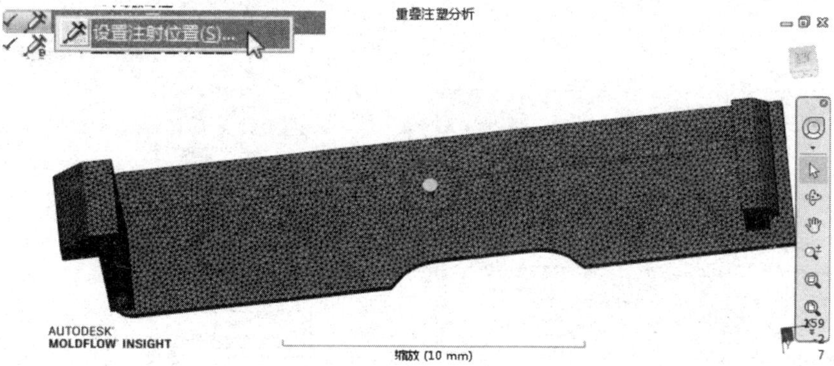

图 9-49　设置第一次注射位置

05 双击“设置重叠注塑注射位置”任务，在第 2 次注射网格上设定重叠注塑的 1 个注射锥，如图 9-50 所示。

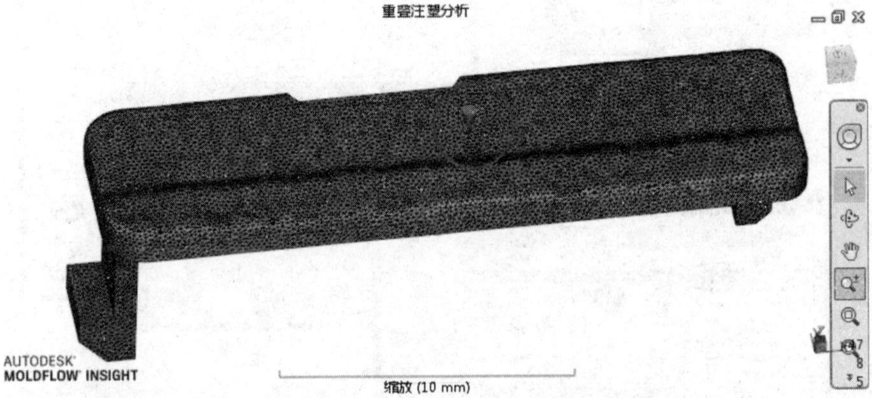

图 9-50　设定重叠注塑的注射位置

06 最后设置工艺参数，这里选用 Moldflow 默认的工艺参数设置，如图 9-51 所示。

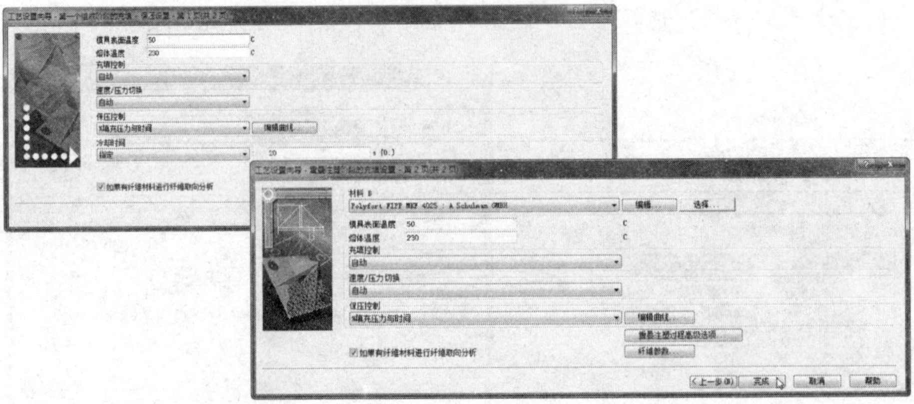

图 9-51　设置工艺参数

07 在【分析】面板中单击【开始分析】按钮，程序执行重叠注塑分析。经过一段时间的计算后，分析结果如图 9-52 所示。

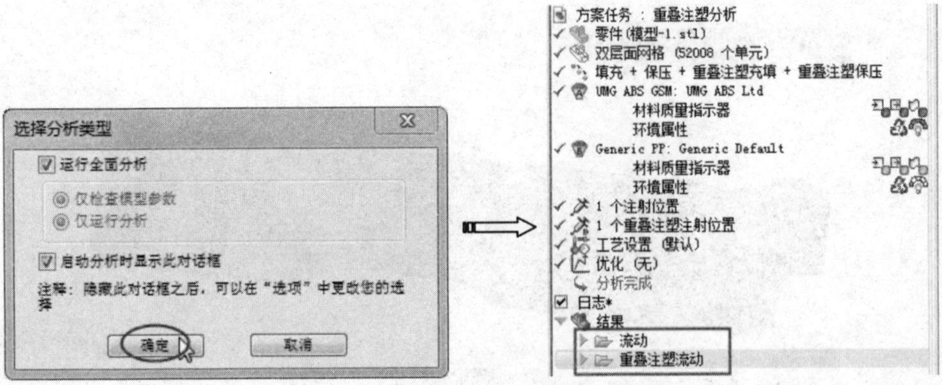

图 9-52　分析完成

五、初步分析结果解析

在方案任务窗格中可以查看分析的结果，本案例有两个结果：第1色的流动分析结果和重叠注塑流动分析结果（第2色）。

1. 第1色的流动分析结果

为了简化分析的时间，下面仅将重要的分析结果列出。

（1）充填时间

图9-53所示按Moldflow默认的工艺设置，所得出的充填时间为0.2117秒（比默认的时间要短）。从充填效果看，产品中倒扣特征为最后充填的区域，初步判断制件出现短射缺陷。

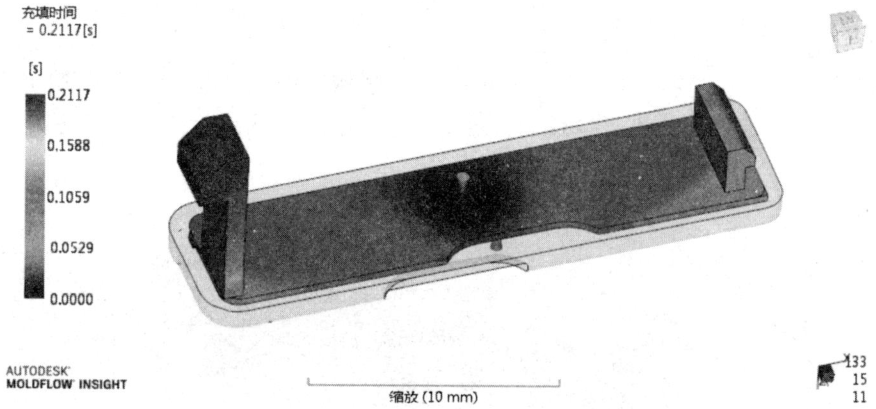

图9-53　充填时间

（2）流动前沿温度

图9-54所示流动前沿温度温差10℃左右，说明充填还是比较平衡的。

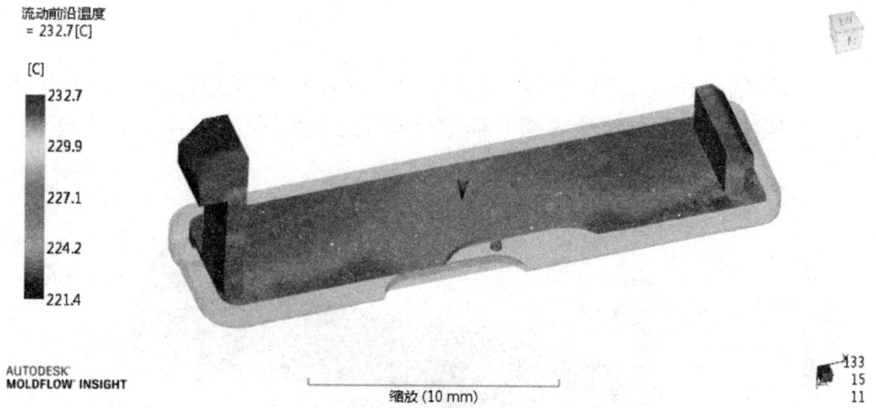

图9-54　流动前沿温度

（3）速度/压力切换时的压力。

图9-55所示转换点浇口压力为57.29MPa。没有填充的区域在保压压力下继续完成充填。

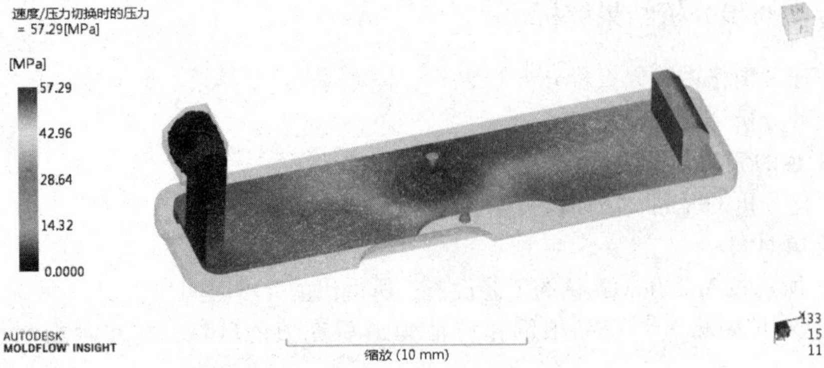

图 9-55　速度/压力切换时的压力

（4）气穴

图 9-56 所示气穴主要分部在产品充填的最后区域，而且数量较多。影响制件的外观，主要是注射压力和保压压力不足导致的，可增大注射压力并提高溶体温度来解决。

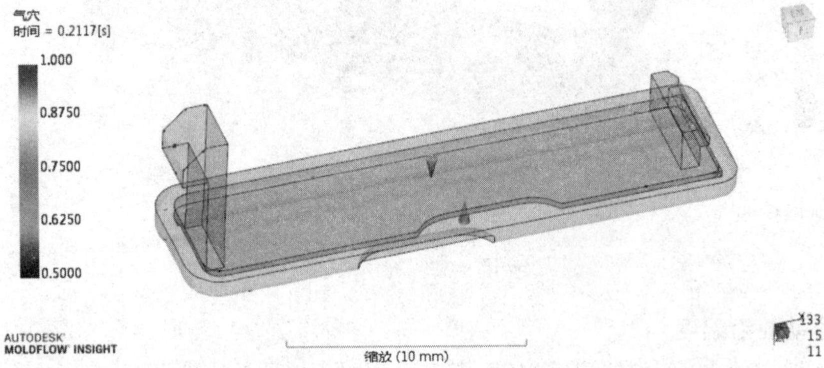

图 9-56　气穴

（5）体积收缩率

从图 9-57 所示的体积收缩率结果可见，体积收缩最大在浇口位置，主要是由于薄壁位置设置浇口，保压压力不足导致的收缩。而其他与第 2 射粘合处的收缩率比较平稳。

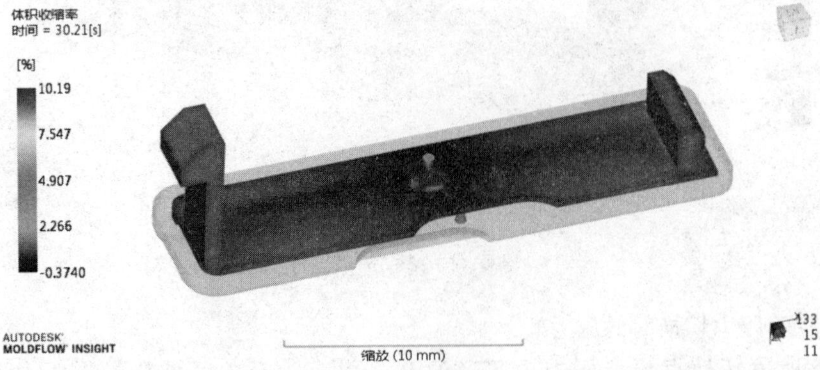

图 9-57　体积收缩率

温馨提示	体积收缩率是衡量重叠注塑的一个重要指标。两个不同色的产品不但粘合性要好，而且收缩要一致，否则会影响整体制件的外观。

2. 第 2 色流动分析结果

第 2 色的分析结果要与第 1 色作对比，才能得出此次分析是否成功，或者说产品的质量是否得到保障。

（1）充填时间

图 9-58 所示第 2 色的充填时间为 0. 2085 秒（比第一色注射稍短）。从充填效果看，离浇口最远处为最后充填区域，暂无明显缺陷显示。

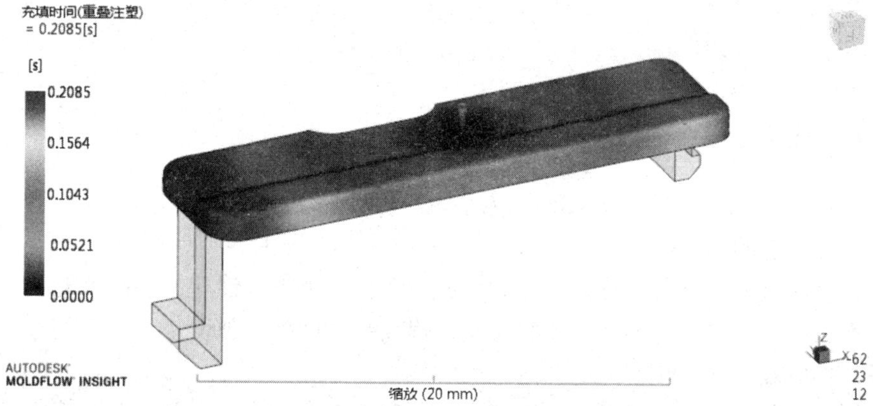

图 9-58　充填时间

（2）流动前沿温度

图 9-59 所示第 2 色的流动前沿温度温差 23℃，总体上充填还算平衡，可适当调整浇口位置解决此温差问题。

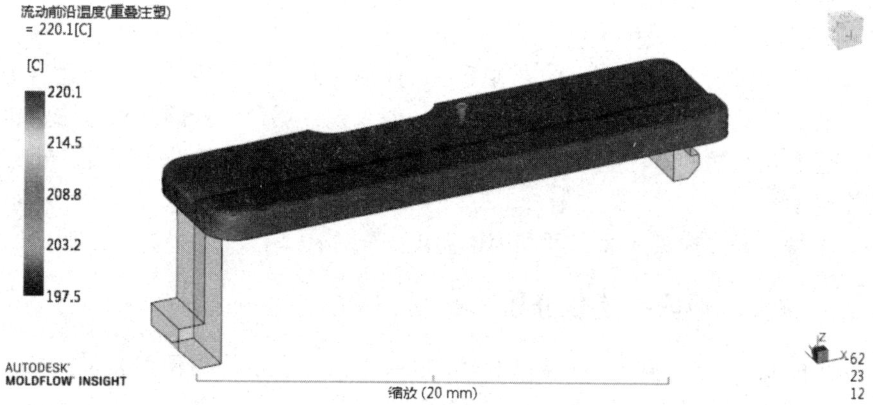

图 9-59　流动前沿温度

（3）气穴

图 9-60 所示气穴主要分部在产品充填的最后区域，可以通过开设排气槽排气来解决。

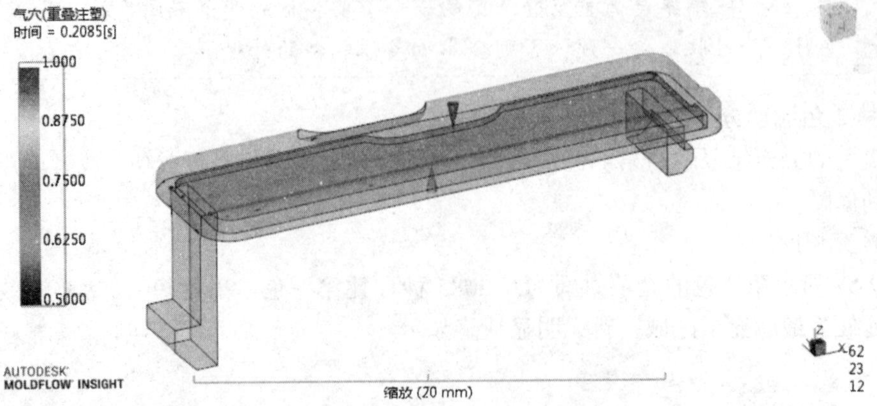

图 9-60 气穴

六、双色产品注塑的问题解决方法

下面对双色产品注塑的常见问题和解决办法进行介绍，具体如下。

问题一：双色的粘合

双色两射成型采用的材料粘合性不高，成型后两组件粘合性差，造成两射脱离。

解决方法是：选择粘合度高的塑胶材料，提高组件间结合强度。

问题二：收缩

双色制品成型的难点在于每一个组件中不可避免地会出现配合部位壁厚较薄、其他部位壁厚较厚的情况。同一制品上壁厚差异太大会引起制品壁厚处缩水。如果第一注射制品缩水严重可能会影响二射制品及最终制品整体外观质量，第二次注射制品缩水会直接影响最终制品整体外观质量。

解决方法是：在双色制品任何一组件上都尽量避免局部壁厚过厚的情况。将浇口移至肉厚处进浇，提高注射压力和保压压力的传递效率。

问题三：短射

出现短射的原因是多方面的，有注射压力、注射时间、注射速度等，但还有个重要原因不可忽略：就是模具温度低和溶体温度较低。一般来说，用户选择的是默认注塑机，给出的注射压力、速度及时间的默认值其实是最佳的，所以暂且不考虑这几个问题，重点解决模具温度和溶体温度。

解决方法是：提高模具表面温度和溶体温度。

七、重叠注塑成型优化分析

通过初次的重叠注塑分析，发现利用 Moldflow 系统默认的浇口位置和工艺参数，使第一色和第二色制品均出现了缺陷，接下来重新优化并分析。

1. 重设材料

从表 9-1 中的材料组合来看，ABS + PP 的组合确实是最差的，下面换成 ABS + PC 组合。

01 在方案任务视窗中复制重叠分析任务项目，重命名为【重叠注塑分析（优化分析）】，如图 9-61 所示。

02 双击【重叠注塑分析（优化分析)】任务项目。

03 更改第二色（第二注射）模型的材料为 PC，如图 9-62 所示。

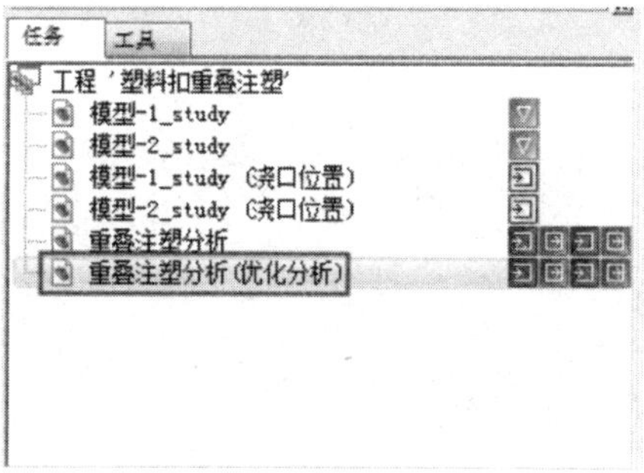

图 9-61 复制任务

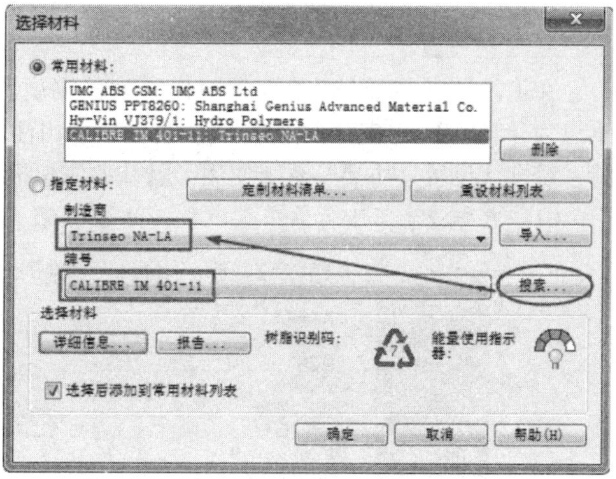

图 9-62 更改第二色材料

2. 重设浇口

从第一注射分析结果看，出现制件的短射和收缩缺陷，浇口占据相当大的因素。而且两次注射的时间也不一致，所以把 1 个浇口（注射锥）改成 4 个浇口，缩短注射时间，而且设置在胶厚位置（也就是倒扣特征上）和缺口两侧。当然如果第一色和第二色注射时间还是不同，可以调整流道尺寸。第二注射分析效果相对较好，浇口仅仅移动一定位置即可。

01 删除第一色模型上原有的注射锥，然后设置 2 个注射锥，如图 9-63 所示。

图 9-63 设置第一色双浇口

02 接着设置重叠注塑的注射锥（浇口），如图 9-64 所示。

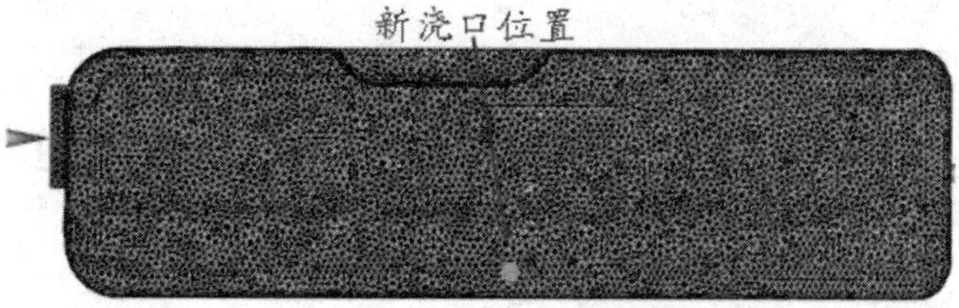

图 9-64 设置第 2 色浇口

温馨提示	浇口位置由中间移动至靠边位置，是因为靠边位置的壁较厚，从壁厚往壁薄的方向充填，可减少很多制件缺陷。

3. 工艺设置

在工艺设置方面，用户仅仅对模具表面温度和溶体温度做了设置，并对【充填控制】重设为【自动】、【速度/压力切换】重设为【由注射压力】，压力值为300MPa，其他参数保持系统默认设置（主要是系统使用了默认的注塑机）。

01 首先设置第1色的工艺参数，如图9-65所示。

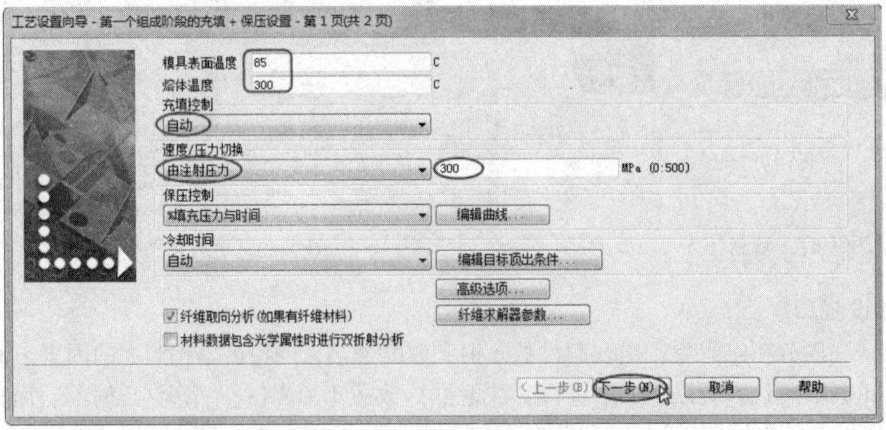

图9-65　设置第1色工艺参数

02 接着设置第2色工艺参数，如图9-66所示。

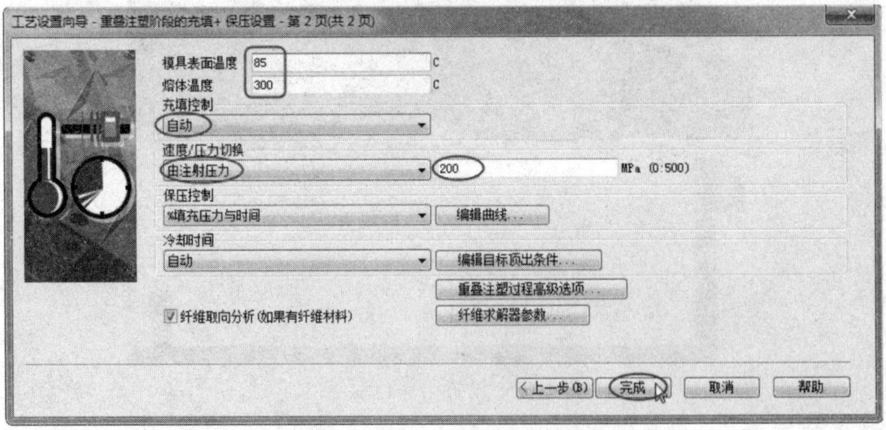

图9-66　设置第2色工艺参数

温馨提示	该工艺设置仅仅针对系统提供的注塑机进行的，如果工厂的注塑机品牌及型号都不是Moldflow的默认注塑机，必须单击【工艺设置向导】对话框的【高级选项】按钮，选择跟实际的注塑机相同型号即可，如图9-67所示。

03 设置完成后单击【分析】按钮，运行优化分析。

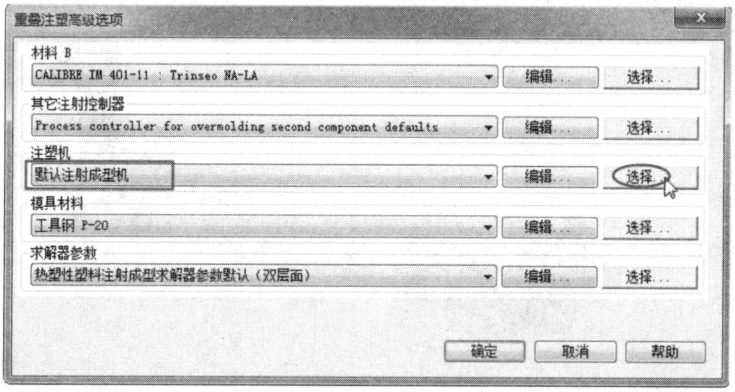

图 9-67　自选注塑机

八、优化分析结果剖析

经过一段时间分析计算后，在方案任务窗格中显示分析的结果。下面将介绍 2 色的重要的分析结果，并进行比较。

1. 第 1 色的优化分析结果

（1）充填时间

图 9-68 所示按优化后的工艺设置，所得出的充填时间为 0. 2112 秒（比初步分析时的时间要短 2 秒多）。从充填效果看，产品中间最后充填的区域，制品无缺陷。

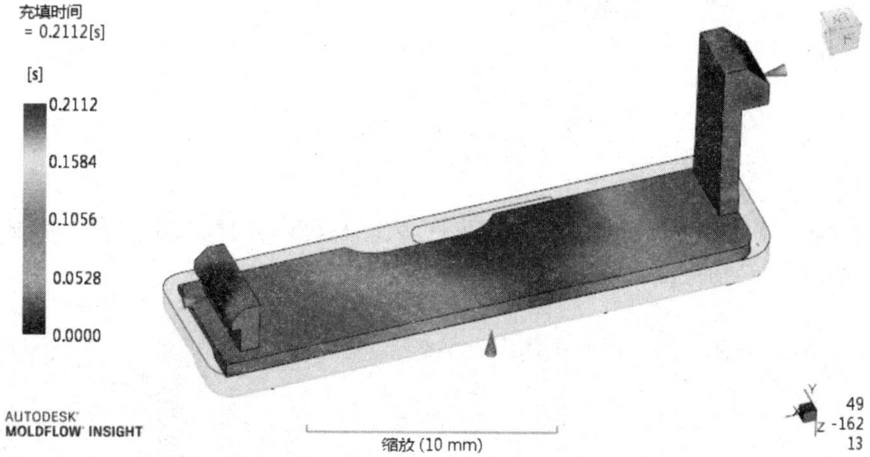

图 9-68　充填时间

（2）流动前沿温度

图 9-69 所示流动前沿温度温差是 20℃左右，比初始分析时的温差（达到 130℃）平衡了不少，优化效果是很明显的。

（3）速度/压力切换时的压力

图 9-70 所示转换点浇口压力为 30MPa，整体可以看出压力损失已经变得很小了。切换点的压力大致为 5MPa，在可控范围内。

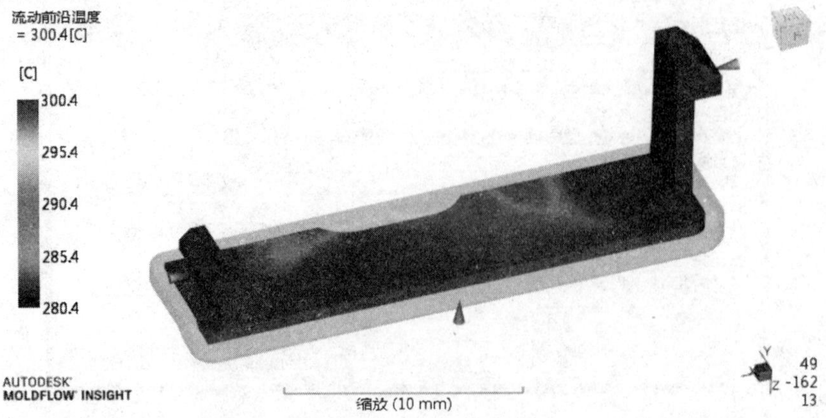

图 9-69　流动前沿温度

图 9-70　速度/压力切换时的压力

（4）气穴

图 9-71 所示气穴数量比初步分析时要少许多，只有极小的气穴出现在不明显的局部区域，不影响外观和结构。

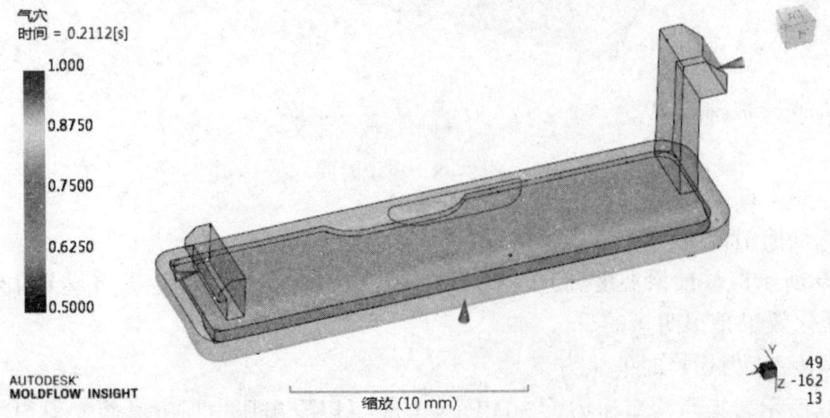

图 9-71　气穴

（5）体积收缩率

从图 9-72 所示的体积收缩率结果看，体积收缩表现在最后填充区域，可通过调整冷却参数完全解决此问题。

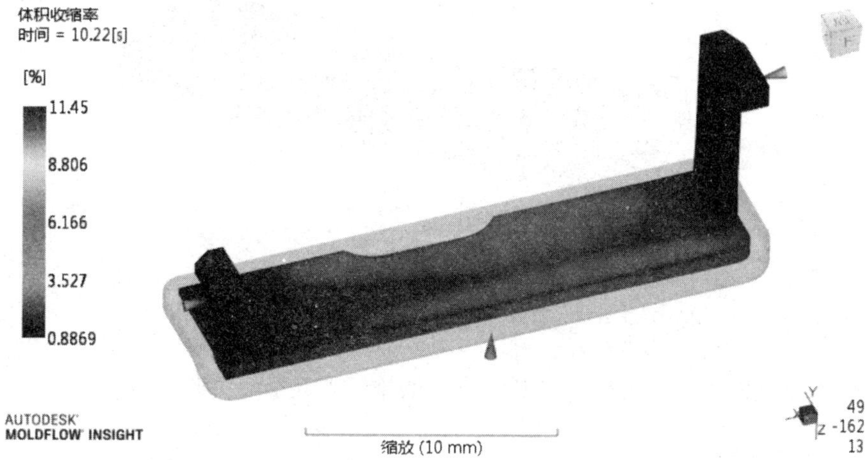

图 9-72　体积收缩率

2. 第 2 色流动分析结果（重叠注塑）

第 2 色的分析结果要与第 1 色比较，才能得出此次分析是否成功，或者说产品的质量是否得到保障。

（1）充填时间

图 9-73 所示第 2 色的充填时间为 0. 2092 秒（与第一色注射非常接近）。从充填效果看，离浇口最远处为最后充填区域，无缺陷。

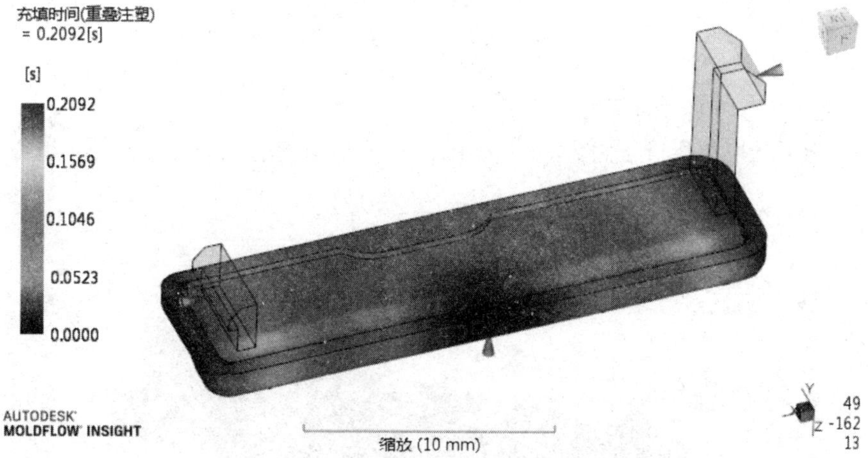

图 9-73　充填时间

（2）流动前沿温度

图 9-74 所示第 2 色的流动前沿温度最大温差 48℃，多数区域填充均衡，而且效果良好。仅仅在极小区域内出现温差。

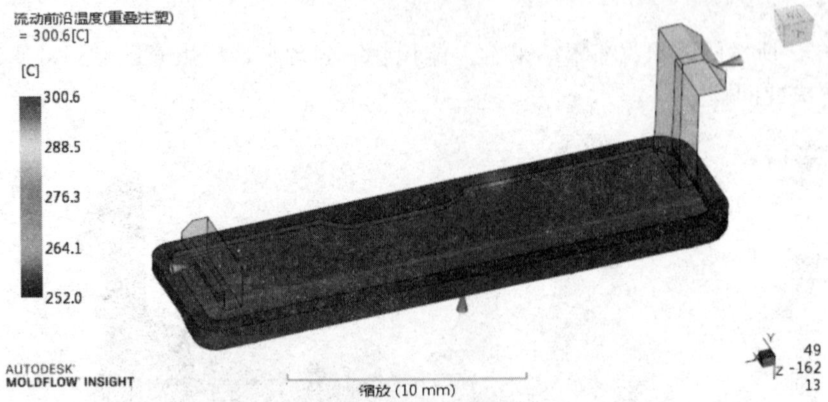

图 9-74　流动前沿温度

（3）气穴

图 9-75 所示气穴极少，可以通过开设排气槽排气来完全解决此问题。

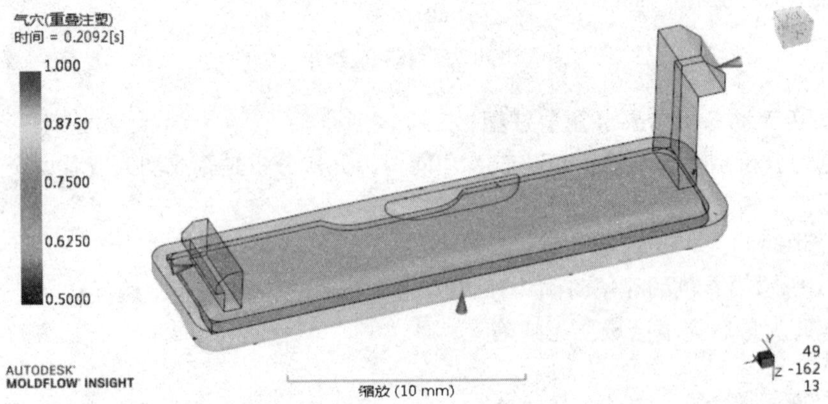

图 9-75　气穴

（4）速度/压力切换时的压力

图 9-76 所示转换点浇口压力为 34. 20MPa，充填是均衡的。

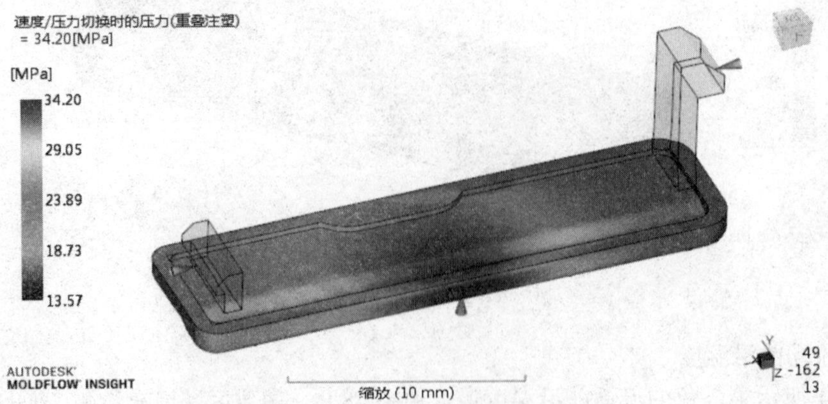

图 9-76　速度/压力切换时的压力

第 10 章 气体辅助注塑成型分析

本章导读

气体辅助注塑成型（Gas-Assisted Injection Molding，GIM）技术是为了克服传统注射成型的局限性而发展起来的一种新型工艺，简称“气辅成型”或“气辅”，自 90 年代以来受到注塑工程界的普遍关注。采用气辅成型技术，可提高产品精度、表面质量、解决大尺寸和壁厚差别较大产品的变形问题，提高产品强度、降低产品内应力，大大节省塑料材料，简化模具设计。气体辅助注塑成型技术广泛应用于汽车、家电、办公用品以及日用产品等许多领域。

本章将运用 Moldflow 气辅成型模块对汽车车门外拉手和手柄进行模拟分析。

案例展现

ANLIZHANXIAN

<table>
<tr><th>案 例 图</th><th>描 述</th></tr>
<tr><td>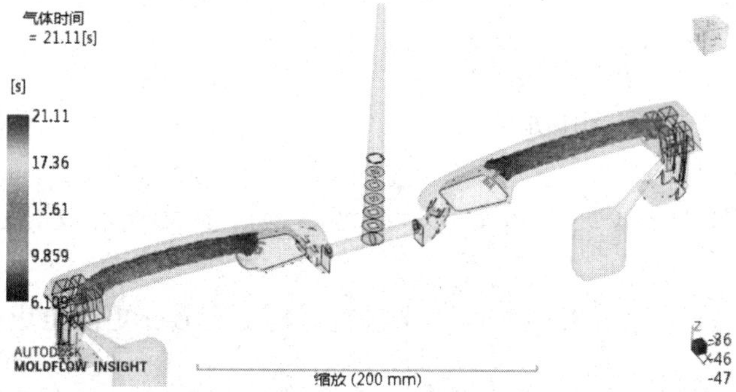
</td><td>本案例的拉手产品绝大部分为较大厚度的实体，需要充入惰性气体中空成型，以此减小产品的厚度，减少因收缩不均导致产品的翘曲缺陷。此外，中空成型还可以减少材料、提高产品的强度</td></tr>
<tr><td>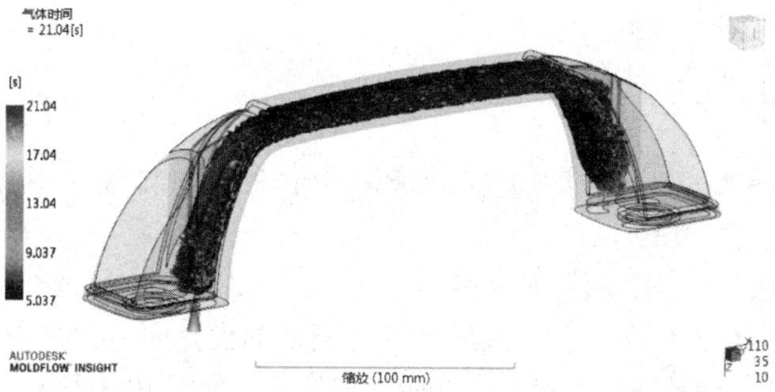
</td><td>本例手柄产品的气辅成型采用的是短射法，相对满射法的气辅成型，短射法气辅成型的模拟过程要求更为严苛，需要经过无数次的反复调试才会得到精确的模拟结果</td></tr>
</table>

第 1 节 气体辅助注塑成型概述

气体辅助注塑成型（简称“气辅成型”或“气辅”）是欧美近年来才发展起来的一种先进的注塑工艺，它的工作流程是先向模腔内进行树脂的欠料注射，然后利用精确的自动化控制系统，把经过高压压缩的氮气导入熔融物料中，使塑件内部膨胀而造成中空，气体沿着阻力最小方向流向制品的低压和高温区域。当气体在制品中流动时，通过置换熔融物料而掏空厚壁截面，这些置换出来的物料充填制品的其余部分。填充过程完成后，由气体继续提供保压压力，解决物料冷却过程中体积收缩的问题。

一、气辅成型原理

气辅成型（GIM）是指在塑胶充填到型腔适当的时候（90% ~99%）注入高压惰性气体，气体推动熔融塑胶继续填满型腔，用气体保压来代替塑胶保压过程的一种新兴的注塑成型技术，如图 10-1 所示。

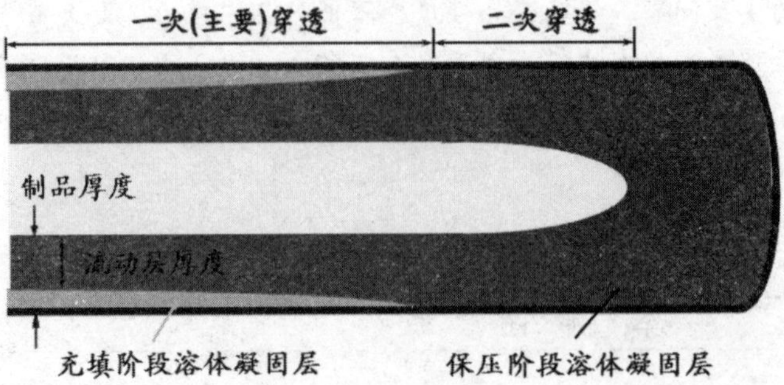

图 10-1　气辅成型原理图

在气辅成型过程中，惰性气体的主要作用如下。

- 驱动塑胶流动以继续填满模腔；
- 成中空管道，减少塑料用量，减轻成品重量，缩短冷却时间及更有效传递保压压力。

传统注塑成型的成型压力容易降低，采用气辅技术来进行保压更有效，更能防止成品收缩不均及变形。

气体易取最短路径从高压往低压（最后充填处）穿透，这是气道布置要符合的原则。在浇口处压力较高，在充填最末端压力较低。

二、气辅成型工艺过程

气辅成型一般包括熔融树脂注射、气体注射、气体保压、气体回收（排气）、制件顶出等几个主要步骤，图 10-2 为气辅成型模具。

下面对气辅成型的 4 个阶段进行介绍，具体如下。

（1）首先由浇口向模具型腔内注入熔融树脂，接触到温度较低的模具面后，在表面形成一层凝固层，而内部仍为熔融状态，塑胶在注入 90% ~99% 时即停止，如图 10-3 所示。

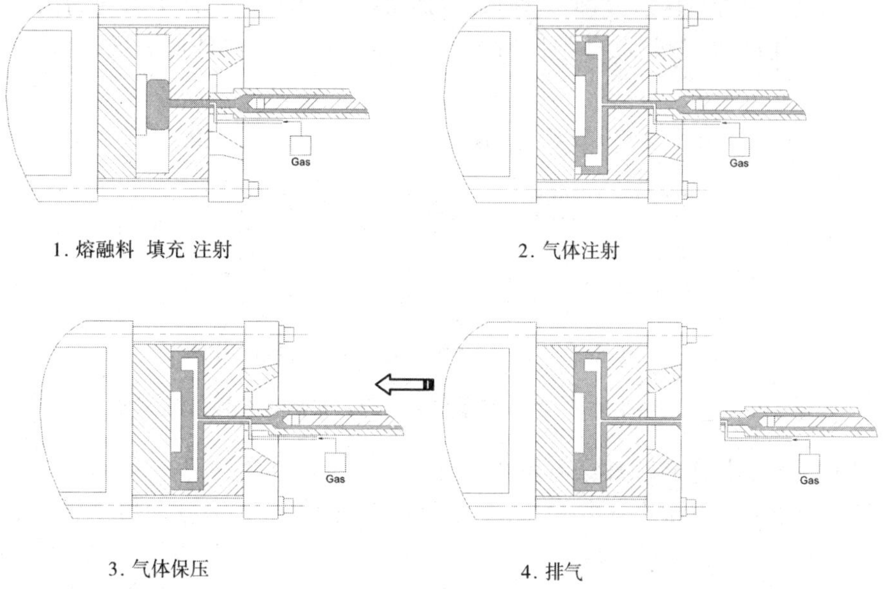

图 10-2 气辅成型模具气辅成型示意图

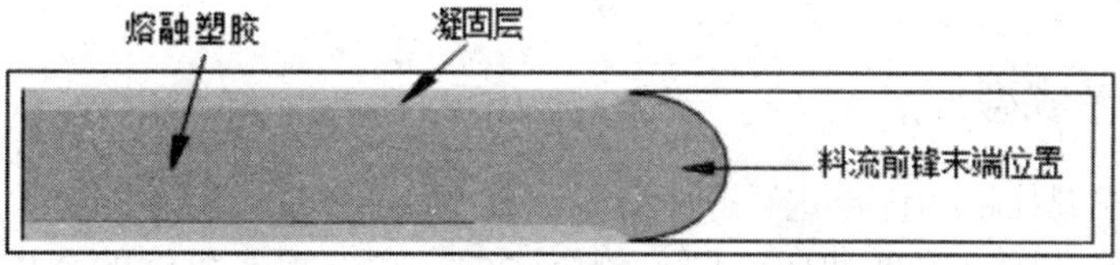

图 10-3 气辅成型第一阶段：熔融料填充

（2）接着注入一定压力的惰性气体（通常为氮气），氮气进入熔融树脂，形成中空以推动熔融树脂向模腔未充满处流动，如图 10-4 所示。

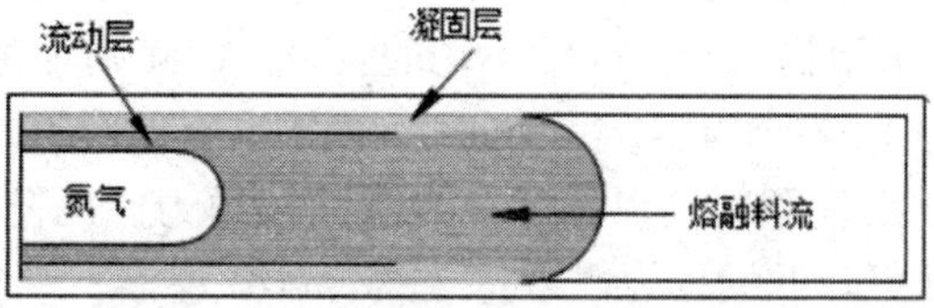

图 10-4 气辅成型第二阶段：注入氮气

（3）借助气体压力推动树脂充实到模具型腔的各个部分，使塑件最后形成中空断面而保持完整外形，如图 10-5 所示。

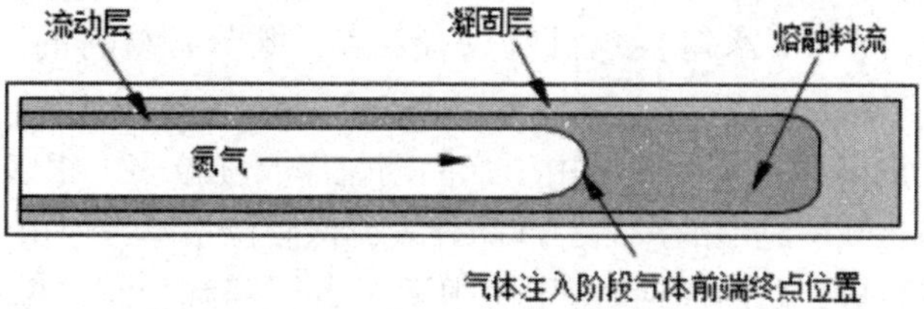

图 10-5 气辅成型第三阶段：气体持续进入使溶体填充整个型腔

（4）从树脂内部进行保压（即二次气体穿透阶段），此时气体压力就变为保压压力。在保压阶段，高压气体压实塑胶，同时补偿体积收缩，保证制件外部表面质量，如图 10-6 所示。

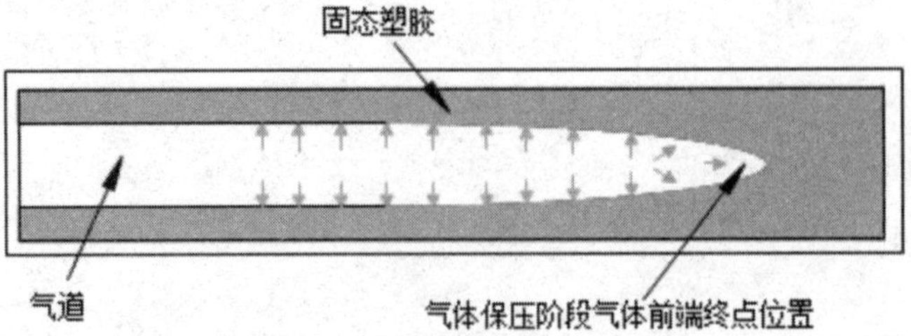

图 10-6　气辅成型第四阶段：气体保压

（5）气体的排放发生在冷却结束和开模之前

与传统注射成型过程相比，多了一个气体辅助充填阶段，且保压阶段是靠气压进行保压的。保压压力低，可降低制品内应力，防止制品翘曲变形。由于气体能有效地传递所施加的压力，可保证制件内表面上压力分布均匀一致，即可补偿熔体冷却时的体积收缩，也避免制件顶出后的变形。采用气体辅助注塑成型，是通过控制注入型腔内的塑料量来控制制品的中空率及气道形状的。

三、气辅成型优点

下面对气辅成型技术的优点进行介绍。

（1）减少残余应力、降低翘曲问题。传统注塑成型，需要足够的高压以推动塑料由主流道至最外围区域，此高压会造成高流动剪应力，残存应力则会造成产品变形。GIM 中形成中空气体流通管理（Gas Channel）则能有效传递压力，降低内应力，以便减少成品发生翘曲的问题。

（2）消除凹陷痕迹。传统注塑产品会在厚部区域如筋部（Rib&Boss）背后，形成凹陷痕迹（Sink Mark），这是由于物料产生收缩不均的结果。GIM 则可由中空气体管道施压，促使产品收缩时由内部向外进行，则固化后在外观上便不会有此痕迹。

（3）降低锁模力。传统注塑时高保压压力需要高锁模力，以防止塑料溢出，但 GIM 所需的保压压力不高，通常可降低锁模力需求达 25% ~60% 左右。

（4）减少流道长度。气体流通管道之较大厚度设计，可引导帮助塑料流通，不需要增加特别的流通设计，进而减低模具加工成本，及控制熔接线位置等。

（5）节省材料。由气体辅助注塑所生产的产品比传统注塑节省材料可达 35%，节省多少视产品的形状而定。除内部中空节省料外，产品的浇口（水口）材料和数量亦大量减少，例如 38 寸电视前框的浇口（水口）数目就只有四点，既节省材料的同时亦减少了熔接线（夹水纹）。

（6）缩短生产周期时间。传统注塑由于产品筋位厚、柱位多，很多都需要一定的注射、保压来保证产品定形。气辅成形的产品，产品外表看似胶位很厚，但由于内部中空，因此冷却时间比传统实心产品短，总的周期时间因保压及冷却时间减少而缩短。

（7）延长模具寿命。传统注塑工艺在打产品时，往往用很高的注射速度及压力，使浇口（水口）周围容易走“披峰”，模具经常需要维修。使用气辅后，注塑压力，注射保压及锁模压力同时降低，模具所承受的压力亦相应降低，模具维修次数大大减少。

（8）降低注塑机机械损耗。由于注塑压力及锁模力降低，注塑机各主要受力零件：哥林柱、机铰、机板等所承受的压力亦相应降低，因此各主要零件的磨损降低，寿命得以延长，减少维修及更换的次数。

（9）应用于厚度变化大的成品。厚部可应用为气道，用气体保压来消除壁厚不均匀而形成的表面缺陷。

四、气辅成型模具冷却系统设计

气辅成型模具的动模主要针对胶位较厚的局部冷却，比如四个角的 BOSS 柱，尽量使 BOSS 柱温度降低。当正常生产时模温升高，BOSS 柱的温度也随之升高，容易产生缩水、凹陷、流胶等现象，是制约效率的一个关键因素。因此应该将四角的码胆柱单独接冷却水。其余模芯部位必须做到左右对半接法，使模温处于可控状态。

面壳模具定模接冷却水视模具结构而定。对于有喇叭网孔的模具必须使喇叭网面保持温度较高，可加快材料在模腔里的流动速度，减少压力损失。所以接水时应将两侧面和中心主流道冷却，尽量使喇叭网面保持温度较高。

1. 进气方式的设计

一般情况下，气辅成型有以下 3 种进气方式。

- 注塑喷嘴直接进气：进气通道合成在注塑喷嘴内，喷嘴需要设置封闭阀，阻止高压氮气反灌螺杆。优点是模具上不要设置气针，缺点是每注塑一次注射台都必须回退来进行排气，喷嘴内部残余的材料因为包含气道，可能造成下一模产品表面缺陷而无法生产合格零件。
- 流道进气：气针设计在流道上，进料口设计在产品厚壁处或气道上，进料口同时也是进气口，适用于气道形状比较简单的产品。但流道要采取特殊措施，如局部截面减薄，或者采用针阀封闭浇口，阻止高压氮气反灌螺杆。
- 产品上直接进气：在产品合适的位置上设计气针，高压氮气直接进入产品内部。这种方式最常用也最灵活。

产品上直接进气时，气针位置的选择请遵循以下原则：

- 气针与进料口保持适当的距离，否则浇口或流道要采取特别措施，阻止高压氮气反灌螺杆。
- 气针设计在厚壁处。
- 气针不可以设计在充填的末端（满射可以除外）。
- 尽可能保持多条气道等长。

2. 溢料包的设计

气辅成型有两种状态：短射和满射。

短射：开始充气时型腔没有被完全填满。

对于一般的壳体类零件，型腔已经基本填满，气辅成型是代替注塑保压提高塑件表面质量最有效的手段。由于没有多余的材料，不必设计溢料包。对于一般拉手类零件或厚壁件，型腔仅充填 70% ~98%，通过高压氮气的推动塑料充满型腔，通过控制料量，不必设计溢料包，如图 10-7 所示。产品表面在注塑结束的位置会有明显的停顿痕迹，对外观要求较高的产品不适用。

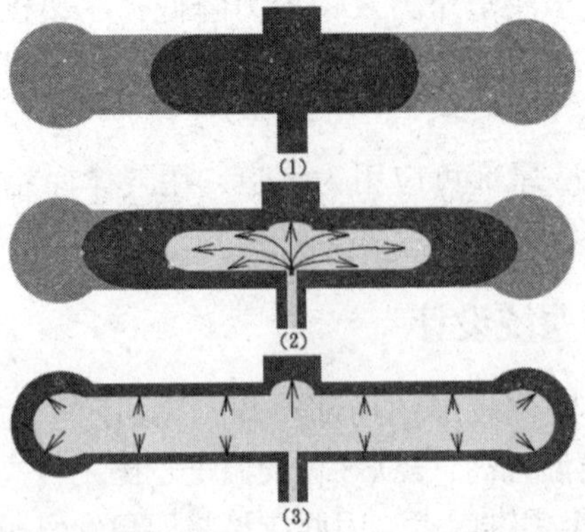

图 10-7　短射法气辅成型

满射：开始充气时型腔已经被完全填满。

对于外观要求比较高的产品，建议采用满射注塑工艺。由于充气时型腔有多余的料存在，要求在充气的末端设计溢料包，溢料口要求设计在厚壁处，如图 10－8 所示。

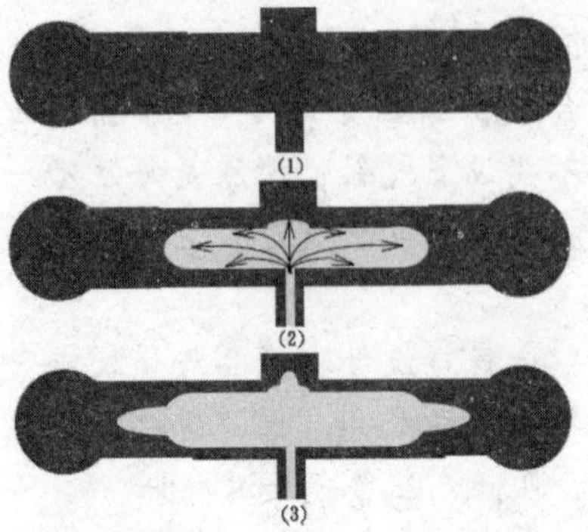

图 10-8　满射法气辅成型

对于简单的拉手类零件，溢料包可以不设计开关阀门。对于局部存在薄壁的零件，为了保证薄壁能够在溢料前充分充填，溢料包必须设计开关阀门。溢料包的体积等于塑件中空的体积，溢料包在设计时必须考虑体积可调整，方便试模过程中工艺调整时引起溢料量的变化。

五、工艺参数调试的注意事项及解决方法

下面对工艺参数调试中容易出现的问题及解决方法进行介绍。

(1) 对于多根气针的气辅成型模具来讲，最容易产生进气不平衡，造成调试更加困难。其主要现象为局部缩水。解决方法为放气时检查气体流畅性。

(2) 熔融料的温度是影响生产的关键因素之一。气辅产品的质量对熔融料温度更加敏感。射嘴料温过高会造成产品料花、烧焦等现象；料温过低会造成冷胶、冷嘴，封堵气针等现象。产品反映出的现象主要是缩水和料花，解决方法为检查熔融料的温度是否合理。

(3) 对于注塑喷嘴直接进气的模具，手动状态下检查封针式射嘴回料时是否有溢料现

象。如有此现象则说明气辅封针未能将射嘴封住。注气时，高压气体会倒流入料管，主要反映的现象为水口位大面积烧焦和料花，并且回料时间大幅度减少，打开封针时会有气体排出。主要解决方法为调整封针拉杆的长短。

（4）充气的起始时间调整非常重要，过早充气，高压气体可能反灌螺杆，产品表面易产生手指效应；过晚充气，塑料固化，产品充气不足，表面易产生缩水。

（5）检查气辅感应开关是否灵敏，否则造成不必要的损失。

（6）气辅产品是靠气体保压，产品缩水时可适当减胶。主要是降低产品内部的压力和空间，让气体更容易穿刺到胶位厚的地方来补压。

第2节　满射法气辅成型分析

下面对车门拉手模型的满射法气辅成型进行分析，具体如下。

练习文件路径：结果文件 \ Ch10 \ lashou. stl
演示视频路径：视频 \ Ch10 \ 满射法气辅成型分析—车门拉手 . avi

设计题目：车门拉手气体辅助成型

产品 3D 模型如图 10-9 所示。

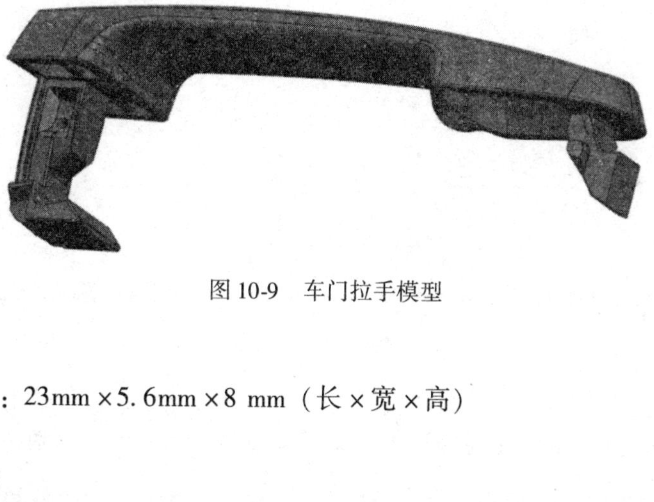

图 10-9　车门拉手模型

规格：

最大外形尺寸：23mm ×5. 6mm ×8 mm（长 × 宽 × 高）

设计要求：

1. 材料：ABS
2. 缩水率：收缩率统一为 0. 005 mm
3. 外观要求：表面质量好，制件无缺陷

一、分析前期准备

本案例的车门拉手产品绝大部分为较大厚度的实体，需要充入惰性气体中空成型，以此减小产品的厚度，减少因收缩不均导致产品的翘曲缺陷。此外，中空成型还可以减少材料、提高产品的强度。

1. 新建工程并导入注射模型

01　启动 Moldflow，然后单击【新建工程】按钮，弹出【创建新工程】对话框，输入工程名称及保存路径后，单击【确定】按钮完成工程的创建，如图 10-10 所示。

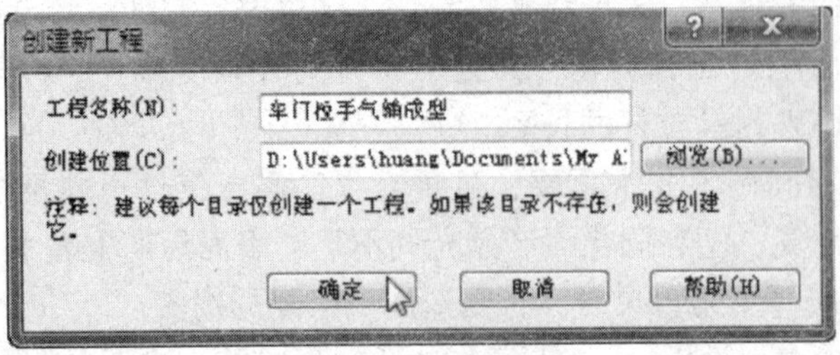

图 10-10 创建工程

02 在【主页】选项卡单击【导入】按钮，弹出【导入】对话框，在本例模型保存的路径下打开 lashou. stl 文件，如图 10-11 所示。

图 10-11 导入 lashou. stl 模型文件

03 随后弹出要求选择网格类型的【导入】对话框，选择【实体 (3D)】选项作为本例的网格类型，单击【确定】按钮完成模型的导入操作，如图 10-12 所示。

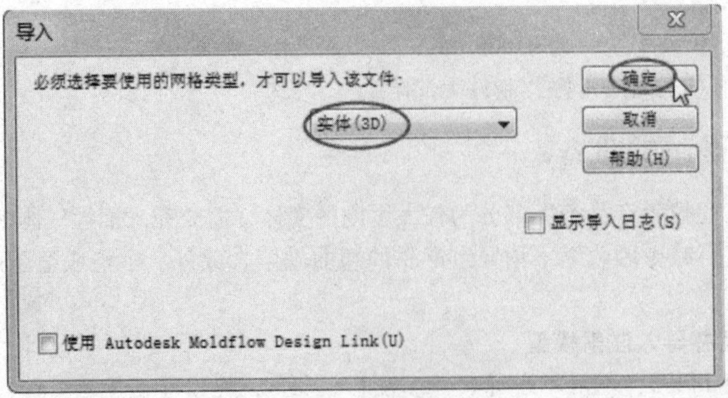

图 10-12 选择网格类型

温馨提示	做气辅成型的产品通常都是厚壁的，所以要以实体的网格形式进行分析才精确。

04 导入的 lashou. stl 模型，如图 10-13 所示。

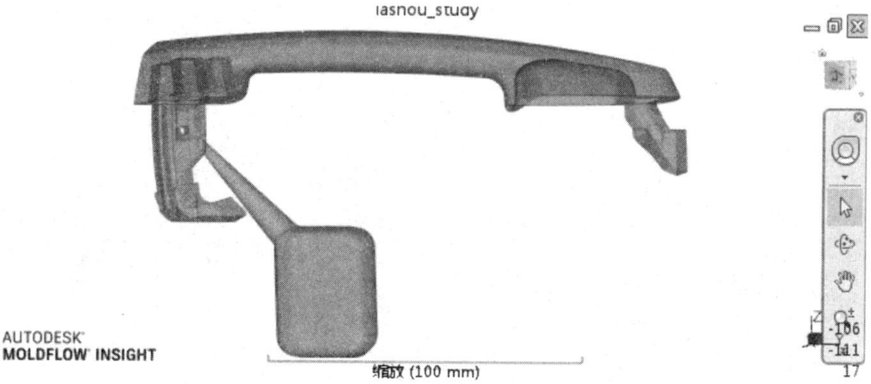

图 10-13　导入 STL 模型状态

温馨提示	如果导入 IGES/IGS 文件或其他实体模型，Moldflow 可以自动转换成 stl 分析模型。

2. 网格的创建与修复

01 在【主页】选项卡【创建】面板中单击【网格】按钮，切换到【网格】选项卡。

02 单击【生成网格】按钮，然后在工程管理视窗的【生成网格】选项面板中设置【全局网格边长】的值为 2.5mm，单击【立即划分网格】按钮，程序自动划分网格，结果如图 10-14 所示。

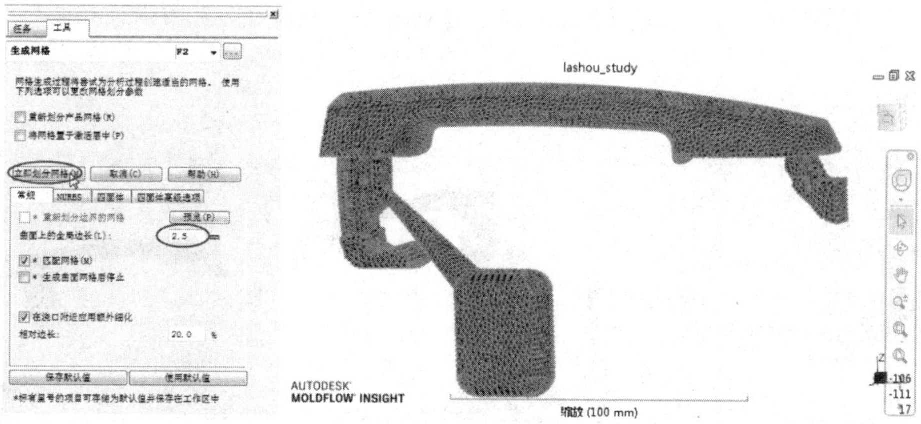

图 10-14　划分网格

03 在【网格诊断】面板中单击【网格统计】按钮，再单击【网格统计】选项面板中的【显示】按钮，程序立即对网格进行统计并弹出【网格信息】对话框，如图

10-15 所示。

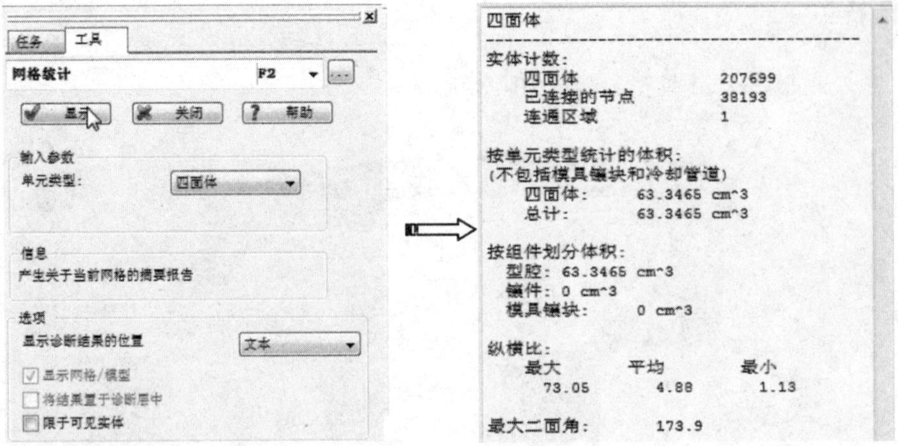

图 10-15　统计网格

04 从统计数据中可以看出，由于拉手模型采用的是3D网格类型进行划分，所以没有中性面和双层面的网格缺陷。

05 网格划分之后，对结果进行保存。

二、满射法气辅成型初步分析

前面介绍了气辅成型有两种注塑方法：短射法和满射法。下面通过满射法进行车门拉手的气辅成型模拟，以得出最佳的成型方案。

1. 设计流道、浇口和气嘴

拉手气辅成型模具的浇注系统是平衡的流道分布，模具为一模两腔形式。

01 在【几何】选项卡【修改】面板中单击【型腔重复】按钮 型腔重复，弹出【型腔重复向导】对话框。

02 设置型腔数、行数、行间距后，单击【完成】按钮完成型腔布局设计，如图 10-16 所示。

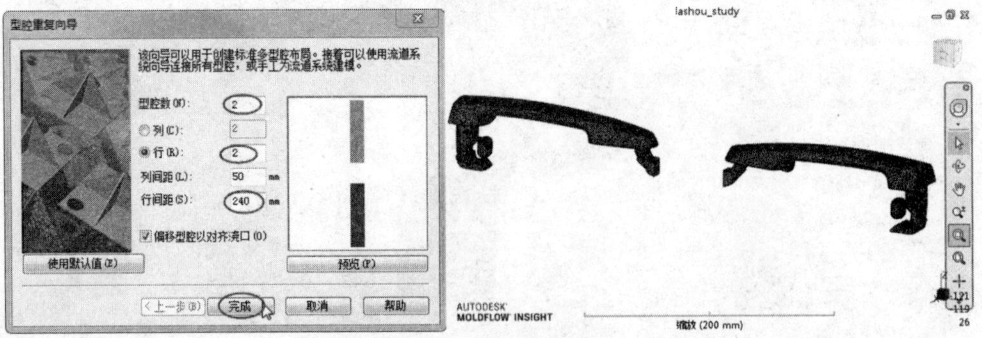

图 10-16　创建型腔布局设计

03 在【主页】选项卡的【成型工艺设置】面板中选择【气体辅助注射成型】分析类型，然后单击【注射位置】按钮，在图 10-17 所示的位置放置注射锥。

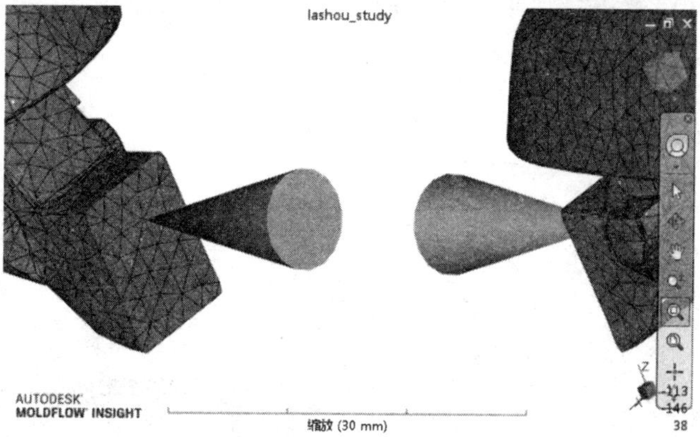

图 10-17　放置注射锥

04 在【几何】选项卡中单击【流道系统】按钮，在【布局】对话框的第 1 页中单击 浇口中心(G) 按钮和 浇口平面(A) 按钮，单击【下一步】按钮进入第 2 页，如图 10-18 所示。

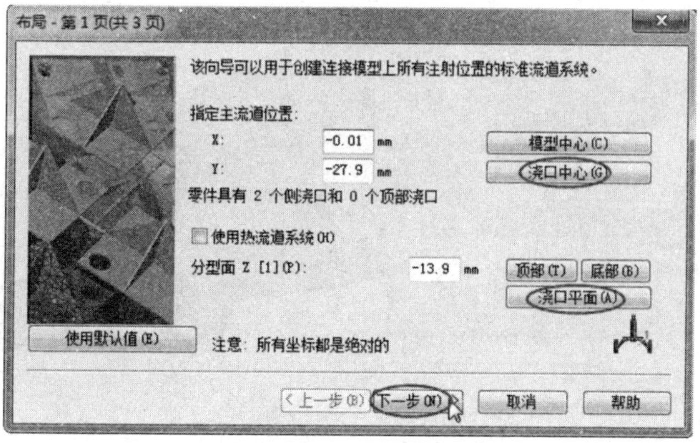

图 10-18　设置流道位置

05 在第 2 页中设置注塑机喷嘴位置的主流道入口直径、拔模斜度和主流道直径等，如图 10-19 所示。单击【下一步】按钮，进入第 3 页。

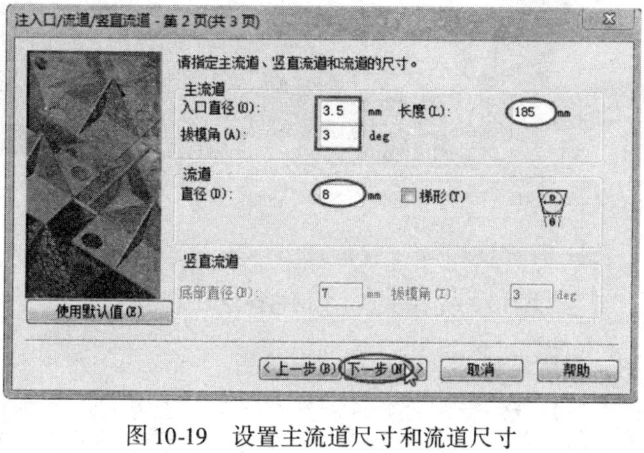

图 10-19　设置主流道尺寸和流道尺寸

06 在第 3 页中设置浇口尺寸，如图 10-20 所示。最后单击【完成】按钮自动创建流道系统，如图 10-21 所示。

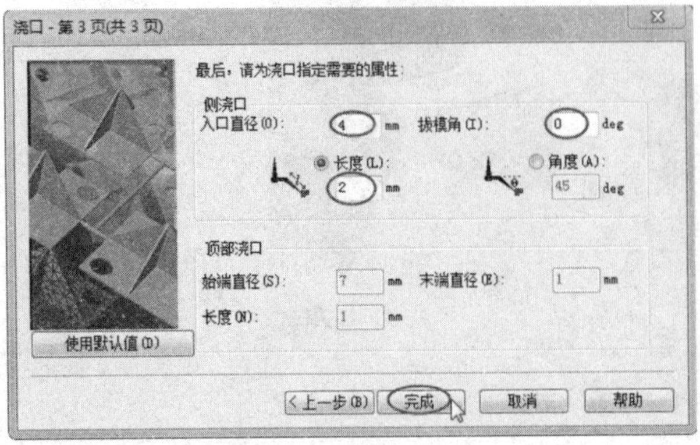

图 10-20 设置浇口尺寸

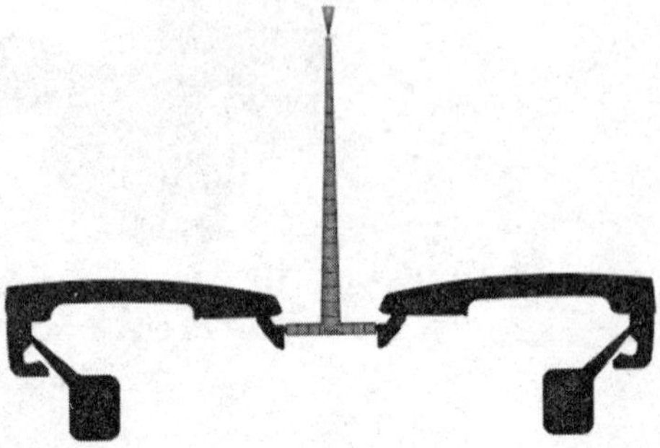

图 10-21 自动创建流道系统

07 在【边界条件】选项卡中单击【设置入口】按钮，弹出【设置气体入口】对话框，保留默认的气体入口参数，然后在 3D 网格中放置气体入口，如图 10-22 所示。

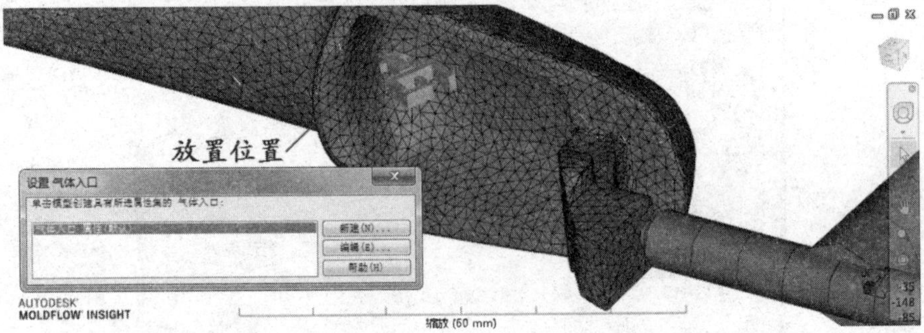

图 10-22 放置第一个网格模型的气体入口

08 同理，在不关闭【设置气体入口】对话框的情况下，在另一网格模型中相同位置放置气体入口，如图 10-23 所示。

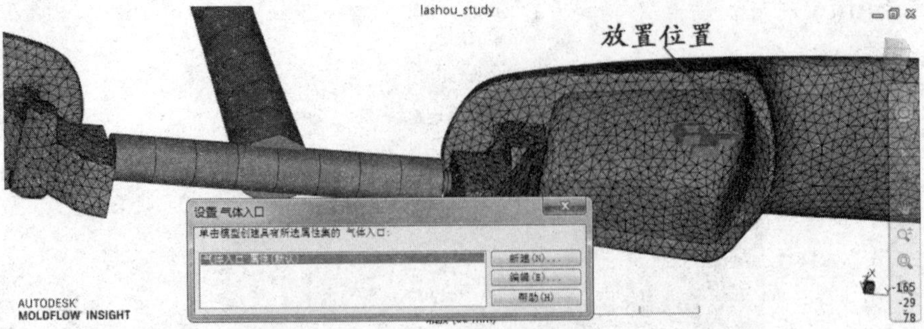

图 10-23 放置第二个网格模型的气体入口

2. 选择分析序列、指定溢料井、材料和工艺设置

01 单击【分析序列】按钮，选择【填充 + 保压】分析序列，如图 10-24 所示。

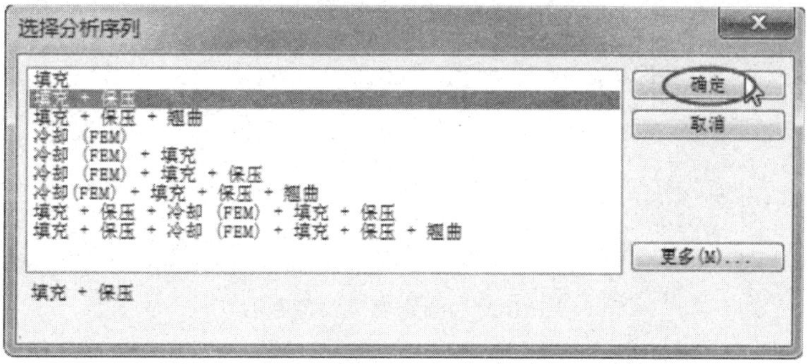

图 10-24　选择分析序列

02　在 CAD 软件中，我们已经在产品模型中创建溢料井，现在只需将溢料井部分的网格指定属性即可。在图形区域中按住 Ctrl 键框选两个模型中溢料井部分的网格，如图 10-25 所示。

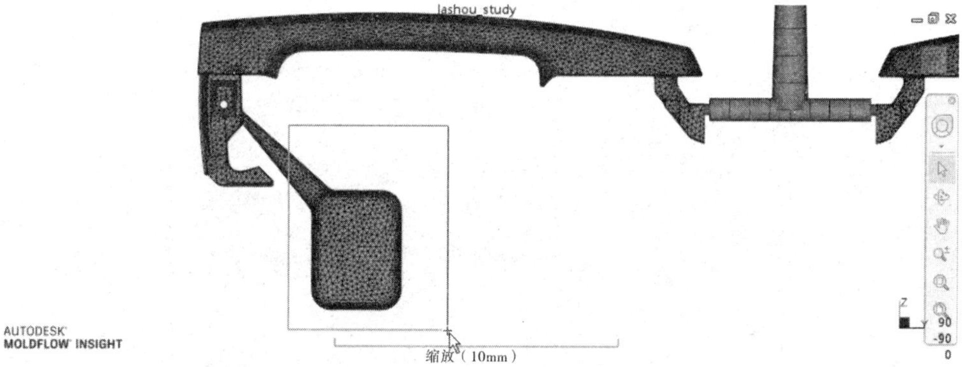

图 10-25　选中溢料井的部分网格

03　然后在【网格】选项卡【属性】面板中单击 指定按钮，在【指定属性】对话框中选择【新建】列表下的【溢料井（3D)】选项，如图 10-26 所示。

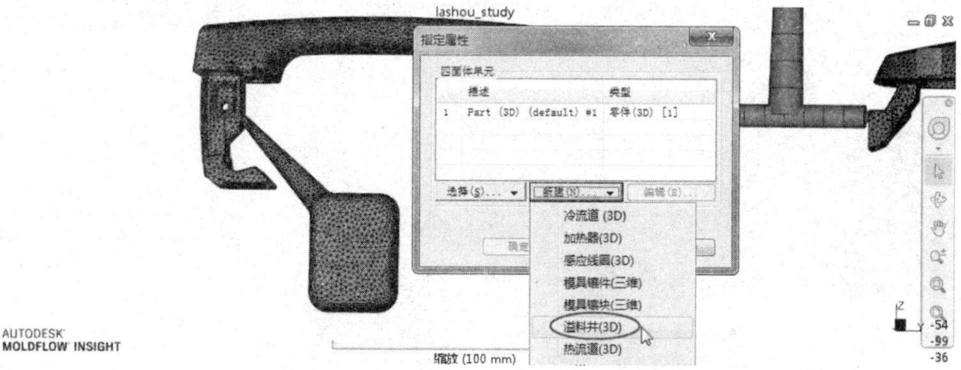

图 10-26　指定属性

04　随后在弹出的【溢料井（3D)】对话框的【阀浇口控制】选项下单击【选择】按钮，选择阀浇口控制器，如图 10-27 所示。

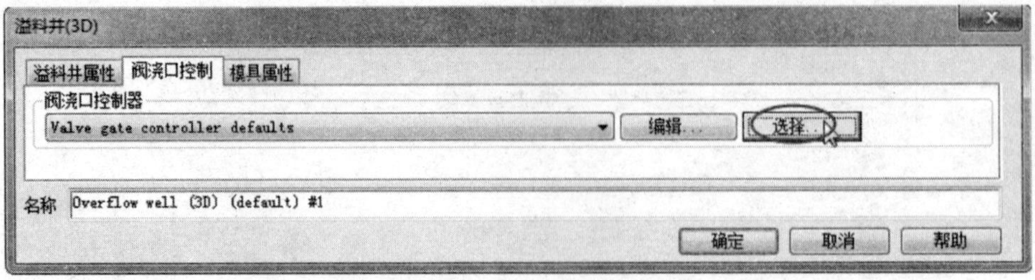

图 10-27　指定阀浇口控制器

05　完成后单击【确定】按钮，关闭【指定属性】对话框。

06　材料为 ABS，单击【选择材料】按钮，单击【选择材料】对话框中的【搜索】按钮，搜索 ABS 材料及牌号，如图 10-28 所示。

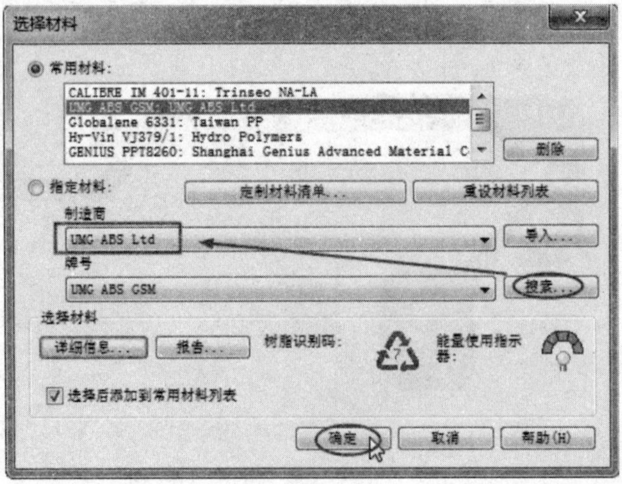

图 10-28　选择材料

07　初步分析时，保留系统默认的工艺设置，如图 10-29 所示。

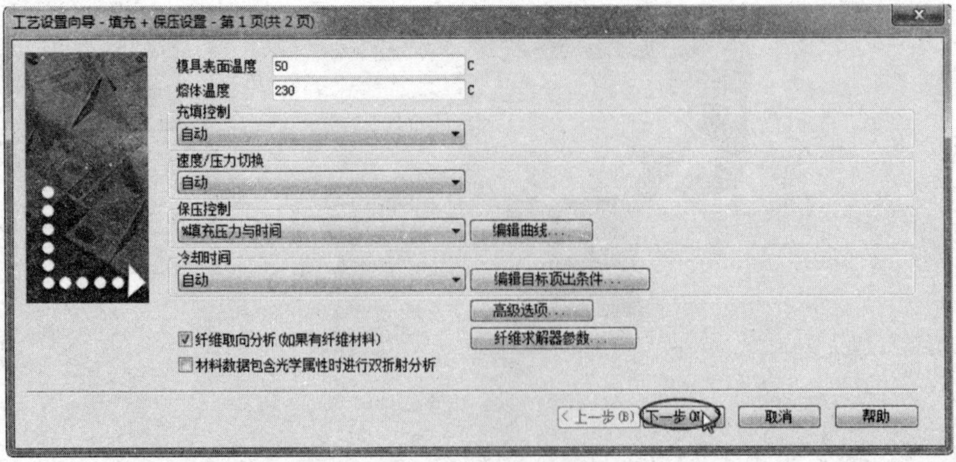

图 10-29　工艺设置向导对话框

3. 运行初步分析

单击【分析】按钮，对拉手网格模型进行初步的气辅成型分析，如图 10-30 所示。

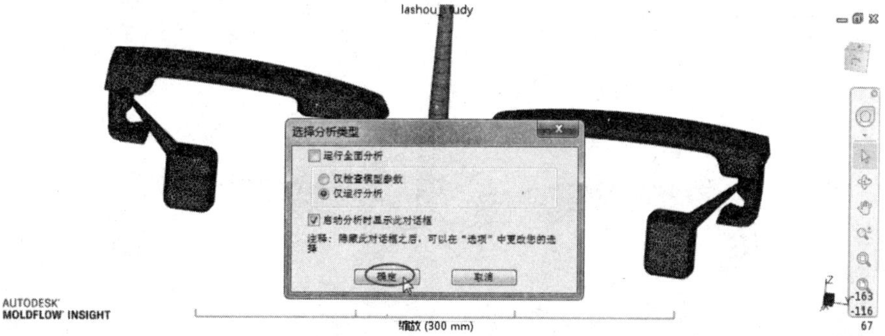

图 10-30 运行气辅成型分析

4. 结果解析

初步分析完成后，下面查看分析结果。

01 首先查看溶体充填整个型腔的注射时间，如图 10-31 所示。图中显示注射时间为 16. 53s，注射时间较长。

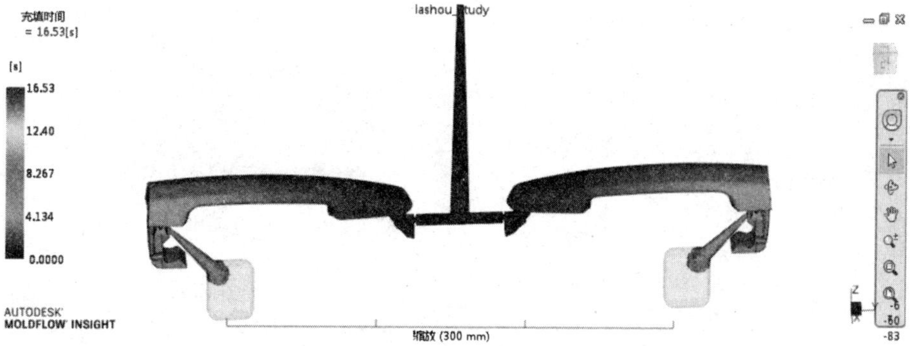

图 10-31 溶体注射时间

02 从图 10-32 所示的切换压力图可以看出，溶体填充完整个型腔时，切换到保压状态。

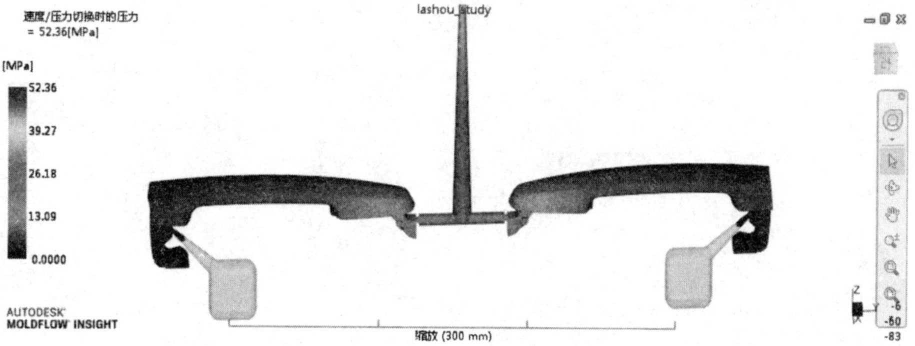

图 10-32 速度/压力切换时的压力

03 从流动前沿温度图可见，整体温度温差不大，仅仅比默认的 230 度多出 8 度左右，效果还算理想，如图 10-33 所示。

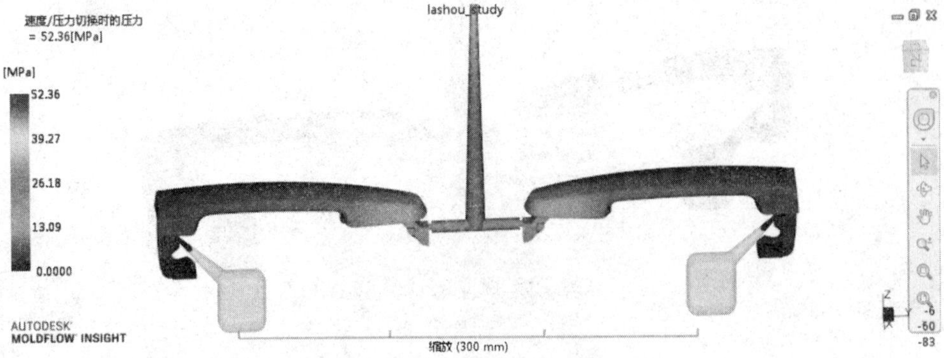

图 10-33　流动前沿温度

04 查看氮气注入的时间图，不难发现注射的气体严重不足，主要原因是气体注射的时间没有设定好，导致前面溶体填充接近完成时，气体才开始注入，如图 10-34 所示。

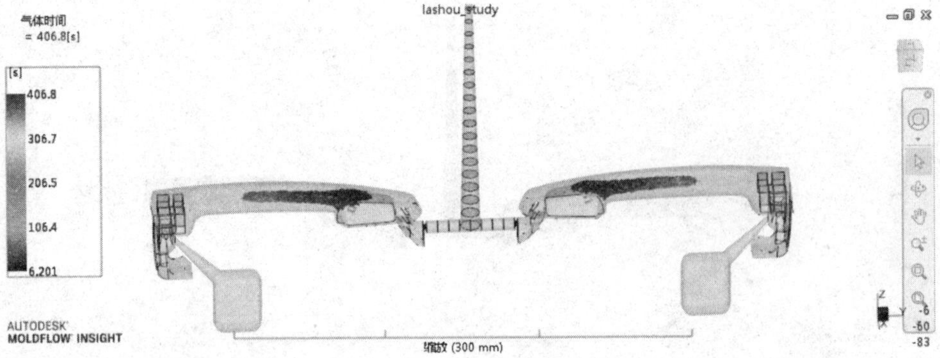

图 10-34　气体时间

05 查看气体型芯图，在图 10-35 中可以看到所注入的气体量不足。

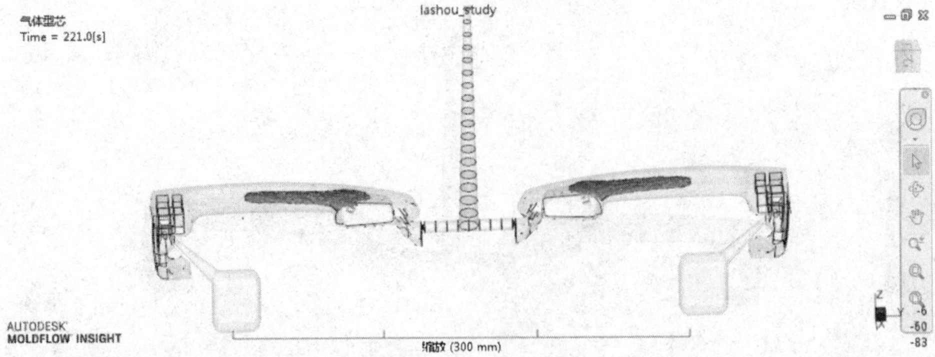

图 10-35　气体型芯

三、优化分析

针对初步分析的结果，得出主要的缺陷为气体注入不足，导致制品产生严重收缩。接下来进行改善，在这里主要修改气体注射控制器的参数和工艺设置参数。

1. 参数设置

01 首先在工程任务视窗中复制拉手的初步分析项目，并重命名为优化分析，如图10-36所示。

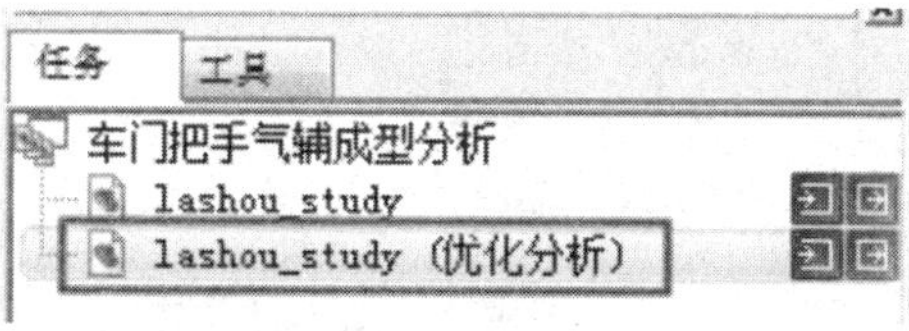

图10-36 复制初步分析项目

02 双击复制的项目，进入该任务中。在图形区中选中气体入口，然后单击鼠标右键并选择【属性】命令，如图10-37所示。

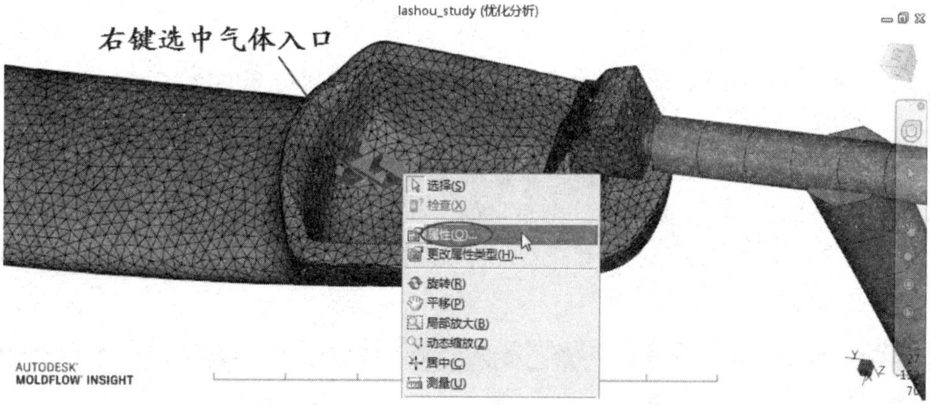

图10-37 选中气体入口修改属性

03 在弹出的【气体入口】对话框中单击 编辑... 按钮，修改气体延迟时间为8s，即溶体填充完成后，让溶体外壁冷却，内部仍然为高温状态下气体开始注射，如图10-38所示。

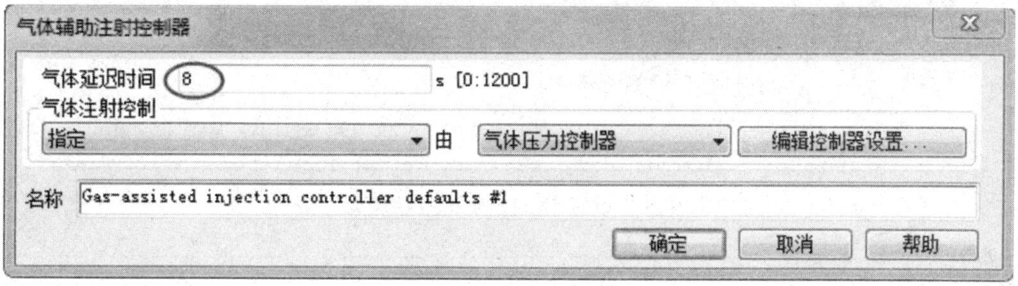

图10-38 修改气体延迟时间

温馨提示	设置气体延迟时间为 8s，在溶体温度稍降后注射气体，不至于形成穿透。

04 单击 编辑控制器设置... 按钮，在【气体压力控制器设置】对话框中设置气体压力与时间的关系参数，设置气体注射时间为 3s，气体压力为 20MPa，如图 10-39 所示。

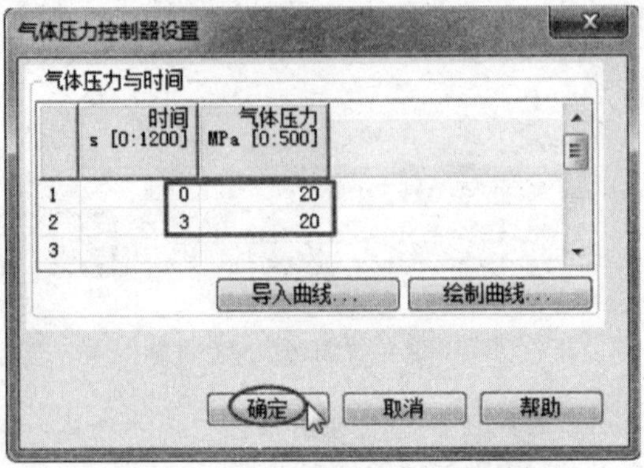

图 10-39　设置气体压力与时间参数

温馨提示	一般情况下，氮气控制器的压力设定为 20MPa ~ 30MPa 之间。

05 设定完成后，单击【确定】按钮，结束气体入口的属性设置。

06 单击【工艺设置】按钮，在弹出的【工艺设置向导 - 填充 + 保压设置】对话框中设置充填时间为 5s，【速度/压力切换】设为【自动】控制，如图 10-40 所示。设置完成后，重新执行分析。

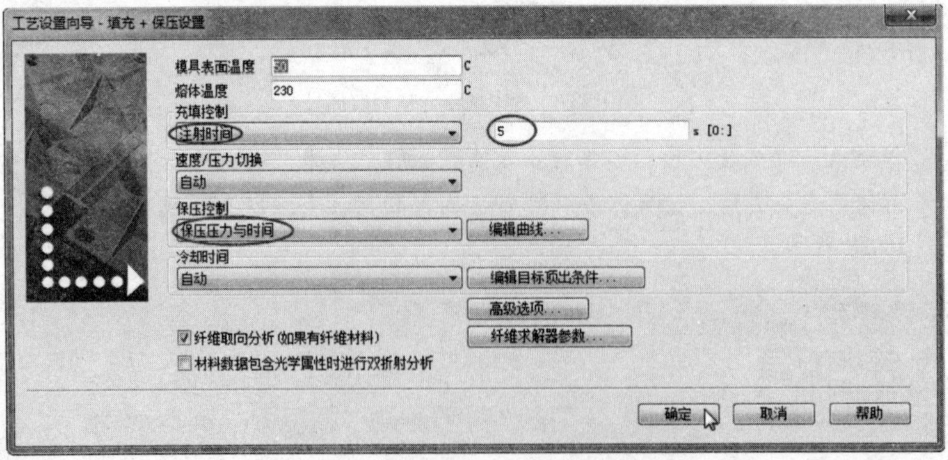

图 10-40　设置充填控制和速度/压力切换

温馨提示	溶体充填时间为 5s，气体注射时间为 3s，那么总共注射时间为 8s。

2. 分析结果

01 首先查看优化后的溶体充填整个型腔的注射时间，如图10-41所示。图中显示注射时间为9.670s，注射时间比预设注射时间多了1.67s。溶体完全充满整个型腔，多余的溶体进入了溢料井。左右溢料井的充填不相等，跟两个型腔的气体入口位置有关系，左右两边不平衡。

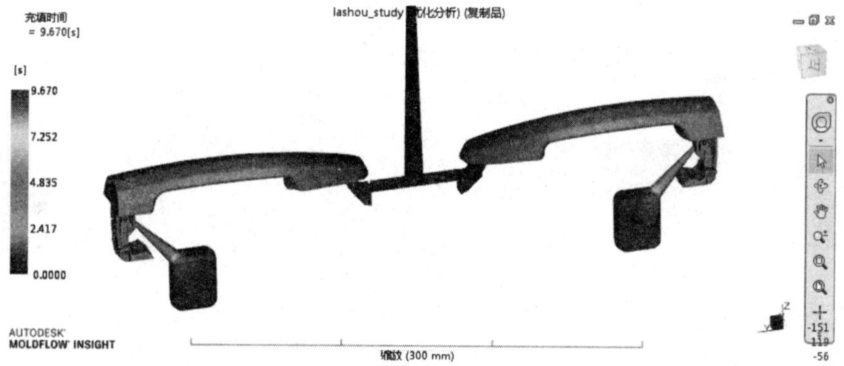

图10-41　溶体注射时间

02 从图10-42所示的切换压力图可以看出，溶体填充完成整个型腔，然后切换为保压。

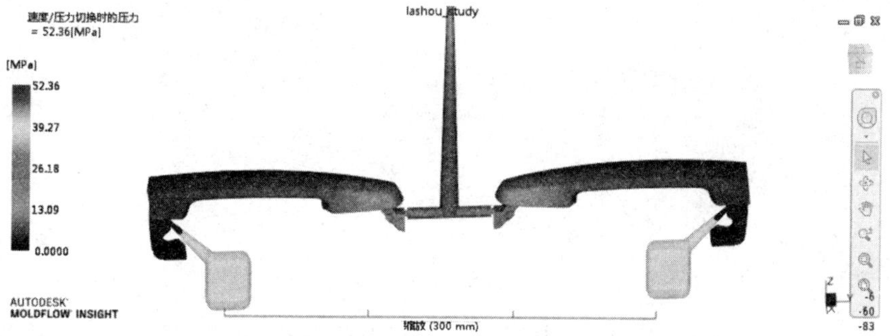

图10-42　速度/压力切换时的压力

03 流动前沿温度。与优化前相比，没有变化，效果理想，如图10-43所示。

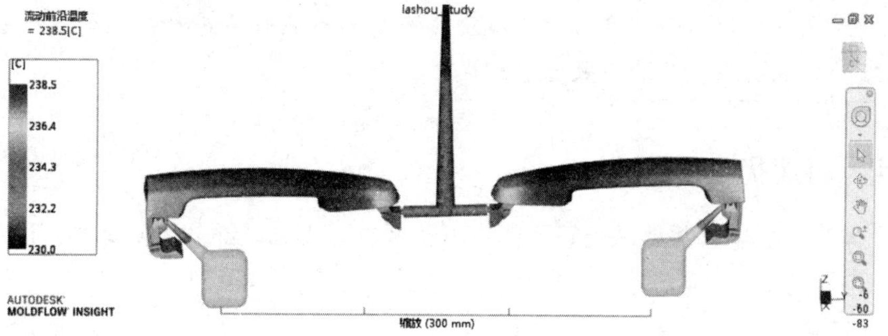

图10-43　流动前沿温度

04 查看氮气注入的时间图，效果不理想，气体延迟 3s 注入型腔后，将多余的熔融料推入了溢料井，但是气体也将料理末端吹穿而进入溢料井中，这是不允许的，如图 10-44 所示。

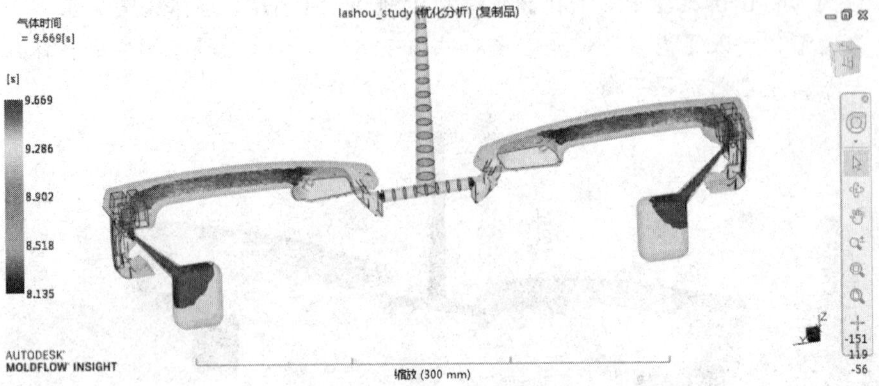

图 10-44　气体时间

05 查看“气体型芯”图，如图 10-45 所示。气体已经注射进了溢料井（吹穿），这就使得此位置会留下一个小洞，这是不允许的，至少本例拉手零件是不允许的。有些零件要求不是很高时或许可以忽略这样的吹穿。

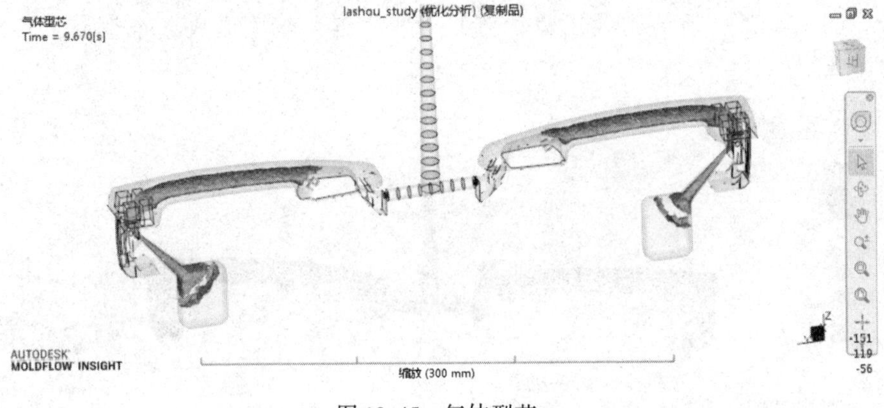

图 10-45　气体型芯

温馨提示

在溢料井中没有废料，或者是废料较少，说明溢料井体积太大，需要建模时修改一下。否则不能进行正常保压，会导致产品内部缺陷。可以通过分析日志里面给出的气体体积，然后在三维软件中对溢料井部分进行体积计算，相等就行。鉴于时间关系，此处不做过多的详解。

四、再次优化

针对气体注射到溢料井里这个问题，我们还要进一步调试部分工艺参数，达到完美的气辅成型。

1. 分析问题

一般情况下，出现难以解决的问题时，我们应该学会读分析日志，因为分析日志“会说话”，会告诉我们哪里出现了问题。图 10-46 所示为在气体注射的最后阶段出现的警告与短射信息。

```
|   9.663 |100.000 |             | 2.81E+01 | 1.01E+02 |  9.18 |     1 | 17.848| 2.000E+01|   G
|   9.664 |100.000 |             | 2.82E+01 | 1.01E+02 |  9.23 |     1 | 17.848| 2.000E+01|   G
** 警告 305320 ** 某些区域已达到超高聚合物温度。
                        将应用温度限制    420.00 C。
|   9.665 |100.000 |             | 2.86E+01 | 1.01E+02 |  8.69 |     1 | 17.848| 2.000E+01|   G
|   9.666 |100.000 |             | 2.86E+01 | 1.01E+02 |  8.80 |     1 | 17.848| 2.000E+01|   G
|   9.667 |100.000 |             | 2.88E+01 | 1.01E+02 |  8.93 |     1 | 17.848| 2.000E+01|   G
|   9.668 |100.000 |             | 2.89E+01 | 1.01E+02 |  9.08 |     1 | 17.848| 2.000E+01|   G
|   9.669 |100.000 |             | 2.89E+01 | 1.01E+02 |  9.26 |     1 | 17.848| 2.000E+01|   G
************************************************************************

** 短射   ** 气体从熔体前沿吹穿。

************************************************************************
|   9.670 |100.000 |             | 2.92E+01 | 1.01E+02 |  8.99 |     1 | 17.848| 2.000E+01|   G
```

图 10-46　分析日志中的问题

警告信息所表达的意思是：溶体温度过高，或者模具温度过高。

短射信息所表达的意思是：气体从溢料井位置吹穿。如果我们在功能区【结果】选项卡的【动画】面板拖动动画滑块，拖动到 9.605s 位置时，很清楚地看到，气体刚好完成注射量，如图 10-47 所示。

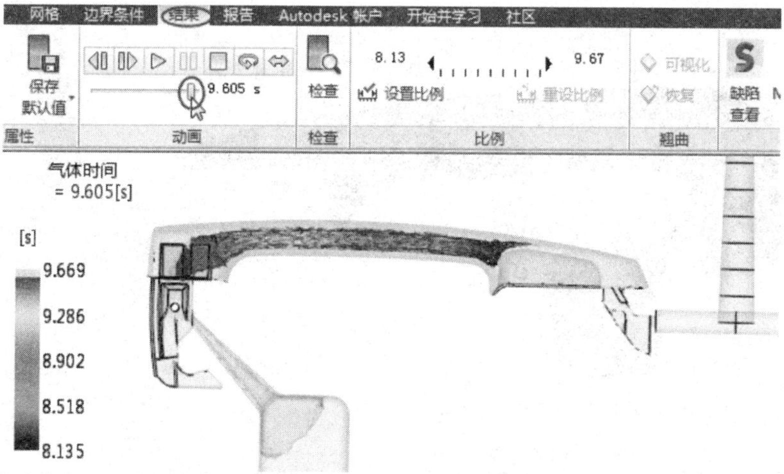

图 10-47　通过动画检查气体吹穿情况

那么是什么原因导致吹穿的呢？一般说来，导致气体吹穿的主要原因还是注射速度较快和气体压力过大。

温馨提示	气体压力大，易于穿透，但容易吹穿；气体压力小，可能出现充模不足，填不满或制品表面有缩痕。注气速度高，可在熔料温度较高的情况下充满模腔。对流程长或气道小的模具，提高注气速度有利于熔胶的充模，可改善产品表面的质量，但注气速度太快则有可能出现吹穿，对气道粗大的制品则可能会产生表面流痕、气纹。

2. 重新设置工艺参数和气体入口属性

经过前面的分析与判断，得出以下结论。

- 模温及料温（溶体温度）过高，导致警告出现；
- 或许充填过长，型腔壁的冻结体积增加，进而导致气体注射压力增加，吹穿末端；
- 建议保压控制改为气体注射控制，也就是保压压力与时间均不设置参数；
- 设置气体入口属性时，气体延迟时间改为2s，延迟时间过久也会使溶体冻结体积增加，气体注射困难，导致壁太厚和气体注射不足现象；
- 气体与压力时间调试比较麻烦，毕竟不会一次就会达到目标，估计需要多次反复分析才能得出有效的气压和时间关系，尽量保证气压高峰时期不超过30Mp，也不低于20Mp。

01 首先在工程任务视窗中复制拉手的优化分析项目【lashou_ study（优化分析）】，并重命名为【lashou_ study（再次优化分析）】，如图10-48所示。双击复制的项目，进入该任务分析环境中。

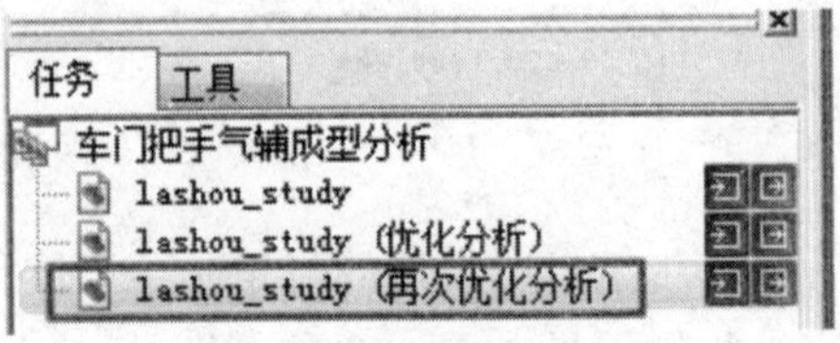

图10-48　复制初步分析项目

02 在图形区中选中气体入口，然后单击鼠标右键并选择【属性】命令，如图10-49所示。

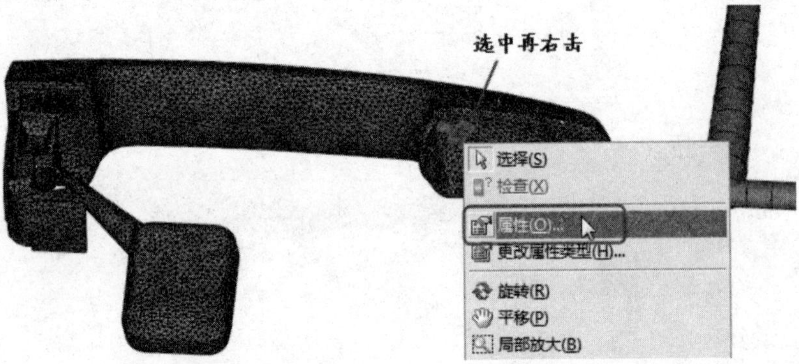

图10-49　选中气体入口修改属性

03 在弹出的【气体入口】对话框中单击 编辑... 按钮，修改气体延迟时间为2s，如图10-50所示。

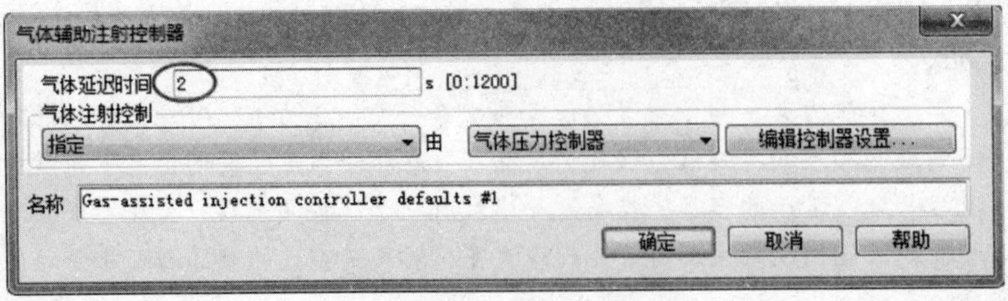

图10-50　修改气体延迟时间

04 单击 编辑控制器设置... 按钮，在【气体压力控制器设置】对话框中设置气体压力与时间的关系参数，如图 10-51 所示。

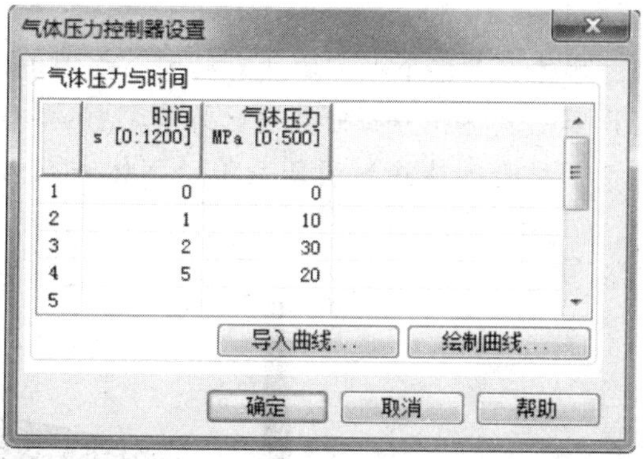

图 10-51 设置气体压力与时间参数

05 设定完成后单击【确定】按钮结束气体入口的属性设置。

06 单击【工艺设置】按钮，在弹出的【工艺设置向导】对话框中设置充填时间为 4s，模温 50℃和溶体温度 200℃，如图 10-52 所示。

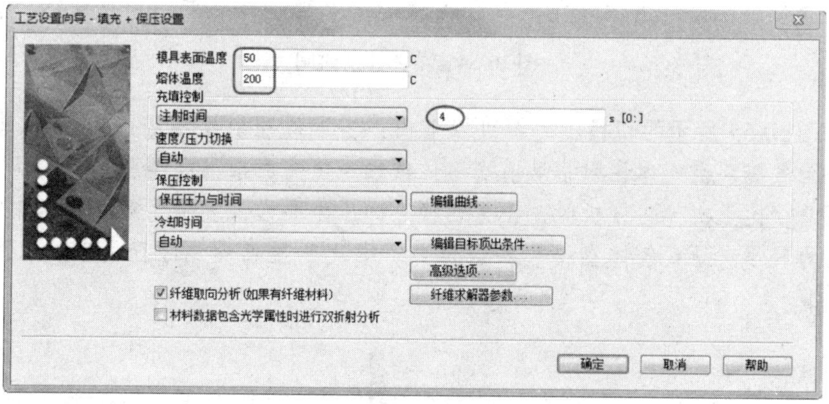

图 10-52 设置模温、料温和注射时间

07 单击【保压控制】右侧的 编辑曲线... 按钮，去除所有保压压力与时间的参数，如图 10-53 所示。设置完成后，重新执行分析操作。

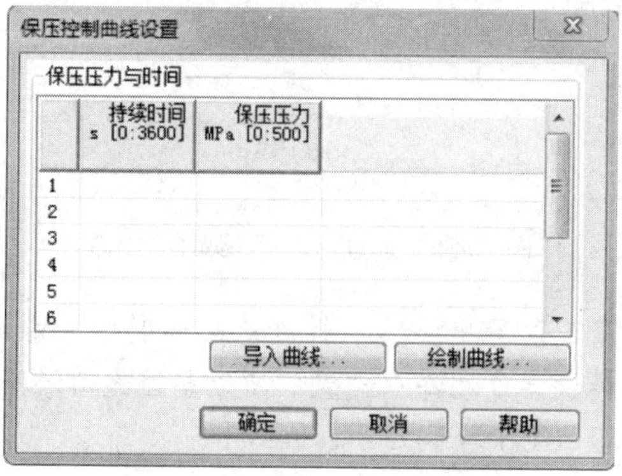

图 10-53 清除保压与时间参数

温馨提示 单击选中数字然后按键盘的 Backspace 退格键或 Delete 键清除数字即可。

3. 分析结果解读

01 首先查看优化后的溶体充填整个型腔的注射时间，如图 10-54 所示。图中显示注射时间为 19.83s，比第一次优化分析时注射时间多了 10s 左右。说明在注射溶体时只用了 4s，余下的时间则是气体注射型腔后推动溶体进入溢料井的时间（其实也是气体时间）。

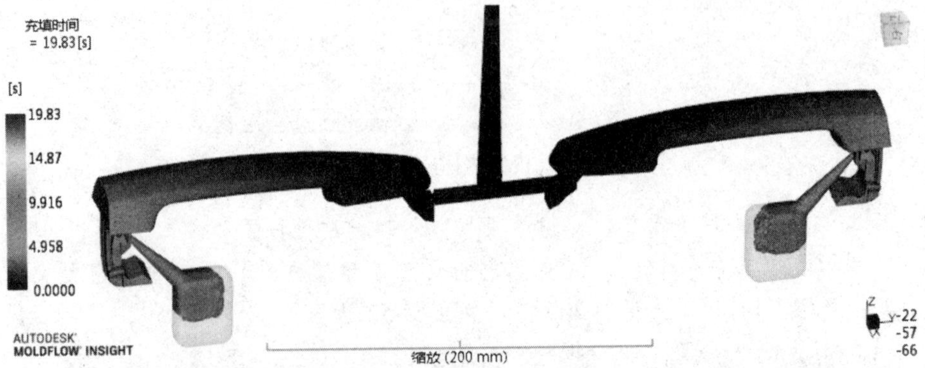

图 10-54 溶体注射时间

02 从图 10-55 所示的切换压力图可以看出，当溶体注射到型腔的 70.63% 时，速度转换为气压。由气体注射推动前端溶体继续充填完成余下的型腔体积。从本次的压力图看，比上次优化分析时，压力切换点的压力要大，说明了第一次充填时所遇到的阻力较小，导致气体直接吹入溢料井。本次明显感受到了阻力加大，气体不容易吹穿。

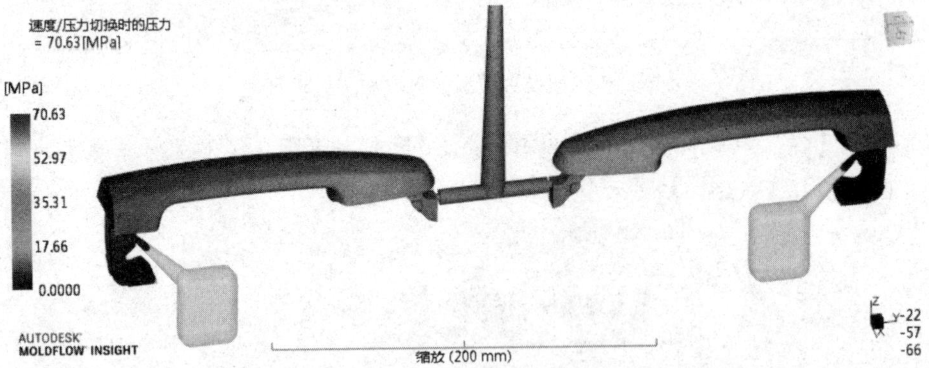

图 10-55 速度/压力切换时的压力

03 从流动前沿温度图可以看出，整个料流前端温度和末端温度仅相差 2.6℃（210.3 −207.7），注射最低温度在浇口位置。所以整体充填还是非常均衡的，制件不会出现常见缺陷，如图 10-56 所示。

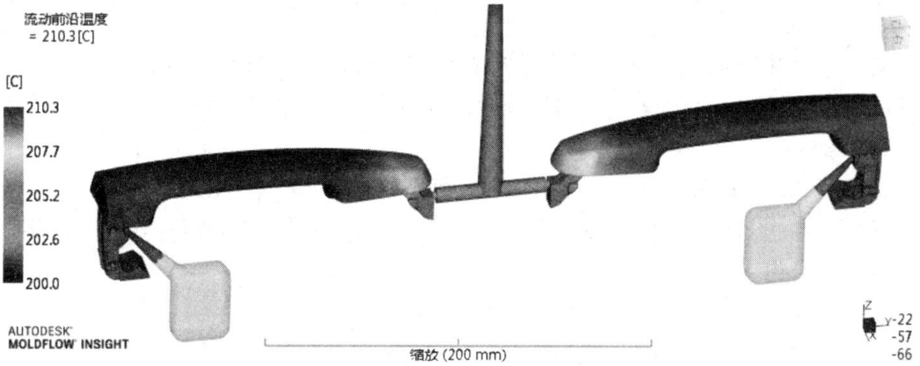

图 10-56　流动前沿温度

04 查看氮气注入的时间图，效果非常理想，气体延迟 2s 注入型腔后，将多余的熔融料推入了溢料井，如图 10-57 所示。

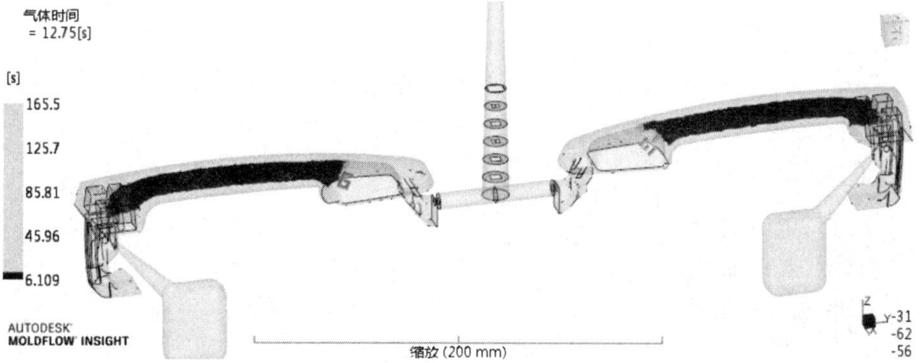

图 10-57　气体时间

05 查看"气体型芯"图，如图 10-58 所示。所注入的气体量合适，没有任何的穿透，说明再次优化分析的效果还算是满意的。但是从气体型芯形成的时间看，165s 时间太长，或许是气体注射完成后，冷却时间太长导致，需要继续改进。

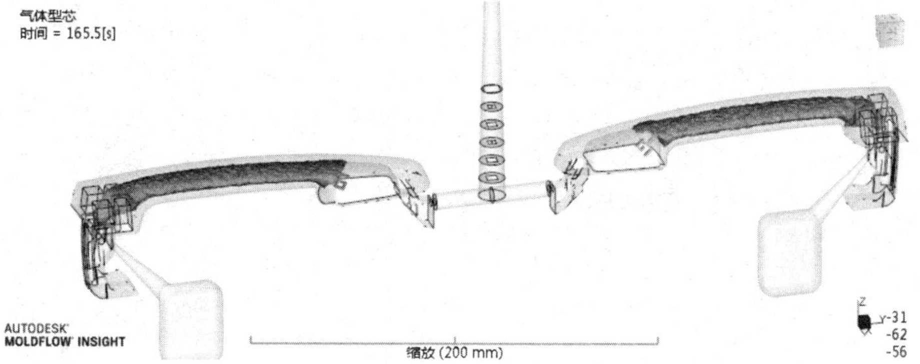

图 10-58　气体型芯

五、第三次优化

针对第二次优化时出现的气体型芯时间太长的问题，初步判断是没有设定冷却时间，所以按照默认的冷却速度和时间对整个型腔进行冷却，产生较多的冗余时间。下面进行改进设置，具体如下：

01 首先在工程任务视窗中复制拉手的优化分析项目【lashou_ study（再次优化分析）】，并重命名为【lashou_ study（第三次优化分析）】，如图 10-59 所示。双击复制的项目进入该任务分析环境中。

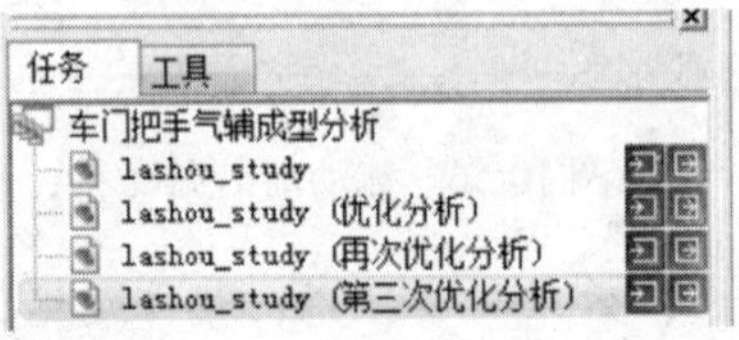

图 10-59 复制初步分析项目

02 单击【工艺设置】按钮，在弹出的【工艺设置向导】对话框中设置冷却时间为 10s，其他参数保持默认设置，如图 10-60 所示。

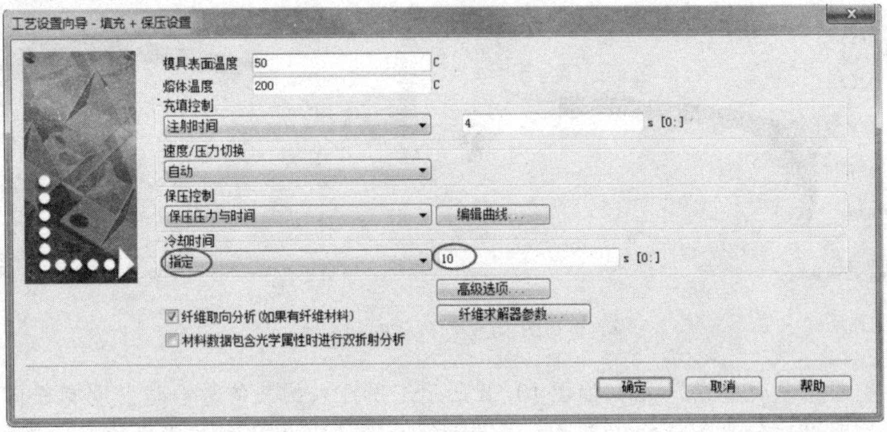

图 10-60 设置冷却时间

03 重新执行分析操作，经过一段时间的分析，得到新的气辅成型分析结果。

04 仅查看气体型芯的时间为 21.11s，如图 10-61 所示。经过调试冷却时间后，整个气辅成型方案得到圆满的解决。

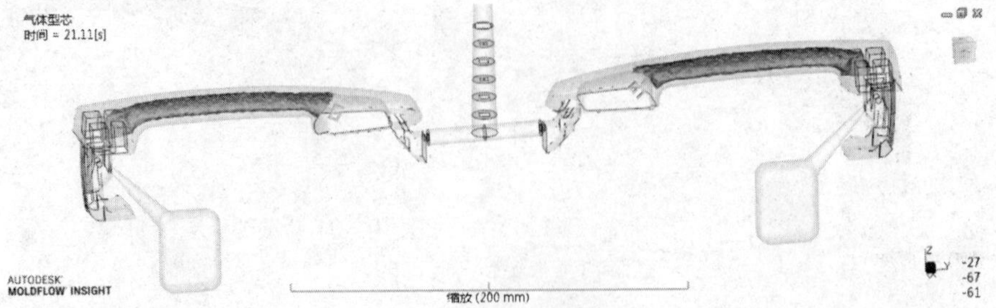

图 10-61 气体型芯时间

第 3 节　短射法气辅成型分析

在上节中，我们学习了气辅注射成型的满射法分析案例，通过设置溢料井，气体注入后完全可以把多余的溶体推送到溢料井中，分析的结果与实际注塑情况也是完全吻合的。

如果使用短射法的气辅成型工艺，是不需要设计溢料井的，但会出现一些难以解决的问题，例如如何确定溶体注射量以及氮气气体的注入量。

笔者曾多次做过调整，包括模温、料温的设定，也包括其他工艺参数的设置（如充填控制、速度/压力切换、保压控制、冷却控制），但都不能使其完全注入到整个溶体的内部，不仅消耗了大量的时间，也没有得到一个满意的模拟效果。

接下来在本节中，详细介绍短射法气辅成型分析的模拟过程。

练习文件路径：结果文件 \ Ch10 \ 手柄 . stl
演示视频路径：视频 \ Ch10 \ 短射法气辅成型分析—手柄 . avi

一、分析任务

下面对短射法气辅成型案例分析的模型尺寸参数和设计要求等进行介绍，具体如下。

设计题目：手柄气体辅助成型

产品 3D 模型图，如图 10-62 所示。

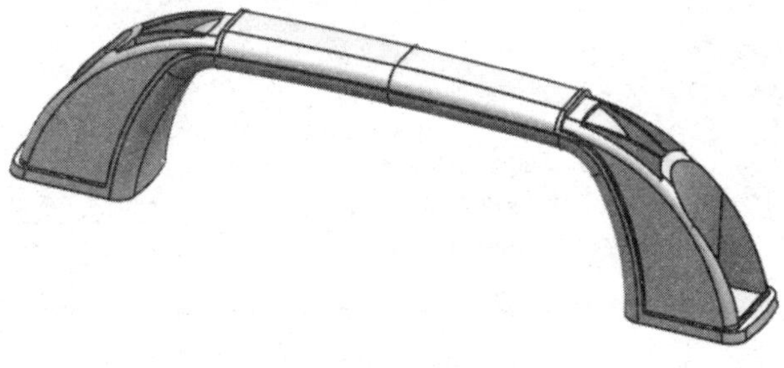

图 10-62　手柄模型

规格：

最大外形尺寸：145mm × 50mm × 75 mm（长 × 宽 × 高）

设计要求：

1. 材料：ABS
2. 缩水率：收缩率统一为 0. 005 mm
3. 外观要求：表面质量好，制件无缺陷

二、前期准备

由于要进行工艺优化分析，且此类别的分析对象仅为中性面或双层面网格，所以本例分析模型将采用双层面网格进行分析模拟。

1. 新建工程并导入注射模型

01　启动 Moldflow 软件，然后单击【新建工程】按钮，弹出【创建新工程】对话框，输入工程名称及保存路径后，单击【确定】按钮完成工程的创建，如图 10-63 所示。

图 10-63　创建工程

02 在【主页】选项卡单击【导入】按钮，弹出【导入】对话框，在本例模型保存的路径下打开【手柄.stl】文件，如图 10-64 所示。

图 10-64　导入模型

03 随后弹出要求选择网格类型的【导入】对话框，选择【双层面】选项作为本例的分析网格类型，单击【确定】按钮完成模型的导入操作，如图 10-65 所示。

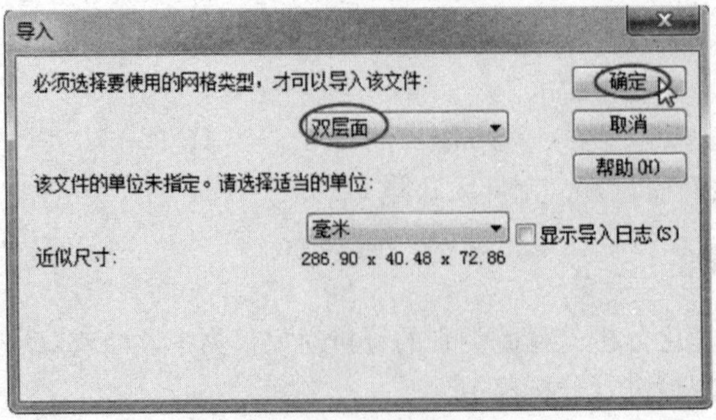

图 10-65　选择网格类型

04　导入的 stl 模型，如图 10-66 所示。

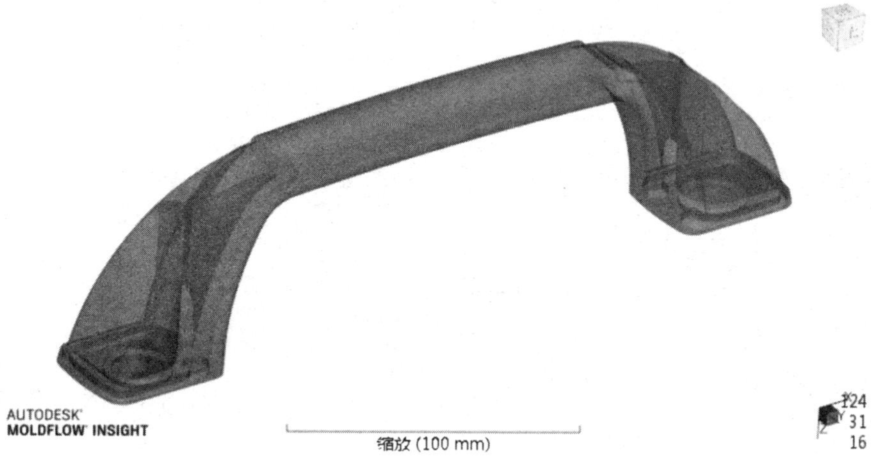

图 10-66　导入模型

2. 网格的创建

01　在【主页】选项卡【创建】面板中单击【网格】按钮，切换到【网格】选项卡。

02　单击【生成网格】按钮，然后在工程管理视窗的【生成网格】选项面板中设置全局网格边长的值为 1.5mm，单击【立即划分网格】按钮，程序自动划分网格，结果如图 10-67 所示。

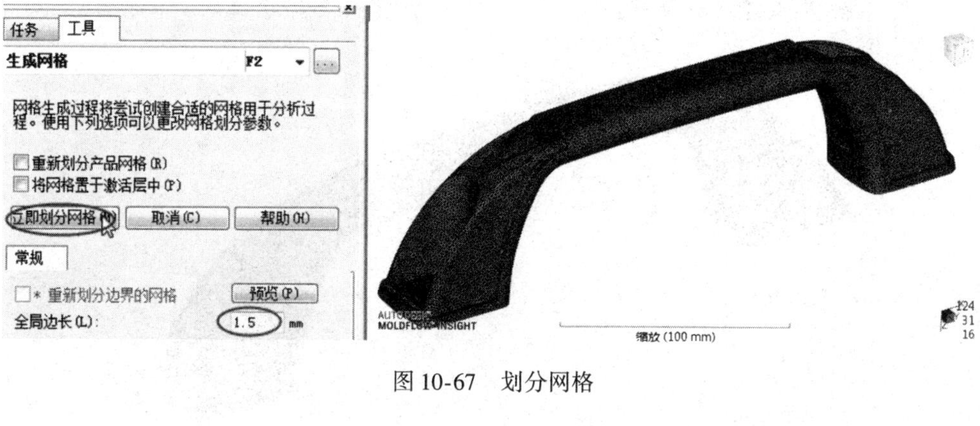

图 10-67　划分网格

03　统计网格。在【网格诊断】面板中单击【网格统计】按钮，再单击【网格统计】选项面板的【显示】按钮，程序立即对网格进行统计并弹出【网格信息】对话框，如图 10-68 所示。网格划分后，执行保存操作。

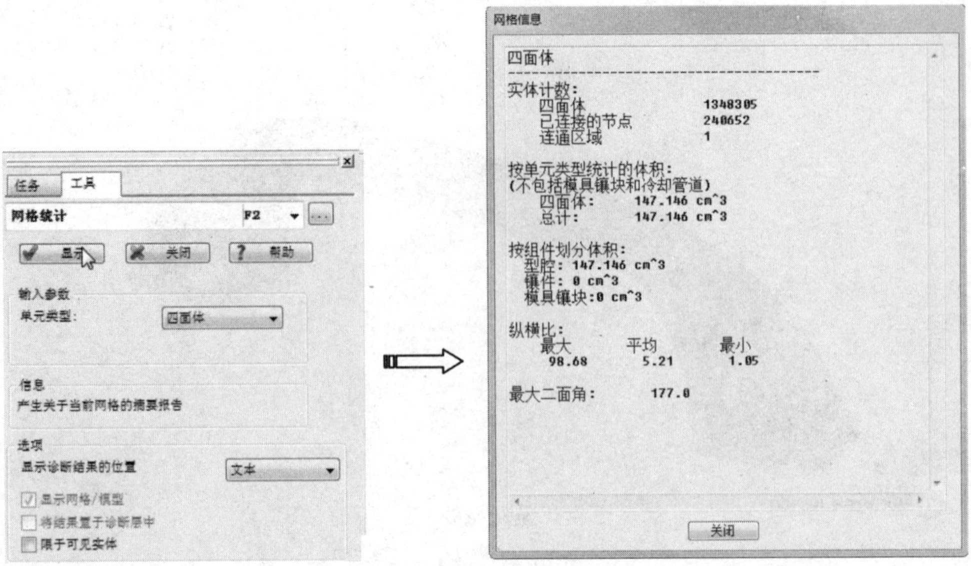

图 10-68　统计网格

三、【短射法】气辅成型初步分析

下面通过短射法进行车门拉手的气辅成型模拟，以此得出最佳的成型方案。

1. 浇口和气嘴

01 在【主页】选项卡的【成型工艺设置】面板中选择【气体辅助注射成型】分析类型，然后单击【注射位置】按钮，在图 10-69 所示的位置放置注射锥。

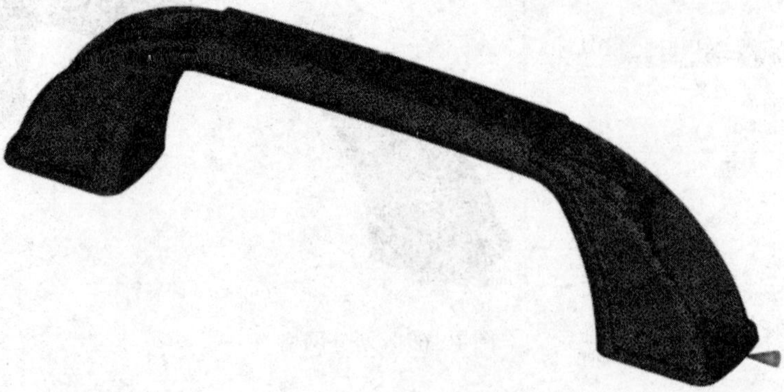

图 10-69　放置注射锥

02 在【边界条件】选项卡单击【设置入口】按钮，弹出【设置气体入口】对话框，保留默认的气体入口参数设置，然后在网格中放置气体入口，如图 10-70 所示。

03 同理，在不关闭【设置气体入口】对话框的情况下，在另一网格模型中相同位置放置气体入口。

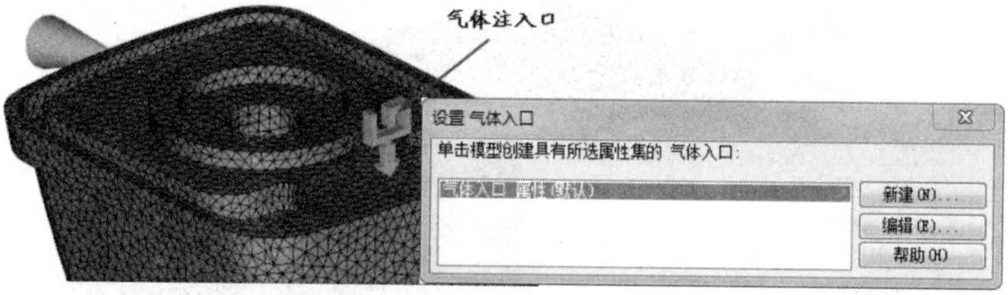

图 10-70　放置第一个网格模型的气体入口

2. 选择分析序列、指定溢料井、材料和工艺设置

01　单击【分析序列】按钮，选择【填充】分析序列，如图 10-71 所示。

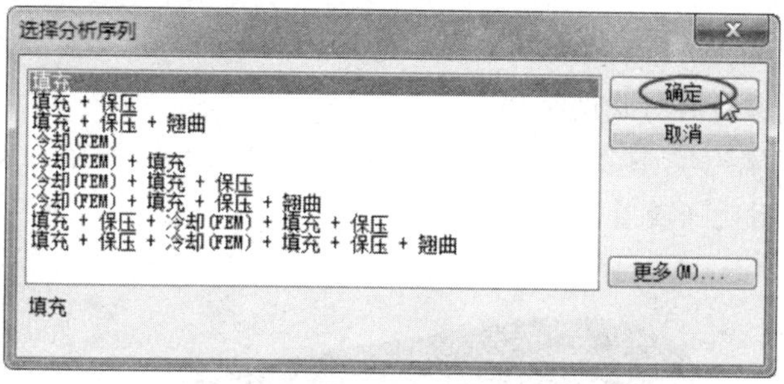

图 10-71　选择分析序列

02　材料为 ABS，单击【选择材料】按钮，在【选择材料】对话框的【常用材料】列表中选择 ABS 材料，如图 10-72 所示。

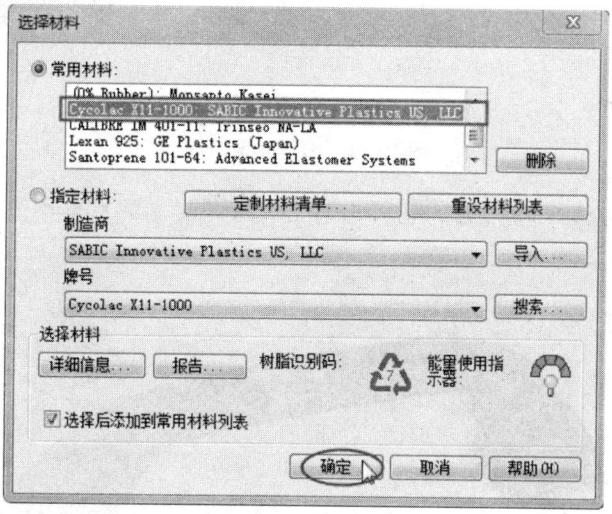

图 10-72　选择材料

03　初步分析时，保留系统默认的工艺参数设置。

04　单击【确定】按钮，对模型进行初步的气辅成型分析，如图 10-73 所示。

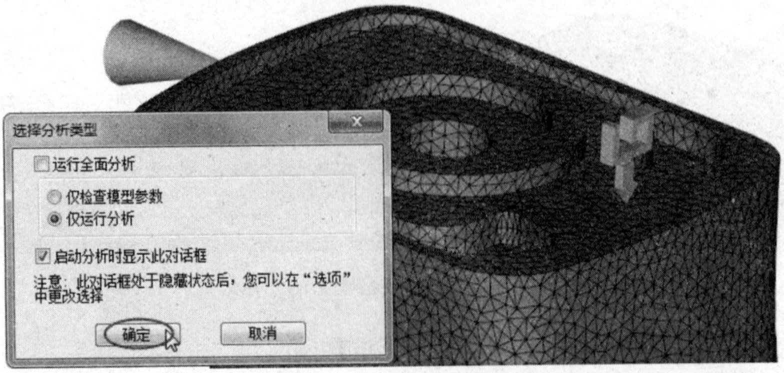

图 10-73　运行气辅成型分析

3. 结果解析

初步分析完成后，查看分析的结果。

01 首先查看溶体充填整个型腔的注射时间，如图 10-74 所示。图中显示注射时间为 12.28s，注射时间较长。

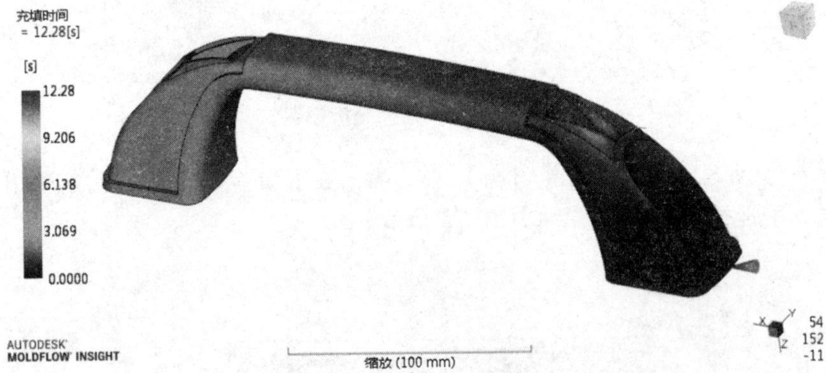

图 10-74　溶体注射时间

02 从图 10-75 所示的切换压力图可以看出，溶体填充完成整个型腔的 95% ~99% 时，切换到保压状态。

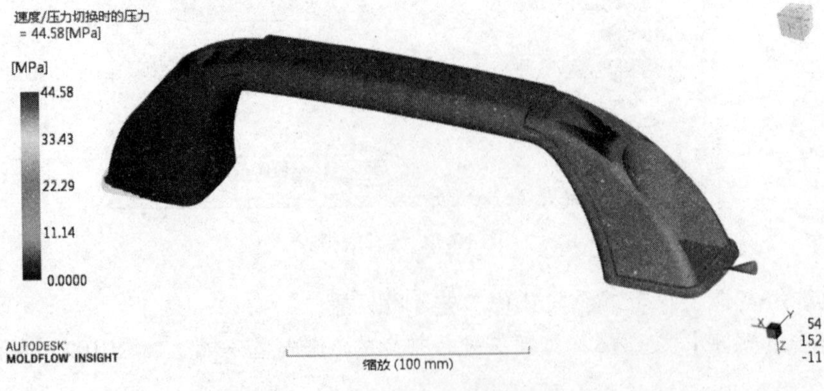

图 10-75　速度/压力切换时的压力

03 从流动前沿温度图可以看出，整体温度温差较大，主要体现局部的加强筋位置，严重者导致欠注，如图 10-76 所示。

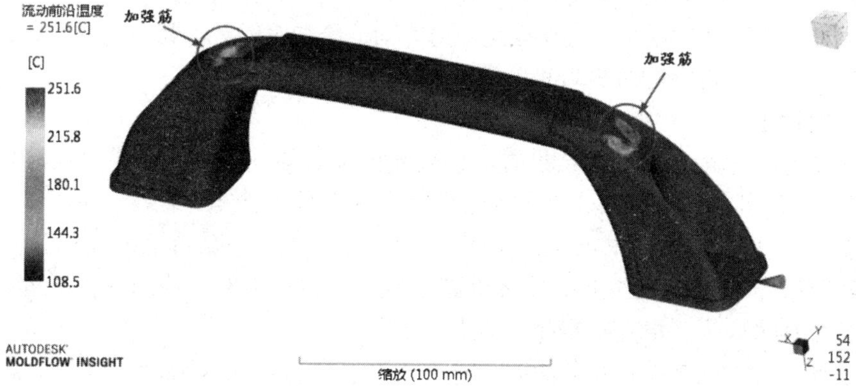

图 10-76　流动前沿温度

04 查看氮气注入的时间图，不难发现注射的气体量严重不足，主要原因是溶体注射量过多，导致气体注入量减少，如图 10-77 所示。

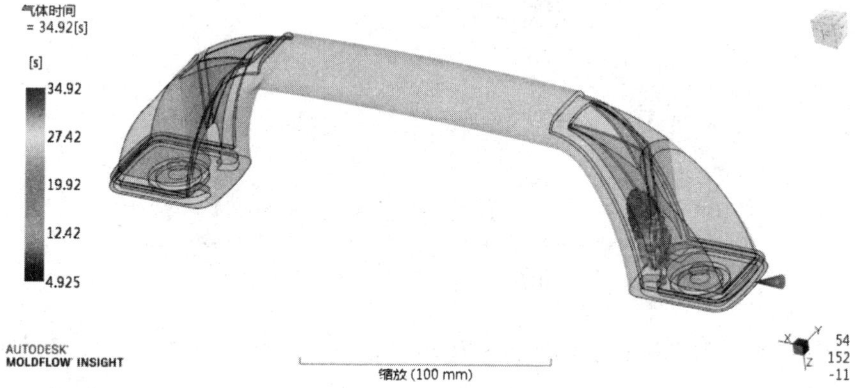

图 10-77　气体时间

05 查看“气体型芯”图，如图 10-78 所示，可以看到所注入的气体量不足。

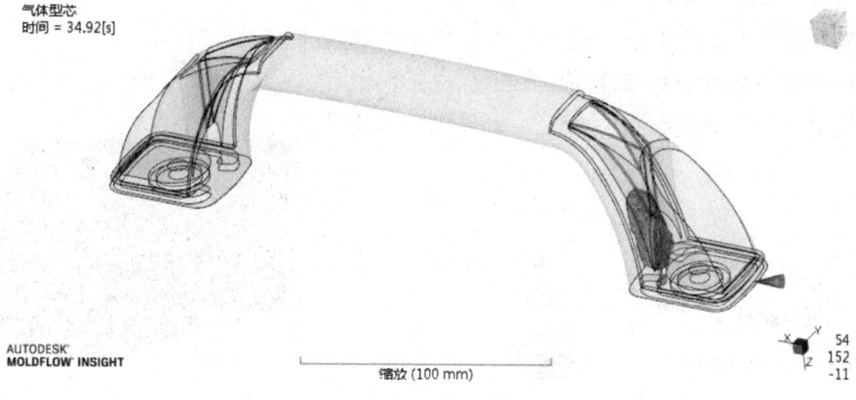

图 10-78　气体型芯

四、优化分析

短射法的气辅成型的控制难度是非常高的，难点在于气体填充体积、溶体体积、模具温度、溶体温度、气体注射压力、气体延迟注射时间、冷却时间等的精确控制。因此，要得到比较好的气辅效果，需要反复的调试和分析。

1. 第一次优化

（1）从默认的气辅充填分析结果看，仅仅注射很少的气体到型腔中，而溶体所占型腔的体积比例是相当高的，所以首先考虑要设置溶体和气体的体积比例。

（2）第一次默认设置气体的延迟时间为 1. 16s，意思是说当溶体注射完成后，延迟 1. 16s 开始注射气体。这个延迟时间并不是造成气体注射量少的主要因素，不过延迟时间设定得少，使气体量大了，很容易吹穿，形成欠注现象。

（3）另外一个比较重要的因素就是气压控制器。默认是气压压力与时间关系，如图 10-79 所示。从图中可以看出，气体注射时间是 10s，时间并不短，关键是压力值太小，而且是均衡的，可以增加压力，并找出合理的压力与时间。

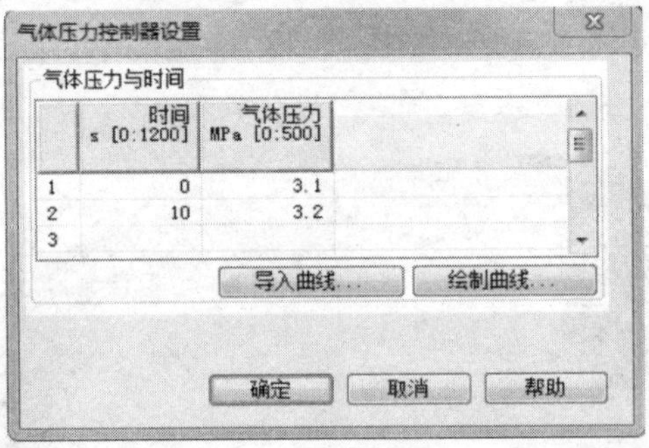

图 10-79　气压压力与时间关系

（4）原则上浇口与气体注射口的位置应尽量近一些，当然也可以浇口与气体注射口为同一位置。

基于以上几点分析，下面进行第一次优化分析。

01 在工程视窗复制【手柄_ study】项目，然后重命名为【手柄_ study（优化分析）(1)】，如图 10-80 所示。

02 双击复制的工程项目，进入该项目的分析环境中。

03 在方案任务视窗中双击【1 个注射位置】项目，然后删除原浇口注射锥，并在气体注射口位置放置新的注射锥，如图 10-81 所示。

图 10-80　复制项目

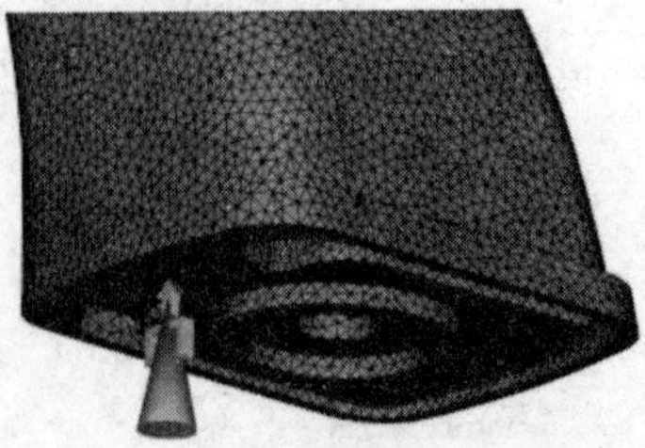

图 10-81　重设浇口注射锥

04 在方案任务视窗中双击【工艺设置】项目，在打开的【工艺设置向导】对话框中设置参数，如图 10-82 所示。

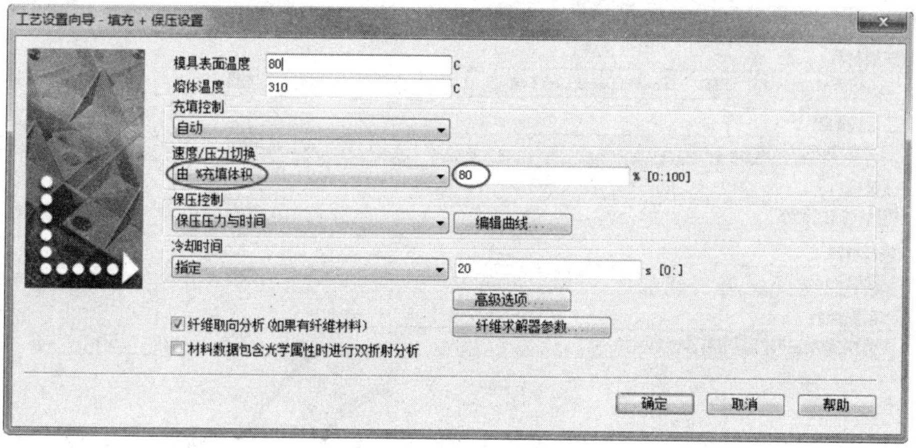

图 10-82　设置工艺参数

温馨提示

在【工艺设置向导】对话框中仅设置【速度/压力切换】选项，设为【由%充填体积】，且充填体积比为 80%。含义就是：当溶体注射到型腔的 80% 时不再注入溶体，切换到保压状态（此时的保压状态其实是气体开始充填的状态），即由气体注射到型腔中，并推动腔内的溶体（高温流动状态）继续前行，直至填充 20% 左右的气体，使气体和溶体共同占满整个型腔。此外，由于不清楚其他具体问题，所以需要逐一地设置工艺参数去调试，不要一次就想成功。

05 查看保压设置，则单击【编辑曲线】按钮，原来默认的保压控制，如图 10-83 所示。这说明了第一次气辅成型时充填完 99% 的溶体后随即进入保压状态，并且压力很高，间接造成气体无法进入型腔。因此，溶体充填完成后与气体开始充填这一接合时间段根本就不需要保压。重新设置保压如图 10-84 所示。

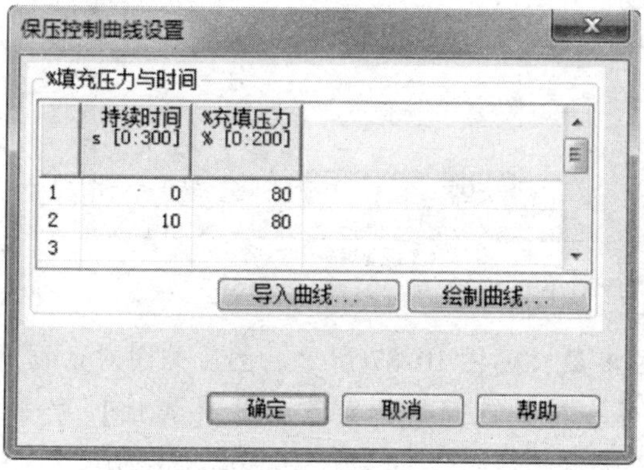

图 10-83　默认分析时的保压参数

图 10-84　清除所有保压参数

06 接下来设置一下注塑机的基本参数，便于注塑控制的调整。单击【高级选项】按

钮 高级选项... ，打开【填充+保压分析高级选项】对话框，再单击【注塑机】右侧的【编辑】按钮，如图 10-85 所示。

图 10-85　编辑注塑机

07 在打开的【注塑机】对话框中，设置【注射单元】选项卡下相关参数，如图 10-86 所示。

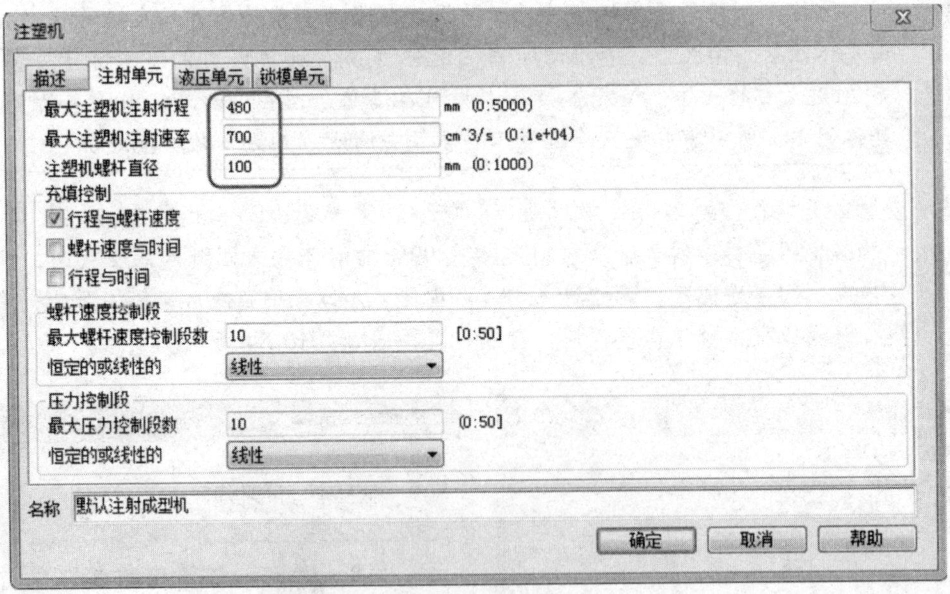

图 10-86　设置注射单元

08 接着再设置【液压单元】选项卡下相关参数，如图 10-87 所示。然后关闭对话框。

09 在图形区域选中气体注射口，单击鼠标右键并选择快捷菜单中的【属性】命令，打开【气体入口】对话框，如图 10-88 所示。

10 单击【编辑】按钮，打开【气体辅助注射控制器】对话框，设置气体延迟时间为 1s（测试此时间与结果有何关系），如图 10-89 所示。

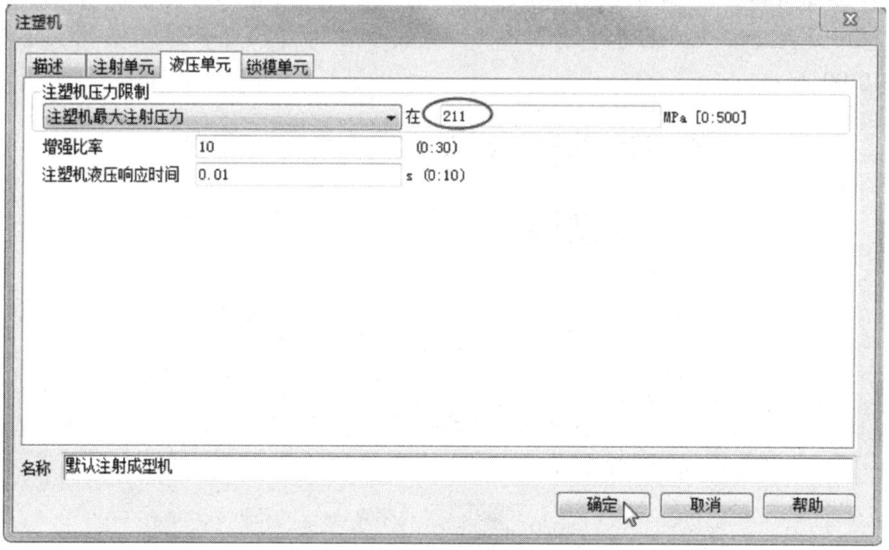

图 10-87　设置液压单元

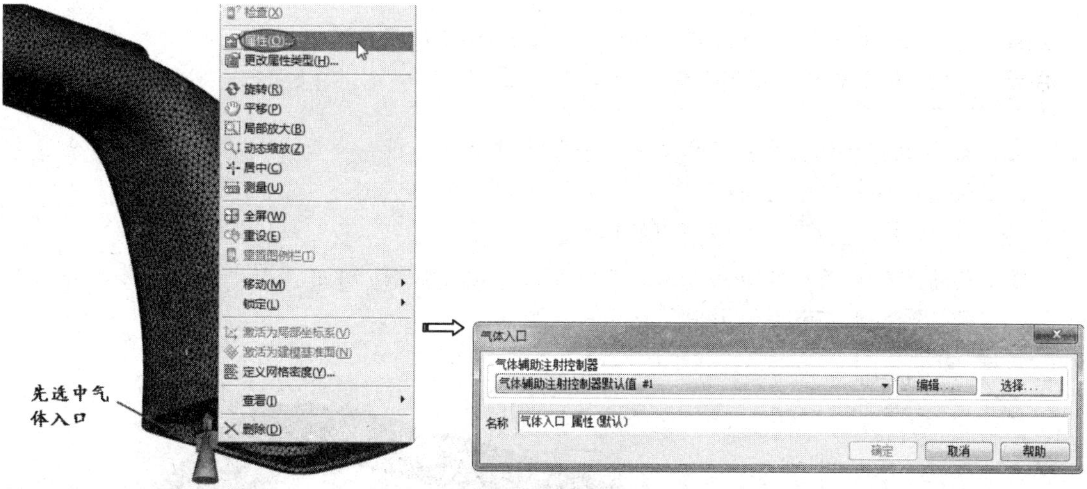

图 10-88　打开【气体入口】对话框

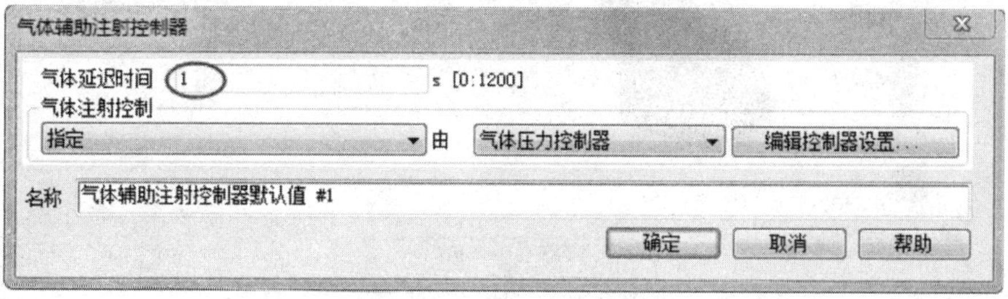

图 10-89　设置气体延迟时间

11 单击【编辑控制器设置】按钮，打开【气体压力控制器设置】对话框，在此对话框中设置新的气体压力与时间参数，完成后单击【确定】按钮关闭对话框，如图10-90所示。

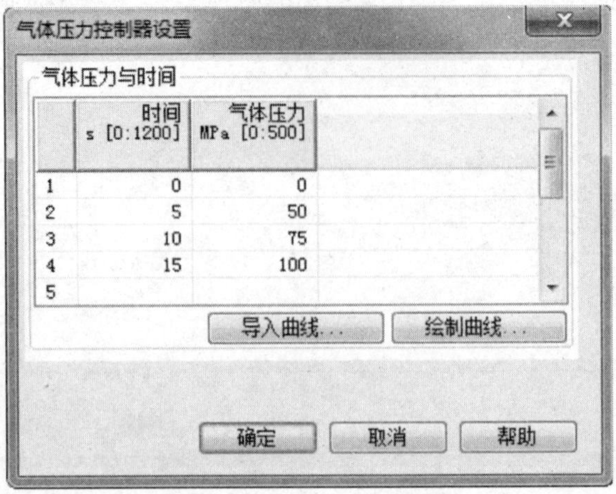

图 10-90　设置气体压力与时间

温馨提示	若用户对气体控制器的具体参数不是很了解，可以先设置尽量大的注射压力，验证随后的充填效果，然后调整压力。

12 最后重新开始分析，经过漫长的分析时间后（分析一次至少5小时，和设计者的电脑配置高低有关），得出第一次优化分析结果。

（5）初步分析完成后，查看分析的结果。

01 首先查看溶体充填整个型腔的注射时间，如图10-91所示。图中显示溶体的整个充填时间为8.455s，注射时间比第一次要短。

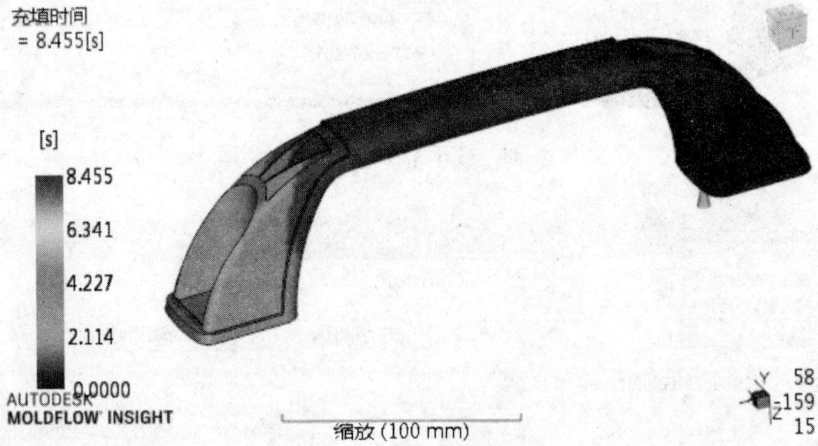

图 10-91　溶体充填时间

02 从流动前沿温度图可以看出，比之前要好很多，至少完成了右侧的不平衡改善，说明浇口的重新设定起到了重要的作用，如图10-92所示。

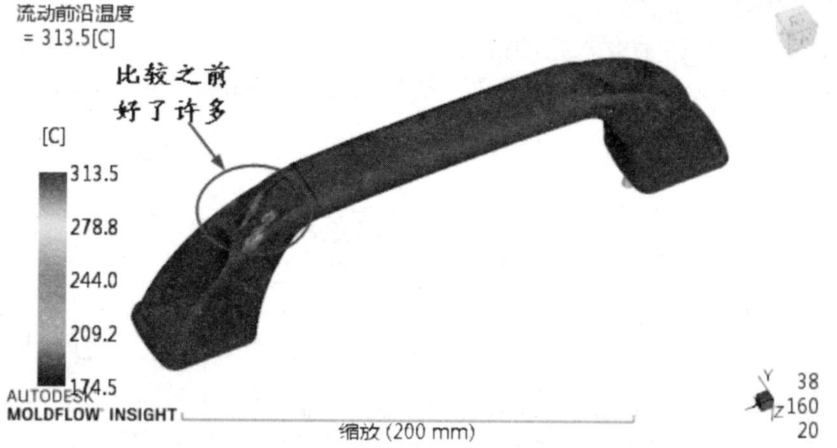

图 10-92　流动前沿温度

03 查看氮气注入的时间图，可以看到已经充填了较多的气体，但是还没有达到所需的气体量，而且气体入口处还有气体乱串，差点吹穿，如图 10-93 所示。

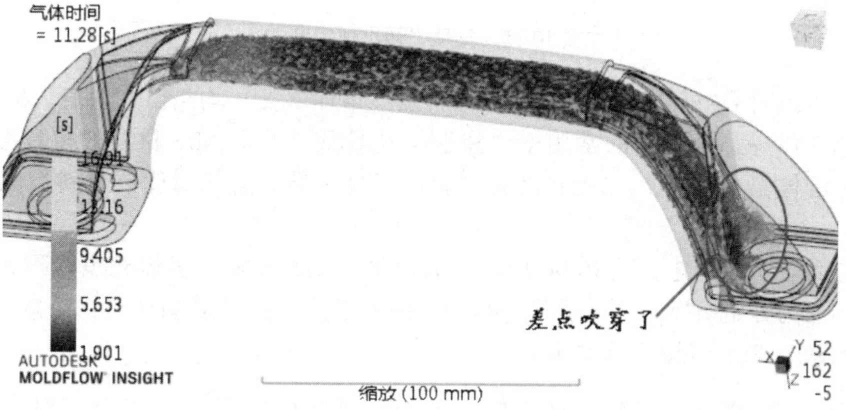

图 10-93　气体时间

04 查看“气体型芯”图，如图 10-94 所示，可以看到所注入的气体量仍然不足。

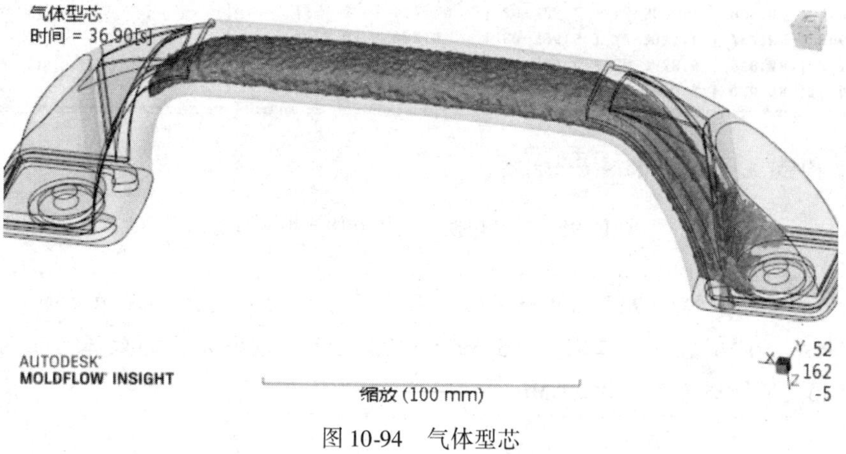

图 10-94　气体型芯

2. 第二次优化

(1) 在保证尽量减少优化次数的情况下，用户需要结合分析日志找出解决方法。从日志中可见开始充填阶段，出现了一次警告：某些区域已达到超高温聚合物温度，如图 10-95 所示。

充填阶段(GAIM):
====================

状态: V = 速度控制
V/P = 速度/压力切换
P = 聚合物压力控制
G = 气体压力控制

时间 (s)	充填体积 (%)	注射压力 (MPa)	锁模力 (tonne)	流动速率 (cm^3/s)	冻结体积 (%)	气体注射 指数	气体注射 体积 (%)	气体注射 压力 (MPa)	状态
0.002	0.027	6.957E-01	5.45E-05	20.143	0.00				V
0.006	0.127	2.670E+00	4.82E-04	12.473	0.00				V
0.012	0.228	5.896E+00	8.30E-04	11.182	0.00				V
0.022	0.654	1.013E+01	1.36E-03	31.920	0.00				V
0.038	1.514	1.344E+01	1.98E-03	67.534	0.00				V
0.052	2.537	1.497E+01	2.65E-03	100.441	0.00				V

** 警告 305320 ** 某些区域已达到超高聚合物温度。
将应用温度限制 410.00 C。

0.076	4.685	1.553E+01	4.02E-03	120.721	0.00				V

图 10-95 充填之初出现的警告

这次警告说明了一个问题，就是模温与料温（溶体温度）均高出合理值。材料是 ABS，结合前面第 5 章 表 5-2 提供的常用塑料注射工艺参数，找出 ABS 材料的模具温度50℃ ~ 70℃之间，溶体温度 180℃ ~ 230℃之间（料筒温度推算，溶体温度要比料筒温度要高一点）。

(2) 继续看分析日志，图 10-96 所示在充填进行到 0. 898s、溶体充填体积为 79. 780% 时，速度与压力开始切换，这与预设（80%）的差不多。在 V/P 切换时，溶体继续填充型腔，直至 1. 901s 时，气体注射才开始。

0.898	79.780	1.881E+01	1.31E+00	133.503	0.05				V

在速度控制下已充填指定的体积。正在切换到压力控制。

已达到压力曲线的末端。

0.901	80.059	1.893E+01	1.31E+00	132.289	0.05				V/P
0.914	80.564	1.398E-01	7.73E-02	65.721	0.05				P
0.966	80.737	1.120E-02	5.96E-03	0.000	0.07				P
1.172	80.816	6.829E-03	3.62E-03	0.000	0.15				P
1.901	80.920	1.004E-03	5.04E-04	0.000	0.75				P

气体控制器指数 # 1 中的气体注射已开始。

图 10-96 V/P 切换后气体开始充填的日志

温馨提示

日志中的压力值5. 391E - 02，其中 E 表示有效值，- 02 表示负二次方。如果是 +03 则表示为三次方。5. 391E - 02 的正确读法是：有效压力值为 5.391^{-2} Mp。实际压力为 0. 0539 Mp。

（3）图 10-97 为气体注射开始后，注射压力变为 0，而气体压力也是从 5.391（负 2 次方）Mp 到 1.075（负一次方）Mp，随着气体注射时间的推移，气体压力也不断变化，由高到低、再由低到高，这些参数直接反映了注塑机根据预设的工艺参数和气体控制参数进行实际工作。

气体控制器指数 # 1 中的气体注射已开始。

时间 (s)	充填体积 (%)	注射压力 (MPa)	锁模力 (tonne)	零件质量 (g)	冻结体积(%)	气体注射 指数	气体注射 体积 (%)	气体注射 压力 (MPa)	状态
1.906	80.928		1.59E-03	1.09E+02	0.75	1	0.000	5.391E-02	G
1.912	80.928		1.17E-03	1.09E+02	0.76	1	0.000	1.075E-01	G
1.933	80.928		4.14E-04	1.09E+02	0.78	1	0.000	3.152E-01	G
2.011	80.928		1.74E-02	1.09E+02	0.88	1	0.002	1.104E+00	G
2.033	80.928		2.20E-01	1.09E+02	0.90	1	0.013	1.315E+00	G
6.900	99.999		4.79E+01	1.10E+02	7.12	1	24.434	4.999E+01	G
6.901	99.999		4.79E+01	1.10E+02	7.12	1	24.435	5.000E+01	G
6.904	99.999		4.79E+01	1.10E+02	7.13	1	24.438	5.001E+01	G
6.909	99.999		4.79E+01	1.10E+02	7.13	1	24.443	5.004E+01	G
6.919	99.999		4.80E+01	1.09E+02	7.14	1	24.453	5.009E+01	G
6.939	99.999		4.81E+01	1.09E+02	7.17	1	24.473	5.019E+01	G
6.980	99.999		4.83E+01	1.09E+02	7.22	1	24.512	5.040E+01	G
7.078	99.999		4.87E+01	1.09E+02	7.33	1	24.587	5.088E+01	G
7.439	99.999		5.05E+01	1.09E+02	7.72	1	24.767	5.269E+01	G
8.455	100.000		5.54E+01	1.10E+02	8.72	1	25.043	5.777E+01	G

图 10-97 气体注射过程

知识链接

冻结体积

日志中的【冻结体积】的意思是随着溶体充填和气体注射的持续进行，靠近模具型腔壁的溶体会逐渐冷却凝固（因为模具温度远低于溶体温度）。而这个冻结体积的值跟气体延迟时间是息息相关的。冻结体积越大（气体延迟时间越大），气体渗透越不容易。但超长的延迟时间反而会导致产品壁厚重（产生收缩），延迟时间太短，气体就容易穿透。

根据这些值，我们可以对气体压力与时间做出更改，下面进行详细的参数设置。

01 首先复制【手柄_ study（优化分析）(1)】项目，并重命名为【手柄_ study（优化分析）(2)】，如图 10-98 所示。

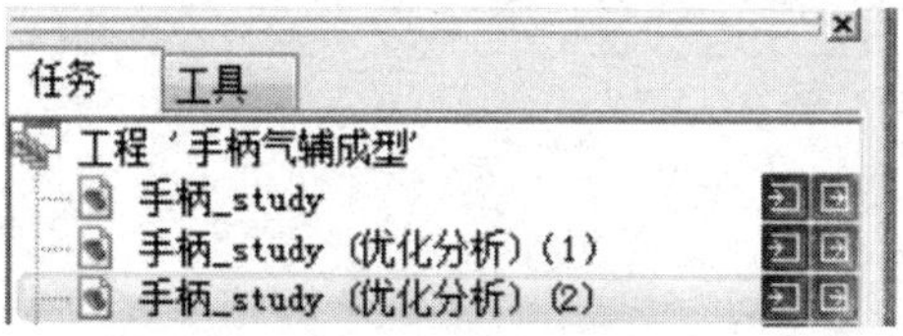

图 10-98 复制并重命名项目

02 在方案任务视窗双击【工艺设置】项目，打开【工艺设置向导】对话框。由于第一次优化结果中气体量还是不足，表示溶体充填体积设置得不够小，所以设置为 70%（只能是一步一步慢慢调），同时将模具表面温度调整到 65℃，溶体温度为

230℃，冷却时间也缩短至10s（因为整个注塑周期是36s多，太长了），如图10-99所示。

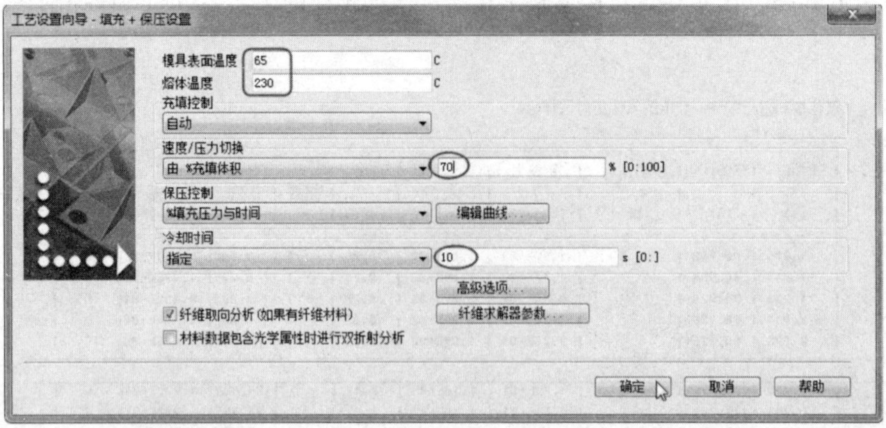

图10-99　重新设置工艺参数

03 接下来修改气体入口的属性，首先设置气体延迟时间，由于入口位置差点被吹穿，估计是延迟时间太短，溶体部位在高温情况下更可能被吹穿，如图10-100所示。

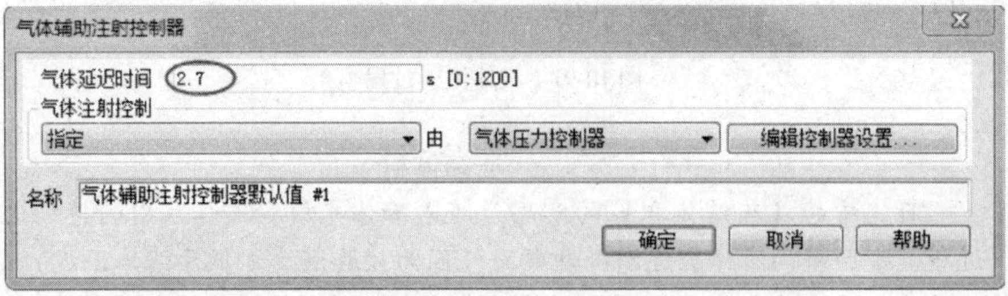

图10-100　修改气体延迟时间

04 单击 编辑控制器设置... 按钮，这次调整气体与压力时间，将压力和时间分别加长，如图10-101所示。验证是否因为气压不足、时间不够而导致的气体注射量不够。

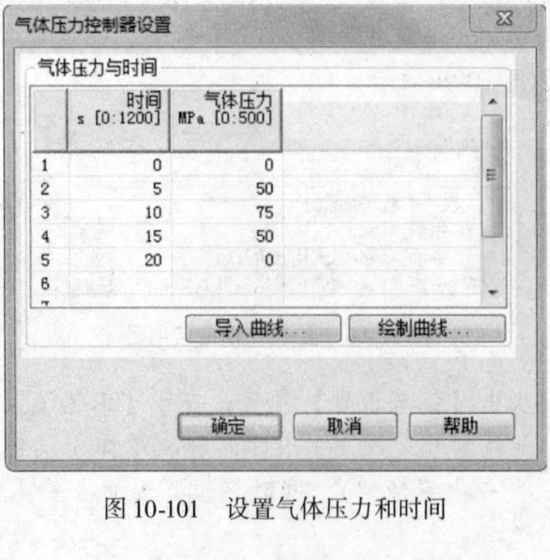

图10-101　设置气体压力和时间

05 最后重新开始分析，经过漫长的分析时间后得出第二次优化分析结果。

（4）初步分析完成后，查看第二次的优化结果。

01 首先查看溶体充填整个型腔的注射时间，如图 10-102 所示。图中显示溶体的整个充填时间为 5. 934s，注射时间更短。

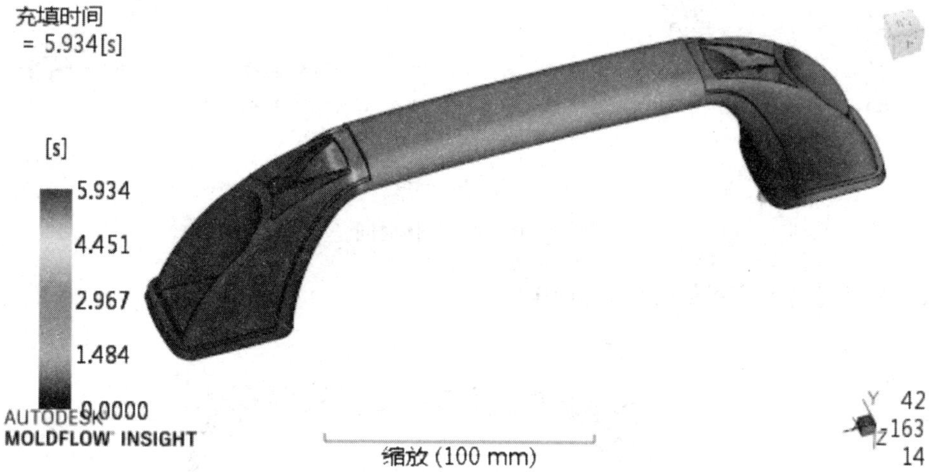

图 10-102 溶体充填时间

02 从流动前沿温度图可以看出，整体的溶体温度也降下来了，跟预设值 230℃ 接近。而温度差从左侧移动到了右侧的加强筋部位，如图 10-103 所示。

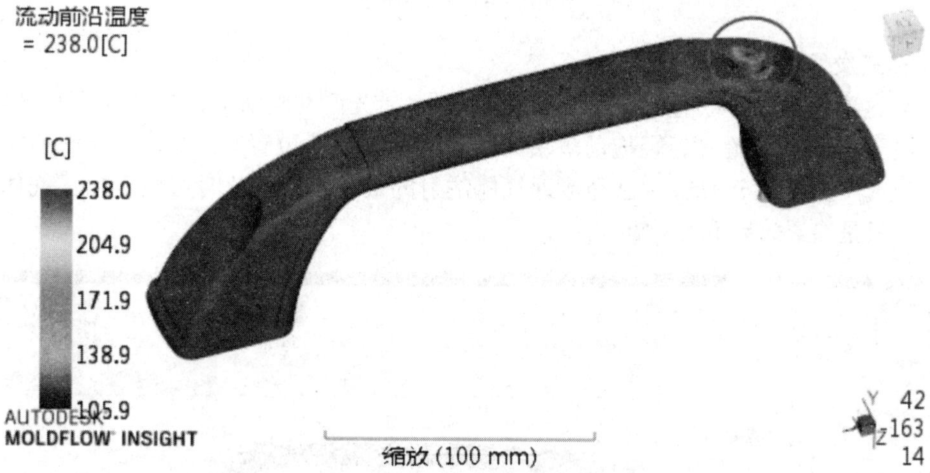

图 10-103 流动前沿温度

03 查看氮气注入的时间图，气体时间比第一次优化时增加了 5s 左右，同时也充填了足够多的气体。气体量虽然足够，但左侧的气体渗透情况比较严重，差点吹穿，这个需要重点的修正，尽量避免类似情况，如图 10-104 所示。稍后结合分析日志查看下到底是哪里出现了问题。

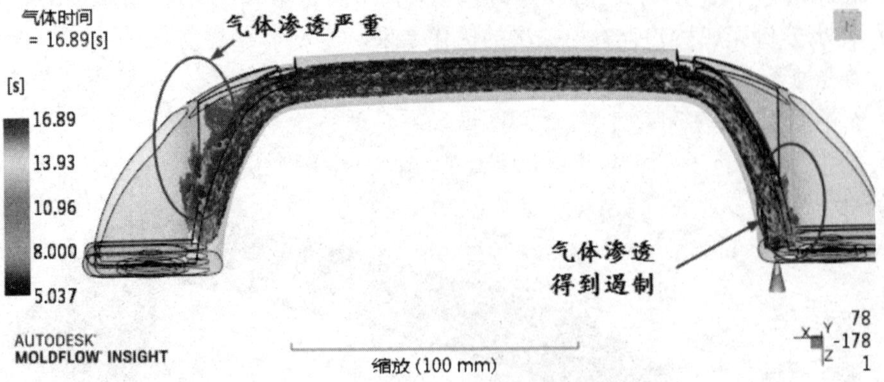

图 10-104　气体时间

04　气体型芯的分析结果，如图 10-105 所示。

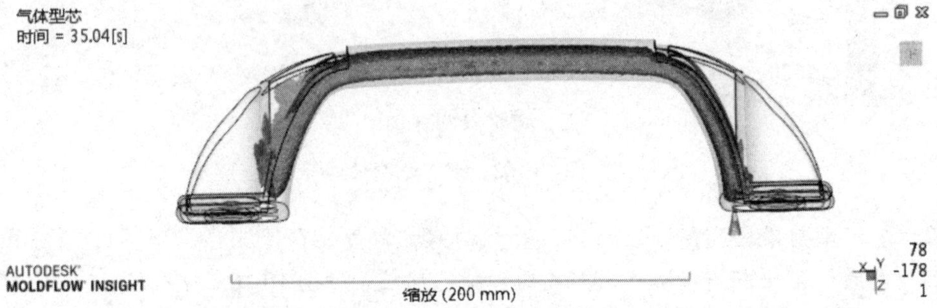

图 10-105　气体型芯

3. 第三次优化

(1) 这次优化我们将重点解决气体渗透问题。首先看动画结果，在【结果】选项卡下，拖动滑块至 6. 025s 位置（轻轻拖动滑块时会自动移动到此位置），如图 10-106 所示。可以看出，当气体注射到 6. 025s 时已经接近气体注射的最后阶段，此时可以看出，气体已经在渗透了，只是渗透效果不太严重。

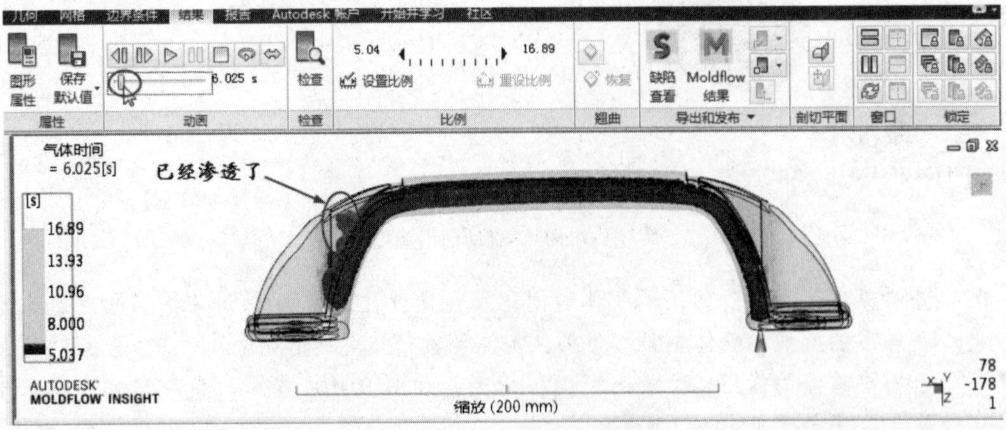

图 10-106　充填之初出现的警告

继续拖动滑块到16.89s，气体在后期的保压状态下，持续注射进型腔，加重了气体渗透问题。首先验证在工艺设置参数中设置的溶体体积为69%是没有问题的，也就是说跟注塑工艺参数没有关系了，同时也说明问题出现在气体控制器的设置上。

（2）接下来查看分析日志。图10-107所示当溶体充填到6.176s时，气体体积已经到了30.569%。这与设置溶体充填体积非常接近了（1－30.569%≈69%）而这个时间也跟前面拖动滑块时的6.025s也是非常接近的，说明在正常情况下溶体和气体注射到整个型腔的时间应该在6s左右（或者多一点）。该数据为接下来的气体控制器的设置提供了重要参考。

保压分析

时间 (s)	充填体积 (%)	注射压力 (MPa)	锁模力 (tonne)	零件质量 (g)	冻结 体积(%)	气体注射 指数	体积 (%)	压力 (MPa)	状态
5.999	100.000		9.05E+00	9.97E+01	8.98	1	30.551	9.624E+00	G
6.176	100.000		1.07E+01	1.00E+02	8.97	1	30.569	1.139E+01	G
6.361	100.000		1.25E+01	1.00E+02	9.09	1	30.725	1.324E+01	G

图10-107 查看6.176s时的气体体积

（3）图10-108所示气体注射完成后的日志情况。说明一个问题：就是在24.288s时完成注射，气体体积已经超出了31%预设，并且还有一段0气压（也是保压阶段），此段时间为10s，气体体积并没有发生变化，所以是多余的时间，需要去除掉。

23.179	100.000		1.92E+01	9.88E+01	45.97	1	34.263	1.858E+01	G
24.288	100.000		9.00E+00	9.85E+01	48.94	1	34.263	7.489E+00	G
气体控制器指数 # 1中的气体注射已结束。									
25.037	100.000		2.12E+00	9.83E+01	51.36	1	34.263	0.000E+00	G
26.825	100.000		1.81E+00	9.84E+01	55.75	1	34.263	0.000E+00	G
29.068	100.000		1.75E+00	9.86E+01	59.74	1	34.263	0.000E+00	G
31.261	100.000		1.71E+00	9.88E+01	63.45	1	34.263	0.000E+00	G
33.413	100.000		1.69E+00	9.89E+01	66.61	1	34.263	0.000E+00	G
35.037	100.000		1.66E+00	9.90E+01	68.75	1	34.263	0.000E+00	G

图10-108 气体注射完成后的日志

根据这些参考，再次对气体压力与时间做出更改，下面对详细参数的设置进行介绍。

01 首先复制【手柄_ study（优化分析）(2)】项目，并重命名为【手柄_ study（优化分析）(3)】，如图10-109所示。

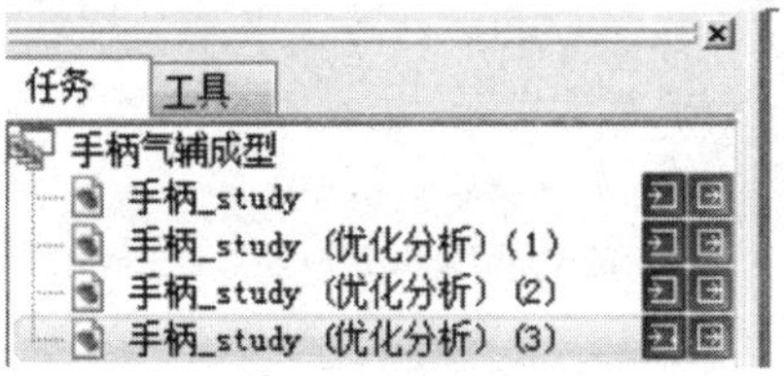

图10-109 复制并重命名项目

02 接下来修改气体入口的属性，调整气体与压力时间，将压力和时间分别减少，如图10-110所示。

03 最后重新开始分析，得出第三次优化分析结果。

（4）初步分析完成后，查看第二次的优化结果。

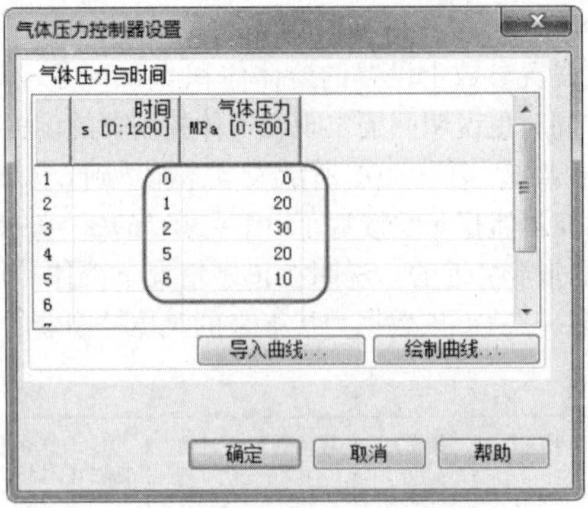

图 10-110　设置气体压力和时间

01　首先查看溶体充填整个型腔的注射时间，如图 10-111 所示。图中显示溶体的整个充填时间为 5.601s，注射时间再次缩短。

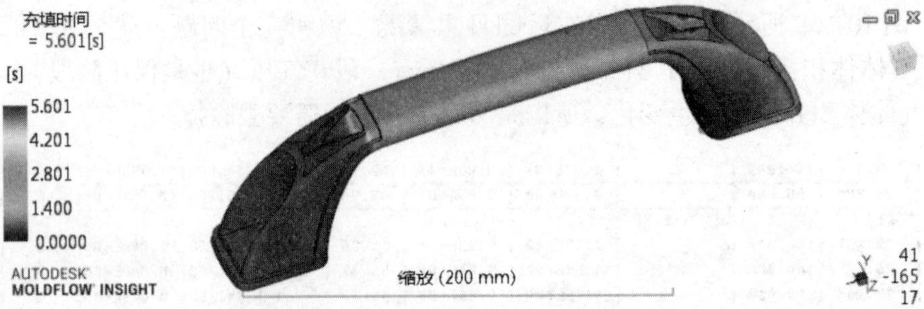

图 10-111　溶体充填时间

02　查看氮气注入的时间图，气体时间比第二次优化时增加了 5s 左右。气体渗透虽然还存在，但已经好了许多。这个根本原因还是气体延迟时间问题，如图 10-112 所示。如果再次优化，可以将延迟时间提高 3s 左右尝试，不行再继续微调。

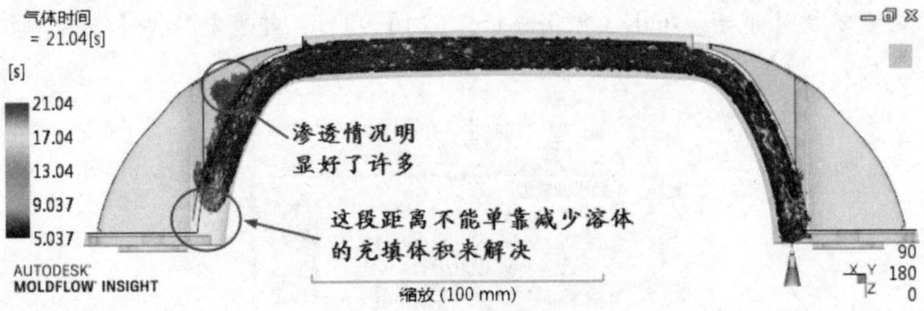

图 10-112　气体时间

03　最后还有一段距离没有填充，可以尝试将气体延迟时间再增加一点，就是让溶体冻结体积增加，壁厚增加一些，相对气体注射量就会少一些，以此可以解决最后末端位置气量注射不足的问题，以及存在部分气体渗透问题。鉴于调试过程所消耗的时间过于漫长，笔者此处不再列出优化步骤，读者感兴趣的话可以自行完成。